Moldflow

注塑模流分析 从入门到精通

匡唐清　周大路　编著

化学工业出版社

·北京·

本书采用 Autodesk Moldflow 2018 作为软件基础，系统讲述了使用 Moldflow 软件进行注塑制品模流分析的流程与方法。全书分为常规分析与特定分析两部分。常规分析部分（第 1～13 章），包括注塑工艺与 CAE 技术、模流分析基本流程及 Moldflow 操作基础、CAD 模型准备与导入、CAE 模型准备、材料选择、浇口位置设置、成型窗口分析与充填分析、浇注系统的创建与优化、冷却系统的创建与优化、保压分析与优化、翘曲分析与优化、分析报告的创建及注塑模流分析完整过程示例。特定分析部分（第 14～22 章），包括收缩分析、纤维取向分析、应力分析、工艺优化分析、气体辅助注射成型分析、共注射成型分析、重叠注射成型分析、带嵌件注射成型分析和型芯偏移分析。

本书按照注塑模流分析的内在逻辑进行编写，不仅有软件操作过程的详细介绍，还对涉及的材料、模具、成型过程机理、分析及优化的思想与思路等均作出简明扼要的阐述，并辅以实例演示与说明。

通过本书的学习，读者能够系统掌握注塑模流分析的思想、流程和具体操作方法，能够系统完成注塑模流分析并实现对注塑制品设计、模具设计及注塑工艺的优化。

本书既适用于初学者快速入门，也适用于具有一定基础的用户学习新版软件、系统学习和巩固提高之用。本书可作为高等院校、职业院校、技能培训机构的学生以及相关专业技术人员的学习和参考书籍。

本书配有示例讲解视频，扫描二维码即可观看。

图书在版编目（CIP）数据

Moldflow 注塑模流分析从入门到精通/匡唐清，周大路编著.—北京：化学工业出版社，2019.9
ISBN 978-7-122-34497-7

Ⅰ.①M… Ⅱ.①匡…②周… Ⅲ.①注塑-塑料模具-计算机辅助设计-应用软件 Ⅳ.①TQ320.66-39

中国版本图书馆 CIP 数据核字（2019）第 089799 号

责任编辑：项 潋　　　　　　　　　　　　装帧设计：王晓宇
责任校对：杜杏然

出版发行：化学工业出版社（北京市东城区青年湖南街 13 号　邮政编码 100011）
印　　装：大厂聚鑫印刷有限责任公司
787mm×1092mm　1/16　印张 28½　字数 606 千字　　2019 年 9 月北京第 1 版第 1 次印刷

购书咨询：010-64518888　　　　　　　　售后服务：010-64518899
网　　址：http://www.cip.com.cn
凡购买本书，如有缺损质量问题，本社销售中心负责调换。

定　　价：108.00 元

Moldflow 注塑模流分析从入门到精通

Moldflow 是当今注塑模具行业流行的模流分析软件。近年来，随着模流分析技术在注塑模具行业的应用与普及，Moldflow 也逐渐成为国内外大专院校、职业院校模具专业学生必修的软件之一。

本书采用 Autodesk Moldflow 2018 作为软件基础，系统概述了使用 Moldflow 软件进行注塑制品模流分析的流程与方法。全书分为常规分析与特定分析两部分。第 1～13 章为常规分析部分，包括注塑工艺与 CAE 技术、模流分析基本流程及 Moldflow 操作基础、CAD 模型准备与导入、CAE 模型准备、材料选择、浇口位置设置、成型窗口分析与充填分析、浇注系统的创建与优化、冷却系统的创建与优化、保压分析与优化、翘曲分析与优化、分析报告的创建及注塑模流分析完整过程示例。第 1 章和第 2 章为基础，第 3～12 章按照模流分析流程编排，第 13 章为模流分析过程完整示例。第 14～22 章为特定分析部分，包括收缩分析、纤维取向分析、应力分析、工艺优化分析、气体辅助注射成型分析、共注射成型分析、重叠注射成型分析、带嵌件注射成型分析和型芯偏移分析。本书按照注塑模流分析的内在逻辑进行编排撰写，不仅有软件操作过程的详细介绍，还对涉及的材料、模具、工艺过程机理、分析及优化的思想与思路等均作出简明扼要的阐述，并辅以实例演示与说明。让读者不仅会操作，还会分析。

本书是一本以实践为主、理论结合实际的实用性书籍。既适用于初学者快速入门，也适用于老用户学习新版软件、系统学习、巩固提高之用，通过本书的学习，读者能够系统掌握注塑模流分析的思想、思路、流程与具体操作方法，能够系统完成注塑模流分析并实现对注塑制品设计、模具设计及注塑工艺的优化。

随书配套有练习素材及示例讲解视频，读者扫描二维码，即可自行练习自学。

本书由匡唐清、周大路编著，甘乐、陈碧龙、颜小芹、黄薇、杨帆等也参与了本书的资料整理工作。

因作者水平有限，难免有疏漏之处，还望广大读者与同仁不吝赐教！

编著者

2019 年 5 月

CAD 模型

案例文件

目录

Moldflow

第4章　CAE模型准备

目录

Moldflow

Moldflow

目 录

第 7 章　成型窗口分析与充填分析　/ 149

第 8 章　浇注系统的创建与优化　/ 183

目录

第 9 章 冷却系统的创建与优化 / 223

第 10 章 保压分析与优化 / 256

第11章 翘曲分析与优化 / 268

第12章 分析报告的创建 / 290

目录

第13章　注塑模流分析完整过程示例　/ 294

Moldflow

Moldflow

目
录

第14章　收缩分析　/ 314

第15章　纤维取向分析　/ 335

目录

第16章　应力分析 　　　　　/ 346

第17章　工艺优化分析 　　　　　/ 355

第18章　气体辅助注射成型分析

目录

Moldflow

第21章　带嵌件注射成型分析　/ 412

第22章　型芯偏移分析　/ 420

目录

参考文献

Moldflow

第 1 章

注塑工艺与CAE技术

1.1 注塑工艺

注塑（Injection Molding）是指将塑料（一般为粒料）在注射成型机的料筒内加热熔化后，在柱塞或螺杆加压下熔融塑料被压缩并向前移动，进而通过料筒前端的喷嘴快速注入闭合的模具型腔内，经一定时间的冷却定型后，开启模具即得制品的方法。该方法适用于形状复杂部件的批量生产。自从往复式螺杆注塑机于 1956 年获得专利以来，注塑工艺已经发展成为塑料工业最重要的加工手段，在家用电器、电子产品、家具、生活日用品、交通工具、办公用品、运动器械、儿童玩具等方面有着广泛的应用。图 1-1 所示为一注塑系统示意图。

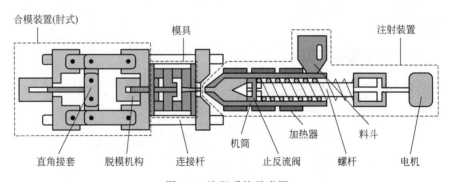

图 1-1　注塑系统示意图

1.1.1　过程

注塑工艺过程可分为 5 个阶段：合模充填、保压补缩、冷却定型、熔胶预塑和开模取件，如图 1-2 所示。其中合模充填、保压补缩和冷却定型三个阶段最为重要。注塑过程周期如图 1-3 所示。

（1）合模充填　整个注塑循环过程中的第一步，时间从模具闭合、开始注塑算起，到模具型腔填充到大约 95％ 为止。理论上，填充时间越短，成型效率越高。但是在实际生产中，成型时间（或注塑速度）会受到很多条件的制约。

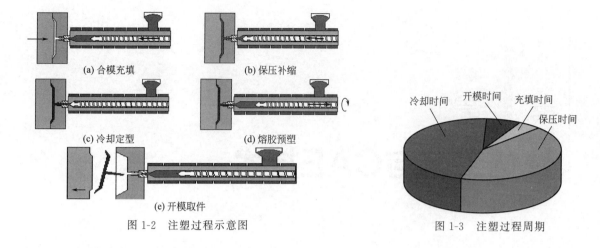

(a) 合模充填

(b) 保压补缩

(c) 冷却定型

(d) 熔胶预塑

(e) 开模取件

图 1-2　注塑过程示意图

冷却时间　开模时间　充填时间　保压时间

图 1-3　注塑过程周期

（2）保压补缩　保压的作用是持续施加压力，压实熔体，增加塑料密度（增密），以补偿塑料的收缩行为。在保压过程中，由于模腔中已经填满塑料，背压较高。在保压压实过程中，注塑机螺杆仅能慢慢地向前作微小移动，塑料的流动速度也较为缓慢，这时的流动称为保压流动。由于在保压阶段，塑料受模壁冷却固化加快，熔体黏度增加也很快，因此模具型腔内的阻力很大。在保压的后期，材料密度持续增大，塑件也逐渐成型。保压要一直持续到浇口固化封口为止，此时模腔压力达到最高值。

（3）冷却定型　冷却的作用是保证成型塑料制品冷却固化到一定刚性，脱模时不因受到外力而产生变形。由于冷却时间占整个成型周期的 $70\% \sim 80\%$，直接影响塑料制品成型周期长短及产量大小。设计良好的冷却系统可以大幅缩短成型时间，提高注塑生产率，降低成本。设计不当的冷却系统会使成型时间拉长，增加成本，冷却不均匀更会进一步造成塑料制品的翘曲变形。

1.1.2　注塑产品质量影响因素

注塑产品质量受到诸多因素的影响，包括产品设计、材料、模具及工艺参数等。注塑制品质量影响因素及其相互关系如图 1-4 所示。

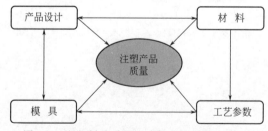

图 1-4　注塑制品质量影响因素及其相互关系

（1）产品设计　产品设计包括功能设计与结构设计。功能设计决定材料的合理选择。结构设计决定模具的设计及成型工艺性。要得到高质量的注塑产品，在产品设计时就要充分考虑其合理性。确定合适的开模方向和分型线，保证尽可能少地抽芯和消除分型线对外观的影响；设置适当的脱模斜度保证脱模顺利；设定合理的壁厚范围及较均匀的壁厚，既要保证力学性能又要保证表面质量，较大的壁厚还需考虑采用气体辅助注塑工艺。

（2）材料　材料的选择需考虑到产品的功能要求、材料的成型性及材料成本。塑料原料根据热作用可分为热固性和热塑性，两者成型定型的过程与原理迥异。热塑性塑料又分为结晶型和非结晶型，其物理性能差异及流变性能受工艺参数的影响差异也较大。同一类塑料其填充物如玻璃纤维等的含量不同，其力学性能及流变性能也不同。材料对成型过程及最终的产品质量影响巨大，是决定注塑质量的重要因素之一。

（3）模具　产品结构确定了模具型腔的结构。但模具的浇注系统、冷却系统决定了该产品的充填、保压、冷却过程，其抽芯机构影响着产品的外观，其顶出机构影响产品的脱模质量。浇注系统及冷却系统的设计是模具设计的重点，不良的设计会导致产品质量及生产效率难以保证。

（4）工艺参数　注塑工艺过程直接影响到最终的产品质量，与产品结构、模具结构（浇注系统和冷却系统）、所选材料等密切相关，涉及众多的工艺参数，主要有：温度、压力、速度、时间和行程。

① 温度。温度方面主要包括塑料的干燥温度、熔体温度及模具温度。

a. 干燥温度。干燥温度是为保证成型质量而事先对聚合物进行干燥所需要的温度。其作用为去除原料中的水分，确保塑料质量。设定原则为：干燥温度不宜过高或过低，导致物料分解或结块；干燥时间尽量短，干燥温度尽量低而不致影响其干燥效果；干燥温度和时间因不同原料而异。

b. 熔体温度。熔体温度是为保证成型顺利进行而设加在料筒上的温度。其作用是保证塑料塑化（熔胶）良好，顺利充模、成型。设定原则为：熔体温度的确定取决于不同材料的性能，由材料供应商提供；熔体温度不宜过高导致塑料分解碳化，造成产品气泡、色差、焦斑、断裂等；熔体温度不宜过低导致材料塑化不均、熔体内含冷料，造成充模不足、冷料、产品断裂等；料筒温度从加料段至喷嘴依次上升；喷嘴温度应比料筒前端温度略低，留有喷嘴剪切升温的裕量。

c. 模具温度。模具温度是制品所接触的模腔表面温度，影响熔体的流动性和冷却速度。因为影响流动性，从而影响产品外观（表面质量、毛刺）和注塑压力；因为影响冷却速度，从而影响产品结晶度，进而影响产品收缩率和机械强度等性能。模温高，熔体流动性好，结晶度高，收缩率大，造成尺寸偏小和变形，需要更长的冷却时间；模温低，熔体流动性差，造成流动纹和熔接痕，结晶度低，收缩率小，造成尺寸偏大。其设定原则为：考虑塑料的类型与性质；考虑制品大小和形状；考虑模具的结构。

② 压力。压力方面主要包括熔体注射压力、背压、保压力及锁模压力。

a. 熔体注射压力。熔体注射压力是由注塑系统的液压系统提供的在注塑机喷嘴处的压力。液压缸的压力通过注塑机螺杆传递到塑料熔体上，塑料熔体在该压力的推动下，经注塑机的喷嘴进入模具的流道系统，并经浇口进入模具型腔。压力的存在是为了克服熔体流动过程中的阻力，以保证填充过程顺利进行。压力沿着流动长度往熔体最前端逐步降低。影响熔体填充压力的因素有：材料因素，如塑料的类型、黏度等；结构性因素，如浇注系统的类型、数目和位置，模具的型腔形状以及制品的厚度等；成型的工艺要素。

b. 背压。背压是指螺杆反转后退储料时所需要克服的压力，是注塑成型工艺中控制熔料质量及产品质量的重要参数之一，合适的背压对于提高产品质量有着重要的作用。背压能将料筒中的熔料压实，增加密度，提高射胶量、制品重量和尺寸的稳定性；可将熔料内的气体"挤出"，减少制品表面的气纹、内部气泡，提高光泽均匀性；减慢螺杆后退速度，使炮筒内的熔料充分塑化，增加色粉、色母与熔料的混合均匀度，避免制品出现混色现象；适当提升背压，可改善制品表面的缩水和产品周边的走胶情况；能提升熔料的温度，使熔料塑化质量提高，改善熔料充模时的流动性。当射嘴出现漏胶、流涎、熔料过热分解、产品变色及回料太慢时可考虑适当减低背压。

c.保压力。保压力是从模腔填满塑料后继续施加于模腔塑料上的注射压力，持续作用直至浇口完全冷却封闭。保压过程中注塑机的喷嘴不断向型腔补料，以补充由于制件收缩而空出的容积。如果型腔充满后不进行保压，制件大约会收缩 25%，特别是筋处由于收缩过大会形成收缩痕迹。通过保压可以补充靠近浇口位置的料量，并在浇口冷却封闭以前制止模腔中尚未硬化的塑料在残余压力作用下倒流，防止制件收缩，避免缩水，减少真空泡。保压力一般为充填最大压力的 85% 左右，当然要根据实际情况来确定。保压力过大或过小，均会对产品的质量产生不良影响。

d.锁模压力。锁模压力是合模系统为克服在注射和保压阶段使模具分开的胀模力而施加在模具上的闭紧力。锁模压力要保证注射和保压过程中模具不致被胀开，保证产品的表观质量及尺寸精度。锁模压力的大小依据产品的大小、机台的大小而定，在保证产品无飞边的前提下越小越好。

③ 速度。速度方面主要包括注射速度和熔胶速度。

a.注射速度。注射速度是指在一定压力作用下熔胶从喷嘴注射到模具中的速度。注射速度提高将使充模压力提高。注射速度过快易出现焦斑、飞边、内部气泡或造成熔体喷射；注射速度太慢易出现流动痕、熔接痕，并且造成表面粗糙、无光泽。在保证制品质量的前提下尽量选择高速充填，以缩短成型周期。

b.熔胶速度。熔胶速度是指塑化过程中螺杆熔胶时的转速。熔胶速度是影响塑化能力、塑化质量的重要参数，熔胶速度越高，熔体温度越高，塑化能力越强。熔胶速度调整时一般由低向高逐渐调整。螺杆直径大于 50mm 的机台转速应控制在 50r/min 以下，小于 50mm 的之机台应控制在 100r/min 以下。

④ 时间。时间方面主要包括注射时间、保压时间和冷却时间。

a.注射时间。注射时间具体要按不同的注塑材料来定。注射时间一般刚好满足产品注入 95% 的状态。注射时间设定原则是：越小越好，以缩短成型周期。一般是冷却时间的 1/10 左右。

b.保压时间。保压时间以浇口冷凝为依据通过产品称重来确定。保压时间太长，容易出现重量超重、顶白、拉伤、飞边、脱模困难、尺寸偏大等质量问题。保压时间太短，容易出现重量不足、产品内部空洞、缩水、尺寸偏小等质量问题。

c.冷却时间。冷却时间以保证产品充分冷却凝固来确定。冷却时间过短，成品被顶出时容易出现顶白、拉伤、顶裂，成品尺寸会变小，模具温度会较高。在保证生产质量的前提下，降低冷却时间有利于提高生产效率。

⑤ 行程。行程方面主要包括计量行程和射出行程。

a.计量行程。计量行程是指塑化开始后螺杆由注射终止位置开始在塑料熔体的作用力下旋转后退至后退限位开关的距离。计量行程应保证有足够的塑料充填模腔，以获得所需外观和尺寸的制品。计量行程要依据产品的大小及机台大小而设定。计量行程不能太大，以免注射多余的塑料在料管中停留的时间太长而引起碳化；计量行程不能太小，以确保充填有足够的计量及避免螺杆与喷嘴发生机械损伤，并应有 3～5mm 的缓冲量。

b. 射出行程。射出行程是指注射过程中螺杆所处的位置变化，决定了注射量。应结合注射速度、注射压力控制塑胶流动状态。射出行程由成品充填量决定，通常在充填量上加 10~20mm 的缓冲量来确定。第一段行程通常以低压慢速充满热流道、料柄为原则设定；第二段行程通常以高压快速充满产品 90% 状态为原则设定；第三段行程通常以低压慢速充满产品 95% 状态为原则设定。射出行程设定越简单越好，工艺波动小，产品尺寸相对较稳定。

由上可知，影响注塑产品质量因素众多，导致注塑产品质量尤其是新产品的质量难以有效地把控与优化。传统的试差法耗时耗材料，效率低下。对于产品设计或模具设计不合理造成的产品质量低下，这就使得新产品开发的风险、成本巨大，周期很长。为此，需要寻求一种方法，能在产品设计、模具设计、材料选择、工艺参数设定等方面进行预测与优化，降低开发风险与成本，提高开发效率与产品质量。CAE 技术就是这样一种方法。

1.2 CAE 技术概述

CAE（Computer Aided Engineering），即计算机辅助工程。从广义上说，计算机辅助工程可以包括工程和制造业信息化的所有方面，但是传统的 CAE 主要指用计算机对工程和产品进行性能与安全可靠性分析，对其未来的工作状态和运行行为进行模拟，以及早发现设计缺陷，并证实未来工程、产品功能与性能的可用性和可靠性。

CAE 技术具有以下作用：增加设计功能，借助计算机分析计算，确保产品设计的合理性，降低设计成本；缩短设计和分析的循环周期；CAE 分析起到的"虚拟样机"作用在很大程度上替代了传统设计中资源消耗极大的"物理样机验证设计"过程，虚拟样机作用能预测产品在整个生命周期内的可靠性；采用优化设计，找出产品设计最佳方案，降低材料的消耗或成本；在产品制造或工程施工前预先发现潜在的问题；模拟各种试验方案，减少试验时间和经费；进行事故分析，查找事故原因。

1.2.1 CAE 技术的原理

CAE 技术的思想是通过建立能够准确描述研究对象某一过程的数学模型，采用合适可行的求解方法，使得在计算机上模拟仿真出研究对象的特定过程。

以注塑充填过程模流分析为例。首先建立能描述聚合物熔体充填流动过程的数学模型，包括从流体三大守恒定律得到的质量方程、运动方程、能量方程，描述聚合物熔体应力应变关系的本构方程，以及熔体流动前沿界面跟踪的输送方程。这系列方程构成聚合物熔体充填流动的控制方程，为一组微分方程。而后在求解域内，结合边界条件及初值条件对控制方程进行求解。由于方程的复杂性，要求得到能在整个求解域（包括空间和时间）内处处满足控制微分方程、在边界上处处满足边界条件的准确解析解基本没可能，只能借助计算机来得到在求解域中给定的离散点处满足控制方程、在边界离散点处满足边界条件的近似数值解。最后再将求解结果以图形或动画的方式显示在屏幕上，模拟出整个充填过程各场量随时间的变化。注塑充填过程的 CAE 分析原理如图 1-5 所示。

CAE 技术中所采用的数值解法主要有有限差分法、有限元法和有限体积法等。其思想均为将连续的、具有无限自由度的问题转为离散的、具有有限自由度的问题，利用计算机对方程组进行求解。CAE 数值求解思想如图 1-6 所示。

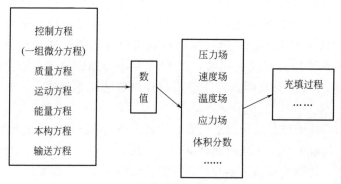

图 1-5 注塑充填过程的 CAE 分析原理

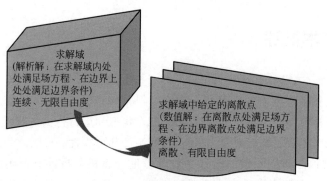

图 1-6 CAE 数值求解思想

（1）有限差分法 有限差分法的基本思想是先把问题的定义域进行网格剖分，然后在网格点上，按适当的数值微分公式把定解问题中的微商换成差商，从而把原问题离散化为差分格式，进而求出数值解。有限差分方法具有简单、灵活以及通用性强等特点，容易在计算机上实现。

（2）有限元法 有限元法的基本思想是将连续的求解域离散为一组单元的组合体，用在每个单元内假设的近似函数来分片地表示求解域上待求的未知场函数，近似函数通常由未知场函数及其导数在单元各节点的数值插值函数来表达，从而使一个连续的无限自由度问题变成离散的有限自由度问题。由于单元的数目是有限的，节点的数目也是有限的，所以称为有限元法。这种方法灵活性很大，只要改变单元的数目，就可以使解的精确度改变，得到与真实情况无限接近的解。

（3）有限体积法 有限体积法是计算流体力学中常用的一种数值算法，其基本思想是将计算区域划分为一系列不重复的控制体积，每一个控制体积都有一个节点作代表，将待求的守恒型微分方程在任一控制体积及一定时间间隔内对空间与时间作积分。从物理观点来构造离散方程，每一个离散方程都是有限大小体积上某种物理量守恒的表示式，推导过程物理概念清晰，离散方程系数具有一定的物理意义，并可保证离散方程具有守恒特性。有限体积法可以很好地解决复杂的工程问题，对网格的适应性很好，在进行流固耦合分析时，能够完美地和有限元法进行融合。

在采用中面（Midplane）流和双面流（Fusion）技术的注塑模流分析中，其数值方法主要采用有限元/有限差分/控制体积法，在时间域和厚度方向温度场采用一维有限差分法，在流动方向采用二维有限元/控制体积法。在 Moldelx 3D 注塑模流分析软件采用的数值方法是三维有限体积法。

图 1-7 为一电热水壶外壳的 CAD/CAE 模型与模拟结果。

图 1-7　CAD/CAE 模型与模拟结果

1.2.2　CAE 技术的实现

CAE 技术是通过 CAE 软件来实现其功用的。应用 CAE 软件对工程或产品进行性能分析和模拟时，一般要经历前处理、求解、后处理三个阶段。

（1）前处理　给实体建模与参数化建模、网格划分、材料参数的读取或录入、边界条件及工艺参数的输入等。

（2）求解　基于分析数学模型及前处理提供的数据进行计算，获取过程场量结果。

（3）后处理　根据工程或产品模型与设计要求，对分析结果进行用户所要求的加工、检查，并以图形方式提供给用户，辅助用户判定计算结果与设计方案的合理性。

对应这三个阶段，软件也就分为前处理、求解器和后处理模块三个部分。CAE 软件的组成模块及关系如图 1-8 所示。

CAE 技术可应用于许多领域，CAE 软件也相应有多种。CAE 软件可以分为

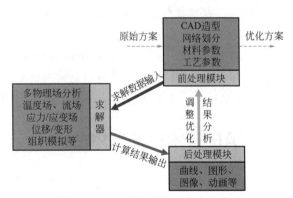

图 1-8　CAE 软件的组成模块及关系

两类：一类是可以对多种类型的工程和产品的物理、力学性能进行分析、模拟和预测、评价和优化，以实现产品技术创新的软件，称为通用 CAE 软件；另一类是针对特定类型的工程或产品所开发的用于产品性能分析、预测和优化的软件，称为专用 CAE 软件。通用 CAE 软件有 ANSYS、ABAQUS、NASTRAN 等，可进行结构、流体、振动、传热等多方面的工程仿真。专用 CAE 软件有诸如注塑模流分析用的 Moldflow、Moldex3D，挤塑分析用的 Polyflow，压铸模流分析用的 Flow3D、Procast，焊接过程分析用的 Sysweld，锻造模拟用的 DEFORM，冲压成型模拟用的 DYNAFORM 等。

1.2.3　CAE 分析的精度

CAE 分析项目的一个重要衡量指标就是其分析精度。CAE 分析精度的影响因素主要有以下几个。

（1）数学模型　CAE 分析都是基于某个理论框架或某些假设的，所建立的数学模型对原物理模型描述的准确程度决定了其分析的精度，而理论框架的局限或简化假设都使得数据模型与实际对象及过程的物理模型都会存在一定的偏差。

（2）CAE 模型　CAE 分析是将一个连续体或连续过程离散为多个单元、节点或多个离散时间点，需将 CAD 模型离散处理，包括其简化处理及网格单元的类型与密度。分析对象的 CAD 模型往往含有各种小特征，对成型过程影响微乎其微，但若在 CAE 模型中给予考虑会导致网格质量太差或大大降低分析效率，为此需进行合理简化。而不合理的简化或简化过度又会引起 CAE 分析精度的失真。网格单元的类型及网格密度对分析精度也有直接的影响。网格单元的类型应该根据 CAD 模型的特点进行合理选择，如厚壁类或管棒类零件就不适合用面单元或壳单元。网格密度直接影响计算效率和精度。网格稀疏，分析结果粗糙，但计算效率高；网格密，分析结果更为准确，但计算效率低。注意到网格密度高到一定程度，网格密度再提高，计算精度的提高有限，为此 CAE 分析应进行分析结果的网格无关性检测，在保证计算精度的前提下采用较经济的网格密度。

（3）材料　材料包括两个方面，一个是描述材料各方面性能的物理模型与材料实际的差异；另一个是模拟所用材料的性能参数与实际成型材料的性能参数的差异。CAE 分析时若模拟所选择的材料与实际材料一致，所获得的 CAE 分析精度要高些。而实际成型材料往往在 CAE 软件材料库中没有完全对应的材料，而要进行材料性能属性测试的试验硬件要求高，只有选择相近的材料，这也使得分析结果与实际结果发生偏差，只能定性地进行分析。

（4）工艺　CAE 分析中的工艺控制较为理想，而实际工艺控制会存在波动。模拟时的工艺控制与实际工艺控制的差异显然也影响到 CAE 分析的精度。

（5）求解方法　不同的求解方法有不同的适用性，求解效率与求解精度也有差异。

1.3　CAE 技术在注塑中的应用

现在人们已经认识到 CAE（计算机辅助工程）能够提高工程师在处理注塑过程中各方面问题的能力，帮助提高生产效率，提高产品的质量，促使产品更加及时地投产并降低成本。塑料工业领域中的 CAE 软件应用实践和大量的文献充分证明了这一点。

如果没有 CAE 分析，仅依靠以前的经验、直觉、原型或是注塑经验来获得例如熔融塑料的填充方式、熔合纹及气穴的位置、循环时间、最终形状和变形等方面的信息，这样做是很不可靠的。同时没有 CAE 分析，其他一些重要的设计数据，如压力的空间分布、温度、剪切力和剪切速率，即使有很好的试验条件也很难得到。CAE 分析软件在设计、零件、模具以及制定注塑工艺方面很有洞察力，由 CAE 预先分析得到的工艺过程可以帮助初学的工程师克服经验不足带来的困难；同时，它可以帮助有经验的工程师正确地找到那些可能是被忽略了的因素。通过使用 CAE 分析，对可供选择的设计方案和材料进行评价，就能够更快更有效地掌握模具设计中的相关知识，并能从其中获得一些秘诀。

1.3.1 作用

近年来，CAE分析在注塑领域中重要性日益增大。CAE分析已从原理上说明了许多使注塑失败，如翘曲、飞边等的原因。实际经验往往不足以鉴别潜在的问题，可以用经验解决的生产问题太有限，只有采用CAE分析这样的技术，才能全面应付注塑中出现的问题，加工出优质产品。目前，注塑模CAE软件（常称注塑模流分析软件）能成功地应用在四个方面：塑件设计、材料选择、模具设计和制造以及成型工艺。

（1）塑件设计　塑件设计者通过模流分析解决下列问题。

① 塑件能否全部充满。这是一个为广大模具设计者普遍关注的问题，特别是当设计大型制件时尤其如此。在设计者的心目中，材料结构特性、装饰特性和加工特性之间的关系往往模糊不清，而模流分析以科学的方式提供了在设计阶段对不同塑料及其与成型有关的特性进行评价的方法。

② 塑件实际最小壁厚是多少。这是一个直接关系到塑件成本的问题。塑料成本往往占成本的40%，使用薄壁塑件就能大大降低塑件的用料成本，缩短冷却时间（冷却时间是塑件壁厚平方的函数），提高生产效率，进而又降低了塑件的成本。

③ 浇口的位置是否合适。浇口的位置对产品的质量有至关重要的影响，适当运用模流分析方法能使产品设计者在设计时具有充分的选择浇口位置的余地，确保设计的审美特性，并同时满足合理的价格要求。

（2）材料选择　材料的选择直接影响着产品的质量及成型性。在根据产品的性能要求确定材料类型后，借助模流分析，制造者可考察不同类型材料或同一类型不同制造商或不同牌号材料的成型性。通过对模流分析中的充填时间、注射压力、气泡、剪切应力、锁模力等结果进行综合评价比较，从而选择最为合适的成型材料。

（3）模具设计和制造　流动分析可以在以下诸方面辅助设计者和制造者，以期得到良好的模具设计。

① 良好的充填形式。对任何注塑来说，最重要的是控制充填的方式，采用模流分析可以最大限度地避免或消除因为充填不好而造成的分子取向和翘曲变形，从而保证产品的质量和生产的经济性。

② 最佳的浇口位置及浇口数量。为了对充填方式进行控制，模具设计者必须选择合适的浇口位置和浇口数量。模流分析使设计者有多种浇口位置的选择方案并对其影响作出评价。这一分析也可受塑件设计指导，以期从外观质量及成型方面出发得到最佳的浇口平衡。

③ 浇注系统的设计。在模具设计中采用平衡式浇注系统，无论对设计者、制造者还是产品质量本身都是有利的。非平衡式浇注系统的设计是令设计者非常头痛的事情，它要经过大量修改、试模才达到较为理想的状态。而采用模流分析则可以帮助设计者较为轻松地设计出压力平衡、温度平衡或者压力、温度都平衡的非平衡式浇注系统，并可对流道内剪切速率和摩擦热进行估算，进而可以避免由于浇注系统设计的问题而使材料产生降解和型腔内熔体温度过高。

④ 最小的流道尺寸和回收料成本。模流分析有助于选定最佳的流道尺寸，从而尽量减小浇注系统的体积，减少流道部分塑料的冷却时间，缩短整个注塑周期，并将回收料成本降到最低。

⑤ 冷却系统的设计。通过冷却分析，可以合理地布置冷却水道，获得合理的冷却效果，

缩短冷却时间、减少翘曲变形，提高制件质量。

⑥ 减少返修成本。模流分析可以提高模具一次试模成功的可能性。设计者和使用者都知道，模具返工要耗损大量的时间和财力。模流分析使得在试模之前就可确认各种模具设计方案对模塑过程的影响，无疑将大大减少时间和财力的消耗。此外，未经反复返工的模具，其寿命更较长。

（4）成型工艺

① 更加宽广更加稳定的加工"裕度"。模流分析对熔体温度、模具温度和注射速度等主要注塑加工参数的变动影响提出一个目标趋势。借助模流分析，注塑工便可估计各个加工参数的正确值，并确定其变动范围。会同模具设计者一起，选择使用最经济的设备，确定最佳的模具方案。

② 减少塑件应力和翘曲。残余应力常常使塑件在成型后出现翘曲，甚至发生失效。采用模流分析，可选择最好的加工参数以使塑件残余应力最小。

③ 省料和减少过量充模。采用模流分析技术一般可以节省5%的材料，这对大量生产来说是很有意义的。同时它还有助于消除因局部过量注射所造成的翘曲。

1.3.2 常用注塑模流分析软件

CAE技术的出现，为注塑模设计提供了可靠的保证，是模具设计史上的一次重大变革。如今国际市场上涌现出大量的注射模CAE商品化软件。下面仅对在我国拥有一定市场占有率的常用注塑模流分析软件进行介绍。

（1）Moldflow Moldflow软件原是澳大利亚MOLDFLOW公司的产品，2008年5月1日，Autodesk宣布与MOLDFLOW达成收购协议，Moldflow作为其数字样机解决方案的一部分。

如今，Moldflow已成为全球塑料行业公认的分析标准。企业通过Moldflow这一有效的优化设计制造的工具，可将优化设计贯穿于设计制造的全过程，彻底改变传统的依靠经验的"试错"的设计模式，使产品的设计和制造尽在掌握之中。Moldflow为企业产品的设计及制造的优化提供了整体的解决方案，帮助工程人员轻松地完成整个流程中各个关键点的优化工作。

2017年4月，Autodesk公司宣布推出最新版本的Autodesk Moldflow 2018软件，该软件的产品系列见表1-1。

表1-1 Autodesk Moldflow 2018产品系列及简介

Moldflow产品系列	说　明
Autodesk Moldflow Adviser(AMA)	Moldflow顾问含用户界面和解算器组件
Autodesk Moldflow Insight(AMI)	Moldflow高级模流分析专家包括Autodesk Moldflow Synergy(用户界面引擎，由此启动Moldflow Insight)和求解器组件
Autodesk MoldFlow Design	Moldflow产品系列的设计链接工具 通过该工具Moldflow各产品系列可轻松读取IGES、STEP、STL等格式的3D模型，还可直接读取Parasolid(UG)、Pro/E、I-DEAS、CATIA、Solidworks等高端CAD软件的3D模型
Autodesk MoldFlow SimStudio Tools	模拟工具 Autodesk为仿真社区量身定做的平台提供了CAD模型的简化、清理和编辑功能，以便创建更好的网格，更快地完成设计迭代。要使用此工具，必须同时安装Autodesk MoldFlow Design和Autodesk MoldFlow SimStudio Tools。双层面和3D分析技术支持此工具

Moldflow 产品系列	说 明
Autodesk MoldFlow Communicator(AMC)	Moldflow 浏览器 使用 Autodesk MoldFlow Communicator(AMC)软件与制造人员、采购工程师、供应商和外部客户加强协作。浏览器支持用户从 Autodesk Moldflow 软件导出结果,以便相关人员可以更加轻松地可视化、量化和比较仿真结果

Moldflow 注塑成型仿真产品分为两大类:Moldflow Adviser 和 Moldflow Insight。

① Moldflow Adviser。Moldflow Adviser 是一款普及型的模流分析软件,可以使产品设计人员在开发早期预测制品注塑成型的潜在问题,能够快捷地测试产品的工艺性及优化模具设计,确保成型零件的质量和可制造性;可直接从 CAD 输入实体分析,大幅减少前期分析模型修整时间;提供初步设计的引导方案,预测问题点并提供实际的解决方案和建议,使工程师能快速获得分析结果,对产品或模具加以修正。在 Pro/E 和 UG 软件中的"塑胶顾问"模块即为 Moldflow Adviser。

Moldflow Adviser 分为 Moldflow Adviser Premium 和 Moldflow Adviser Ultimate 两个版本。

a. Moldflow Adviser Premium。Moldflow Adviser Premium 在产品的概念设计阶段就可以进行分析,提供了关于熔接痕位置、困气、流动时间、压力和温度分布的准确信息,对潜在的设计问题提供有实践意义的建议;可以让产品设计工程师在产品设计阶段便能注意到产品的工艺性,在产品设计中能很快得到对于制件的壁厚、浇口位置等因素的修改是如何影响产品的最终加工性能。其特点有:直接分析 3D CAD 实体模型,并不需要进行模型格式的转换,也不需要划分网格;易学易用,并不需要专门的培训和模具知识;可提供诸如充满模腔的程度及动态的设计建议等多方面的信息。

b. Moldflow Adviser Ultimate。Moldflow Adviser Ultimate 包括 Moldflow Adviser Premium 的所有功能,以及模具填充、保压和冷却指导、翘曲原因、纤维取向、流道平衡和型腔布局。模具设计者可以创建并模拟塑料通过单型腔、多型腔的流动。用户可以优化浇口类型、大小和位置以及流道的布局、大小和横截面的形状,可预测锁模力、注塑体积、生产周期等。其特点有:基于双面流技术,可直接使用 3D 实体 CAD 模型,而不需要创建甚至不需要查看有限元网格,从而节省模型准备时间;直观的结果显示和详细的设计建议帮助用户快速优化零件和模具设计,易学易用;可快速创建浇流道系统,排布模穴,预测锁模力、一次注射量和成型周期。

② Moldflow Insight。Moldflow Insight 是提供面向分析师的一整套高级塑料工程仿真工具,可以模拟整个注塑成型过程、优化制件设计、模具设计和注射成型过程,可得到最佳的浇口数量与位置,合理的流道系统与冷却系统,可对型腔尺寸、浇口尺寸、流道尺寸和冷却系统尺寸进行优化,并且还能对注塑工艺参数进行优化。能分析模拟塑料流动形态、产品体积收缩、冷却时间、纤维配向性、产品翘曲等;还能分析模拟气体辅助射出及热固性成型等。Moldflow Insight 无论在广度和深度上都涵盖了 Moldflow Adviser 的功能。

Moldflow Insight 分为 Moldflow Insight Standard、Moldflow Insight Premium 和 Moldflow Insight Ultimate 三个版本。

Moldflow Adviser Ultimate 和 Moldflow Insight Premium 的仿真功能和可分析的成型功能比较分别如表 1-2 和表 1-3 所示。

表 1-2　**Autodesk Moldflow 注射成型仿真产品功能比较**

仿真功能	Moldflow Adviser Ultimate	Moldflow Insight Ultimate
填充	√	√
保压	√	√
纤维取向		√
缩痕和熔接线	√	√
成型窗格	√	√
排气分析		√
结晶分析		√
浇口位置	√	√
冷热流道	√	√
试验设计（DOE）		√
冷却	√	√
瞬态模具冷却或加热		√
随形冷却		√
快速温度循环		√
感应加热		√
加热元件		√
翘曲	√	√
镶件双色成型		√
模具内标签		√
二次射出顺序双色成型		√
型芯偏移		√
金线偏移、晶片位移		√

注："√"表示具有该功能，空白表示无此功能。

表 1-3　**Autodesk Moldflow 注射成型仿真产品可分析的成型功能比较**

成型功能	Moldflow Adviser Ultimate	Moldflow Insight Ultimate
热塑性塑料注射成型	√	√
气体辅助注射成型		√
注压成型		√
共注射成型		√
双组分注射成型		√
微孔发泡注射成型		√
微孔发泡注射成型		√
结构化反应注射成型（SRIM）		√
粉末注射成型		√
树脂传递模塑成型（RTM）		√
橡胶、液态硅胶注塑成型		√
多料筒反应成型		√

成型功能	Moldflow Adviser Ultimate	Moldflow Insight Ultimate
反应注射成型		√
微芯片封装		√
底层覆晶封装	√	√
压缩成型		√
多料筒热塑性塑料注射成型		√

注："√"表示具有该功能，空白表示无此功能。

（2）Moldex3D　Moldex3D 为台湾科盛科技公司研发的三维实体模流分析软件。在分析模型方面，Moldex3D 采用三维实体元素网格，依塑料件实体来建造，完全符合真实情况，并且可完全自动化生成网格，轻松建模。在模拟技术方面，Moldex3D 采用新开发真三维实体模流分析技术（HPFVM），经过严谨的理论推导与反复的验证，考虑了 Skin-surface 分析法与 MidPlane 分析法没有考虑的惯性效应、非恒温流体等许多实际状况，更拥有计算稳定快速准确的能力，可进行真正三维实体模流分析，使分析结果更能接近现实状况并且大大节省工作时间。该软件搭配人性化的操作界面与最新引入的三维立体绘图技术，真实呈现所有分析结果，让用户学习更容易，操作更方便。

利用此软件，用户可仿真出成型过程中的充填（filling）、保压（packing）、冷却（cooling）以及脱模塑件的翘曲（warping）过程，并且可在实际开模前准确预测塑料熔胶流动状况、温度、压力、剪切应力、体积收缩量等变量在各程序结束瞬间的分布情形，以及模穴压力变化及锁模力等变量随时间的历程曲线和可能发生缝合线（welding line）及包封（air Trap）的位置。同时，Moldex 3D 也可用来评估冷却系统的好坏并预估成型件的收缩翘曲行为。

（3）华塑 CAE　华塑塑料注射成型过程仿真集成系统 7.5（HsCAE3D 7.5）是华中科技大学模具技术国家重点实验室华塑软件研究中心推出的注射成形 CAE 系列软件的最新版本，用来模拟、分析、优化和验证塑料零件和模具设计。它采用了国际上流行的 OpenGL 图形核心和高效精确的数值模拟技术，支持如 STL、UNV、INP、MFD、DAT、ANS、NAS、COS、FNF、PAT 等通用的数据交换格式，支持 IGES 格式的流道和冷却管道的数据交换。目前国内外流行的造型软件（如 Pro/E、UG、Solid Edge、I-DEAS、ANSYS、Solid Works、InteSolid、金银花 MDA 等）所生成的制品模型通过其中任一格式均可以输入并转换到 HsCAE3D 系统中，进行方案设计、分析及显示。HsCAE3D 包含了丰富的材料数据参数和上千种型号的注射机参数，保证了分析结果的准确可靠。HsCAE3D 还可以为用户提供塑料的流变参数测定，并将数据添加到 HsCAE3D 的材料数据库中，使分析结果更符合实际的生产情况。

HsCAE3D 7.5 能预测充模过程中的流前位置、熔合纹和气穴位置、温度场、压力场、剪切应力场、剪切速率场、表面定向、收缩指数、密度场以及锁模力等物理量；冷却过程模拟支持常见的多种冷却结构，为用户提供型腔表面温度分布数据；应力分析可以预测制品在出模时的应力分布情况，为最终的翘曲和收缩分析提供依据；翘曲分析可以预测制品出模后的变形情况，预测最终的制品形状；气辅分析用于模拟气体辅助注射成型过程，可以模拟具有中空零件的成形和预测气体的穿透厚度、穿透时间以及气体体积占制品总体积的百分比等结果。利用这些分析数据和动态模拟，可以优化浇注系统设计和工艺条件，指导用户进行优化布置冷却系统和工艺参数，缩短设计周期、减少试模次数、提高和改善制品质量，从而达到降低生产成本的目的。

（4）其他　目前世界上较流行的注塑模软件还有以下几个。

① 美国和意大利的 Plastic and Computers 公司的 TMCO-NCEPT 专家系统。该专家系统的功能包括：TMC-MS 材料选择，TMC-MCO 注射条件和模具费用优化，TMC-FA 注射流动分析，TMC-CSE 型腔尺寸设计，TMC-MTA 模具传热分析。之后该公司又推出了气体辅助注射模拟软件 fa/Gaim。

② 德国 IKV 研究所的 CAD/CAE 软件 CADMOULD。该软件包括模架方案构思和设计、二维流动分析、三维流动分析、二维冷却分析和模具强度刚度分析。

③ 美国 GRAFTEK 公司的注塑模 CAD/CAE/CAM 系统。该系统包括二维流动分析模块 SIMUFLOW、三维流动分析模块 SIMUFLOW 3D、冷却分析模块 SIMUCOOL 及几何造型 OPTIMOLD Ⅲ 和模具结构设计模块 OPTMOLD（DME）。

除上面的几款软件外，专用软件还有 IMES 专家系统（美国），POLY-COOLZ 三维瞬态冷却过程分析软件（美国），MCKAM-2 系统（加拿大），CAD-MOULD-MEFISTO 有限元三维型腔流动分析系统（德国）等。

郑州工业大学橡塑模具国家工程研究中心开发了注塑模 CAE 软件 Z-MOLD。并在 Z-MOLD 系统基础上，编制了气辅注塑充模流动分析模块。

虽然目前 CAE 系统所提供的模拟功能已经越来越完善，但所有功能的实现都是通过大量的人工干预才得以完成的，任何一个层次的分析中的工艺条件均需要由设计分析人员指定，模型的处理也需要由分析人员根据所针对制件和工艺特点进行适当的处理，CAE 系统目前所能实现的只是根据指定的或认可的工艺条件进行过程模拟。

本书以 Moldflow2018 的 Moldflow Insight Ultimate 为工具，详细阐述该软件在注塑模流分析中的应用。

本 章 小 结

本章简单阐述了注塑工艺过程及注塑产品质量影响因素；概述了材料成型 CAE 技术的原理、实现及精度影响；最后介绍了 CAE 技术在注塑中的应用及常用注塑模拟分析软件。

第2章

模流分析基本流程及Moldflow 操作基础

2.1 注塑模流分析基本流程

如第1章所述，注塑模流分析能成功地应用在塑件设计、材料选择、模具设计及成型工艺的优化上。注塑模流分析的一般流程如图2-1所示，本书基础部分的章节编排也遵照此流程展开，以让读者系统掌握注塑模流分析。

（1）模型准备　首先需要建立成型对象——塑件的CAD模型，考虑到CAD、CAE软件间数据传递的失真以及分析计算的可靠性，需对该CAD模型进行必要的检测、修复和简化；而后基于此CAD模型创建其CAE网格模型，为保证求解效率与精度，要保证网格的质量与合适的网格数量。有了CAE网格模型这个分析计算基础，即可开始进行注塑模流分析。

（2）模腔分析　模具设计流程总是从模腔分析开始，包括浇口位置的确定及模腔内成型工艺条件的优化。通过浇口分析确定合适的浇口数量和布局，并可通过快速充填分析来检验充填效果。在确定了浇口数量与位置后，进行成型窗口分析以优化注塑工艺条件，以获取良好的模腔充填效果。

（3）浇注系统的设计与优化　确定制件的浇口数量与布局及成型工艺参数后，就可进行浇注系统的设计与优化，确定型腔的布局及浇注系统的尺寸。设计要求各腔充填尽可能平衡，流道体积与型腔体积之比尽可能小。

（4）冷却系统的设计与优化　制件的充填优化后，就可进行冷却系统的设计与优化。一般，冷却系统设计的目标就是将制件中的热量均匀带走，这样就可以在生产高质量产品的同时缩短成型周期。

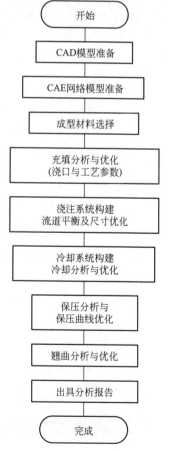

图2-1　注塑模流分析的一般流程

（5）保压优化　尽管充填阶段接下来就是保压阶段，但保压的优化最好还是在冷却分析之后。保压补缩受热传递控制，而充填阶段主要以熔体流动为主。冷却分析能准确描述制件散热过程，因此在冷却分析之后进行保压分析可提高分析的准确性。通过保压优化可得到合理的保压曲线，以此保证获得较小的均匀的体积收缩。

（6）翘曲分析与优化　最后一步分析就是预测制件的翘曲。在充填、冷却和保压优化完成后，可通过翘曲分析的结果来确认之前的优化是否得当。如果翘曲分析结果表明制件变形量超出允许值，则可根据分析结果确定引起翘曲变形的主要原因，再次进行相应阶段的优化。

（7）分析报告　完成所有分析与优化后生成分析报告，分析报告中一般包括优化前后方案的设置、结果的比较。

2.2　Moldflow2018 操作基础

2.2.1　操作界面

Moldflow2018 操作界面主要由 9 个部分组成：标题栏、菜单栏（选项卡）、功能区、"工程与方案任务"窗格、"层"窗格、"模型"窗格、ViewCube 和导航栏、"日志"窗格、用户界面的定制等，如图 2-2 所示。

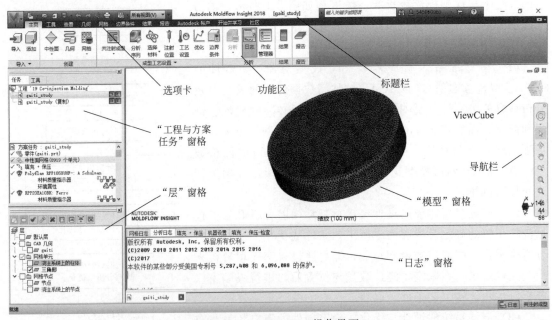

图 2-2　Moldflow2018 操作界面

（1）标题栏　标题栏位于操作界面顶端，显示软件名称和当前方案任务名。

（2）选项卡　选项卡位于标题栏下方，如图 2-3 所示，包括主页、工具、查看、几何、网格、边界条件、结果、报告等。可拖动选项卡来调整其位置排列顺序。

图 2-3　选项卡

（3）功能区　功能区位于选项卡中，是相关命令按钮集合区，用户只需根据操作分类点选相应选项卡即可。例如，需要导入零件图就点选"主页"选项卡，常用操作的工具按钮就显示在该选项卡下，"导入"命令就在其中，如图2-4所示。与零件建模相关的所有命令可在"几何"选项卡上找到，如图2-5所示。各种命令按逻辑面板分组，许多面板还可下拉展开，以显示更多命令。如图2-6所示的"网格"选项卡，其下拉面板就集合了有关"网格"的各种命令，点选 网格▼ 、 网格诊断▼ 、 网格编辑▼ ，就会出现如图2-7所示命令。

图2-4　"主页"选项卡

图2-5　"几何"选项卡

图2-6　"网格"选项卡

图2-7　各类下拉面板

（4）"工程与方案任务"窗格　"工程与方案任务"窗格显示的是工程与方案任务的详细信息，默认显示在窗口的左侧。它有"任务"选项卡和"工具"选项卡。如图2-8所示为工程和方案任务窗格"任务"选项卡。"任务"选项卡下包含"工程"和"方案任务"两个窗格。"工程"窗格罗列了工程中的所有方案任务，各方案任务名称前后的图标分别标识该方案任务的网格类型和分析序列，在某方案任务行双击即可打开激活该方案任务。在"工程"窗格中的任意方案上或者工程图标上单击鼠标右键，将出现快捷菜单，可选择进行相应操作。"方案任务"窗格显示激活的方案任务详细信息，包括模型、网格、分析序列、材料、工艺设置、结果等。在"方案任务"窗格中的某项目上点击右键，弹出其对应快捷菜单，可选择进行相应操作。在对网格进行某些操作时，"工程与方案任务"窗格自动切换到"工具"选项卡，

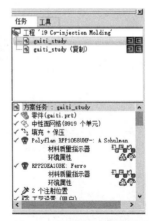

图2-8　"工程和方案任务"窗格"任务"选项卡

如图 2-9 所示。

（5）"层"窗格　　"层"是一个组织工具，以便管理不同的模型元素，如图 2-10 所示。"层"窗格位于图形用户界面的左下方。"层"窗格可进行"添加"新层、"激活"层、"删除"空层、"展开"层显示、将所选对象移到"指定"层、层的显示与隐藏等操作。在层上单击右键，弹出快捷菜单，可对该层进行相应操作。

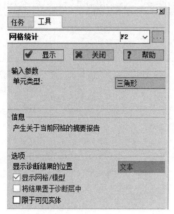

图 2-9　　"工程和方案任务"窗格"工具"选项卡

图 2-10　　"层"窗格

激活层为粗体显示，创建的任何新几何体都将添加到此层，因此，在创建新几何体时，一定要看处于活动状态的层是否正确。选中的层在模型显示窗格中可见。指定给这些层的所有实体将在屏幕上可见。加亮层是选定的层。

当处理大量的层时，可能需要滚动层列表。使用鼠标右键快捷菜单中的"上移""下移"和"显示所有层"选项可将要处理的各个层依次放置。

（6）"模型"窗格　　"模型"窗格是用户界面的最大区域，显示当前方案任务的模型或分析结果，如图 2-11 所示。"模型"窗格的底部是选项卡，每个选项卡对应一个方案任务，可点击选项卡进行切换显示，显示的即为当前方案。

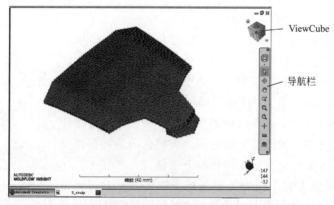

图 2-11　　"模型"窗格

（7）ViewCube 和导航栏　　ViewCube 位于"模型"窗格右上角，如图 2-11 所示，用来进行模型方位的定位。

导航栏位于"模型"窗格右侧，如图 2-11 所示，用来进行模型的旋转、平移、缩放、设置中心、测量等操作。

（8）"日志"窗格　运行分析后，"日志"窗格将显示在"模型"窗格的底部。如图 2-12 所示，可以随时通过在"方案任务"窗格中勾选或去除勾选日志框或点击窗格右下角的日志按钮 ![日志] 来隐藏或显示日志窗格。

图 2-12　"日志"窗格

（9）用户界面的定制　以上某些用户界面元素的显示与关闭可定制。点击"查看"选项卡下的"用户界面"按钮，在其下拉面板中对相关界面元素勾选或去除勾选，则在窗口中可显示或关闭对应的界面元素，如图 2-13 所示。"清理屏幕"开关按钮则能最大限度地显示"模型"窗格，再点击该按钮则恢复为定制的"用户界面"。

图 2-13　用户界面的定制

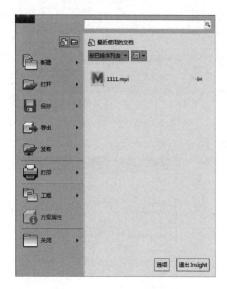

图 2-14　"应用程序"菜单

2.2.2　常用菜单与选项卡

本节将详细介绍 Moldflow2018 中常用菜单的各项功能和操作方法。熟悉此相关操作是后面分析的基础。

（1）"应用程序"菜单　单击窗口左上角 ![按钮] 按钮，弹出"应用程序"菜单，如图 2-14 所示，菜单中包括新建、打开、保存、导出、发布、打印、工程、方案属性、关闭等文件操作命令。点击各命令右侧的 ▶ 按钮，相应地出现如图 2-15 所示的面板。

选择其中一个菜单"打开"→"导入"命令，就会出现如图 2-16 所示的"导入"对话框。

图 2-15　文件操作命令对应面板

图 2-16　"导入"对话框

单击"应用程序"菜单中的 选项 按钮，弹出"选项"对话框，如图 2-17(a) 所示，在此可对系统进行设置。"选项"对话框中包括常规、目录、鼠标、结果、背景与颜色、默认显示、语言与帮助系统等共计十个选项卡。

①"常规"选项卡。可在此设置系统单位，有公制和英制两种。根据习惯选择自动保存间隔时间。"建模基准面"选项中可以设置栅格尺寸和平面大小。"分析"选项中选择"更改分析选项"按钮会弹出"选择默认分析类型"对话框，如图 2-17(b) 所示。

(a)

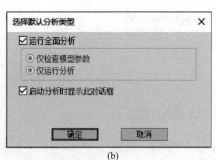

(b)

图 2-17　"选项"对话框

②"目录"选项卡。用于选择和更改系统默认的工作目录，如图 2-18 所示。

③"鼠标"选项卡。可在此设置鼠标相应键及与键盘组合键的使用来实现对模型的操作。一般设置：左键选择、中键（滚轮按下）旋转、右键平移、滚轮上下拨动为动态缩放、Ctrl＋右键为鼠标应用（即在对话框中）。当前的默认设置为双击打开项目。可在"工程项

目"框中将其更改为单击。如图 2-19 所示。

④"结果"选项卡。用于自定义各个分析类型中所需要的分析结果，对于一些针对性的结果可以省略很多分析时间。具体操作是通过"添加/删除"按钮来设置输出结果，通过"顺序"按钮对结果进行排序，如图 2-20 所示。

⑤"背景与颜色"选项卡。用于进行个性设置，设置各单元的背景颜色以及网格线的颜色等，如图 2-21 所示。

⑥"默认显示"选项卡。用于设置模型元素的显示方式。为便于观察与选择，经常到此来更改显示设置。

⑦"语言与帮助系统"选项卡。用于选择界面及帮助系统的语言（软件中文界面及帮助实际为原英文版的翻译，有些地方晦涩难懂，可切换回英文，重启软件即生效）。

图 2-18 "目录"选项卡

图 2-19 "鼠标"选项卡

图 2-20 "结果"选项卡

图 2-21 "背景与颜色"选项卡

（2）"主页"选项卡　"主页"选项卡包括"导入""创建""成型工艺设置""分析""结果""报告"等面板，如图2-22所示。

图2-22　"主页"选项卡

①"导入"面板。导入模型分为"导入"和"添加"两种。"导入"是选择模型导入，同时在工程下生成一新的方案任务，该模型即为新的方案任务中的模型。"添加"是选择模型添加到当前方案任务中，在要构建不同制件的一模多腔或将CAD系统中构建的浇注系统、冷却系统等模型导入时需选择此操作。"导入"操作步骤如下。

a. 单击"主页"选项卡中的导入选项按钮🔲，打开"导入"对话框，如图2-23所示。

b. 选择"文件类型"下拉列表，将显示直接支持的文件类型列表，选择"所有模型"可显示目录中所有模型文件格式的列表。

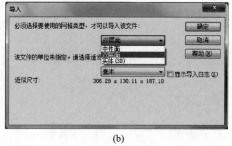

(a)　　　　　　　　　　　　　　　　(b)

图2-23　"导入"对话框

c. 根据所保存模型的文件格式选择相应的文件类型。

d. 在"导入"对话框中选择需要的文件，选择"打开"。

e. 在"导入"对话框中选择要使用的网格类型，一般选"双层面"，之后再按需要转换。

②"创建"面板。在"创建"面板下可更改网格类型。Moldflow中有三种网格类型：中性面、双层面和3D。网格类型的选择具体参见第4章"CAE模型准备"。

点击"几何"按钮则切换到"几何"选项卡；点击"网格"按钮则切换到"网格"选项卡。

③"成型工艺设置"面板。Moldflow可进行多种注塑工艺分析，分析时需选择成型工艺。

a. 成型工艺选择。单击🔲"成型工艺设置"按钮，然后从下拉菜单中选择成型工艺。

默认为"热塑性注射成型"。

需要注意的是 Moldflow 的成型工艺分析并不是支持所有的三种网格类型。相应的，在网格类型确定的情况下可选择的成型工艺是不一样的，如图 2-24 所示。本书若非特别指明，均以双层面网格类型来进行分析的。

(a) 双层面	(b) 中性面	(c) 3D
热塑性塑料重叠注塑	热塑性注射成型	热塑性塑料重叠注塑
热塑性注射成型	热塑性塑料重叠注塑	热塑性注射成型
热塑性塑料微孔发泡注射成型	热塑性塑料双组分注射成型	气体辅助注射成型
反应成型	气体辅助注射成型	反应成型
微芯片封装	共注射成型	微芯片封装
底层覆晶封装	热塑性塑料注射压缩成型	底层覆晶封装
传递成型或结构反应成型	反应注射压缩成型	热塑性塑料注射压缩成型
	反应成型	热塑性塑料压缩成型
	微芯片封装	反应注射压缩成型
	热塑性塑料微孔发泡注射成型	反应压缩成型
	传递成型或结构反应成型	热塑性塑料微孔发泡注射成型
	底层覆晶封装	热塑性塑料注射压缩重叠注塑
	多料筒反应成型	热塑性塑料压缩重叠注塑

图 2-24　网格类型所支持的成型工艺

b. 分析序列选择。分析序列是指所要运行的分析的序列，有填充、填充＋保压、冷却、浇口位置等。哪些分析序列可用取决于所使用的网格类型以及所选的成型工艺。

单击"成型工艺设置"面板的"分析序列"按钮，将显示"选择分析序列"对话框，如图 2-25 所示。单击"更多"按钮，将显示"定制常用分析序列"对话框，如图 2-26 所示，可以根据需要勾选所需分析项目。

图 2-25　"选择分析序列"对话框

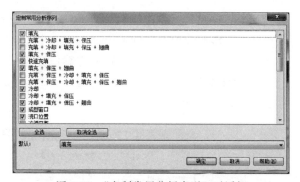

图 2-26　"定制常用分析序列"对话框

c. 成型材料选择。单击"成型工艺设置"面板中的"选择材料"按钮，打开"选择材料"对话框，如图 2-27 所示。可根据材料的制造商和牌号或通过搜索来选择材料。具体如何选择材料详见第 5 章"材料选择"。

d. 注射位置设置。单击"注射位置"按钮之后，点击合适的位置就指定了一个浇口位

图2-27 "选择材料"对话框

置，可继续点击指定多个浇口位置，最后点击右键，从快捷菜单中选择"完成设置注射位置"完成注射位置的设置。当然，浇口位置的确定一般可通过"浇口位置"分析，并结合产品要求、模具结构等来综合确定。

e.工艺设置。不同的成型工艺、不同的分析序列的工艺设置也不同。以热塑性注塑成型工艺、填充分析序列为例，单击"工艺设置"按钮，"工艺设置向导-充填设置"对话框如图2-28所示，默认的模具表面温度和熔体温度即为所选材料的推荐工艺参数，还可设置充填、保压及速度/压力切换等的控制方式及信息。

图2-28 "工艺设置向导-充填设置"对话框

④"分析"面板。点击"分析"下拉按钮可选择直接在本地主机中分析还是"在云中"分析。

点击"日志"开关按钮则显示/关闭日志窗格。

点击"作业管理器"则弹出"Simulation Job Manager"（模拟作业管理器）对话框，可在此控制正在运行或已计划运行的方案任务分析。

（3）"工具"选项卡　"工具"选项卡如图2-29所示，包括"数据库""自动化""指定的宏""选项"面板。

图2-29 "工具"选项卡

单击"数据库"面板中的"搜索"按钮，弹出"搜索数据库"对话框，如图2-30所示。根据"属性类型"选择相应材料，包括各种数据库，材料、参数、工艺条件、几何/网络/BC。最后单击"确定"打开。

单击"数据库"面板中的"新建"按钮，弹出"新建数据库"对话框，如图2-31所示。在"名称"处可以取一个唯一的名称，点击"确定"，就可以创建个人数据库。

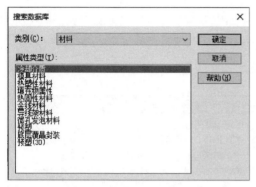

图2-30 "搜索数据库"对话框

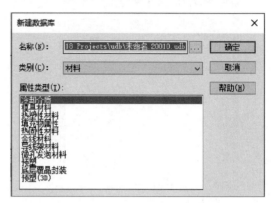

图2-31 "新建数据库"对话框

单击"数据库"面板中的"编辑"按钮，可对个人数据库进行编辑。

（4）"查看"选项卡 "查看"选项卡如图2-32所示，包括"外观""剖切平面""窗口""锁定""浏览""视角"面板。

图2-32 "查看"选项卡

① 外观。单击"实体"按钮，弹出"选项"对话框的"默认显示"选项卡，如图2-33所示，可在此设置模型元素的显示方式。为方便观察模型、选择对象经常在此更改显示"默认显示"设置。

单击"透视图"将以透视方式看模型，就像在3D空间看到的一样。

单击"模型显示"开关按钮 **模型显示** 将显示/隐藏模型。

单击"单位"下拉按钮，可切换模型单位，注意在此只是单位改变，实际大小并没改变。

② 剖切平面。利用剖切平面可以从视觉上移除部分模型，以显示零件的内部结构。在整个模型的不同位置查看结果时，该功能很有用，可以指定剖切平面、定义定制剖切平面或同时显示多个剖切平面。

单击"编辑"按钮，弹出"剖切平面"

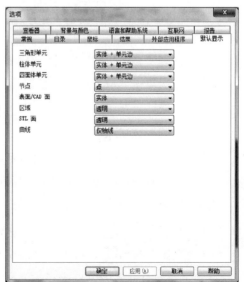

图2-33 "选项"对话框

对话框，如图 2-34 所示。在"剖切平面列表"中选择平面后，"移动"按钮被激活，可以手动或者设置坐标对剖切位置进行设置。"移动剖切平面"对话框如图 2-35 所示。

图 2-34 "剖切平面"对话框   图 2-35 "移动剖切平面"对话框

③ 窗口。单击"用户界面设置"按钮，弹出如图 2-36 所示"用户界面"级联菜单，可对界面进行定制。其中"导航栏"最为常用，"导航栏"命令包括图形的旋转、平移、缩放、局部、中心、测量等，如图 2-37 所示。

图 2-36 "用户界面"级联菜单   图 2-37 "导航栏"命令

单击"清理屏幕"按钮，除"模型窗格"外，其他窗格都将关闭，可最大程度显示模型外观。再次单击"清理屏幕"按钮可复原。

单击"切换"按钮，在多个已打开的方案任务的模型窗格间进行切换显示。

单击"平铺"按钮，将多个已打开的方案任务的模型窗格进行水平或垂直平铺显示。

单击"拆分"按钮，将模型窗格水平或/和垂直切分，可以显示同一个方案的不同结果。该工具在查看翘曲分析结果时尤其常用。要取消"拆分"，只需拖动切分线到边缘即可。

单击"层叠"按钮，可将多个已打开的方案任务的模型窗格层叠显示。

单击"新建"按钮，将打开当前窗格的新视图。

单击"关闭"按钮，将关闭当前窗格或所有窗格。

④ 锁定。当打开多个窗口或将一个窗口拆分成两个或四个子窗口时，可以锁定（同步）所选窗口的视图、图形或动画，从而显示它们之间的差异。

: 锁定"视图"将在每个锁定窗口/子窗口中保持相同的模型旋转、平移和缩放显示。

: 锁定"图形"将在每个锁定窗口/子窗口中显示相同的结果图，用于对不同方案同一结果的比较。

: 锁定"动画"将在每个锁定窗口/子窗口中同步播放结果图动画。

可选择窗口锁定"视图""图形""动画"，也可锁定所有"视图""图形""动画"，锁定后也可一次性解锁所有"视图""图形""动画"。

⑤ 浏览。单击"全导航控制盘"按钮，将弹出如图 2-38 所示的"全导航控制盘"级联菜单，是访问常规和专用导航工具。具体功能如"窗格"设置的"导航栏"。

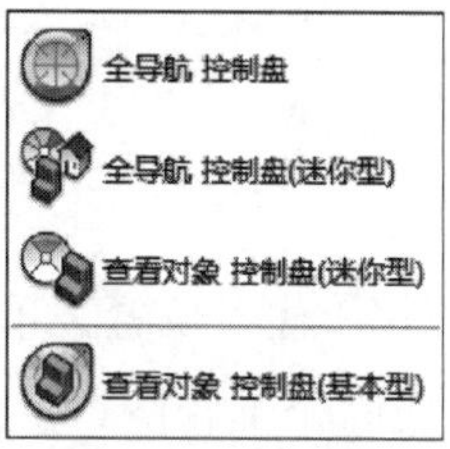

（5）"几何"选项卡 "几何"选项卡如图 2-39 所示，包括局部坐标系、创建、修改、选择、属性、实用程序面板。首先，"局部坐标系"是对零件施加的载荷或约束作用于基准坐标系的 X、Y 和 Z 方向以外的方向上时设置的。使用局部坐标系（LCS）可大大简化这

图 2-38 "全导航控制盘"级联菜单

种约束或载荷的设置。其次，"创建"面板可以很方便地在模型窗格创建点、线、面、冷却回路等基本模型元素，从而可在导入 CAD 模型的基础上便捷地构建浇注系统和冷却系统。

在第 3 章"CAD 模型准备与导入"及后续相关章节将会详细阐述几何建模的这些功能。

图 2-39 "几何"选项卡

（6）"网格"选项卡 "网格"选项卡如图 2-40 所示，包括"网格（生成）""网格诊断""网格编辑""选择""属性""实用程序"面板。

在第 4 章"CAE 模型准备"将详细阐述网格的相关知识与操作。

图 2-40 "网格"选项卡

在"几何"选项卡和"网格"选项卡，均有"选择"面板，如图 2-41 所示。在需选择模型元素进行某个操作时，可利用"选择"面板中的相应工具按钮实现最为便捷的选择。选择方式有：逐个点选、画圆圈选、画多边形圈选，根据属性选，按层选、全选、框选、扩展

图 2-41 "选择"面板

选等，还可在选择输入框中输入模型元素 ID 号（节点前缀为 N，柱单元前缀为 B，三角形单元前缀为 T 等）。

（7）"边界条件"选项卡 "边界条件"选项卡如图 2-42 所示，包括"注射位置""浇注系统""气体""冷却""尺寸""约束和载荷""排气""分配""多料筒""属性""实用程序"面板。

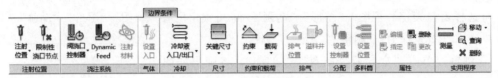

图 2-42 "边界条件"选项卡

① 注射位置。单击"注射位置"面板的"注射位置"按钮，点击合适的位置，就可以生成一个锥状浇口。

单击"注射位置"面板的"限制性浇口位置"按钮，工程窗格的"工具"选项卡为"限制性浇口位置"对话框，如图 2-43 所示。对不能进行注射位置设置的节点进行约束，可以点选也可以框选。点选按钮，约束内容如图 2-44 所示。

图 2-43 "工具"选项卡   图 2-44 "选择常用的网格工具"对话框

② 浇注系统。单击"浇注系统"面板的"阀浇口控制器"按钮，分别弹出"创建/编辑"和"指定给单元"命令。点选后的对话框分别如图 2-45、图 2-46 所示。

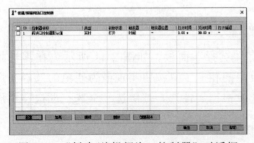
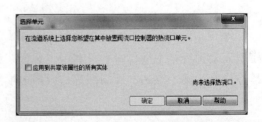

图 2-45 "创建/编辑阀浇口控制器"对话框   图 2-46 "选择单元"对话框

单击"浇注系统"面板的"Dynamic Feed"按钮，为热浇口指定压力控制，如图 2-47 所示。

图 2-47 "设置热浇口控制位置"对话框

③ 气体。针对气体辅助注射成型,设置注气位置。单击"设置入口"按钮,再选择进气节点位置即可,与设置熔体注射位置类似。

④ 冷却。单击"冷却"面板的"冷却液初/入口"按钮  ,指定管道冷却液的出入口位置,弹出如图 2-48 所示"冷却液初/入口"级联菜单。

⑤ 尺寸。单击"尺寸"面板的"关键尺寸"按钮 。在"收缩"和"优化"命令中,分别弹出"工具"选项卡,输入"位置1"和"位置2"就可以得到两点之间的距离,如图 2-49、图 2-50 所示。

图 2-48 "冷却液初/入口"级联菜单

图 2-49 收缩尺寸

图 2-50 优化尺寸

⑥ 约束和载荷。单击"约束和载荷"面板的"约束"按钮 和"载荷"按钮 ,分别弹出"约束"和"载荷"级联菜单,如图 2-51 和图 2-52 所示。应用于"应力分析"或

图 2-51 "约束"级联菜单

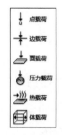

图 2-52 "载荷"级联菜单

"型芯偏移分析"。应力分析用于确定与结构有关的问题，通常包括塑料产品的强度、硬度和预期使用寿命。应力分析程序对正常或纤维增强的热塑性材料进行各向同性和各向异性应力分析。注射成型的应力分析可预测实际成型硬度。

⑦ 实用程序。单击"测量"按钮 ▦，弹出如图 2-53 所示"测量"对话框。输入"开始""结束"坐标，就得到距离值。

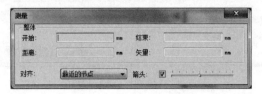

图 2-53 "测量"对话框

单击"移动"按钮 ✥，弹出如图 2-54 所示"移动"级联菜单，可以对模型的位置进行移动变换或复制变换。

单击"查询"按钮 🔍，弹出"工具"选项卡，如图 2-55 所示，主要用于查找实体的单元编号。

图 2-54 "移动"级联菜单   图 2-55 "工具"选项卡

(8) "结果"选项卡   "结果"选项卡如图 2-56 所示，包括"图形""属性""动画""检查""比例""翘曲""导出和发布""剖切平面""窗口""锁定"面板。每次运行分析后的结果都列在"方案任务"窗格中。同时，还会为每个分析生成一个"结果摘要"文件，用以提供有关分析输入的信息。

图 2-56 "结果"选项卡

① 图形。单击"新建图形"按钮 🗎，出现如图 2-57 所示"新建图形"级联菜单。选取"图形"按钮 🗎，出现如图 2-58 所示"创建新图"对话框。Moldflow2018 所有分析类型都在"可用结果"列表框中。

图 2-57 "新建图形"级联菜单　　　　　图 2-58 "创建新图"对话框

选取"计算"按钮，出现如图 2-59 所示"创建计算的图"对话框。选取"定制"按钮，出现如图 2-60 所示"创建定制图"对话框。

选取"注释"按钮，会在模型窗格出现一个"方案注释"（见图 2-61）和"图形注释"选项卡。每个图都有一个相关联的注释，这些注释将与结果文件一起导出并生成报告。

图 2-59 "创建计算的图"对话框

图 2-60 "创建定制图"对话框

② 属性。单击"属性"面板中的"图形属性"按钮，弹出如图 2-62 所示"图形属性"对话框，包括方法、动画、比例、网格显示、选项设置选项卡。其中"方法"选项卡用来显示"阴影"（云图）和"等值线"，如图 2-63 所示。

图 2-61 "方案注释"选项卡

图 2-62 "图形属性"对话框

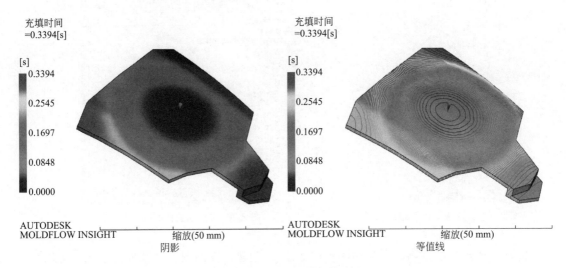

图 2-63　阴影、等值线效果

　　"动画"选项卡用来定义动画属性，如图 2-64 所示。在"动画"选项卡中设置"帧数"可以自定义动画的帧数。帧数越多，动画表达越细致。"单一数据表动画"中，"积累"显示的是帧数累加后的动画效果，而"仅当前帧"则显示的是随时间推移某一帧的动画效果，其区别如图 2-65 所示。

图 2-64　"动画"选项卡

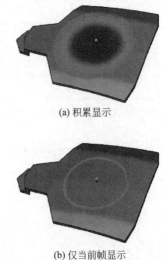

(a) 积累显示

(b) 仅当前帧显示

图 2-65　两种显示效果的对比

　　"比例"选项卡如图 2-66 所示。"网格显示"选项卡如图 2-67 所示。有"未变形零件上的边缘显示"和"变形零件上的边缘显示"两种情况，且都包括"关""特征线""单元线"三个选项。三种特征的显示结果对比如图 2-68 所示。

　　"选项设置"选项卡用来设置动画阴影的显示形式和颜色效果，如图 2-69 所示。

　　单击"属性"面板中的"保存默认值"按钮 。其中， 为保存当前结果属性， 为保存图形整体属性。

图 2-66 "比例"选项卡

图 2-67 "网格显示"选项卡

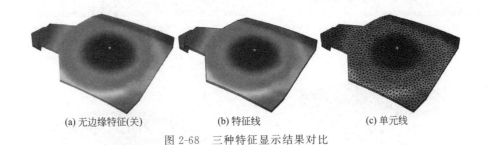

(a) 无边缘特征(关)　　　　(b) 特征线　　　　(c) 单元线

图 2-68 三种特征显示结果对比

③ 动画。"动画"板块中的按钮用于控制动画的播放。 ◁▌：单击一次向回播放一帧； ▐▷：单击一次向前播放一帧； ▷：连续播放； ▐▐：暂停播放； ▢：停止播放； 🐛：循环播放（从开头到结尾重复播放，直到单击其他按钮为止）； ⬌：往复播放（从开头到结尾再倒回开头反复播放，直到选择其他按钮为止）。也可直接拖动进度条来查看。

④ 检查。单击"检查"按钮🔍。光标箭头会变成小十字线。将光标移到需要查看具体值的位置单击左键，则显示出该位置的具体值。若要同时显示多个位置的具体值，只需在选择时一直按住"Ctrl"键即可。图 2-70 所示的是三个不同时间的注射位置。按"Esc"键退出"检查"状态。

图 2-69 "选项设置"选项卡

图 2-70 不同时间的注射位置

⑤ 比例。单击"设置比例"按钮 ，弹出"结果比例"对话框，如图 2-71 所示。在这个对话框中可以更改结果的比例，以便放大或缩小特定关注点。运行分析并选择所需的结果。单击 ，在"结果比例"对话框中，输入比例的最小值和最大值，然后单击"确定"。

如果希望返回到初始比例，可以单击"重设比例"按钮 。

⑥ 翘曲。单击"可视化"按钮 ，弹出"翘曲结果查看工具"对话框，如图 2-72 所示。单击"平移"，在"位移 XYZ"中输入平移矢量，单击"应用"，结果如图 2-73(a)。单击"缩放"，在"比例因子"中输入"5"，单击"应用"，结果如图 2-73(b) 所示。

图 2-71 "结果比例"对话框

图 2-72 "翘曲结果查看工具"对话框

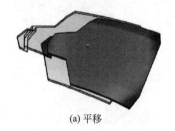

(a) 平移

(b) 缩放

图 2-73 平移、缩放比例设置结果

单击"恢复"按钮 ，则恢复原始翘曲参考平面。

⑦ 导出和发布。单击"缺陷查看"按钮 S ，弹出的"工具"选项卡如图 2-74 所示。点选"文件名"的 按钮，输入文件名并保存。

单击"Moldflow 结果"按钮 M ，弹出"发布"对话框，如图 2-75 所示。

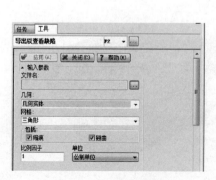

图 2-74 "工具"选项卡

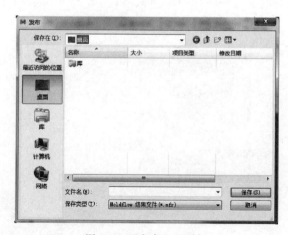

图 2-75 "发布"对话框

通过将模型和所选结果导出到一个文件，然后再将该文件导入 Autodesk Showcase 中，可以查看极具真实感的数字原型渲染。Autodesk Moldflow 产品用于预测特定模具设计的填充效果以及可能会出现缩痕或熔接线等缺陷的位置。要查看零件在现实生活中的实际外观以及评估是否需要真正关注这些缺陷，可将零件模型和所选结果导出为 ASCII FBX 文件（*.fbx），然后再将该文件导入 Autodesk Showcase 中。

"剖切平面""窗口"和"锁定"板块同"查看"选项卡中的对应工具板块，在此不复赘述。

（9）"报告"选项卡 可借助"报告"选项卡中的"工具"按钮来要生成报告，得到报告所需的结果材料。"报告"选项卡如图 2-76 所示，在选项卡中可选择要生成报告的方案、所要包含的结果，并指定文本、图像和布局属性。

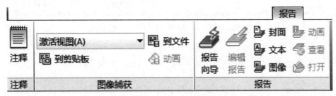

图 2-76 "报告"选项卡

① 注释。单击"注释"板块中的"注释"按钮▤，出现如图 2-77 所示的注释输入框，用于写入和保存与当前方案和当前图形相关联的注释。

② 图像捕获。单击"图像捕获"面板中的"激活视图"按钮 激活视图(A) ▾，出现如图 2-78 所示的"图像捕获"级联菜单。

图 2-77 注释输入框

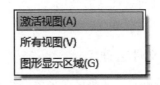

图 2-78 "图像捕获"级联菜单

单击"图像捕获"面板中的"到剪贴板"按钮▥，将所选位图图像粘贴到剪切板。

单击"图像捕获"面板中的"到文件"按钮▥，将所选位图图像粘贴到文件。

单击"图像捕获"面板中的"动画"按钮▧，将所选动画粘贴到文件。

③ 报告。单击"报告"面板中的"报告向导"按钮▧，出现"报告生成向导"对话框，如图 2-79 所示，然后按照提示逐步完成报告的生成。注意，必须安装 Microsoft Power-Point 2010 或更高版本以及 Microsoft Word 2010 或更高版本才能分别创建 "*.ppt"和"*.doc"格式的工程报告。要查看这些文件，应确保将相关图像和动画文件类型设置为在默认情况下通过相应 Microsoft 程序打开。对于"报告模板"，可选择"标准模板"（针对所有报告格式）或"用户创建的模板"（仅限 Word 文档或 PowerPoint 演示文稿格式）。在第 12 章"分析报告的创建"对此将详细阐述。

单击"封面"按钮▧，给报告添加封面或编辑现有封面。

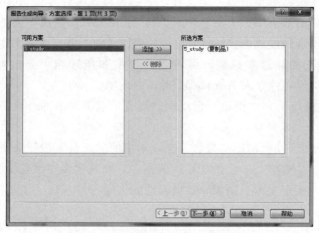

图 2-79 "报告生成向导"对话框

单击"文本"按钮 ，给报告添加文本，增加新的内容。

单击"图像"按钮 ，将图像添加到报告，同时带有文本以帮助说明图像。

单击"动画"按钮 ，将动画添加到报告。

2.2.3 视图操作

可通过鼠标相应键及与键盘组合键的使用来实现对模型的操作，具体设置参见 2.2.2 节的系统设置部分。一般设置：点击左键为选择、点击中键（滚轮按下）为旋转、点击右键为平移、滚轮上下拨动为缩放、"Ctrl"＋右键为鼠标应用等。

还可通过视图区右侧的 ViewCube 和导航栏来对视图进行定位、旋转、平移、缩放、指定中心、测量等操作。

2.2.4 文件管理

在 Moldflow 的建模、设置、分析过程中会产生大量的文件，会占据大量的磁盘空间。

Moldflow 中的文件类型有：工程管理文件、模型文件、接口文件、结果文件、临时/中间文件、重新启动文件等。

＊.mpi 文件为工程管理文件，以管理该工程下所包含的方案任务。＊.sdy 文件为方案任务管理文件，工程下每一个方案任务都对应一个 ＊.sdy 文件，该文件包含有该方案任务的模型、材料、设置等所有分析信息。

我们可以删除除 ＊.mpi 和 ＊.sdy 之外的任何文件，以便在删除所有结果的同时保留分析设置，需要分析结果时只需双击方案任务窗格中的"立即分析"重新计算获得。

重新启动文件的意义在于如果未做出任何会使先前分析失效的更改，则可使用重新启动文件运行分析序列中的后续分析而不必重新运行分析序列中先前的分析。如想扩展分析序列以进行二次分析，这将非常有用。如果删除重新启动文件，此功能将不复存在。

若要恢复磁盘空间，单击 ，然后单击 （"工程"→"压缩"），将删除工程文件夹中的重新启动文件来减少当前工程占用的磁盘空间容量。节省的空间量显示在"压缩工程"对话框中。

保留临时分析文件的目的是便于进行后处理。我们可以手工删除这些文件以释放磁盘空间。可以手动删除具有以下扩展名的文件但仍保留所有结果：*.c2p、*.hbr、*.lsp、*.m3r、*.mab、*.opp、*.osp、*.ppc、*.rso、*.rsp。

本 章 小 结

本章介绍了注塑模流分析的基本流程，Moldflow2018 的软件操作基础，包括界面、常用功能选项卡、视图操作及文件管理。对模流分析流程及软件操作基础的掌握，有利于对模流分析的过程与软件操作基础有个总体的认识与把握。

第3章

CAD模型准备与导入

对简单零件，其 CAD 模型可在 Moldflow 中由建模工具直接创建；对较复杂零件，则借助专门的 CAD 软件来创建，经过必要的简化修复后，再导入 Moldflow 中。

3.1 可导入的 CAD 模型格式

在 Moldflow Insight2018 中，可导入的 CAD 模型格式如表 3-1 所示。

表 3-1　Moldflow Insight2018 可导入的 CAD 模型格式

文件格式	可识别的文件扩展名
Moldflow 方案文件	＊.sdy
ANSYS Prep 7	＊.ans
I-DEAS Universal	＊.unv
NASTRAN Bulk Data	＊.bdf
PATRAN Neutral	＊.pat、＊.out
Stereolithography	＊.stl
ASCII 模型	＊.udm
Autodesk Inventor(最高 2018)	＊.ipt
Autodesk Shape Manager(最高 223)	＊.smt，＊.smb
Alias(v10～2018)	＊.wire
CATIA V5(R6-6R2016)	＊.catpart，
CATIA® V5(R6-6R2016)Assembly	＊.catproduct
Siemens PLM Unigraphics V13～NX 11	＊.prt
Pro/E® Wildfire® 5.0	＊.prt
Pro/E® Wildfire® 5.0 Assembly	＊.asm
Creo™ Parametric (1.0～3.0)	＊.prt
Parasolid®最高 V29	＊.x_t，＊.x_b
SolidWorks® 2001 plus～Solid Works 2017	＊.sldprt，
SolidWorks® 2001 plus～Solid Works 2017 Assembly	＊.sldasm
Rhino(最高 5.0)	＊.3dm

文件格式	可识别的文件扩展名
SAT（v4～v7）	＊.sat
STEP（AP214，AP203E2，AP242）	＊.stp，＊.step
IGES	＊.igs，＊.iges
Siemens PLM JT（最高 v10.2）	＊.jt

3.2　Moldflow2018 中建模

在 Moldflow2018 中可以创建简单的 CAD 模型，也可以创建浇注系统、冷却系统、模具镶块等。在此仅介绍在 Moldflow2018 中进行简单 CAD 模型的建模，其他建模在后续相关章节再进行介绍。

建模的命令均在"几何"选项卡中，该选项卡包括"局部坐标系"面板、"创建"面板、"修改"面板、"选择"面板、"属性"面板和"实用程序"面板，如图 3-1 所示。在此主要介绍局部坐标系、简单几何的创建以及实用程序。

图 3-1　"几何"选项卡

3.2.1　局部坐标系

进入 Moldflow 中，已有一默认坐标系，而定义局部坐标系并利用局部坐标系可使得建模更加灵活方便。使用"局部坐标系"工具可以创建和保存多个局部坐标系，但是，在任何给定的时间内只有一个局部坐标系处于活动状态，所有后续的建模都将相对于处于活动状态的局部坐标系创建。如果将局部坐标系激活为建模基准面，则将在新的 XY 平面中创建新几何体，从而简化建模。在研究应力和应变的翘曲和效果时，还可以激活局部坐标系以实现结果可视化。

（1）创建局部坐标系　Moldflow 中的坐标系为"右手"坐标系（张开右手，大拇指方向为 Z 轴，中指方向为 X 轴，掌心法向为 Y 轴），如图 3-2 所示。

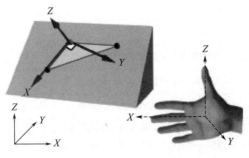

图 3-2　"右手"坐标系

图 3-3 "创建局部坐标系"对话框

选择"⚹"（"几何"选项卡→"局部坐标系"面板→"创建局部坐标系"）以打开"创建局部坐标系"对话框，如图 3-3 所示。

使用模型中的三个参考点或节点定义局部坐标系。第一点定义局部坐标系原点，第二点定义局部坐标系 X 轴方向，第三点定义局部坐标系 XY 平面，局部坐标系 Y 轴最接近坐标 3。局部坐标系 Z 方向垂直于局部坐标系 XY 平面。

若仅指定坐标 1 来定义局部坐标系，则坐标 1 作为局部坐标系原点，局部坐标轴方向与系统坐标轴一致；若指定坐标 1 和坐标 2 来定义局部坐标系，则坐标 1 作为局部坐标系原点，坐标 1 到坐标 2 的方向为局部坐标 X 轴，Y 轴和 Z 轴的方向将由系统自动选择；若指定全部三个坐标来定义局部坐标系，所定义的原点和定义的局部坐标轴方向符合右手法则。

① 坐标输入。坐标输入有两种方式，一是在"坐标"输入框中直接输入（中间为空格，例如：5 10 15）；二是直接在模型窗格中单击，通过"过滤器"设置自动获取所选位置的坐标。在创建节点、曲线等对话框中也都需要输入坐标，不再赘述。

② 过滤器。设置"过滤器"选项（相当于 AutoCAD 中的捕捉对象），在"模型"窗格点击选择对象时自动捕捉到距离鼠标点击位置最近的相应对象，能提高选择的准确性和效率。在此若希望通过在模型中选择节点的方式来定义局部坐标系，则将"过滤器"选项设置为"节点"，然后在模型显示区域点击即自动获取点击位置最临近节点的坐标。表 3-2 列出了各种过滤器及其含义。在创建节点、创建曲线、创建区域、创建孔、移动/复制等对话框中均有"过滤器"，以便选择，以后不再赘述。

表 3-2　过滤器类别及其含义

过滤器	描　　述
任何项目	选择此模式后,可以单击"模型视图"窗格中的任意位置,包括零件以外的位置
建模基准面	选择此模式后,可以单击"模型视图"窗格中的任意位置,或单击处于活动状态的"模型"窗格以创建节点或曲线
"节点"	单击选择某一节点
最近的节点	单击模型时,选择距点击位置最近的节点
曲线	单击模型时,选择距点击位置最近的曲线
圆弧中心	单击圆弧时,选择按圆弧勾勒的圆的中心坐标
曲线末端	单击曲线时,选择距点击位置最近的曲线末端上的点。此选项在特定情况下很有用,例如,使用 ✐（"几何"选项卡→"创建"面板→"曲线"→"连接曲线"),注意点选位置靠近所选曲线的一端,从此端连接

过滤器	描　　述
曲线中央	单击曲线时,选择曲线的中点
曲线上的点	单击曲线时,选择距点击位置最近的曲线上的点
区域	该过滤器仅在创建孔时可用。单击模型时,标识区域以供选择
三角形	单击模型或选择一个区域,选择三角形以供操作
表面	单击模型,则选择表面以供操作

（2）激活局部坐标系　单击"选择"按钮，然后单击"模型"窗格中的局部坐标系符号，再单击 （"几何"选项卡→"局部坐标系"面板→"激活"）激活所选的局部坐标系。

（3）建模基准面　将局部坐标系激活为建模基准面，则将在新的 XY 平面中创建新几何体，从而简化建模，包括冷却管道和流道系统的建模。

① 创建。选择已创建的局部坐标系，然后单击 （"几何"选项卡→"局部坐标系"→"建模基准面"）。

② 建模基准面设置。单击 以打开"应用程序"菜单。单击对话框底部的"选项"按钮以打开"选项"对话框，如图 3-4 所示。在"常规"选项卡上，设置测量单位（如果需要）。在"常规"选项卡的"建模基准面"部分中，输入"栅格尺寸"（即栅格间距）和"平面大小"，然后选中"对齐到栅格"（如果希望在最接近的栅格点处创建节点）。如果"捕捉栅格点"处于取消选中状态，则将在鼠标点击位置创建节点。

③ 隐藏。单击 （"几何"选项卡→"局部坐标系"→"建模基准面"）。"建模基准面"将消失。

图 3-4　"选项"对话框中"常规"选项卡

3.2.2　创建几何

在 Moldflow 的建模中，几何包括节点、曲线、区域、柱体、镶件、流道系统、冷却回路和模具镶块。本章只讲述节点、曲线、区域、柱体和镶件的创建。流道系统、冷却回路和模具镶块（实质为模具 A/B 板）可由其向导创建，也可手动创建，这些在后续章节中再详细阐述。

（1）节点　节点是一种建模实体，用于定义空间中的坐标位置。例如，使用节点来确定曲线的端点或建立流道系统的模型。系统会为节点指定识别标签"N"（即节点的英文

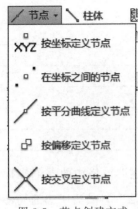

图 3-5　节点创建方式

Node 首写字母），每个节点都有一个唯一的标识（由字母"N"和其后面的数字组成）。节点选中时，标识符将列在选择列表中。

在 ✎ （"几何"选项卡→"创建"面板→"创建节点"）中找到节点工具。点击"节点"出现其下拉菜单，如图 3-5所示。

① "按坐标定义节点"命令 🔲XYZ。在给定坐标位置创建节点。"按坐标定义节点"对话框如图 3-6 所示。输入坐标后单击"应用"定义节点。可点击"工具"选项卡上端的下拉箭头，切换到其他定义节点的方式继续定义节点，如图 3-7 所示。

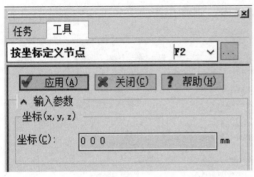

图 3-6　"按坐标定义节点"对话框　　　　图 3-7　切换定义节点方式

② "在坐标之间的节点"命令 🔲。用于在选择的两个坐标之间的假想直线上创建节点。其"在坐标之间的节点"对话框如图 3-8 所示。可以指定要在两个坐标之间创建的节点数，它们间距均匀。勾选了"选择完成时自动应用"则只要指定了所有输入，就自动完成应用，不需再去点击"应用"生效。

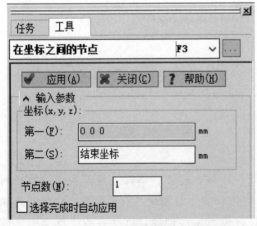

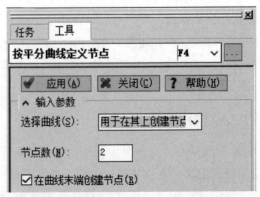

图 3-8　"在坐标之间的节点"对话框　　　　图 3-9　"按平分曲线定义节点"对话框

③ "按平分曲线定义节点" ✎。用于在所选曲线上等间距创建指定数量的节点。"按平

分曲线定义节点"对话框如图 3-9 所示。勾选了"在曲线末端创建节点"则可以在曲线末端同时创建节点，这些节点将包括到所指定的总节点数内。如指定"节点数"为 4，勾选了"在曲线末端创建节点"选项，则曲线将被"划分"为三等份。创建的四个新节点为：两端点各一个，沿曲线以等间隔创建的两个。

④"按偏移定义节点" 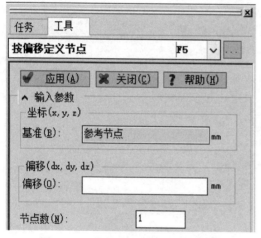。用于相对于现有基本坐标以指定的距离和方向创建新节点。"按偏移定义节点"对话框如图 3-10 所示。

a.基准坐标。将用作创建新节点时的参考位置。第一个新节点将相对于基准坐标在指定的距离和方向处创建。

b.偏移矢量。指定第一个新节点与基准节点的相对位置以及后续相邻节点间的相对位置。在对话框的输入框中键入相对坐标位置。

c.节点数。键入要通过偏移创建的节点数。

⑤"按交叉定义节点" ✗。选择两条曲线，在其交点处定义节点。"按交叉定义节点"对话框如图 3-11 所示。

图 3-10 "按偏移定义节点"对话框

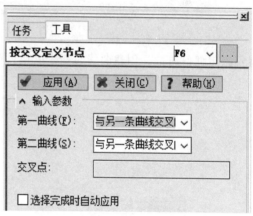

图 3-11 "按交叉定义节点"对话框

（2）曲线 曲线是模型的组成部分，它们用来创建模型的几何线条。曲线可以是两点间的直线，也可以是由三点或更多点构成的曲线。系统会为曲线指定识别标签"C"（即曲线的英文 Curve 首写字母），每条曲线都有一个唯一的标识（由字母"C"和其后面的数字组成）。曲线选中时，标识符将列在选择列表中，如图 3-12 所示。

在 ╱ （"几何"选项卡→"创建"面板→"创建曲线"）中找到曲线工具。点击"曲线"出现其下拉菜单，如图 3-13 所示。

①"创建直线"命令 ╱ 。用于在两个指定的坐标之间创建直线。"创建直线"对话框如图 3-14 所示。坐标值可以直接输入或通过"过滤器"捕捉选择。

a.绝对或相对。设定"第二坐标"是绝对坐标还是以第一点（第一点坐标为绝对坐标）为参照的相对坐标（即第二坐标各分量的值为距离，正负号为方向）。

b.自动在曲线末端创建节点。选中该复选框则在创建的曲线两末端自动创建节点。

c.创建为。创建建模实体的同时并为其指定属性。例如可以创建一条曲线并为其指定流道属性。在某些情况下，例如创建用来构造一个区域的曲线，可以选择"创建为建模实体"，

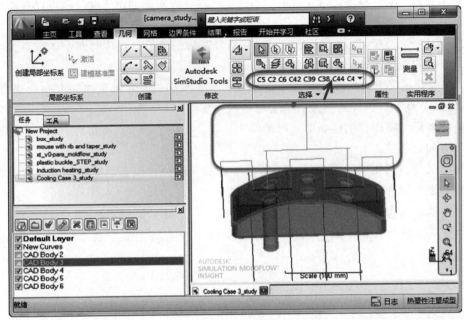

图 3-12   曲线的标识符

将不指定任何属性。创建曲线时指定其属性的过程如下。

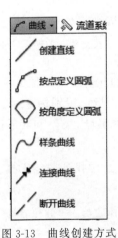

图 3-13   曲线创建方式

图 3-14   "创建直线"对话框

（a）单击"创建为"下拉菜单以显示可供选择的属性。默认情况下，"冷流道"是可用的。如果想要指定不同的属性，单击"浏览" ⋯ 将显示曲线"指定属性"对话框，如图 3-15所示。

（b）单击"选择"并选择一个曲线属性，例如"热浇口"。如果没有显示所需属性，请单击"新建"并从列表中选择一个属性，然后单击"确定"。

（c）单击"编辑"并根据需要更改属性。

（d）单击"确定"接受更改并关闭"指定属性"对话框。

②"按点定义圆弧"命令。通过指定的三个坐标创建圆弧或圆。"按点定义圆弧"对话框如图 3-16 所示。可选择面板上的按钮确定是创建圆弧还是圆。

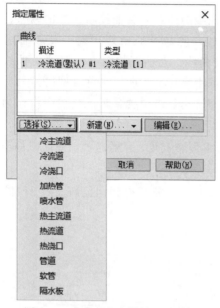

图 3-15　曲线"指定属性"对话框

图 3-16　"按点定义圆弧"对话框

③"按角度定义圆弧"命令。通过指定的中心点、半径、开始角度和结束角度创建圆弧或圆。"按角度定义圆弧"对话框如图 3-17 所示。

④"样条曲线"命令。用于通过指定的所有点创建样条曲线。创建"样条曲线"对话框如图 3-18 所示。

图 3-17　"按角度定义圆弧"对话框

图 3-18　创建"样条曲线"对话框

a. 坐标。按顺序指定样条曲线要穿过的坐标。要选择多个坐标，可按住"Ctrl"键。单击"添加"可将所选坐标添加到"所选坐标"列表中。

图 3-19 "连接曲线"对话框

b. 所选坐标。显示新样条曲线要穿过的所选坐标列表。单击"所选坐标"列表中的坐标并单击"删除"便可删除所有不需要的坐标。

⑤"连接曲线"命令 ✐。用于创建连接两条指定的现有曲线的曲线，新曲线将所选的两条曲线在端点处相连，此命令通常用于对冷却软管进行建模。"连接曲线"对话框如图 3-19 所示。曲线选择时在输入框中直接键入曲线名称（例如：C2）或直接单击模型，离点击位置最近的曲线端将作为连接曲线的端点。

圆角因子：决定着新曲线的外观。系数为零时将创建直线，系数越大，新曲线伸出两条原始曲线末端的长度就越长，如图 3-20 所示。

⑥"断开曲线"命令 ✐。通过将两相交曲线在交点处断开得到四段新曲线。"断开曲线"对话框如图 3-21 所示。

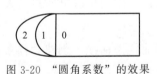

图 3-20 "圆角系数"的效果

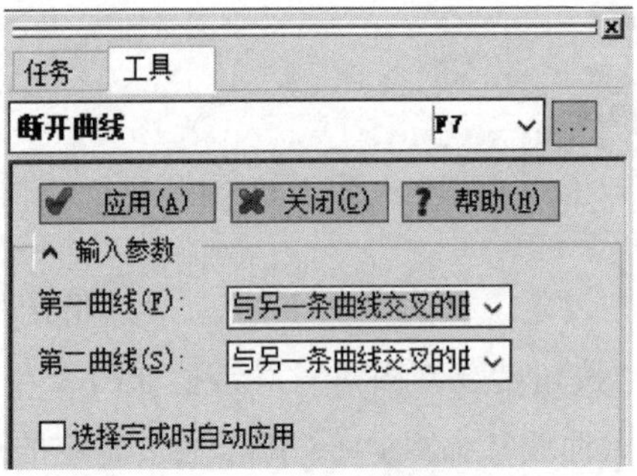

图 3-21 "断开曲线"对话框

（3）区域 区域可表示零件、镶件、标签或模具的表面，可包括平面和不平面的区域或选择的相连实体。区域的边界线既可以是曲线也可以是直线，但必须完全相连且不得与自身交叉。系统会为区域指定识别标签"R"（即区域的英文 Region 的首写字母）。每个区域都有一个唯一的识别号（由字母"R"和其后面的数字组成）。选择区域时，区域标识符将列在选择列表中，如图 3-22 所示。

通常，将模型表面建模为区域很方便，这样可以通过一步操作将属性指定给所有单元。可以通过 STL 模型、中性面网格或双层面网格创建区域，也可以通过指定坐标手工创建区域。

在 ◆（"几何"选项卡→"创建"面板→"创建区域"）中找到区域工具。点击"区域"出现其下拉菜单，如图 3-23 所示。

①"按边界定义区域"命令 ◆。通过选择定义区域边界的曲线（组）来定义零件表面的形状。"按边界定义区域"对话框如图 3-24 所示。

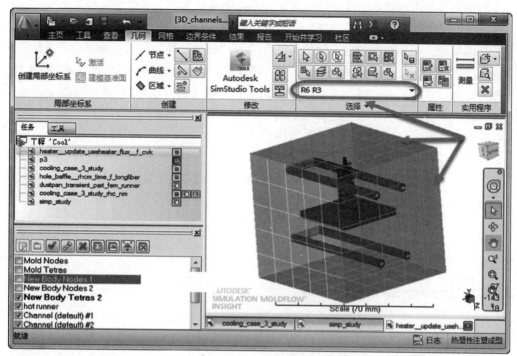

图 3-22　区域标识符

图 3-23　"区域"下拉菜单

图 3-24　"按边界定义区域"

　　a. 选择曲线。用于选择定义区域边界的曲线。单击并拖动光标，选择所需曲线。

　　b. 搜索。选择一条曲线后，自动查找与该曲线顺次相连的曲线，直到末端或分叉点，剩余曲线可按"Ctrl"键再手动选择。

c.创建为。必须为创建的区域指定属性。创建区域时指定其属性的过程如下。

（a）单击"创建为"下拉菜单以显示可供选择的属性。默认情况下，"零件表面（双层面）"是可用的。如果想要指定不同的属性，单击"浏览" ▣▣将显示区域"指定属性"对话框，如图 3-25 所示。

（b）单击"选择"并选择一个区域属性，例如"模具镶件表面"，如果没有显示所需属性，可单击"新建"并从列表中选择一个属性，然后单击"确定"。

（c）单击"编辑"并根据需要更改属性。

（d）单击"确定"接受更改并关闭"指定属性"对话框。

② "按节点定义区域"命令 。通过指定节点来定义零件表面的形状。节点必须按住"Ctrl"键顺序选择。"按节点定义区域"对话框如图 3-26 所示。

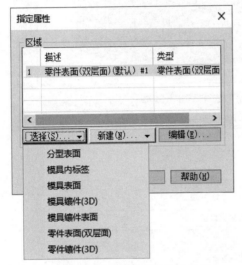

图 3-25　区域"指定属性"对话框

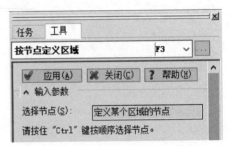

图 3-26　"按节点定义区域"对话框

③ "按直线定义区域"命令 ◈。选择两条曲线，在两曲线间创建区域。要求两曲线必须是共面的。"按直线定义区域"对话框如图 3-27 所示。

④ "按拉伸定义区域"命令 ◈。指定曲线沿指定方向（拉伸矢量）拉伸创建区域。"按拉伸定义区域"对话框如图 3-28 所示。要求拉伸矢量必须与要拉伸的曲线位于同一平面上。

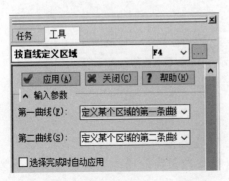

图 3-27　"按直线定义区域"对话框

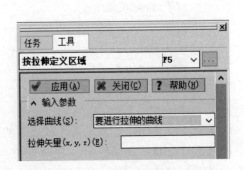

图 3-28　"按拉伸定义区域"对话框

拉伸矢量：指定所选曲线要沿其进行拉伸的矢量。将 x、y 和 z 矢量坐标输入以空格分隔的列表中。

⑤ "从网格/STL 创建区域" 命令 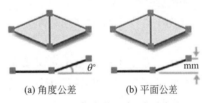。从零件的网格或 STL 格式（实质为三角形网格代替原零件表面）零件表面来创建区域并为其指定默认属性。使用区域时可以将网格单元按逻辑方式组合在一起并确保在接收属性时不会遗漏各个网格单元，使得处理区域通常比处理网格更简单，如指定某个面的厚度属性。"从网格/STL 创建区域" 对话框如图 3-29 所示。

由于网格单元可能不完全共面，因而需指定一个公差，将该公差范围内相邻的网格单元视为同一平面、同一区域的一部分。

公差有两种：平面公差或角度公差，如图 3-30 所示。平面公差可用于指定网格单元之间偏离同一平面的最大允许距离（以 mm 为单位），要保留零件形状时，可使用平面公差。角度公差可用于指定网格单元之间所允许的最大角度（以度为单位）。角度公差通常用于包含大曲面的零件。

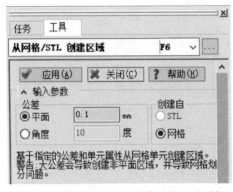

图 3-29 "从网格/STL 创建区域" 对话框

图 3-30 角度公差与平面公差

⑥ "按边界定义孔" 命令 ▣。在指定的区域，以所选择的曲线（组）作为边界创建孔。"按边界定义孔" 对话框如图 3-31 所示。勾选 "启用对已连接曲线的自动搜索"，选择一条曲线后自动搜索顺次连接到所选曲线的曲线并添加到选择内容。

⑦ "按节点定义孔" 命令 ▣。在指定的区域，通过顺序选择节点形成封闭区来创建孔。"按节点定义孔" 对话框如图 3-32 所示。

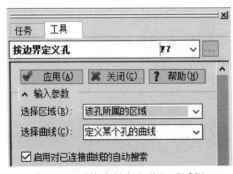

图 3-31 "按边界定义孔" 对话框

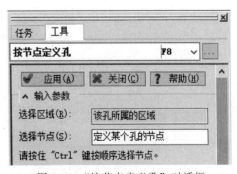

图 3-32 "按节点定义孔" 对话框

（4）柱体 在此柱体实际为柱单元（1 维），该命令可用于手动创建流道系统和冷却回路。

单击 ✎（"网格"选项卡→"网格"面板→"创建柱体"），其对话框如图 3-33 所示。通过指定两点位置及之间要创建的柱体单元数来创建柱单元，并同时在"创建为"中指定其属性。

（5）镶件　模具镶件的材料可以与其余模架的材料不同，如采用特种钢制成的型芯或铜合金制成的镶块以有效地改善冷却。模具镶件还可表示镶件与模具其余部分之间的热界面。"镶件"工具可基于已有模型进行镶件的建模。

单击 ▦（"几何"选项卡→"创建"面板→"镶件"），其对话框如图 3-34 所示。

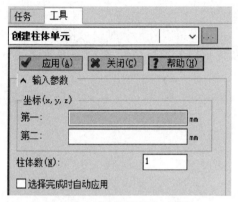

图 3-33　创建柱体单元对话框

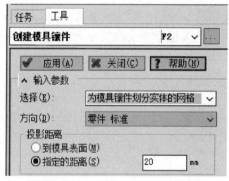

图3-34　创建模具镶件对话框

a. 选择。可用于选择用来定义要创建的模具镶件的模型实体。

b. 方向。可用于指定模具镶件的方向。

c. 投影距离。通过指定模架的投影距离来指定模具镶件的长度，注意根据坐标系方位确定正值还是负值。

3.2.3　实用程序

在"几何"和"网格"两选项卡下均有"实用程序"面板，在此可对模型进行测量、移动/复制、查询模型实体相关信息。

（1）测量　用于测量模型上两个位置的距离。在模型上单击要进行测量的起点，再在模型上单击要测量的终点。

在"查看""几何"和"网格"几个选项卡中均有此工具，在模型窗格的右键菜单以及导航栏中也有此工具。点击"工具"按钮▦，出现"测量"对话框，如图 3-35 所示。在模

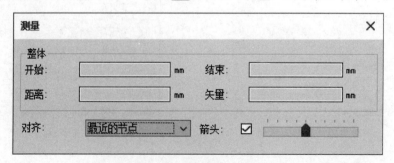

图 3-35　"测量"对话框

型上点选两个位置即在对话框中显示其起点和终点坐标、距离及两点间的矢量；可利用"对齐"（实为"捕捉"或"过滤器"）设置在模型上点选时捕捉的对象类型；可以通过拖动箭头滑块来更改箭头的大小，还可通过清除"箭头"复选框来隐藏箭头；也可用该工具来查看点选位置的坐标。

（2）移动/复制　针对已建立的实体（包括 CAD 模型、节点、单元等实体），可对其进行移动或复制。在 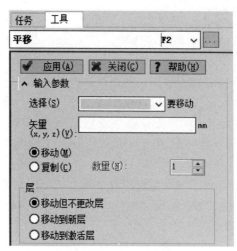（"几何"选项卡→"实用程序"面板→"移动"）中找到移动工具。点击"移动"出现其下拉菜单，如图 3-36 所示。

① 平移。用于将实体复制或移动到指定位置，例如用于创建多型腔模型。单击 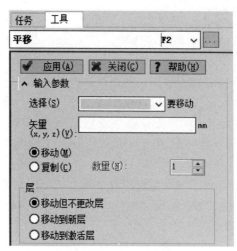（"几何"选项卡→"实用程序"面板→"移动"→"平移"），对话框如图 3-37 所示。选择要平移的对象，在矢量文本框中输入平移的方向与距离（即增量坐标）。其他设置说明如下（在其他对话框中也有这些设置选项，不再赘述）。

图 3-36　"移动"下拉菜单

图 3-37　"平移"对话框

a. 移动或复制。指定是移动还是复制对象。移动是将实体移动到新位置，同时删除原始位置的实体；复制是将实体复制到新位置，并保留原始位置的实体。

b. 数量。选择复制时在此指定想要复制出来的副本数量，相邻副本的间距即为指定的矢量。

c. 层。指定移动/复制操作的目的层。选项会有所不同，具体取决于选择的是"移动"还是"复制"。

• "复制到现有层"（或"移动但不更改层"）用于复制（或移动）实体，不更改其所在层。

• "复制到新层"（或"移动到新层"）用于将实体从一个或多个层复制（或移动）到新层。

• "复制到激活层"（或"移动到激活层"）用于将实体从一个或多个层复制（或移动）到激活层。

② 旋转。用于旋转所选实体，例如用于创建多型腔模型。

单击 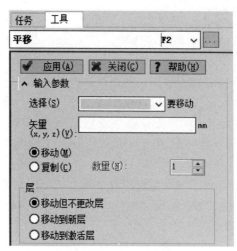（"几何"选项卡→"实用程序"面板→"移动"→"旋转"），"旋转"对话框如

图 3-38 "旋转"对话框

图 3-38 所示。选择要旋转的对象，指定旋转轴方向，指定旋转角度（遵守右手法则，逆时针方向为正），指定参考点（即旋转中心点）进行旋转移动/复制。

③ "3 点旋转"。在 Moldflow 中要求分型面平行于 XY 平面，开模方向为 Z 方向，锁模力方向为 Z 方向，流道系统构建向导和冷却回路构建向导等都是基于此坐标系方向。而在 CAD 软件中零件建模时的坐标系可能与 Moldflow 中此坐标系不一致，其分型面不平行于 XY 平面，这将导致无法利用向导来构建所要的流道系统和冷却回路，锁模力计算也会错误。通过"3 点旋转"命令可很方便地将模型在 Moldflow 坐标空间旋转，使其方向符合要求。

单击 ![icon]（"几何"选项卡→"实用程序"面板→"移动"→"3 点旋转"），对话框如图 3-39 所示。选择要旋转的零件模型或网格模型，输入三个坐标（直接输入或在模型上点选捕捉）：第一点为原点（模型将移动，使该点与坐标系原点重合）、第二点与第一点定义 X 轴方向（模型将旋转，使两点连线与坐标系 X 轴重合）、第三点与前两点确定 XY 平面（模型将旋转，使三点所定义平面与坐标系 XY 平面重合）。

④ 缩放。此缩放不是视图或显示意义上的缩放，而是放大或缩小所选对象的实际大小。如果模型使用了错误的尺寸单位，则在导入或构建模型时，可利用"缩放"命令将模型缩放到正确的单位。

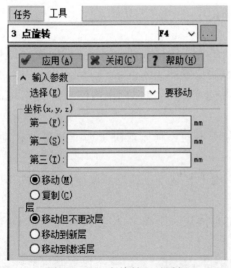

图 3-39 "3 点旋转"对话框

图 3-40 "缩放"对话框

单击 ![icon]（"几何"选项卡→"实用程序"面板→"移动"→"缩放"），对话框如图 3-40 所示。选择要缩放的对象，计算比例因子并输入［如从英寸（in）单位改为毫米（mm）单位，比例因子为 0.03937，即 1/25.4]，指定缩放的参考点（即该点位置不动）。对 CAD 模型，移动是转换整个 CAD 模型，复制是复制所选 CAD 模型得到副本，再对副本进行转换。

⑤ 镜像。用于创建所选实体的镜像。使用"镜像"工具可复制或移动所选的模型零件，可借此来创建多型腔模型。注意：镜像通常会生成对象的左手或右手版本，如果要创建原始零件的相同副本，应使用"平移"或"旋转"工具。

单击 ![icon]（"几何"选项卡→"实用程序"面板→"移动"→"镜像"），"镜像"对话框如图 3-41 所示。框选选择要镜像的对象，选择镜像平面，指定镜像参考点（即镜像面通过的点），进行镜像移动/复制。

（3）查询　使用"查询实体"工具可根据对象的标识符来定位模型中的实体，或者通过单击某个实体来找到该实体的 ID。

单击 ![icon]（"几何"选项卡→"实用程序"面板→"查询"），"查询实体"对话框如图 3-42 所示。输入实体 ID 号，或直接在模型上点选，再点击"显示"按钮。

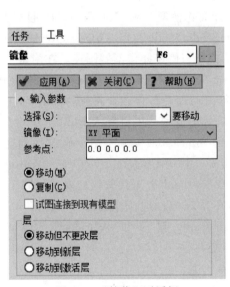

图 3-41　"镜像"对话框

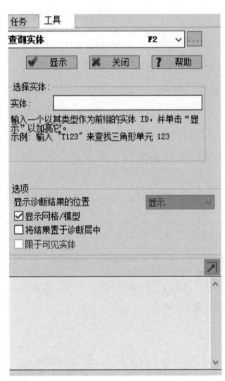

图 3-42　"查询实体"对话框

限于可见实体：当此选项处于选中状态时，仅检查可见单元。这会缩短更新图形所需的时间并提高工作效率。对大模型有必要勾选此项。

3.3　CAD 模型的检查、修复和简化

CAD 模型构建好后，在导入 Moldflow 前，有必要对其进行检查、修复和简化，原因及说明如表 3-3 所示。

表 3-3　CAD 模型的检查、修复与简化

操　作	原　因	工　具	备　注
检查/修复	各种主流 3D 软件之间的内核不同及精度之间差异,使得它们的模型输出后在 Moldflow 中进行网格划分时不可避免地出现自由边或网格重叠相交等错误,给分析前处理带来巨大的工作量	(1) Moldflow (2) CAD Doctor (3) SimStudioTools	模型导入 CAD Doctor 时,尽量使用"import from MDL"直接导入原 3D 软件模型(支持所有 3D 格式,要求已安装 Moldflow Design Link 软件包),错误要比转"igs"后导入少得多,而且模型不失真,在 Translation 状态下对 CAD 模型进行检查与修复
简化	塑料产品设计时,出于工艺性要求或者安全规范要求,在产品尖锐处及外表面的棱边通常做倒圆角处理。倒圆角的存在对于实际注塑成型有利,但对 Moldflow 的网格划分却是不利,尤其是对于 fusion 网格,会严重降低网格匹配率及增加网格数量 此外,将零件一些不重要的小特征去掉对分析结果的影响微乎其微,但却极大地提高了网格质量与分析运算效率	(1) 在原 CAD 软件中进行特征删除 (2) 在 CAD Doctor 中删除小特征 (3) SimStudio Tools 删除小特征	在 Moldflow CAD Doctor 中 Simplification 状态下对 CAD 模型进行各类小特征的识别与删减 由于在简化过程中,去除特征后,重新生成面时,模型可能出现几何拓扑错误,故需要再次对模型进行检查及修复(转换模式),直到所有错误全部为零 最后输出 UDM 格式文件

Moldflow 自身可对模型进行检查与修复,但不能简化模型。从 Moldflow2018 起不再自带 CAD Doctor 模块,而是安装时默认自动安装 SimStudio Tools。但 CAD Doctor 的应用还是非常广泛。鉴于此,本书对 Moldflow 自身的模型检查与修复操作不做阐述,在附录 A 和 B 中分别详细阐述了 SimStudio Tools 和 CAD Doctor 在模型检查、修复与简化方面的使用。

可在 SimStudio Tools 中先对模型进行检查、修复与简化、保存,再到 Moldflow 中导入处理好的模型。也可导入 Moldflow 中后再导出到 SimStudio Tools 中,修改后再返回 Moldflow 中。在 Moldflow 中有 "Autodesk SimStudio Tools"工具按钮。要使用此工具,必须在系统中同时安装 Autodesk Moldflow Design Link 软件和 Autodesk SimStudio Tools 软件。

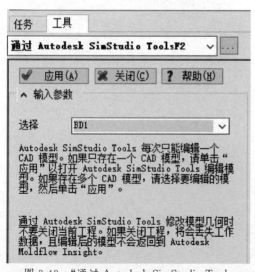

图 3-43　"通过 Autodesk SimStudio Tools 修改 CAD 几何"对话框

单击 （"几何"选项卡→"修改"面板→Autodesk SimStudio Tools）,其对话框如图 3-43 所示。选择要修改的 CAD 模型,点击"应用"后将导出所选 CAD 模型,并在 Autodesk SimStudio Tools 中自动打开它。完成修改后,单击"返回 Moldflow" （Autodesk SimStudio Tools "主页"选项卡→"返回"→"返回 Moldflow"）,Autodesk SimStudio Tools 程序会关闭,而修改后的 CAD 模型会被自动导入当前 Autodesk Moldflow Insight 工程的新方案中。

3.4 CAD 模型的导入

先创建一个新工程（或打开一个现有工程），再导入模型。CAD 模型的导入过程如下。

① 单击（"主页"选项卡→"导入"面板→"导入"），弹出"导入"浏览对话框，如图 3-44 所示。

图 3-44 "导入"浏览对话框

② 选择"文件类型"下拉列表。将显示直接支持的文件类型列表。选择"所有模型"可显示目录中所有模型文件格式的列表。

③ 浏览到保存模型的文件夹，选择模型，然后单击"打开"，出现"导入"设置对话框，如图 3-45 所示。

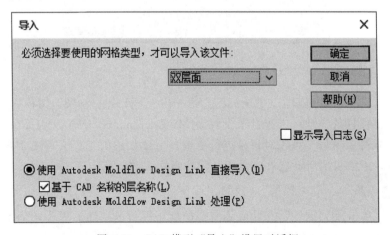

图 3-45 CAD 模型"导入"设置对话框

图 3-46 "高级导入选项"对话框

④ 从下拉列表中选择要使用的网格类型，默认为"双层面"（即使后面需要的是中性面或者 3D 网格，在此建议还是选"双层面"，生成双面网格后再根据需要转为中面网格或 3D 网格，对其网格质量有所保证）。

如果模型为实体，选择"使用 Autodesk Moldflow Design Link 直接导入"以原生格式导入模型；如果模型不能作为实体导入，选择"使用 Autodesk Moldflow Design Link 处理"以转换模型，单击"高级"，弹出"高级导入选项"对话框，如图 3-46 所示，在此可设置导入时同时生成网格、转换表面，或同时执行这两种操作。对"生成网格"的参数设置在第 4 章"CAE 模型的准备"中详述。选择"转换表面"选项，然后单击"确定"，将读取模型，同时在工程中自动创建一个新方案，该新方案任务的模型即为导入的模型。

3.5 CAD 模型准备与导入实例

下面以图 3-47 所示模型为例，阐述局部坐标系及建模基准面的使用，以及工程目录设置、工程与方案的创建、基本几何建模、厚度属性设置等。

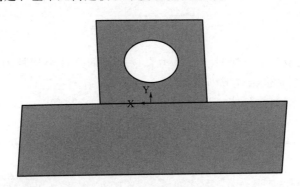

图 3-47 实例模型 1

（1）启动软件 从桌面双击"Autodesk Moldflow Synergy 2018"图标启动 Moldflow。

（2）设置工程目录 默认工程目录设置为 My Documents \ My AMI 20xx Projects，其中"20xx"是软件版本号。可以对目录进行更改，后续创建的工程文件夹都将在该目录下。设置后即生效，不需每次启动软件时设置，除非再次更改。

单击 ，然后单击"选项"。转到"选项"对话框的"目录"选项卡。在"工程目录"文本框中，单击 "浏览"并导航到所要的新工程目录，然后单击"确定"，如图 3-48 所示。单击"选项"对话框中的"确定"完成工程目录的更改。

图 3-48 "选项"对话框中设置工程目录

（3）创建工程与方案　所有 Moldflow 分析均在工程中完成。工程可用于管理多个分析，这些分析称为方案。工程与方案创建过程如下。

① 创建工程。单击![icon]（"开始并学习"选项卡→"启动"面板→"新建工程"），弹出"创建新工程"对话框。在"工程名称"字段中输入工程名称"3-Modeling"；工程名称将自动附加到"创建位置"路径，即在工作目录下将自动生成工程文件夹"3-Modeling"，如图 3-49 所示。当然也可点击"浏览（B）…"按钮重新指定工程文件夹要存放的位置。点击"确定"按钮，完成工程的创建。

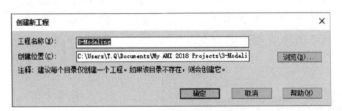

图 3-49 "创建新工程"对话框

② 创建方案。在工程和方案任务窗格中，右键单击工程名，在右键菜单中选择"新建方案"，如图 3-50 所示；或直接用快捷键"Ctrl"＋"N"。新建的方案名称默认为"Study"，右键单击方案名，在右键菜单中选择"重命名"，如图 3-51 所示，重命名为"3-1"。

图 3-50　选择"新建方案"

图 3-51　方案重命名

（4）大面的几何建模　在全局坐标系下创建长"100"、宽"40"的矩形面。

① 创建 4 个节点。单击 （"几何"选项卡→"创建"面板→"节点"→"按坐标定义节点"）打开"按坐标定义节点"对话框。在"坐标（x,y,z）"框中输入"0 0 0"，回车，得到第一个节点；重复操作，依次输入坐标"100 0 0，100 40 0，0 40 0"得到其他三个节点，如图 3-52 所示。

图 3-52　"按坐标定义节点"创建 4 个节点

② 由节点创建矩形边。单击 ╱（"几何"选项卡→"创建"面板→"曲线"→"创建直线"）打开"创建直线"对话框；过滤器设置为"节点"；依次点击左下和右下两节点［"坐标（x,y,z）"框中自动获取其坐标，且输入焦点自动跳转］，点击"应用"按钮或按"Ctrl"＋右键组合键（在"选项"对话框的"鼠标"选项卡下设置右键＋"Ctrl"组合键为"鼠标应用"），得到第一条直线；默认直线的第二个端点作为下一条直线的第一个端点，刚第二个节点坐标自动移到第一坐标输入框，点击右上节点，按"Ctrl"＋右键组合键，得到第二条直线；点击左上节点，按"Ctrl"＋右键组合键，得到第三条直线；最后点击左下节点，按"Ctrl"＋右键组合键，得到第四条直线，如图 3-53 所示。当然，该矩形边可以直接输入坐标创建直线而不需事先创建好节点。

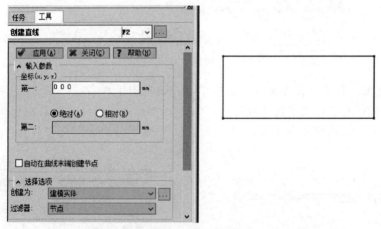

图 3-53　创建矩形边

③ 由边界创建矩形区域。单击 ◆（"几何"选项卡→"创建"面板→"区域"→"按边界定义区域"）打开"按边界定义区域"对话框。在模型窗格按下左键拖动，框选刚生成的四条线，在"选择曲线"输入框中自动得到选中的 4 条线的标识，如图 3-54 所示。按"Ctrl"＋右键组合键应用得到矩形区域，如图 3-55 所示。

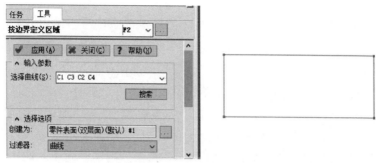

图 3-54　由边界创建矩形区域

图 3-55　生成的矩形区域

（5）创建局部坐标系及建模基准面

① 创建局部坐标系。点击""（"几何"选项卡→"局部坐标系"面板→"创建局部坐标系"）打开"创建局部坐标系"对话框。设置过滤器为"曲线中央"（即曲线中点），点选矩形下边线，其中点坐标自动输入为第一点（即局部坐标系的原点）的坐标；在第二点坐标输入框点击，使其获得输入焦点，设置过滤器为"节点"，点选矩形右下角节点，该节点坐标自动输入为第二点（与第一点的直线确定局部坐标系的 X 轴）的坐标；确定第三点坐标输入框获得焦点，输入坐标"50 0 50"，如图 3-56 所示，点"应用"按钮得到局部坐标系。点击模型窗格右上角

图 3-56　创建局部坐标系

ViewCube 视方下方的三角（见图 3-57），视图向上翻转 90°，显示出与屏幕平行的局部坐标系 XY 平面，如图 3-58 所示，由图可见，创建的局部坐标系与模型窗格右下角的全局坐标系方位不同。

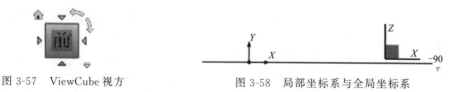

图 3-57　ViewCube 视方　　　　　图 3-58　局部坐标系与全局坐标系

② 激活局部坐标系。直接在模型窗格点选刚创建的局部坐标系，点击"🧭"（"几何"选项卡→"局部坐标系"面板→"激活局部坐标系"），窗格左下角给出提示"已激活局部坐

标系"。

③ 建模基准面创建与设置。选择已创建的局部坐标系，然后单击 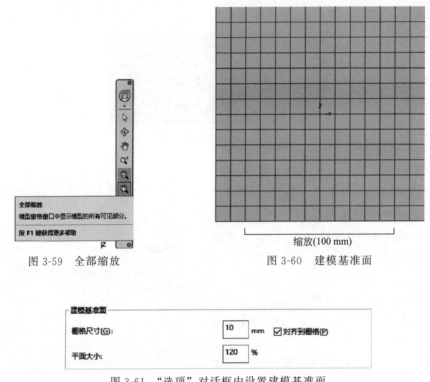（"几何"选项卡→"局部坐标系"→"建模基准面"）创建建模基准面。点击模型窗格右边导航栏的"全部缩放"按钮（见图 3-59），建立的局部坐标系和建模基准面显示如图 3-60 所示。

单击左上角 ▼■▼ 打开"应用程序"菜单，单击底部的"选项"按钮以打开"选项"对话框。在其"常规"选项卡上，设置测量单位（如果需要）。在"常规"选项卡的"建模基准面"部分输入"栅格尺寸"（即栅格间距）为 10mm、"平面大小"120%，勾选"对齐到栅格"以便建模时捕捉到栅格点，如图 3-61 所示，点击"确定"完成设置。

图 3-59　全部缩放　　　　　　　　　　　图 3-60　建模基准面

图 3-61　"选项"对话框中设置建模基准面

（6）创建带孔的小面

① 创建矩形边。单击 ✎（"几何"选项卡→"创建"面板→"曲线"→"创建直线"）打开"创建直线"对话框，过滤器设置为"建模基准面"；点击局部坐标系原点左侧第二个栅格点（坐标−20 0 0），点击第二坐标输入框让其获得输入焦点，点击局部坐标系原点左二上四栅格点（坐标−20 40 0），如图 3-62 所示，按"Ctrl"＋右键应用创建第一条曲线；鼠标横向移动四个栅格距离，点击该栅格点，按"Ctrl"＋右键应用创建第一条直线。第一条曲线的第二点坐标自动作为第二条曲线的第一点坐标，选择"相对"坐标，在第二坐标输入框中输入相对坐标"40 0 0"，如图 3-63 所示，回车，创建第二条直线；继续在第二坐标输入框中输入相对坐标"0 −40 0"，回车，创建第三条直线；最后输入相对坐标"−40 0 0"，回车，创建第四条直线。

② 创建矩形面。类似大面创建，"按边界定义区域"，框选刚刚创建的四条直线（框选时会将大面的边界 C1 也选中，在输入框中删除大面的边界 C1 即可），按"应用"获得矩形

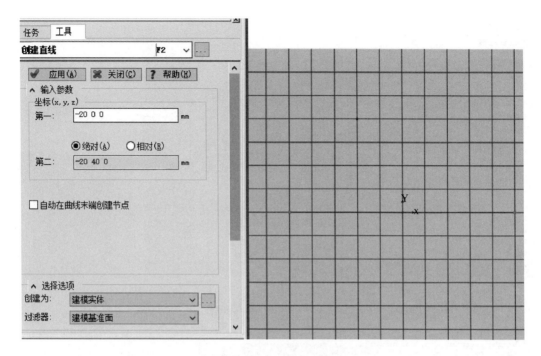

图 3-62　捕捉建模基准面栅格点创建直线

面，如图 3-64 所示。

图 3-63　采用相对坐标创建直线

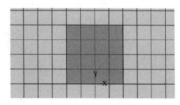

图 3-64　创建矩形面

③ 创建圆弧。单击 ◯（"几何"选项卡→"创建"面板→"曲线"→"按角度定义圆弧"）打开"按角度定义圆弧"对话框；点击正方形中心的栅格点作为圆心，半径设为 10mm，"开始角度"为 0°，结束角度为 360°，"Ctrl"＋右键应用得到圆弧，如图 3-65 所示。

④ 创建孔。单击 ▣（"几何"选项卡→"创建"面板→"区域"→"按边界定义孔"）打开"按边界定义孔"对话框；点选刚创建的正方形面，点选刚创建的圆，"Ctrl"＋右键应用得到孔，如图 3-66 所示。

（7）隐藏建模基准面　单击 ▣（"几何"选项卡→"局部坐标系"→"建模基准面"），"建模基准面"将消失。按下鼠标中键拖动旋转模型，如图 3-67 所示。

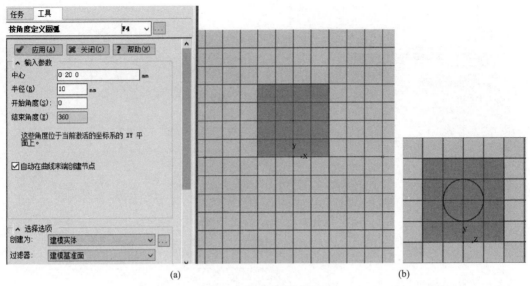

(a)   (b)

图 3-65   按角度创建圆弧

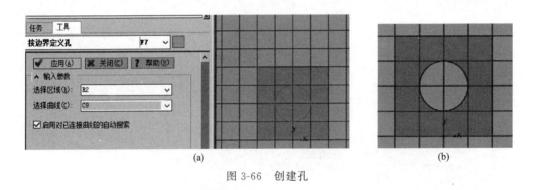

(a)   (b)

图 3-66   创建孔

图 3-67   旋转查看模型

（8）指定厚度　按 "Ctrl" 键点选两个面，两面变为红色，表示已选中。右键单击 "模型" 窗格并选择 "属性" 菜单项，弹出 "零件表面对话框"。如果出现消息，表示尚未为零件指定任何属性，可单击 "是" 来指定新属性。在 "零件表面" 选项卡中，指定厚度为 2mm，在 "名称" 框中输入 "2mm part surface"，如图 3-68 所示，然后单击 "确定"。

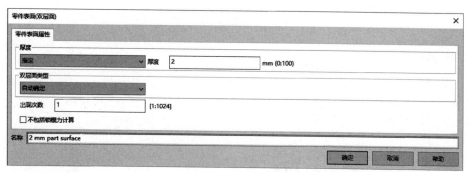

图 3-68　指定厚度

点击"保存"，该模型建模完成，后续可进行中面网格的划分。

本 章 小 结

本章详细阐述了 Moldflow 可以导入的 CAD 模型格式、Moldflow 自建模型操作及 CAD 模型的检查、修复与简化及导入，并通过实例详细阐述了 Moldflow 自建模型的全过程。

第4章

CAE模型准备

4.1 概述

CAE分析是将分析对象离散为大量的小单元，单元与单元间通过节点连接构成，单元和节点构成网格，分析计算将基于网格进行。能准确呈现零件的CAE网格模型是分析的基础。良好的CAE模型既能够保证足够的CAE分析精度，又能有效地保证计算效率。CAE网格模型的准备包括网格类型的选择，网格的生成、网格质量诊断与修复。Moldflow模流分析的CAE模型准备流程如图4-1所示。

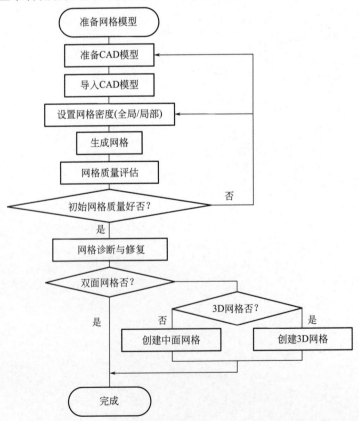

图 4-1　Moldflow 模流分析 CAE 模型准备流程

4.2 注塑 CAE 技术与网格类型

4.2.1 注塑 CAE 技术

注塑 CAE 技术的发展经历了一维流动分析、中面流技术、双面流技术和实体流技术四个阶段。对应的网格类型有一维、中性面（中面）、双层面（双面）和 3D 四种。

（1）一维流动分析技术　仅限于简单、规则的几何形状，如圆管、矩形或中心浇注的圆盘等。该技术采用有限差分法求解，可得到熔体的压力、温度分布以及所需的注射压力；可根据给定的流量和时间增量直接计算出下一时刻的熔体前沿位置。

（2）中面流技术　采用基于中面的有限元/有限差分/控制体积法来模拟板壳类制品的注塑过程。中面是指位于制件内外表面或模具型腔/型芯表面间的中心面。由于板壳类制品的厚度方向远小于流动方向尺寸，塑料熔体的黏度大，于是忽略熔体在厚度方向的速度分量及压力变化，这样将三维流动问题分解为流动方向的二维问题和厚度方向的一维分析。流动方向的各待求量（如压力与温度）用二维有限元法求解；而厚度方向的各待求量（如温度）和时间变量等用一维有限差分法求解；控制体积法用来跟踪熔体流动前沿。中面流技术简明、计算量小、即算即得，但由于该技术对问题的简化使得分析结果信息不完整，且需从 CAD 模型中提取出中面。

（3）双面流技术　双面流技术所应用的原理与方法和中面流没有本质上的差别，只是将沿中面流动的单股流体演变为沿上下表面同时并且协调的双股流。为能使上下表面的流动协调，要求上下表面的网格尽可能一致（匹配）。双面流技术具有和中面流一样的特点，适用于板壳类制品的注塑模拟，只是不需提取中面。

（4）3D（实体流）技术　采用 3D 网格采用三维有限差分法或三维有限元法对注塑过程进行数值分析。3D 网格给出了真实的 3D 模型表示，3D 分析不会采用中性面或双层面分析所做出的假设，更适合形状复杂的厚模型。三维流动模拟技术难点多、经历实践考验的时间短、计算量巨大、计算时间过长，需要依赖软件算法的改进和计算机硬件设备速度的提升而发展。

注塑 CAE 技术的发展经历了从中面流技术到双面流技术再到实体流技术的三个重要的里程碑，目前由于实体流和双面流技术算法还不完善，三种分析技术仍然并存。由于双面流技术具有类似实体流技术的真实感，又具有中面流的高计算效率，而塑料件又多为板壳类，所以目前双面流技术用得最多最广。

4.2.2 网格类型

在 Moldflow2018 中，多种分析技术各有优缺点，所以共存互补。Moldflow 网格类型、特点及适用性如表 4-1 所示。

表 4-1　Moldflow 网格类型、特点及适用性

<table>
<tr><th colspan="2">网格类型</th><th colspan="2">特点</th><th rowspan="2">适用性</th></tr>
<tr><th>名称</th><th>图示</th><th>优点</th><th>缺点</th></tr>
<tr><td>中性面（中面）</td><td></td><td>计算量小,计算时间短</td><td>需从 CAD 模型中提取中面
简化假设多,分析结果数据不完整</td><td>薄壁制件(任何局部在流动方向的宽度/厚度比值要求在 4 倍以上,10 倍以上则结果更为准确)</td></tr>
</table>

网格类型		特点		适用性
名称	图示	优点	缺点	
双层面 （双面）		计算效率高 相对中面网格模型，厚度方向的温度、流动前沿、剪切速率等模拟结果更为准确	要求上下表面的网格匹配率不低于85% 简化假设多，分析结果数据不完整	薄壁制件，可局部厚壁（任何局部在流动方向的宽度/厚度比值要求在4倍以上，10倍以上则结果更为准确）
3D （三维）		简化少，分析结果数据较完整，可准确模拟转角及其他特征的非层流现象	计算量巨大、计算时间过长	带多种特征的复杂厚壁（长度、宽度为该处厚度的4倍以下）制件
柱体		—	—	圆柱类或棒类特征如流道、水道等

一般而言，对流道采用一维网格，对薄壁类制件采用中面或双面网格，对厚、粗的制件采用三维网格。

4.2.3　网格类型的选择

选择网格类型时除了要考虑网格的特点与适用性之外，还需考虑在目前的软件版本上所要分析的成型工艺及分析类型支持何种网格类型。表4-2列出了本书所讨论成型工艺的分析序列及支持的网格类型，其他成型工艺相关信息可查看软件帮助系统。

表4-2　成型工艺的分析序列及支持的网格类型

成型工艺及其分析序列	网格类型		
热塑性塑料注射成型			
快速填充	中面	双面	—
填充	中面	双面	3D
独立保压分析	—	—	3D
填充＋保压分析（＋翘曲）	中面	双面	3D
填充＋保压＋收缩	中面	双面	—
填充＋保压＋冷却＋填充＋保压（＋翘曲）	—	双面	—
填充＋冷却［＋填充＋保压（＋翘曲）］	中面	双面	—
填充＋冷却＋填充＋收缩	中面	双面	—
应力分析相关	中面	—	—
填充＋冷却（FEM）相关	—	双面	—
浇口位置	中面	双面	3D
冷却	中面	双面	3D
冷却＋填充			3D

成型工艺及其分析序列	网格类型		
热塑性塑料注射成型			
冷却＋填充＋保压（＋翘曲）	中面	双面	3D
冷却＋填充＋保压＋收缩	中面	双面	
冷却（FEM）	—	双面	3D
冷却（FEM）＋填充	—	—	3D
冷却（FEM）＋填充＋保压（＋翘曲）	—	双面	3D
冷却（FEM）＋填充＋保压＋收缩	—	双面	—
实验设计（DOE）	中面	双面	3D
成型窗口分析	中面	双面	
流道平衡分析	中面	双面	
工艺优化分析	中面	双面	
型芯偏移	—	—	3D（型芯）
纤维取向	中面	双面	3D
双折射		—	3D
结晶分析	中面	双面	—
排气分析	—	—	3D
热塑性塑料重叠成型			
填充＋保压｛＋重叠注塑填充［＋重叠注塑保压（＋翘曲）］｝	中面	双面	3D
填充＋保压＋重叠注塑填充＋重叠注塑保压＋翘曲	—	—	3D
冷却（FEM）相关	—	—	3D
气体辅助注射成型			
填充	—	—	3D
填充＋保压（＋翘曲）	中面	—	3D
填充＋保压＋冷却＋填充＋保压（＋翘曲）	中面	—	—
应力相关	中面		
冷却（FEM）相关	—	—	3D
共注射成型	中面	—	—

注：表中括号内的分析表示在原分析序列基础上的叠加分析。

一般选择双面网格模型对 CAD 模型进行网格划分，而后再根据需要将其转化为中面或 3D 网格类型，这样所得的中面或 3D 网格质量更有保证。

4.2.4　网格要素

网格要素包括节点、单元和单元属性。在 Moldflow 中网格单元只有三种：柱体单元、三角形单元、四面体单元；在单元的顶点处为节点。节点与单元如图 4-2 所示。

（1）节点　节点是单元与单元之间的连接，单元间只有共节点才能相连接。CAE 分析结果相当一部分也就是节点位置的计算结果，单元内部的结果是通过单元的节点插值来获得。

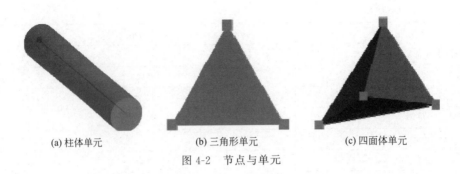

| (a) 柱体单元 | (b) 三角形单元 | (c) 四面体单元 |

图 4-2　节点与单元

（2）单元

① 柱体单元。柱体单元为两节点单元，用于表示流道系统组件、冷却管道、气体通道以及零件上的柱体特征。当选择柱体单元时，选择列表中会列出 ID 标识符（字母 B 及其 ID 号，"B" 为柱体的英文单词 Beam 的首写字母）。

② 三角形单元。三角形单元为 3 节点面单元，用于对零件表面（或中性面）进行建模得到双层面网格或中性面网格，也可用于模具表面、镶件表面的建模。当选择三角形单元时，选择列表中会列出 ID 标识符（字母 T 及其 ID 号，"T" 为三角形的英文单词 Triangle 的首写字母）。

③ 四面体单元。四面体单元为 4 节点体单元，用在 3D 网格中，能为厚零件或实体零件提供准确的 3D 表示，也用于模具块、镶件、型芯、流道、随形水路等的建模。当选择四面体单元时，选择列表中会列出 ID 标识符（字母 TE 及其 ID 号，"TE" 为四面体的英文单词 Tetrahedron 的前两字母）。

（3）单元属性　单元属性是单元的重要因素之一，表明单元属于哪类模型零件，不同属性的单元包含的信息也不同。在 Moldflow 的 CAE 模型中必须指明单元的属性，以区分零件单元、流道单元、零件镶嵌等。单元类型与单元属性如表 4-3 所示。

表 4-3　单元类型与单元属性

单元类型	柱体单元	三角形单元	四面体单元
单元属性	连接器 关键尺寸 冷浇口 冷流道 冷主流道 热流道 热浇口 热主流道 零件柱体 管道 隔水板 喷水管 软管 加热管	零件表面（中性面） 零件表面（双层面） 冷浇口面（中性面） 冷浇口面（双层面） 模具表面 模具内标签 零件镶件表面（中性面） 零件镶件表面（双层面） 模具镶件表面 分型表面	零件（3D） 热流道（3D） 冷流道（3D） 零件镶件（3D） 型芯（3D） 模具镶块（3D） 模具镶件（3D） 管道（3D） 加热器（3D）

4.3　网格质量要求与分析精度

分析精度是 CAE 分析技术的关键指标，网格质量是分析精度的重要影响因素。网格质量包含网格几何、网格密度及产品细节等。

4.3.1 网格几何

一般网格几何信息包括纵横比、边、取向、交叉与重叠、匹配率等信息。

（1）纵横比 单元纵横比是单元最长边与对应高度的比率，如图 4-3 所示。网格单元的纵横比会影响分析的性能，纵横比越大，分析速度越慢甚至可能计算失败，并对结果产生影响，如图 4-4 所示。单元越规整（等边三角形最佳）越好，应避免狭长的单元存在。模型狭长的几何特征（如小圆角、

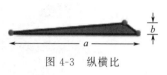

图 4-3　纵横比

小倒角等）容易导致高的纵横比，若对成型过程影响很小，可考虑去除。应尽量避免纵横比较大且最长边处于流动方向上的三角形。如果无法避免高纵横比，则应尽量使最长边与流向成直角。中性面与双层面的最大纵横比推荐 8，平均纵横比应低于 3；3D 网格极大值与极小值推荐 50 和 5，平均 15 左右。纵横比的比较见图 4-4。

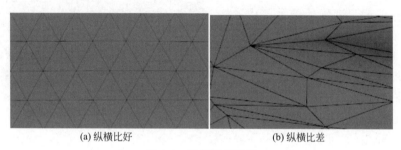

(a) 纵横比好　　　　　　　　　　　(b) 纵横比差

图 4-4　纵横比的比较

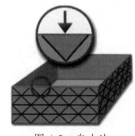

图 4-5　自由边

（2）边

① 自由边。自由边就是网格中不与其他单元共享的单元边。对中性面网格，自由边存在于外部轮廓边缘和内部孔边缘，如图 4-5 所示。对双层面网格或 3D 网格中不应存在自由边，有则必须进行网格修复。

② 共用边。共用边为两个单元共用的边。中面网格的非边界的单元边应都为共用边，双层面网格应只有共用边，如图 4-6 中 B 所示。

③ 多重边。多重边是指三个及以上单元共用的边。双面网格不应存在多重边，则必须在运行分析之前对其进行修正，如图 4-6 中 C 所示。

（3）取向 单元取向用以区分三角形单元的两面，要求单元的取向必须一致。对中性面网格，单元的一侧应该全部为蓝色或红色；对双层面网格，一般朝外为顶面（蓝色），朝内为底面（红色）。

（4）交叉与重叠

① 相交单元。相交单元是指两单元在非单元边处相交，如图 4-7 所示，这是不应存在的。

② 完全重叠单元。在同一平面重叠的网格单元。由于

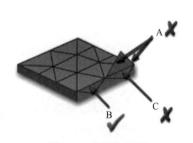

图 4-6　三种边对照

A—自由边；B—共用边；C—多重边

网格中的重叠单元会影响分析的精确性，因此应该将其从网格中去除。重叠单元如图 4-8 所示：图（a）显示了未重叠的网格单元；图（b）显示了部分重叠的网格单元；图（c）显示了完全重叠的网格单元。无论是部分重叠还是完全重叠，都是不允许存在的。

图 4-7　相交单元形式

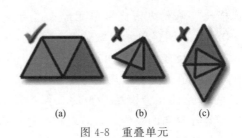

(a)　　　　(b)　　　　(c)

图 4-8　重叠单元

（5）匹配率　匹配率是双层面网格所要求的两相对面的网格对应率，如图 4-9 所示。网格匹配能更准确地确定厚度，从而提高分析精度。对流动分析，匹配率应在 85% 以上；对翘曲分析则应在 90% 以上。填充分析、填充＋保压分析、冷却分析和翘曲分析的精度（特别是在使用纤维填充的材料时）在很大程度上取决于整个零件厚度的正确表示。匹配率不高一般表

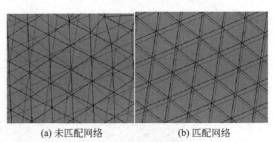

(a) 未匹配网络　　　　(b) 匹配网络

图 4-9　网格的匹配

明网格密度不够大或制件较厚实，不适于双面网格，最好采用 3D 网格模型。

相互匹配率为匹配单元中两两相互匹配的单元比率，如图 4-10 所示。相互匹配率越高，分析精度越高。对翘曲分析，相互匹配率应高于 90%。对含有筋或曲面的模型，该相互匹配率较难达到。

（6）连通区域　Moldflow 分析的对象从进胶位置到型腔末端是连续的，要求其网格也应该是连续的。因而对塑胶能充填到的位置，连通区域应为 1。而若 CAD 模型存在缺陷，网格划分后可能存在多个连通区域，应进行修复。

（7）零面积单元　零面积单元看似一条线或边长小于用户指定的边长公差的小单元，如图 4-11 所示，应删除。

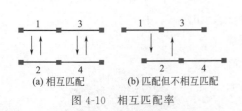

(a) 相互匹配　　　　(b) 匹配但不相互匹配

图 4-10　相互匹配率

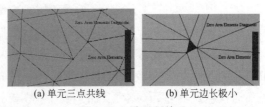

(a) 单元三点共线　　　　(b) 单元边长极小

图 4-11　零面积单元

3D 网格相对面网格，有其特定要求。

① 倒置的四面体。倒置的四面体是指两共面的四面体不是相邻关系，而成了包容关系，如图 4-12 所示。这是不应存在的。

② 折叠面。折叠面是指四面体的四个节点共面，导致四面体坍台，构成面的折叠，如图 4-13 所示。这是不应存在的。

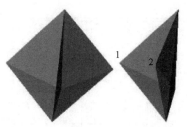

图 4-12　正常四面体与倒置四面体

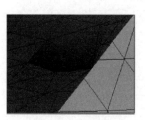

图 4-13　折叠面

③ 厚度方向四面体单元层数。为较准确地计算厚度方向的信息，应保证厚度方向四面体单元层数至少为 6 层，如图 4-14 所示。若为纤维填充材料，则至少要 8 层。全局边长至多为厚度的 2 倍，以保证低的纵横比。

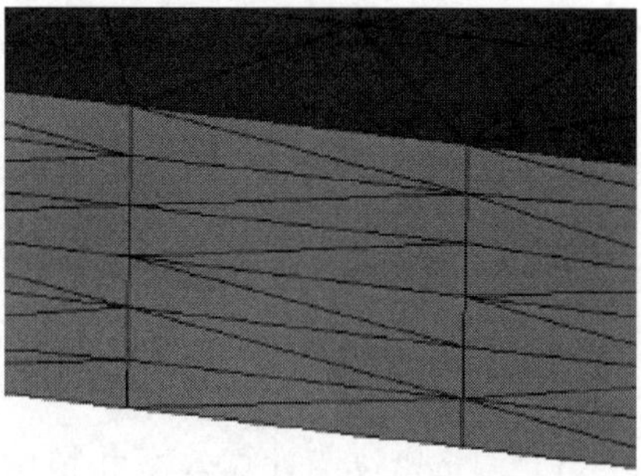

④ 内部长边。对 3D 网格内部的内部边长与对应表面局部区域的平均边长之比不应超过 2.5。

⑤ 极大体积四面体。极大体积四面体指体积为平均体积的 20 倍以上的四面体，应划分得更小。

⑥ 高纵横比。四面体的最大纵横比不应超过

图 4-14　厚度方向四面体单元层数

50。在转换为 3D 网格前的双层面网格的网格纵横比越小，转换后的四面体纵横比也越小。

图 4-15　小面间角

⑦ 小面间角。小面间角指四面体中最小的面间角，如图 4-15 所示。如果四面体某节点距离其他 3 节点所在面很近或造成面间角过小，会导致计算收敛问题。小面间角不应小于 2°。层数越多，全局边长应越短，以免产生过小的面间角。

网格几何元素与要求总结如表 4-4 所示。

表 4-4　网格几何元素与要求

项目	双面网格	3D 网格	中面网格
自由边	无	(转换前)无	内外边界
多重边	无	(转换前)无	类似筋处的 T 形截面
共用边	仅有	(转换前)仅有	绝大部分
匹配率	流动>85% 翘曲>90%	—	—
相互匹配率	翘曲>90%	—	—
纵横比	平均<3 最大<8	30(转换前)	平均<3 最大<8

项目	双面网格	3D 网格	中面网格
连通区域	1(制件)	1	1
单元取向 (未取向单元数)	顶面朝外(蓝) (0)	—	一致 (0)
交叉 重叠 零面积单元	0	0	0
倒置四面体	—	无	—
厚度方向 单元层数	—	6 层 8 层(纤维填充材料)	—
内部长边	—	<2.5	—
极大体积	—	<20	—
高纵横比	—	<50	—
小面间角 (最大二面角)	—	>2° (最大二面角<178°)	—

4.3.2　网格密度

（1）网格密度与计算效率和精度　网格密度是网格中的每单位面积单元数。通常情况下，网格密度越高，单元数也就越多，产生的分析结果就越精确。但计算时间会随单元数量的增加而呈几何级数的增加，而精度提高越来越有限，一个过高密度的网格明显是在浪费分析时间。网格密度-计算时间-计算精度的关系如图 4-16 所示。因此，合理的网格密度是既能保证较高的分析精度，又能保证计算效率。

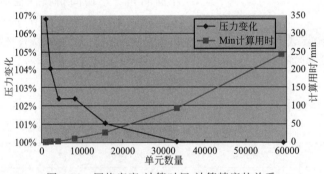

图 4-16　网格密度-计算时间-计算精度的关系

（2）网格密度的要求

① 理想的网格应足够精细以提供模型几何的精确表示，同时不会占用过多的计算时间。可增加网格密度直到结果细节不再发生显著变化。

② 控制网格密度的最佳解决方案是全局网格边长与局部网格密度相结合，对较大特征采用较大的全局网格边长，对较小特征或条件发生较大变化的区域采用局部网格密度，不同边长的网格单元之间具有平滑的渐变。

③ 通常，对条件发生急剧变化的区域（如浇口）内的网格进行细化，以使该区域所获结果更加精确。

④ 对中性面和双层面网格，应确保网格大小与壁截面成比例，即网格边长一般为 2～5 倍壁厚。

⑤ 对要转换为 3D 网格的双层面网格，网格边长尽量小于局部厚度的 2.5～3 倍，以保证厚度方向上有足够的合适的网格单元。

⑥ 对圆柱体和孔，应确保至少由 6 个节点构成周界。

（3）网格密度的特定要求　滞流、气穴、熔接线这类充填缺陷以及浇口这类关键位置要求足够密的网格来表达模型的相关特征从而准确预测。

① 滞流、气穴一般是因厚度变化引起的，在厚度主要变化的地方至少需要 3 排单元才能准确预测滞流或气穴的存在。图 4-17 所示为中间薄壁区滞流的预测，网格过于稀疏则预测失败；图 4-18 所示为中心薄壁区气穴的预测，该处网格过于稀疏也同样会导致预测失败。

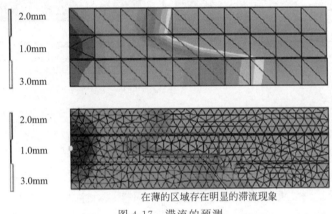

在薄的区域存在明显的滞流现象

图 4-17　滞流的预测

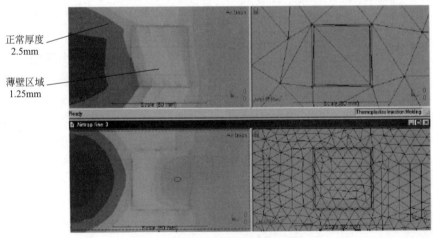

图 4-18　气穴的预测

② 熔接线总是形成在孔洞附近或波前汇合的地方。图 4-19 所示为熔接线的预测，网格太稀疏可能会导致熔接线预测不出或预测不准。网格需要加密以得到准确的熔接线预测结果。

③ 浇口虽然很小很短，但很关键。

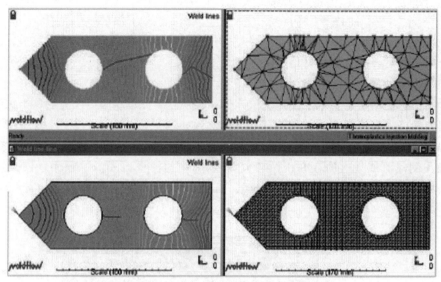

图 4-19 熔接线的预测

4.3.3 产品细节

为准确实现产品的流动分析,必须用网格模型准确表现出产品的厚度、流动长度、体积。只有准确地表现了产品的这些特征,流动分析才准确。

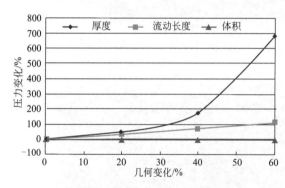

图 4-20 产品几何对压力计算的影响

（1）厚度 厚度是产品模型最重要的属性,对注塑压力的影响最大,如图 4-20 所示。必须检查网格模型的壁厚,保证网格模型的壁厚与 CAD 模型的壁厚基本一致才有可能保证计算的准确性。

对于双面,默认状态下壁厚值是自动计算出来的,厚度值由匹配单元之间的距离决定,在产品边上的单元厚度设置为与其接触的表面单元厚度的 75%。若网格厚度与产品的厚度不符,尝试采用更小的全局边长重划或手动赋值,若该模型还要进行冷却、翘曲分析,则手动赋值无效。

（2）流动长度 流动长度是流动分析中产品的第二重要属性,壁厚和流动长度一起决定所需的填充压力。流动长度越长,压力损耗越大,所需的填充压力也越大。

（3）体积 体积计算是否准确能够作为尺度去判断建立中面模型是否准确。通常的误差在 5% 以内。而双面模型由于其单元的匹配,体积计算会更准确。应对网格模型的体积与 CAD 模型的体积进行比较,以保证较高的精度。体积的重要性在于其有助于定义填充产品所需要的流动速率并对计算流道系统中的压力值有重大影响。

（4）小特征 考虑诸如小圆角之内的特征对分析结果几乎没有影响,却会导致严重的纵横比问题,极大地增加了计算机的计算时间,还可能会出现无法收敛的问题,因此 CAD 模型不需建立对成型影响甚微的小特征。

4.4 网格划分

在模型导入后，先选择"双层面"网格类型，网格划分后再根据"4.2.3 网格类型的选择"重选网格类型再转换。在方案任务窗格中，右键单击"创建网格"，在弹出的快捷菜单中（图4-21）选择"设置网格类型"，在其级联菜单中选择网格类型；如果要设置局部网格密度，则在设置网格类型后再"定义网格密度"；最后选择"生成网格"进行网格划分设置，准备网格划分。

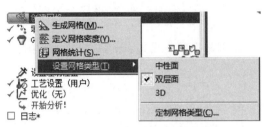

图4-21 "创建网格"快捷菜单

4.4.1 定义网格密度

在网格划分时，在小特征或需要关注的重要特征区域需要定义较高的局部网格密度，以获得该处较高的计算精度。在方案任务窗格中，右键单击"创建网格"，在弹出的快捷菜单中选择"定义网格密度"，弹出"定义网格密度"对话框，如图4-22所示。具体说明如下。

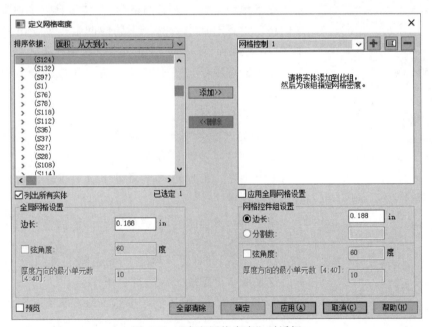

图4-22 "定义网格密度"对话框

① 勾选"列出所有实体"会将所有面/区域列在对话框左边的列表框；也可直接在模型上点击选择要设置的面/区域，点选后也将列在该列表框。

② "排序依据"可选择按"面ID"排序或者面积从大到小或从小到大排序。

③ 全局网格设置：用于指定要整体应用到模型的整体网格密度。此面板与"生成网格"中的全局网格设置同步。在此输入网格边长、弦角度（针对曲面）、厚度方向的最小单元数（针对3D网格）。

④ 在左边列表框中点选或按"Ctrl"连续点选，选中的面会在模型上高亮显示。

⑤ 点击"添加》"按钮可将左边列表框中选中的对象添加到右侧列表框中，作为当前网格控制组的对象。

⑥ 点击"《删除"按钮可将右边列表框中选中的对象从当前网格控制组中删除。

⑦ 网格控制组名：显示当前网格控制组名，在右侧列表框中所列对象即为该网格控制组的对象。通过右边的加/减按钮来添加/删除网格控制组，同一网格控制组的对象采用相同的网格设置。

⑧ 网格控制组设置：为右侧列表框中列出的对象进行网格设置，"分割数"是针对曲线而言。

⑨ 勾选"应用全局网格设置"则对当前的网格控制组采用全局网格设置。

⑩ 勾选"预览"，显示边上的节点。

⑪ "全部清除"是删除所有网格控制组。

4.4.2 网格划分设置

在网格划分时要进行合理设置，以控制网格生成，保证网格质量，减少后续网格修复工作量，提高分析效率与精度。

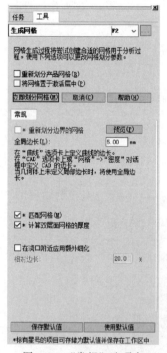

图 4-23　"常规"选项卡

在"方案任务"窗格中，右键单击"创建网格"，在弹出的快捷菜单中选择"生成网格"，在"工具"选项卡出现"生成网格"设置对话框。对于不同的网格类型、不同的模型类型，"生成网格"设置对话框也有所区别，除共有设置外，还会有相应的选项卡。图 4-23 所示为"生成网格"设置对话框的"常规"选项卡。

（1）共有设置

① 勾选"重新划分产品网格"会对模型的所有可见截面重新划分网格，否则只对那些尚未划分网格的可见模型截面重新划分网格。对流道或水路可通过"曲线"选项卡以其他边长重新划分。

② 勾选"将网格置于激活层中"会将网格层放置在"激活层"窗格中。

③ 点击"立即划分网格"按钮将立即启动网格生成任务，这是所有设置确定后进行的操作。

④ 点击"保存默认值"按钮将所有标有星号的项目保存为默认值，直到更改后再次按下此按钮修改默认值。

⑤ 点击"使用默认值"按钮则使用原来保存的默认值。

（2）"常规"选项卡

① 在由已有的 3D 网格的模型生成双层面网格时，勾选"重新划分边界的网格"则使用目标边长重新划分零件表面的网格，否则双层面网格使用 3D 网格的现有节点。

② 点击"预览"按钮将预览显示使用设置值生成的边节点，这允许先查看网格密度效果，然后再决定修改设置或确定设置、点击"立即划分网格"按钮。注意对圆柱体和孔，应确保至少由 6 个节点构成周界。

③ 在"全局边长"后的输入框输入生成网格时使用的单元边长，若边长过长，在弯曲

区域会自动调整使用较短边长。对于面网格,全局边长取厚度的 2~5 倍;对于要转换为 3D 网格的双层面网格,全局边长应取厚度的 2.5~3 倍。网格边长直接决定了网格密度及网格数量的多少,其取值及影响请参阅"4.3.2 网格密度"。

④ 勾选"匹配网格",则在双层面网格的两相对面上对齐网格单元,匹配越好,分析精度越高。对中性面网格和要转为 3D 网格的双层面网格划分应该不勾选此项。

⑤ 对双层面和 3D 网格,勾选"计算双层面网格的厚度",则在生成双层面的同时计算网格厚度。

⑥ 对双层面和 3D 网格,勾选"在浇口附近应用额外细化"则将细化浇口周围的网格。

⑦ 在勾选了"在浇口附近应用额外细化"选项后,在"相对边长"后的输入框输入用于生成浇口周围更精细网格的较短边长,默认值为全局网格边长的 20%。

⑧ 网格类型为"中性面"且 CAD 模型含 NURBS 面(如 igs 格式)时,在常规选项卡中还有"源几何类型"选择,如图 4-24 所示。默认为"自动检测",网格生成器根据实体的属性自动确定现有几何是中性面还是双层面,并可以判断出几何/网格中是否存在自由边;选择"双层面"则是强制网格生成器折叠现有双层面模型为中性面;选择"中性面"则是直接在模型几何上创建中性面单元。

(3)"曲线"选项卡 若模型中已有浇注系统或冷却管道的路径曲线的建模,则"生成网格"对话框有"曲线"选项卡,用以对其网格划分进行设置,如图 4-25 所示。

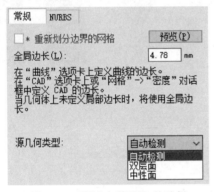

图 4-24 "源几何类型"的选择

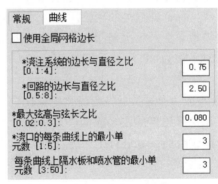

图 4-25 "曲线"选项卡

① 勾选"使用全局网格边长",则可将"常规"选项卡中定义的全局网格边长用于曲线。

② 浇注系统的边长与直径之比:流道系统的长径比必须介于 0.1~4 之间,默认为 0.75。

③ 回路的边长与直径之比:冷却系统的长径比必须介于 0.5~8 之间,默认为 2.5。

④ 最大弦高与弦长之比:弯曲段的弦长与弦高如图 4-26 所示。在弯曲段进行柱体网格划分时,最大弦高与弦长之比越小,柱体单元数越多,越逼近原曲线。

⑤ 浇口的每条曲线上的最小单元数:浇口段应至少分为 3 个柱单元。

⑥ 隔水板和喷水管的每条曲线上的最小单元数:表示隔水板和喷

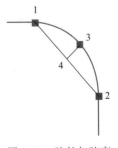

图 4-26 弦长与弦高

水管的曲线段应至少分为 3 个柱单元，最多可达 50 个柱单元。

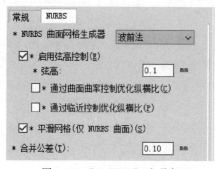
图 4-27 "NURBS"选项卡

（4）"NURBS"选项卡 对 igs 格式文件，在"生成网格"对话框中有"NURBS"选项卡，如图 4-27 所示，即对非均匀有理 B 样条曲面进行网格划分设置。

① "NURBS 曲面网格生成器"有"波前法"和"旧版"两种供选择，"波前法"相对"旧版"的计算时间更长，但对曲面生成的网格质量更好。

② 勾选"启动弦高控制"可提高网格面对曲面的逼近，若不勾选，则某些曲面曲线划分网格后会发生退化，如图 4-28 所示。弦高越小，网格模型逼近曲面越好。曲面特征上应有三个及以上的三角形面片来逼近。弦高的值应保持在全局网格边长的 5%～25% 的范围内，默认为全局边长的 5%～10%。调整弦高后预览小圆区域的网格效果。

勾选"启动弦高控制"后，才可勾选"通过曲面曲率控制优化纵横比"和"通过临近控制优化纵横比"。

③ 勾选"通过曲面曲率控制优化纵横比"后在曲面处网格生成器会将网格尺寸自动调整为 NURBS 曲面的局部曲率，保证曲面处的网格质量，如图 4-29 所示。对双层面模型，会产生大量单元，且降低匹配率，建议不勾选；对要转为 3D 网格的双层面网格划分，建议勾选此项。

④ 勾选"通过临近控制优化纵横比"后，网格生成器会自动检测边界曲线之间的临近区域，并确保在边界之间距离较近的区域进行了充分的网格细化，如图 4-30 所示。对面网格模型，会产生大量的单元，建议不勾选；对要转为 3D 网格的双层面网格划分，建议勾选此项。

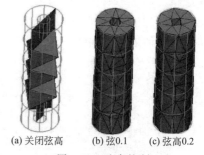
(a) 关闭弦高　(b) 弦 0.1　(c) 弦高 0.2
图 4-28 弦高控制

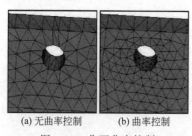
(a) 无曲率控制　(b) 曲率控制
图 4-29 曲面曲率控制

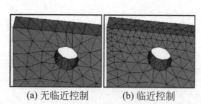
(a) 无临近控制　(b) 临近控制
图 4-30 临近控制

⑤ 勾选"平滑网格（仅 NURBS 曲面）"，则会对网格边缘进行平滑处理，以获得较低的平均纵横比。

⑥ 合并公差：控制节点最小间距，若相邻节点间的距离小于此公差，则这些节点将合并。

（5）"CAD"选项卡 当导入的模型为原生 CAD 实体格式时，"生成网格"对话框中出现"CAD"选项卡，如图 4-31 所示。

① 点选"使用'自动调整大小'",则自动基于尺寸和曲率设置边长和弦角。"常规"选项卡中定义的全局网格边长不适用。

②"比例系数"用于设置比例因子,对借助"使用'自动调整大小'"生成的网格单元大小进行调整。

③ 点选"使用全局参数"则可使用"常规"选项卡中定义的全局网格边长。

④"弦角度"用于定义弦角度来控制模型中弯曲特征的网格密度。

⑤"最小曲率大小与全局大小的百分比"定义相对于指定全局网格边长的默认最小弦长。默认值为全局网格边长的 20%。该值越小,单元数越多。

⑥"接触界面"设置生成装配模型交接面网格的方式,有三个选择:"精确匹配""容错匹配"和"忽略接触面匹配"。

a. 精确匹配。如果 CAD 模型部件在组件间的接触区域没有几何误差,接触面上的节点和单元将准确重叠。

b. 容错匹配。对 CAD 模型中的细小变化进行补偿,并且尽可能对齐网格。

c. 忽略接触面匹配。不考虑表面接触,如果接触区域的网格之间明显不匹配,可能需要手动对齐接触区域的节点。

(6)"四面体"选项卡 网格类型为 3D 时,"生成网格"对话框中出现"四面体"选项卡,如图 4-32 所示,可以对 3D 网格生成进行设置。

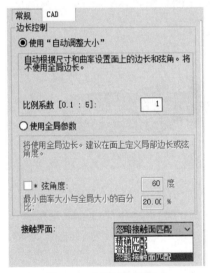

图 4-31 "CAD"选项卡

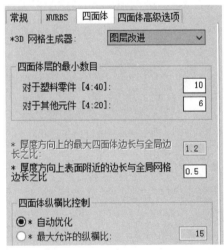

图 4-32 "四面体"选项卡

①"3D 网格生成器"有"图层改进""波前法"和"旧版"三种选择,其中"图层改进"法不依赖于表面匹配,并在厚度方向和边附近提供更好的细化,网格质量和分析准确性比另外两种要更高。

②"四面体层的最小数目"对塑料制件默认为 10 层,重要的分析可更多层,要降低纵横比,提高最小包角,该值应大些。对其他零件,如模具型芯和其他零部件,6 层就够精确。

③ 在采用"波前法"3D 网格生成器时,可设置"厚度方向上最大四面体边长与全局边长之比",建议介于 0.4～1.5 之间。

④ 在采用"层改进"3D网格生成器时，可设置"厚度方向上表面附近的边长与全局网格边长之比"，默认为0.5。

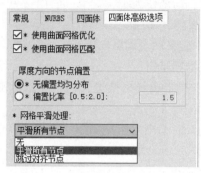

图4-33 "四面体高级选项"选项卡

⑤ "四面体纵横比控制"有"自动优化"和手动设置"最大允许的纵横比"两种控制方式，一般选择"自动优化"就能获得较低纵横比的3D网格。除非"自动优化"出现错误才采取手动设置，一般设置为15，最大不超过50。

（7）"四面体高级选项"选项卡 网格类型为3D时，"生成网格"对话框中除"四面体"选项卡外，还有"四面体高级选项"选项卡，如图4-33所示，可以对3D网格生成进行设置。

① 勾选"使用曲面网格优化"则将创建一个包含较少高纵横比单元的3D网格，如图4-34所示。默认情况下，此选项处于开启状态。若转换为3D网格之前的双层面网格有问题，可勾选此项进行优化，尤其是高纵横比问题。若优化后网格质量很差，关闭该选项重划。

② 勾选"使用曲面网格匹配"则将创建一个在厚度方向上与初始双层面表面网格的顶部和底部上的单元相对齐的均匀体积网格，如图4-35所示。推荐启用该选项。划分后若曲面发生明显扭曲（一般发生在粗厚制件及很少匹配单元的双层面网格模型），关闭该选项重划，系统将使用另一不依赖表面网格的算法生成3D网格。

图4-34 曲面网格优化

图4-35 曲面网格匹配

③ "厚度方向的节点偏置"用于调整3D零件中每个单元层的相对厚度。"偏置比率"指内层与外层的厚度比。应用节点偏置时，零件厚度方向的单元层和节点的数量将保持不变，但各层的局部厚度将发生改变。可通过移动节点层，使其较接近于零件的曲面或中心来实现。

a."无偏置均匀分布"为默认选项，该选项将使厚度方向节点均匀分布。

b."偏置比率"设置值范围为0.5~2。若大于1，则表示外层（接近表面）较薄，而内层较厚，即网格中间疏、表面密，适用于描述剪切率、剪切热；反之，若小于1，则表示内层较薄而外层较厚，即网格中间密、表面疏，适用于描述内部穿透、喷射等；若为1，则表示均匀分布，如图4-36所示。

④ "网格平滑处理"设置可对网格进行平滑处理，均匀过渡，得到具有较低纵横比的单元。

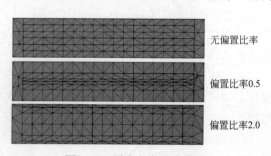

图4-36 厚度方向节点偏置

a. 选择"平滑所有节点"则在平滑处理时移动所有节点。

b. 选择"跳过对齐节点"则在平滑处理时对在厚度方向上对齐的节点不做移动。

4.4.3 网格属性的编辑与类型更改

在网格划分设置确定后，点击"立即划分网格"即启动网格划分，得到网格。网格属性作为网格的重要因素，网格划分后应该进行确定或进行必要的修改。不同的单元类型有不同的属性可能，参见"4.2.4 网格要素"的表4-3。

（1）网格属性的编辑　在模型窗格中框选要查看/修改的网格（可通过层操作控制对象的可见性以便选择），单击右键，从快捷菜单中选择"属性"，弹出"选择属性"对话框，如图4-37所示。从列表框中选择要查看的属性或全选，再单击"确定"按钮，则弹出其属性对话框，可在此编辑属性值。不同属性的对象属性编辑对话框也会有差异。

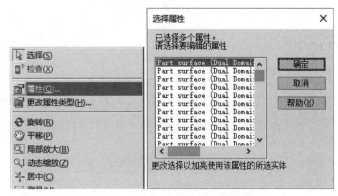

图4-37　选择对象进行属性编辑

图4-38所示双层面网格的属性编辑对话框中，可在"厚度"的下拉选项中选择"指定"，而后输入厚度值；"出现次数"只针相同零件的具有对称性的一模多腔布局，为节省计算资源，只需对一部分进行分析，对称的流道及型腔的结果与此镜像。但注意"出现次数"仅对流动分析而言，对冷却、收缩、翘曲或应力分析则必须完整建模。勾选"不包括锁模力计算"则将所选零件表面单元从锁模力计算中排除，如果模型包含倒扣面或者要采用滑动装置，则有必要勾选此项，以便准确计算投影面积。

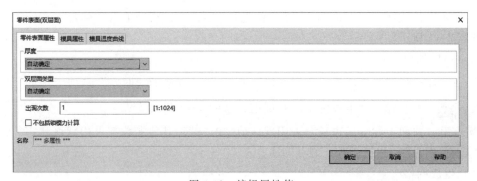

图4-38　编辑属性值

（2）网格属性类型的更改　在模型窗格中框选要更改属性类型的网格（可通过层操作控制对象的可见性以便选择），点击右键，从快捷菜单中选择"更改属性类型"，弹出"将属性类型更改为"对话框，如图 4-39 所示，从中选择目标网格属性类型后，单击"确定"按钮即可。

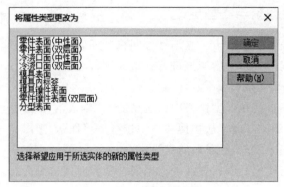

图 4-39　更改属性类型

4.4.4　网格划分实例

（1）导入模型

① 新建一个工程名，打开界面。单击"导入"按钮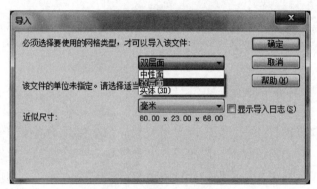，在对话框中找到"4-1"文件。选中"4-1"文件，然后单击"打开"按钮，会弹出"导入"对话框，如图 4-40 所示。

图 4-40　"导入"对话框

② 导入文件选择"双层面"，模型单位选择"毫米"。然后单击"确定"按钮。导入的模型如图 4-41 所示。

（2）网格划分设置

① 在"任务视窗"栏双击"创建网格"命令，或单击"网格"选项卡中的"生成网格"按钮，都会弹出"生成网格"对话框，如图 4-42 所示。

② 这里"曲面上的全局边长"采用默认值"2.15"。其他参数都采用默认状态。然后单击"立即划分网格"按钮，开始划分网格。

（3）生成网格

① 生成网格后的效果，如图 4-43 所示。

② 在"日志视窗"可以看到网格日志，在此显示了所有网格划分的设置，如图 4-44 所示。

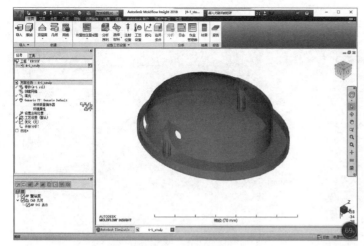

图 4-41　导入的模型

图 4-42　"生成网格"对话框

图 4-43　生成网格后的效果

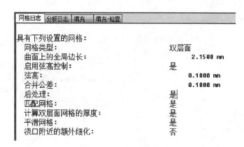

图 4-44　网格日志

4.5　网格质量诊断与修复

网格划分完后需要对所得网格的质量进行统计评估，若网格存在问题还需进行具体的诊断与修复。

4.5.1　网格统计

通过网格统计，能得到网格的几何元素的统计信息。在"4.3 网格质量要求与分析精度"部分对网格的质量要求有详细阐述，以此为依据对网格质量进行评估。

在方案任务窗格中，右键单击"×××网格"（"×××"为选择的网格类型），在弹出的快捷菜单中选择"网格统计"，弹出"工具"选项卡中的"网格统计"对话框，如图 4-45 所示。在"单元类型"中选择单元类型，然后单击"显示"按钮，则在下面的空白框处会出现所选单元网格的统计报告。单击空白框右上角的按钮 ，则将统计信息以单独的对话框显示。网格统计信息中给出了单元数、节点数、连通区域、面积/体积、纵横比等信息。可将网格统计信息与表 4-4 对照，查看网格质量是否达到要求。

"柱体"网格信息如图 4-46 所示，"三角形"网格信息如图 4-47 所示，"四面体"网格信息如图 4-48 所示。

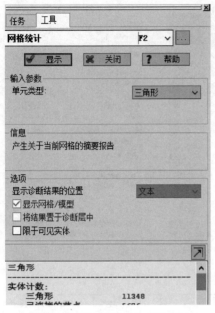

图 4-45 "网格统计"对话框

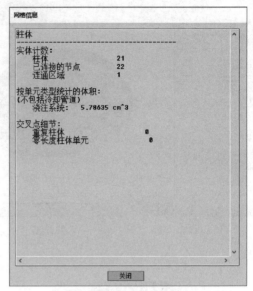

图 4-46 "柱体"网格信息

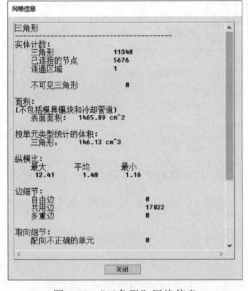

图 4-47 "三角形"网格信息

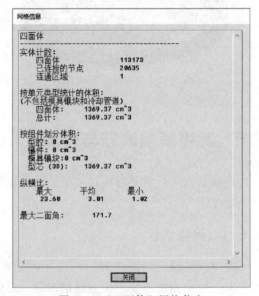

图 4-48 "四面体"网格信息

4.5.2 网格诊断

若从网格统计信息中发现网格存在缺陷或未达到质量要求,会先采用"网格修复向导""自动修复""全部取向""整体合并"等自动批量修复工具进行修复。若自动批量修复后还存在缺陷,则要进行专项诊断,查找到问题所在位置,并手动修复。

网格诊断在"网格"选项卡中。单击"网格诊断"面板,将显示隐藏的网格诊断命令,如图 4-49 所示。

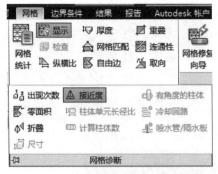

图 4-49　"网格诊断"面板

（1）诊断选项设置　选择要进行的诊断类型后，在"工具"选项卡下出现对应的诊断对话框，所有对话框中均有"选项"设置，如图 4-50 所示。

图 4-50　诊断对话框的"选项"设置

① "显示诊断结果的位置"设置在窗格中显示（"显示"）还是以文本方式显示（"文本"）诊断结果。在窗格中显示可给出具体的位置，并通过颜色显示相关信息；以文本方式显示则以数据方式给出具体信息。

② 勾选"显示网格/模型"为默认设置，在网格/模型的基础上叠加显示诊断结果，若去除勾选，则模型窗格将不显示网格/模型，只显示诊断结果。

③ 勾选"将结果置于诊断层中"则将诊断找出来符合条件的对象放到一新建的诊断层中，以便利用层的操作来方便后续的网格修复操作。该项设置非常有用。

④ 勾选"限于可见实体"是将诊断对象局限于可见的模型，没显示的对象不参与诊断。可通过层来控制对象的可见性。

（2）纵横比的诊断　若网格统计中发现纵横比过高，则需进行纵横比诊断，找到纵横比过高的单元。单击"纵横比"按钮，打开"纵横比诊断"对话框，单击其右端的下拉箭头按钮，可切换到其他网格问题的诊断。

"输入参数"栏中包括"最大值"和"最小值"，这里输入最小值"6"。为了显示所有纵横比大于"最小值"的网格，通常"最大值"都留作空白。诊断结果中用不同颜色的线条指出了纵横比大小不同的单元，如图 4-51 所示。单击引出线，可以看到相应的单元。引线颜色表明其值在诊断范围内的相对大小。

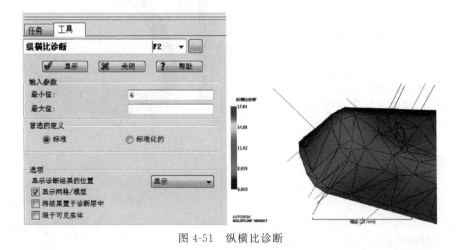

图 4-51　纵横比诊断

（3）重叠单元的诊断　若网格统计发现交叉重叠单元，则必须进行重叠单元的诊断，并进行修复。

单击"重叠单元"按钮 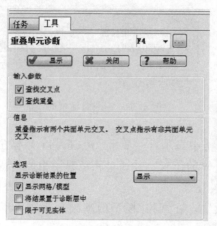，出现"重叠单元诊断"对话框，勾选"查找交叉点"和"查找重叠"两项，点选"显示"按钮可查看重叠单元位置，如图 4-52 所示。

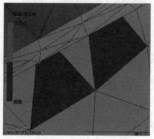

图 4-52　重叠单元诊断

（4）网格取向诊断　若网格统计发现"未取向单元数"不为 0，则需进行网格取向的修复。一般来说，做单元取向诊断的很少，发现单元取向错误，都可以通过执行菜单"网格"→"全部取向"命令来修复这个错误。

单击"取向"按钮 ，弹出"取向诊断"对话框，单击"显示"按钮，则显示单元的取向状况，如图 4-53 所示。

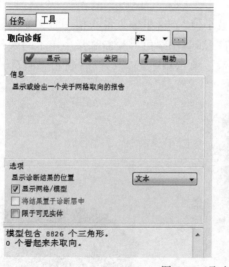

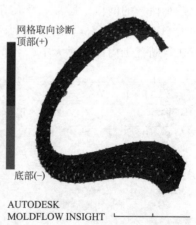

图 4-53　取向诊断

（5）网格连通性诊断　为保证熔体能从进胶位置到型腔所有位置，要求熔体能流到的位置是连通的。若网格统计发现连通性存在问题（CAD 模型或流道系统建模错误导致），则应进行网格连通性诊断，查找连通性断开的位置。

单击"连通性"按钮 ，打开"连通性诊断"对话框，点击"从实体开始连通性检查"

后的输入框，然后在模型上点击（即检查与所选单元相连通的所有单元，一般点进胶位置所在单元），再点击"显示"按钮，则所有与选定单元连通的单元将以红色显示，未连接的单元以蓝色显示，如图 4-54 所示。在两者相接位置即为断开位置（注意两单元在同一位置的节点重合也不表示两单元连通，必须是共一个节点才连通，这种情况常见于浇注系统的建模）。该问题一般通过合并节点即可修复。

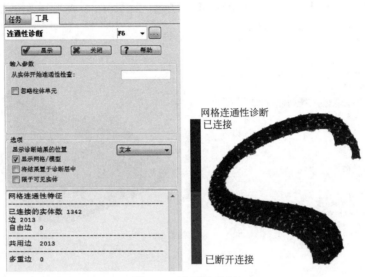

图 4-54　连通性诊断

（6）网格自由边诊断　自由边只应存在与中性面网格的内外轮廓边界，双层面网格没有自由边。通过自由边诊断可查找其位置

单击"自由边"按钮![按钮]，将显示"自由边诊断"对话框，点选"显示"按钮，则出现诊断结果，在图形上以红色边界显示，如图 4-55 所示。

（7）网格厚度诊断　厚度是面网格的重要属性，对分析的准确性影响很大。在网格修复

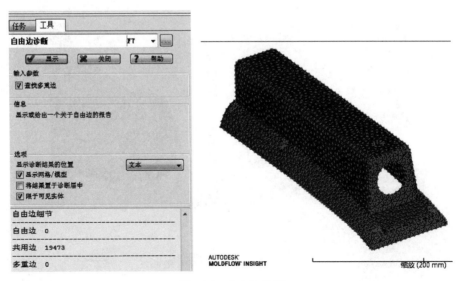

图 4-55　自由边诊断

完后分析计算前都应该进行网格厚度诊断，查看网格厚度与原 CAD 模型的厚度是否一致或极接近。

单击"厚度"按钮 ↕▽。将显示"厚度诊断"对话框，"最小值"和"最大值"的输入框内输入要检查的厚度范围，一般分别为"0"和一个很大值，表示全部检查。点击"显示"按钮则在模型窗格中以颜色来显示单元的厚度。各处的详细壁厚信息可通过"检查"来查看。点击"结果"选项卡的"检查"按钮 🔍，在模型上点击要查看厚度的位置，即可显示其厚度数据，按"Ctrl"键可实现多点选择同时显示，如图 4-56 所示。

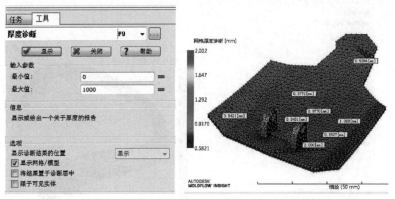

图 4-56　厚度诊断

（8）网格匹配诊断　网格匹配是双层面网格的重要质量指标，直接影响其厚度的确定及计算的准确性。网格匹配对于"双层面纤维翘曲"分析尤其重要，因为在两个表层上由网格异常引起的不一致纤维取向可对翘曲预测产生不利影响。可通过网格匹配诊断来查看双层面网格的匹配情况。

单击"网格匹配"按钮 ▱，打开"双层面网格匹配诊断"对话框，单击"显示"按钮查看结果，如图 4-57 所示。所有匹配单元、不匹配单元或位于厚度边缘的单元分别由蓝色、红色和绿色显示。

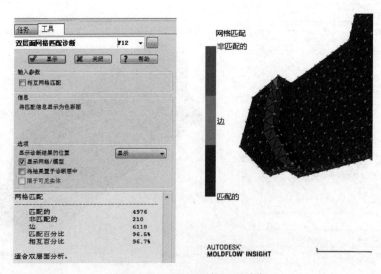

图 4-57　双层面网格匹配诊断

（9）网格出现次数诊断　在一模多腔的流动分析中，若型腔布局存在对称性，则可只分析部分，以提高分析效率。通过在其属性中设置"出现次数"以保证分析的等效。

"出现次数诊断"用来检测流动路径相同的模型出现次数是否与模具腔数相符。

单击"出现次数"按钮🔠，将显示"出现次数诊断"对话框，单击"显示"按钮，则显示诊断结果，如图4-58所示。

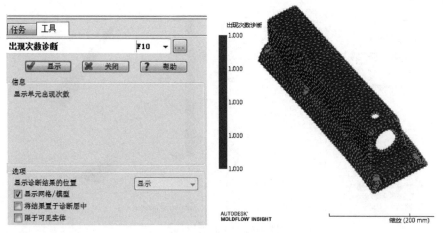

图 4-58　出现次数诊断

（10）网格零面积单元诊断　零面积单元诊断用于识别和确定模型中面积非常小或面积为零的单元。

单击"零面积单元"按钮🔣，弹出"零面积单元诊断"对话框，将"输入参数"中的最小边长设置为诊断公差以识别面积小于相等面积的单元。单击"显示"按钮，如图4-59所示。

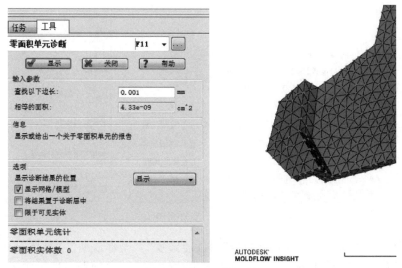

图 4-59　零面积单元诊断

（11）质心太近诊断　如果两个单元的质心太近，这表示网格不理想，需要修复。理想和不理想的网格单元质心如图 4-60 所示。通过"质心太近诊断"可将质心过于靠近的三角形单元（距离小于任一单元平均边长的十分之一）找出。

单击"接近度"按钮 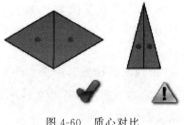，弹出"质心太近诊断"对话框，点击"显示"按钮，模型窗格显示诊断结果，如图 4-61 所示。

图 4-60　质心对比

图 4-61　质心太近诊断

4.5.3　网格修复

当网格诊断出问题所在后，面对已经发现的问题网格需要进行修复，使其达到网格质量要求。

网格诊断在"网格"选项卡中。单击"网格编辑"面板，将显示隐藏的网格编辑命令，包括点击"高级"按钮 。有关网格修复编辑的工具如图 4-62 所示。

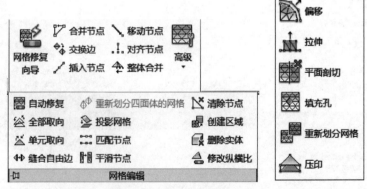

图 4-62　网格修复编辑工具

网格修复一般先采用"网格修复向导""自动修复""全部取向""整体合并"等自动批量修复工具进行修复。自动修复不了的才进行手动修复。网格问题不同，实际情况不一样，则采用的网格修复编辑工具也不同，要具体问题具体分析，甚至需要多次尝试。表 4-5 列出了网格问题及可能的解决方法。

表 4-5　网格问题及可能的解决方法

网格问题	可能的解决方法
低网格匹配率	减小全局(局部)边长重划网格
厚度	增加网格密度/网格修复后重赋厚度属性
连通性	缝合自由边/整体合并/合并节点
交叉/重叠	自动修复/合并节点/删除单元、再填充孔
自由边/非共用边	创建节点/合并节点/删除实体/填充孔
高纵横比	合并节点/交换边/插入节点/移动节点/对齐节点
配向错误单元	全部配向/单元配向

（1）"网格修复向导"页面　单击"网格修复向导" 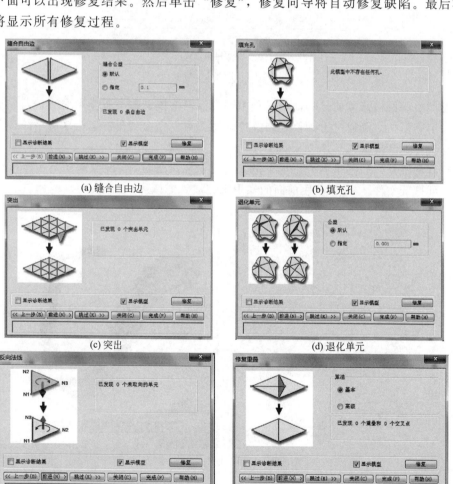可以在每个页面上分别进行修复，也可以跳过无关的页面。"网格修复向导"其实就是个简单、快速的自动修复工具。

"网格修复向导"可以解决 8 种缺陷：缝合自由边、填充孔、突出、退化单元、反向法线、修复重叠、折叠面、纵横比，如图 4-63 所示。首先点选"网格统计"，发现缺陷项目。然后针对缺陷项目选择"网格修复向导"的选项。单击"前进"按钮即可，勾选"显示诊断结果"下面可以出现修复结果。然后单击"修复"，修复向导将自动修复缺陷。最后在"摘要"处将显示所有修复过程。

(a) 缝合自由边　　(b) 填充孔

(c) 突出　　(d) 退化单元

(e) 反向法线　　(f) 修复重叠

图 4-63

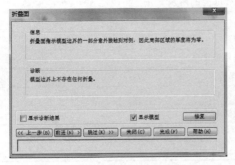
(g) 折叠面

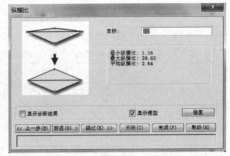
(h) 纵横比

(i) 修复结果摘要

图 4-63　网格修复向导

注意：采用网格修复向导的修复过程中要关注网格模型有没有变形失真，若变形失真则要迅速撤销修复，后续通过手动修复来解决问题。修复完成后再次运行"网格统计"查看网格质量有没有达到要求。

（2）自动修复　当网格划分出现少量交叉或重叠状态时，"自动修复"功能可以解决这些问题。可打开文件"4-2"利用前面的知识来完成，如图 4-64 所示。

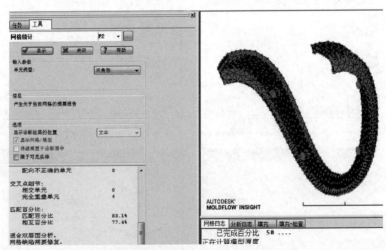

图 4-64　"网格划分"出现重叠

这时候单击"自动修复"按钮，弹出"自动修复"对话框。单击"应用"按钮，系统将自动修复已经划分好的网格，如图 4-65 所示，结果如图 4-66 所示。

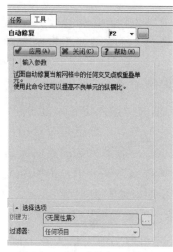

图 4-65 "自动修复"对话框

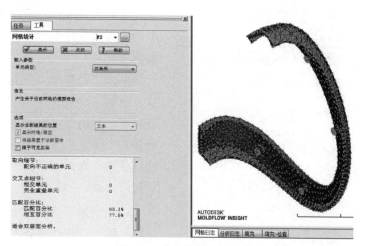

图 4-66 "自动修复"结果

（3）修改纵横比 单击"纵横比"按钮，打开"修改纵横比"对话框如图 4-67 所示。在"目标最大纵横比"中输入期望的最大比值，一般为 6～20。点击"应用"按钮，系统将自动修复部分网格。通常使用此命令并不能将所有纵横比缺陷的网格修复，有些较大纵横比的网格还需要手动修复。

（4）整体合并 使用"整体合并"命令可以搜索整个网格以找到并合并相互间距在指定范围内的所有节点。

单击"整体合并"按钮，打开"整体合并"对话框，如图 4-68 所示。在此对话框的"输入参数"部分中，指定合并公差。其间距小于此公差的节点将被合并到一起。

图 4-67 "修改纵横比"对话框

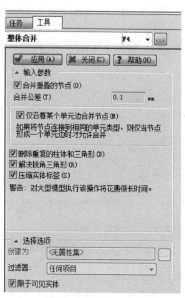

图 4-68 "整体合并"对话框

然后确定是否要利用所有默认网格清理选项。在此对话框的"选择选项"部分中，指明是否要使用过滤，如果使用，则需指明过滤类型。

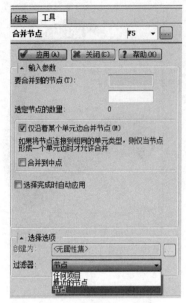

图 4-69 "合并节点"对话框

（5）合并节点　使用"合并节点"命令可以将一个或多个节点合并为单个节点。"合并"命令仅对指定的节点起作用。

单击"合并节点"按钮 ，打开"合并节点"对话框，如图 4-69 所示。在此对话框的"输入参数"部分中，选择要合并的节点以及要合并到的节点。确定是否希望仅沿着某个单元边合并节点。注意，一般是后选的点向先选的点移动。在此对话框的"选择选项"部分中，指明是否要使用过滤，如果使用，则需指明过滤类型。

（6）交换边　单击"交换边"按钮 ，打开"交换边"对话框，在"选择第一个三角形"框中输入一个值，或在模型上选择相应的单元。在"选择第二个三角形"框中输入一个值，或在模型上选择相应的单元。如果要对特征边重新划分网格，选择"允许重新划分特征边的网格"。单击"应用"按钮，两个单元之间的共用边的方向将发生变化，如图 4-70 所示。

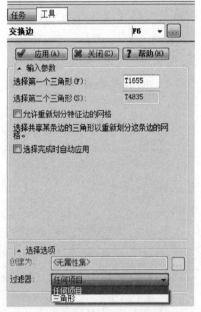

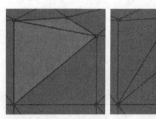

图 4-70　交换边

（7）匹配节点　使用"匹配节点"命令可以将节点从双层面网格的一个表面投影到该网格其他表面上的所选三角形，以便在手动修复网格后重建良好的网格匹配。

单击"匹配节点"按钮 ，打开"匹配节点"对话框如图 4-71 所示。在此对话框的"输入参数"部分选择要投影的节点以及要投影到的三角形。确定是否希望将新节点放置在新层中，然后单击"应用"按钮。

在此对话框的"选择选项"部分中，指明是否要使用过滤，如果使用，需要指明过滤类型。

（8）重新划分网格 "重新划分网格"可以更改某一区域或曲面网格的边长，也可以更改柱体单元的边长。

单击"重新划分网格"按钮 ，打开"重新划分网格"对话框，如图4-72所示。可以按住鼠标左键框选，如有必要，也可使用"Ctrl"键选择要重新划分的网格。输入所需的"边长"单击"预览"或使用"比例"滑块来预览更改。最后单击"应用"按钮。

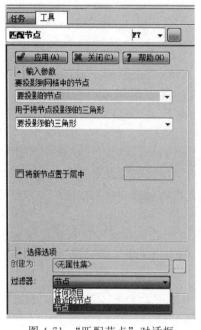

图4-71 "匹配节点"对话框

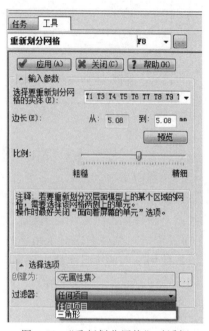

图4-72 "重新划分网格"对话框

（9）插入节点 "插入节点"命令用于将现有三角形、四面体或柱体单元拆分为多个较小的单元。

单击"插入节点"按钮 ，打开"插入节点"对话框如图4-73所示。在此对话框的"输入参数"部分中，确定要创建新节点的位置（"三角形边的中点"和"三角形的中心"）。选择要在其间创建新节点的节点，或选择要拆分的单元。在此对话框的"选择选项"部分中，指明是否要使用过滤，如果使用，则需指明过滤类型。最后单击"应用"按钮。

（10）移动节点 "移动节点"命令可将一个或多个节点移动到绝对位置，或通过相对偏移来移动节点。

单击"移动节点"按钮 ，打开"移动节点"对话框，如图4-74所示。在此对话框的"输入参数"部分中，选择要移动的节点。在"位置"部分中，指明要将所选节点移动的坐标。在此对话框的"选择选项"部分中，指明是否要使用过滤，如果使用，则需指明过滤类型。最后单击"应用"按钮。

（11）对齐节点 "对齐节点"命令可重新定位节点，使其位于一条直线上。操作时，必须首先选择两个节点用于定义直线（对齐边），然后选择要移动的节点。

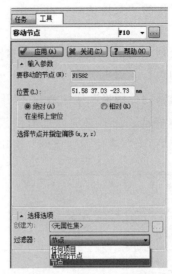

图 4-73 "插入节点"对话框　　　　图 4-74 "移动节点"对话框

单击"对齐节点"按钮 ，打开"对齐节点"对话框，如图 4-75 所示。在"输入参数"部分中，选择两个节点以确定一条直线，以便将其他选定节点对齐到该直线。然后选择要对齐的节点。在此对话框的"选择选项"部分中，指明是否要使用过滤，如果使用，则需指明过滤类型。最后单击"应用"按钮。

（12）单元取向　网格取向对于结果的精度性至关重要，如果在填充和保压分析中运行冷却分析或者使用不同的模具温度（顶面与底面），则尤为如此。如果双层面模型的网格取向不佳，则可能会报告零件的体积错误。

单击"单元取向"按钮 ，打开"单元取向"对话框，如图 4-76 所示，在此，可更正未按照"取向"正确取向的网格单元。此命令不适用于 3D 网格。"反取向"会使每个单元的取向与原始方向相反；"对齐取向"将使所有单元的取向与参考单元的方向相同。最后单击"应用"按钮。

图 4-75 "对齐节点"对话框　　　　图 4-76 "单元取向"对话框

（13）清除节点 "清除节点"命令可删除所有未连接到单元的节点。

单击"清除节点"按钮，打开"清除节点"对话框，如图 4-77 所示。在此对话框的"选择选项"部分中，指明是否要使用过滤，如果使用，则需指明过滤类型。对于此工具，不需其他设置参数。

（14）平滑节点 "平滑节点"命令可以创建大小相似的单元边长度，从而形成更加均匀的网格。

单击"平滑节点"按钮，打开"平滑节点"对话框，如图 4-78 所示。在"输入参数"部分中，可选择要进行平滑处理的节点。选择是否要保留特征边。在此对话框的"选择选项"部分中，指明是否要使用过滤，如果使用，则需指明过滤类型。

图 4-77 "清除节点"对话框

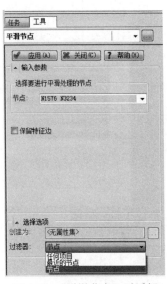

图 4-78 "平滑节点"对话框

（15）缝合自由边 "缝合自由边"工具可以合并组成自由边的节点，以使所有的边正确连接。

单击"缝合自由边"按钮，打开"缝合自由边"对话框，如图 4-79 所示。选择组成要缝合在一起的自由边的节点，大多数情况下，最好选择模型中的所有节点；仅会合并组成自由边的节点；选择要使用的公差，公差为将进行合并的节点之间的距离。默认公差基于内部全局边长。如果需要，也可以指定其他公差。

单击"应用"按钮。所选的定义自由边的节点将自动连接。

（16）填充孔 "填充孔"命令通过三角形单元为网格中的孔和间隙内部划分网格。

单击"填充孔"按钮，打开"填充孔"对话框。要基于孔周围的节点填充孔，单击"按节点选择（传统）"，然后在孔的边界上选择一个节点。单击"搜索"

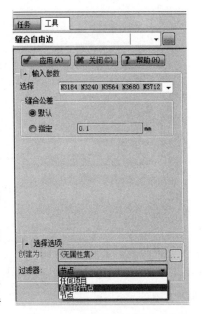

图 4-79 "缝合自由边"对话框

来查找相连节点的序列。这些节点形成要使用三角形填充的边界。要基于孔周围的三角形填充孔，请单击"按三角形选择"，如图4-80所示，然后选择一个有一边位于孔上的三角形。单击"搜索"来检测孔。最后单击"应用"按钮。

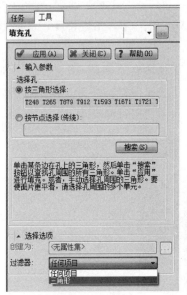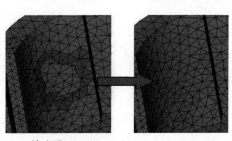

图 4-80　填充孔

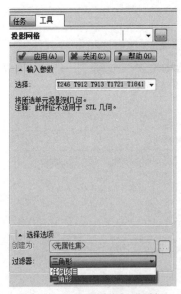

图 4-81　"投影网格"对话框

（17）投影网格　"投影网格"用于将所选网格单元投影回到几何表面上。当网格发生意外变形而不再遵循模型的表面形状时，此命令非常有用。

单击"投影网格"按钮，打开"投影网格"对话框，如图4-81所示。选择需要投影回到模型表面上的单元。单击"应用"按钮。

（18）删除实体　"删除实体"命令可用于从网格中删除使用鼠标光标选择的所有实体。

单击"删除实体"按钮，打开"删除实体"对话框，如图4-82所示。输入节点号或在模型上选择实体。单击"应用"按钮。

（19）创建区域　"创建区域"可用于在网格上定义区域并为这些区域指定默认属性。处理区域通常比处理网格更简单，因为使用区域时，可以将网格单元按逻辑方式组合在一起并确保在接收属性时不会遗漏各个网格单元。

单击"从网格/STL 创建区域"按钮，打开"创建区域"对话框，如图4-83所示。单击"公差"区域中的"平面"或"角度"并输入一个值。根据使用的模型类型，单击"创建自"区域中的"STL"或"网格"。或者：单击"选择选项"组中的"浏览"按钮，然后为要创建的区域选择其他属性类型。单击"应用"按钮，将在模型上创建如前面指定的区域。

图 4-82 "删除实体"对话框

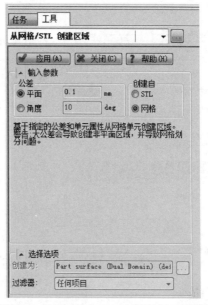

图 4-83 "从网格/STL 创建区域"对话框

（20）平面剖切 "平面剖切"命令可以将对称零件剪切成两半。此工具仅适用于可见表面网格，应确保相应层可见。

单击"平面剖切"按钮![icon]，打开"平面剖切"对话框，如图 4-84 所示，在对话框的"定义一个平面"部分中，选择剪切方向。选择一个参照点以定义剪切平面的位置。单击"应用"按钮。

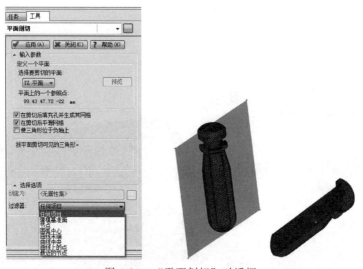

图 4-84 "平面剖切"对话框

（21）拉伸 "拉伸"命令可将所选的三角形移动到新位置。它还可以通过三角形的线性管将置换三角形连接到网格的其余部分。使用此工具可创建形体或新实体。

单击"拉伸"按钮![icon]，打开"拉伸"对话框，如图 4-85 所示。单击![icon]"选择面向着

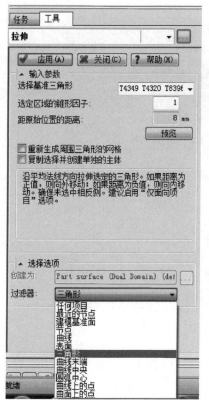

图 4-85 "拉伸"对话框

屏幕的实体"仅拉伸模型的一侧。单击"选择基准三角形",并选择要基于其原始位置应用拉伸距离的表面网格单元。沿表面平均法线方向应用该距离。所有三角形将朝一个方向移动。单击"距原始位置的距离",然后输入拉伸距离(垂直于表面)。输入正数可以向外移动选定单元,输入负数可以向内移动它们。单击"应用"按钮。

(22)偏移 使用"偏移"命令时,还可以更改周围的区域以平滑两个表面之间的过渡。使用该工具,可以尝试形体的新标注或厚度并测试对结果的影响。

单击"偏移"按钮 ![icon],打开"偏移"对话框,如图 4-86 所示。单击 ![icon]"选择面向着屏幕的实体"仅偏移模型的一侧。单击"偏移"按钮 ![icon],单击"选择要移动的三角形"空白处,然后选择要在模型上移动的三角形。根据需要使用"Ctrl"键或"展开选择"按钮 ![icon]。输入距原始位置的偏移距离。单击"应用"按钮。

(23)重新划分四面体网格 "重新划分四面体的网格"工具可以选择性地更改模型中部分四面体(3D)单元的密度。

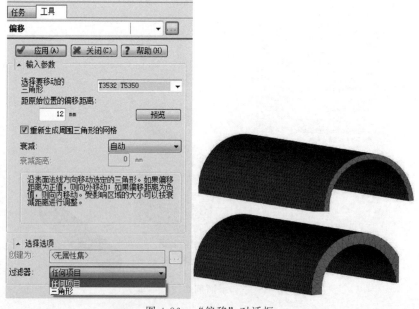

图 4-86 "偏移"对话框

单击"重新划分四面体的网格"按钮 ![icon],打开"重新划分四面体的网格"对话框,如图 4-87 所示。"厚度方向的目标单元数"(重新划分四面体的网格)用于指定要重新划分网格的区域在厚度方向的单元层数。如果指定的值大于默认值 6，则可提高区域厚度方向的结果精度等级。

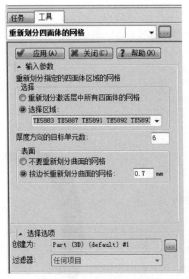

图 4-87 "重新划分四面体的网格"对话框

4.5.4 网格诊断与修复实例

打开 Moldflow2018 软件，导入模型：选择菜单"新建工程"命令 ，新建"工程名称"为"0401"，如图 4-88 所示，然后单击"确定"按钮。

图 4-88 "创建新工程"对话框

（1）导入模型　在"工程视图窗格"选择工程"0401"并单击右键，选择"导入"命令。或者在功能区直接单击"导入"命令。导入模型"4-2.stl"，模型网格类型设置为"双层面"，如图 4-89 所示。然后单击"确定"按钮。导入模型如图 4-90 所示。

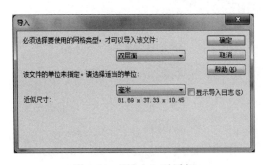

图 4-89 "导入"对话框

图 4-90 导入模型

（2）网格划分　在"方案任务窗格"选择"创建网格"命令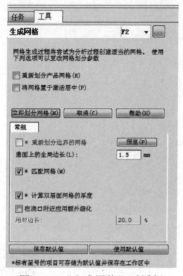并单击右键，选择"生成网格"命令或者选择菜单"网格"中的"生成网格"命令，如图 4-91 所示。在"曲面上的全局边长"中输入"1.5"，然后单击"立即划分网格"按钮。其他都选择系统默认属性。网格划分模型如图 4-92 所示。

图 4-91　"生成网格"对话框

图 4-92　网格划分模型

（3）网格统计　选择菜单"网格"中的"网格统计"命令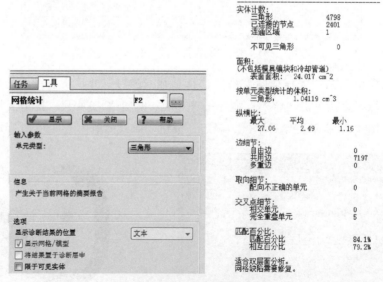，单击"显示"按钮，得到网格诊断报告，如图 4-93 所示。根据报告可以看出：最大纵横比为 27.06，大于前面所要求的 20。而且完全重叠单元有 5 个，这是不允许的，需要修正。匹配百分比也没有达到85％的要求，这些都需要修正。

图 4-93　网格统计

（4）网格诊断与修复

① 重叠单元。修复网格重叠单元。单击"网格修复向导"按钮 ，单击"前进"按钮至"修复重叠"对话框。"算法"默认为"基本"。勾选"显示诊断结果"，发现 5 个重叠单元和 0 个交叉点。单击"修复"按钮，自动修复 23 个重叠。

在重叠修复过程中，又产生 2 个交叉点，如图 4-94 所示。这是在修复重叠过程中模型单元的形状改变造成的。可以接着修复。单击"前进"按钮，逐页查看是否有问题需要修复，直到最后单击"关闭"按钮。

最后再次进入"网格统计"对话框，查看统计信息，如图 4-95 所示，"网格重叠单元"和"相交单元"修复完毕。

图 4-94 "网格修复向导"对话框——"修复重叠"页

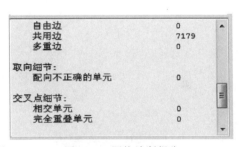

图 4-95 网格诊断报告

② 纵横比。单击"纵横比"按钮 ，打开"纵横比诊断"对话框。"输入参数"的"最小值"为"20"。单击"显示"按钮，如图 4-96 所示。在红线处指出了最大纵横比三角单元。单击"合并节点"命令，打开"合并节点"对话框，如图 4-97 所示。在"要合并到的节点"选项空白处分别按顺序选择 1、2 两处圈出的节点。要注意的是，合并节点是有方向的，是后选的节点向先选的节点合并。单击"应用"按钮，结果如图 4-98 所示。纵横比修复过程要结合实际情况采用合适的修复工具，逐个修复，左端的图例会实时显示最大的纵横比值，直到纵横比达到质量要求。

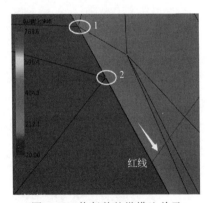

图 4-96 修复前的纵横比单元

图 4-97 "合并节点"对话框

图 4-98 修复后的纵横比

除了以上网格修复方式外，还可以根据具体情况，应用"移动节点""对齐节点"等方式修复网格，要具体情况具体分析。

本 章 小 结

　　CAE 模型是 Moldflow 模流分析的基础，其质量决定了分析的精度与效率。本章详细阐述了 Moldflow 模流分析 CAE 模型的准备过程，包括 Moldflow 分析技术的演变、网格类型及其选择，以及网格的要素；对网格质量的要求及其对分析精度的影响进行了详细剖析；对网格划分的设置与操作、网格质量的评估、诊断与修复进行了系统讲解。

第5章

材料选择

材料是决定产品质量的重要因素之一，其成型性能也决定其成型过程，因此针对具体产品，根据其使用性能要求，合理地选择材料以满足质量要求。对能满足质量要求的多种材料，还要从成型性、成本等因素进行考虑。

5.1 塑料性能

5.1.1 塑料分类

塑料种类很多，可根据不同的方法进行分类。从选材角度需要了解的塑料分类方法、类别、相应特点及塑料举例如表 5-1 所示。

表 5-1 塑料的分类及其特点

分类方法	类别		特点	举例
按受热时特征分	热塑性塑料		受热后发生物理变化，由固体软化或熔化成黏流体状态，但冷却后又可变硬而成固体，且过程可多次反复，塑料本身的分子结构则不发生变化 加工成形简便，具有较高的力学性能，但耐热性和刚性比较差 应用广泛，可再生利用	聚氯乙烯（PVC），聚苯乙烯（PS）、聚乙烯（PE）、聚丙烯（PP）、尼龙（PA）、聚甲醛（POM）、聚碳酸酯（PC）、ABS 塑料、聚苯醚（PPO）、聚砜（PSF），氟塑料、聚酯和有机玻璃（PMMA）等
	热固性塑料		在一定温度下，经一定时间加热、加压或加入硬化剂后，发生化学反应而硬化。硬化后的塑料化学结构发生变化，质地坚硬，不溶于溶剂，加热也不再软化，如果温度过高则会分解 具有耐热性高、受压不易变形等优点，但力学性能不好 目前主要作为低压挤塑封装电子元件及浇注成型等用	酚醛、环氧、氨基、不饱和聚酯、呋喃、聚邻苯二甲酸二丙烯酯和聚硅醚树脂等
按用途和特性分	通用塑料		产量大、价格低、应用范围广。性能一般，只可作为一般非结构性材料使用，多用于制作日用品	聚乙烯、聚氯乙烯、聚苯乙烯、聚丙烯、酚醛塑料和氨基塑料等
	工程塑料	通用工程塑料	综合工程性能（包括力学性能、耐热耐寒性能、耐蚀性和绝缘性能等）良好。一般可以部分代替金属材料作为承载结构件，高温环境下的耐热件和承载件，高温、潮湿、大范围变频条件下的介电制品和绝缘用品 产量较少，价格也较昂贵，用途范围相对狭窄	ABS、聚碳酸酯（PC）、聚甲醛（POM）、聚酰胺（尼龙 PA）、PET、PBT、聚苯醚（PPO） 聚砜、聚四氟乙烯、热塑性聚酯、氯化聚醚、超高分子量聚乙烯、环氧塑料、不饱和聚酯等

分类方法	类别		特点	举例
按用途和特性分	工程塑料	特种工程塑料	又称功能塑料,具有某种特殊功能,适于某种特殊用途,例如用于导电、压电、热电、导磁、感光、防辐射、光导纤维、液晶、高分子分离膜,专用于摩擦磨损用途等塑料。还包括为某些专门用途而改性制得的塑料	聚砜、聚酰亚胺、聚苯硫醚、聚芳酯、聚苯酯、聚醚酮、氟塑料、有机硅橡胶以及环氧塑料等 导磁塑料、导电塑料、光敏树脂等
按塑料中树脂大分子的有序状态分	无定形塑料		树脂大分子链呈现无规则的随机排列在纯树脂状态,这种塑料是透明的。力学特性表现为各向同性	ABS、PC、PVC、PS、PMMA、EVA、AS 等
	结晶型塑料		从熔融状态冷却变为制品过程中,树脂的分子链能够有序地紧密堆砌产生结晶结构。无完全结晶型塑料,都是半结晶的,呈现出无定形相与结晶相共存的状态 结晶结构只存在于热塑性塑料中	PE、PP、PA、POM、PET、PBT 等
塑料的透光性分	透明塑料		透光率在88%以上	PMMA、PS、PC、Z-聚酯等
	半透明塑料		透光但透光率在88%以下	PP、PVC、PE、AS、PET、MBS、PSF
	不透明塑料		不透光	POM、PA、ABS、HIPS、PPO 等
按塑料的硬度分	硬质塑料			ABS、POM、PS、PMMA、PC、PET、PBT、PPO 等
	半硬质塑料			PP、PE、PA、PVC 等
	软质塑料			软 PVC、苯乙烯-丁二烯共聚物、TPE、TPR、EVA、TPU 等

5.1.2 塑料性能

聚合物材料的性能指标包括力学性能、流变性能、热力学性能等,以下主要就聚合物材料的流变性能和 PVT 性能进行简单阐述。

(1) 流变性能 高分子材料因其分子链状结构,其熔体在受外力作用时,既表现黏性流动,又表现出弹性形变。其流动行为是其分子运动的表现,反映了高分子的组成、结构、分子量及分布等结构特点。塑料熔体在流动时,因分子链之间相互缠绕纠结,分子链间发生滑移错动的阻力非常大,熔体流动时的这种内部阻力称为熔体黏度。在塑料熔体中,随着剪切的加剧,分子链间相对滑移解缠,缠结点减少,滑移阻力减小,相应熔体黏度降低,这就是"剪切变稀"行为。随着温度的升高,体积增大,分子链间的空隙增大,分子链的链段活动空间及能力增大,更容易解缠,相应黏度也降低。不同塑料黏度的剪切敏感性不一样。对剪切敏感的塑料有:聚乙烯、聚丙烯、聚氯乙烯等;对剪切速率不敏感的聚合物:聚苯乙烯、聚甲醛、聚碳酸酯、聚酰胺等。不同塑料黏度的温度敏感性也不一样。对温度敏感的塑料有:聚碳酸酯、有机玻璃、聚苯乙烯等;对温度不敏感的有:聚乙烯、聚甲醛等。在 Mold-flow 中,材料的黏度曲线就是反映塑料熔体的黏度与剪切、温度间的关系。热塑性塑料熔体采用的黏度模型为 Cross-WLF 模型。由于熔体黏度直接影响到流动阻力,从而影响到所需的注射压力和锁模力,需要根据塑料熔体的流变特性合理地选择通过提高剪切或温度的方式来降低其黏度。

图 5-1 为 SABIC Innovative US 公司的牌号为 Lexann 141 的 PC 料的流变曲线。由图可见，随着温度从 300℃ 上升到 340℃，黏度从 430Pa·s 下降到 140Pa·s。在剪切速率超过 $1000s^{-1}$ 后，该 PC 熔体的黏度随剪切加剧迅速下降。

（2）PVT 性能　塑料 PVT 特性是材料的本质属性，描述塑料如何随着压力和温度的变化而发生体积上的变化。无论聚合物经历的加工成型过程如何复杂与剧烈，材料的比体积 v 始终遵循与压力 p 和温度 T 的对应关系，并对特定加工条件（如冷却速率）的影响遵循一定的变化规律。在充填及保压的阶段，

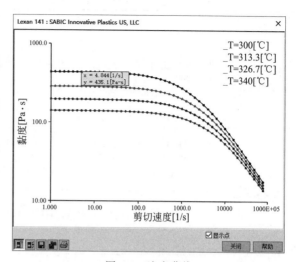

图 5-1　流变曲线
（软件中曲线有颜色区分，此处未显示出，下同）

塑料随着压力的增加而膨胀；在冷却的阶段，塑料随着温度的降低而收缩。温度 T 越低，压力 p 越大，比体积 v 就越小。材料的 PVT 属性决定了产品的体积收缩性能。保压压力越大，收缩率越小。PVT 数据用于材料的收缩模型，这些数据对保压和填充非常重要。在 Moldflow 中采用双域 Tait-PVT 状态方程来描述塑料熔体的 PVT 关系。PVT 状态图通常在恒温或非常缓慢的冷却条件下通过实验获得。图 5-2 为非结晶聚合物和半结晶聚合物的 PVT 曲线。结晶型聚合物在温度降低到熔点以下时发生结晶，分子链有序排列，体积有较大的收缩。

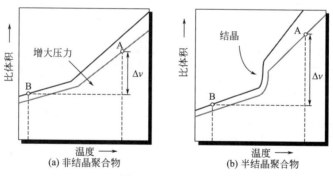

图 5-2　PVT 曲线

5.2　常见塑料性能与选择

塑料相对金属来说，具有密度小、比强度高、耐腐蚀、电绝缘性好、耐磨和自润滑性好，还有透光、隔热、消声、吸振等优点，也有强度低、耐热性差、容易蠕变和老化的缺点。而不同类别的塑料也有着各自不同的性能特点。表 5-2 列出了工业上常用的热塑性塑料的性能特点及用途。除此之外，还有以两种或两种之上的聚合物，用物理或化学方法共混而成的共混聚合物，这在塑料工业中称为塑料合金。这使可供选用的工程塑料的性能范围更加广泛。

表 5-2　常用热塑性塑料的性能特点及用途

名称(代号)	主要性能特点	用途
聚对苯二甲酸乙二醇酯(PET)	透明度好、强度大,可拉伸而用料少,也耐腐蚀。耐热至 70℃ 10 个月后可能释放出致癌物质	饮料瓶、透明药瓶等容器。只适合装暖饮或冷饮,装高温液体或加热则易变形,最好是常温下一次性使用。废旧饮料瓶等不要再用来做水杯,或者用来做储物容器盛装其他食品,以免引发健康问题
聚氯乙烯(PVC)	硬质聚氯乙烯强度较高,电绝缘性优良,对酸、碱的抵抗力强,化学稳定性好。可在 -15～60℃ 使用,有良好的热成型性能,密度小	化工耐蚀的结构材料,如输油管、容器、离心泵、阀门管件,用途很广。在日用品上已逐步被 PP、ABS 等材料所代替
	软质聚氯乙烯强度不如硬质,但伸长率较大,有良好的电绝缘性,可在 -15～60℃ 使用	塑料鞋、电缆电线外皮、塑料雨衣、农用薄膜、人造革面家具、海绵垫等。常用于工业包装,因有毒,故不适于包装食品
	泡沫聚氯乙烯质轻、隔热、隔声、抗震	泡沫聚氯乙烯衬垫、包装材料
聚乙烯(PE)	低压聚乙烯(HDPE)质地坚硬,有良好的耐磨性、耐蚀性和电绝缘性能,而耐热性差,在沸水中变软	塑料板、塑料绳,承受小载荷的齿轮、轴承等 脸盆、水桶、洗衣盆、塑料砧、塑料椅、部分口杯、筛子、药瓶,承装清洁用品、沐浴产品的塑料容器以及目前超市和商场中使用的塑料袋
	高压聚乙烯(LDPE)是聚乙烯中最轻的一种,其化学稳定性高,有良好的高频绝缘性、柔软性、耐冲击性和透明性	高压聚乙烯最适宜吹塑成薄膜(保鲜膜、塑料膜),软管,塑料瓶等用于食品和药品包装的制品
	超高分子聚乙烯(UHMWPE)冲击强度高,耐疲劳,耐磨,需冷压浇铸成型	超高分子量聚乙烯可作减摩、耐磨件及传动件,还可制作电线及电缆包皮等
聚丙烯(PP)	密度小,是常用塑料中最轻的一种。强度、硬度、刚性和耐热性均优于低压聚乙烯,可在 100～120℃ 长期使用;几乎不吸水,并有较好的化学稳定性、优良的高频绝缘性,且不受温度影响。但低温脆性大,不耐磨,易老化	制作一般机械零件,如齿轮、管道、接头等耐蚀件,如泵叶轮、化工管道、容器、绝缘件;制作电视机、收音机、电扇、电机罩等 部分口杯、筛子、保鲜袋、保鲜膜、背心袋、家电塑料外壳、微波炉餐盒、奶瓶、普通餐盒
聚苯乙烯(PS)	透明度好、价格便宜	透明包装盒、玩具外壳、装饰台灯、壁灯、吊灯塑料部件 常用于碗装泡面盒、快餐盒和一次性水杯
聚碳酸酯(PC)	透明度高达 86%～92%,使用温度 -100～130℃,韧性好、耐冲击、硬度高、抗蠕变、耐热、耐寒、耐疲劳、吸水性好、电性能好。有应力开裂倾向	飞机座舱罩、防护面盔,防弹玻璃及机械电子、仪表的零部件 光盘、纯净水桶、茶杯、榨汁机及奶瓶、太空杯等
聚酰胺(通称尼龙,PA)	无味、无毒;有较高强度和良好韧性;有一定耐热性,可在 100℃ 下使用。优良的耐磨性和自润滑性,摩擦因数小,良好的消声性和耐油性。能耐水、油、一般溶剂;耐蚀性较好;抗菌霉;成型性好。但蠕变值较大,导热性较差,吸水性高,成型收缩率较大 常用的有尼龙 6、尼龙 66、尼龙 610、尼龙 1010 等	用于制造要求耐磨、耐蚀的某些承载和传动零件,如轴承、齿轮、滑轮、螺钉、螺母及一些小型零件;还可作高压耐油密封圈、汽车输油管、刹车管、枪托、握把、扳机护圈、降落伞盖、海底光缆、电缆的保护材料。喷涂金属表面作防腐耐磨涂层

名称(代号)	主要性能特点	用途
聚甲基丙烯酸甲酯(俗称有机玻璃,PMMA)	透光性好,可透过99%以上太阳光;着色性好,有一定强度,耐紫外线及大气老化,耐腐蚀,电绝缘性能优良,可在-60~100℃使用。但质较脆,易溶于有机溶剂中,表面硬度不高,易擦伤	制作航空、仪器、仪表、汽车和无线电工业中的透明件与装饰件,如飞机座窗、灯罩、电视、雷达的屏幕,油标、油杯、设备标牌、仪表零件等
苯乙烯-丁二烯-丙烯腈共聚体(ABS)	性能可通过改变三种单体的含量来调整。有高的冲击韧性和较高的强度,优良的耐油、耐水性和化学稳定性,好的电绝缘性和耐寒性,高的尺寸稳定性和一定的耐磨性。表面可以镀饰金属,易于加工成型,但长期使用易起层,耐候性、耐热性差,且易燃	最大应用领域是汽车、电子电器和建材。汽车领域的使用包括汽车仪表板、车身外板、内装饰板、方向盘、隔声板、门锁、保险杠、通风管等很多部件。在电器方面则广泛应用于电冰箱、电视机、洗衣机、空调器、计算机、复印机等电子电器中建材方面,ABS管材、ABS卫生洁具、ABS装饰板广泛应用于建材工业。此外ABS还广泛应用于包装、家具、体育和娱乐用品、机械和仪表工业中
聚甲醛(POM)	优良的综合力学性能,耐磨性好,吸水性小,尺寸稳定性高,着色性好,良好的减摩性和抗老化性,优良的电绝缘性和化学稳定性,可在-40~100℃范围内长期使用。但加热易分解,成型收缩率大	制作减摩、耐磨传动件,如轴承、滚轮、齿轮、电气绝缘件、耐蚀件及化工容器等
聚四氟乙烯(也称塑料王,F-4)	几乎能耐所有化学药品的腐蚀;良好的耐老化性及电绝缘性,不吸水;优异的耐高、低温性,在-195~250℃可长期使用;摩擦因数很小,有自润滑性。但其高温下不流动,不能热塑成型,只能用类似粉末冶金的冷压、烧结成型工艺,高温时会分解出对人体有害气体,价格较高	制作耐蚀件、减摩耐磨件、密封件、绝缘件,如高频电缆、电容线圈架以及化工用的反应器、管道等
聚砜(PSF)	双酚A型:优良的耐热、耐寒、耐候性,抗蠕变及尺寸稳定性,强度高,优良的电绝缘性,化学稳定性高,可在-100~150℃长期使用。但耐紫外线较差,成型温度高	制作高强度、耐热件、绝缘件、减摩耐磨件、传动件,如精密齿轮、凸轮、真空泵叶片、仪表壳体和罩,耐热或绝缘的仪表零件,汽车护板、仪表盘、衬垫和垫圈、计算机零件、电镀金属制成集成电子印制电路板
	非双酚A型:耐热、耐寒,在-240~260℃长期工作,硬度高、能自熄、耐老化、耐辐射,力学性能及电绝缘性都好、化学稳定性高。但不耐极性溶剂	
氯化聚醚(或称聚氯醚)	极高的耐化学腐蚀性,易加工,可在120℃下长期使用,有良好的力学性能和电绝缘性,吸水性很低,尺寸稳定性好,但耐低温性较差	制作在腐蚀介质中的减摩、耐磨传动件,精密机械零件,化工设备的衬里和涂层等

5.3　Moldflow中材料的选择与属性查看

5.3.1　概述

在 Moldflow 中,必须选择了材料后才能进行分析。要选择的材料可能是曾经分析选用过的,也可重新在材料库中进行搜索获得。为选择到合适的材料,可选择几种材料进行比较,分析其特性,最后来确定更合适的材料。

随着材料的测试及材料供应商的改变,Moldflow 自带的材料库也在不断更新。在 Moldflow2018 中,其材料库中材料供应商总数有 520 家,材料牌号近万种。为此,在 Moldflow 的材料库中进行材料的搜索、比较和选择就变得非常重要。

5.3.2 材料选择

（1）材料的选择　在方案任务视窗中双击材料图标［图5-3（a）］或右键单击后在其快捷菜单上点击"选择材料"［图5-3（b）］或选择菜单"主页"→成型工艺设置→选择材料命令［图5-3（c）］，弹出"选择材料"对话框，如图5-4所示。在此材料的选择有三种方式：一种是从常用材料列表中选择，一种是从材料库中指定材料，还有一种是通过搜索选择材料。

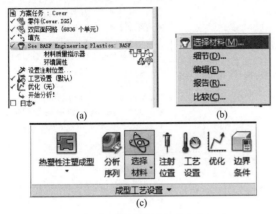

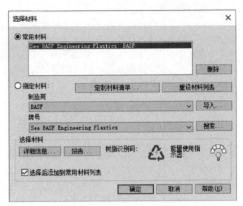

图5-3　材料选择启动命令　　　　　　　　图5-4　"选择材料"对话框

① 从常用材料列表中选择

图5-5　"选项"对话框设置常用材料列表的材料数

a.若勾选了对话框下方的"选择后添加到常用材料列表"选项（默认为勾选），则选择材料后该材料自动添加到常用材料列表中，以后用到同一材料时就不必重复搜索，可从中直接选用。

b.可在"选项"对话框中设置要保留的常用材料数上限，如图5-5所示。

c.若在该列表中某材料不常用，则可单击选中后再点击旁边的"删除"按钮从该列表中删除。

② 选择指定材料。可以从定制的材料清单中选择指定材料，也可以通过在下拉框中选择制造商后再选择所要的牌号。

a."定制材料清单"（点此按钮后出现图5-6所示对话框）是从材料库中选择系列材料添加到下方的清单中，可在下方清单中选择材料从清单中删除。从清单中选择方案所需的材料，选择好的材料其制造商与牌号自动列在下拉框中。定制材料清单后在制造商与牌号的下拉框中只列出清单中有的，清单没有列的就不显示。

b.点击"重设材料清单"按钮则在下拉框中列出所有制造商及其牌号供选择。

c."导入"是导入其他的Moldflow材料库（*.21000.udb）材料以供选择。

d.在确定制造商和材料牌号的情况下，可在"制造商"下拉列表中选择制造商后，"牌号"下拉列表会列出材料库中该制造商的所有材料牌号，从中选择所需牌号。选择时可键盘键入制造商/牌号的首字母，快速初步定位后再上下移动鼠标进行选择。

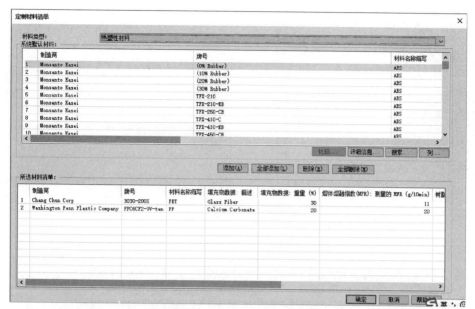

图 5-6 "定制材料清单"对话框

③ 通过搜索选择材料。在材料的制造商和牌号不明确时，可通过"搜索"相关字段来找到所需材料或缩小材料选择范围。"搜索条件"对话框如图 5-7 所示。

图 5-7 "搜索条件"对话框

a. 搜索时在左边选择搜索字段类型，再在右边过滤器输入该字段的值或范围，再点击"搜索"按钮出现搜索出来的满足条件的材料。

b. 如果在搜索字段类型中没列出所要的搜索字段，如收缩信息，则可点击"添加"按钮弹出"增加搜索范围"对话框（图 5-8），在其下拉列表中查找添加。

c. 搜索时也按多个搜索字段的搜索值同时搜索，只需依次选择搜索字段并输入相应搜索值，设置完后再点"搜索"按钮即可显示同时满足这些搜索条件的材料列表，如图 5-9 所示，搜索条件为查找 ABS、包含玻璃纤维 glass 填充物、其含量为 20％的搜索条件设定，图 5-10 为其搜索结果，材料库中有 25 种材料同时满足这几个条件。

d. 搜索后出现的可供选择材料列表对话框中，还有"搜索"按钮，点击则可再附加搜索条件在已搜索的结果中进一步查找。

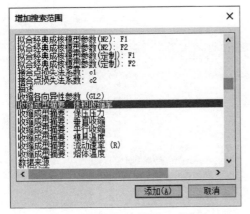

图 5-8 "增加搜索范围"对话框

图 5-9 多搜索字段搜索

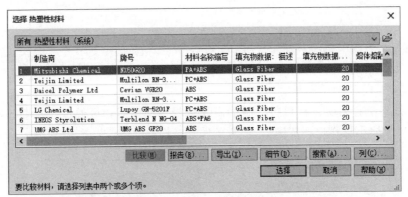

图 5-10 多搜索字段搜索结果

　　e.在可供选择的材料列表类似于 Excel 表,可点击列标题进行排序,也可水平拖动列标题变更列的位置。如点击"制造商",则清单按制造商名称排序,如图 5-11 所示。

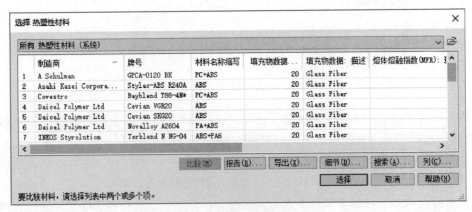

图 5-11 可供选择的材料列表

　　f.在清单中选择材料后,可点击"细节"按钮查看材料的具体各方面属性。

　　g.在列表中,点选高亮显示所要选的材料,再点击"选择"即完成材料的搜索与选择。

　　(2)材料的比较　　在选择好材料后,还可将所选材料与材料库中其他材料进行比较。

　　在方案任务窗格的材料行右键单击,在出现的快捷菜单中点击"比较",如图 5-12 所示。弹出"选择材料与之比较"对话框，如图 5-13 所示，从中选择/搜索材料来与原所选材料进行比较。

也可在搜索出的可选材料清单中，选择多个材料（按"Ctrl"键多选，如图 5-14 所示）后，点击"比较"按钮，弹出"材料测试方法及数据比较报告"，如图 5-15 所示。在此对所选择的材料从流变性、热导率、比热容、PVT 曲线、收缩等多方面进行比较，只需点击其相应的按钮即可查看相应的曲线比较，图 5-16 所示即为所选材料的流变曲线比较（1 为第 1 列材料，2 为第 2 列材料，以此类推）。

图 5-12　在方案任务窗格启动材料比较

图 5-13　"选择材料与之比较"对话框

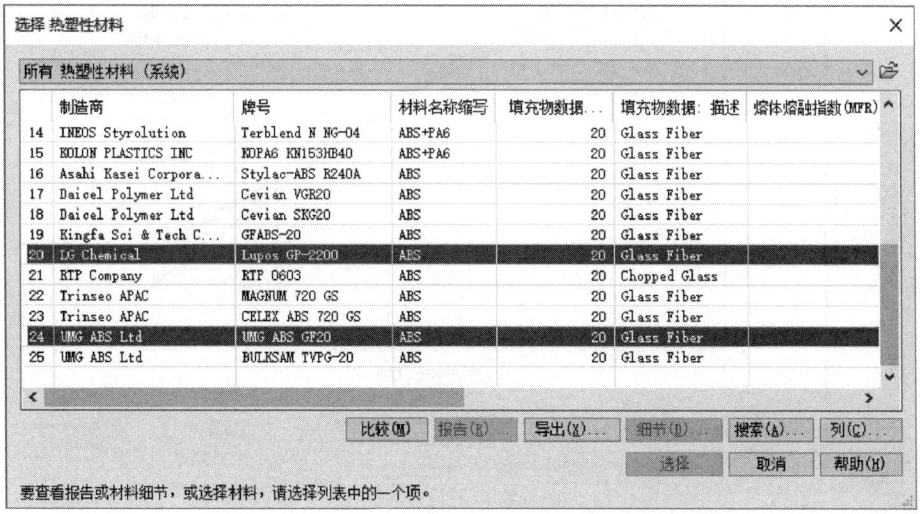

图 5-14　在可选材料清单中选择多个材料比较

5.3.3　材料属性查看

在选择好材料后，可在方案任务窗格的材料行右键单击，在出现的快捷菜单中点击"细节"，如图 5-17 所示，弹出材料信息对话框。图 5-18 所示为一热塑性塑料的具体信息对

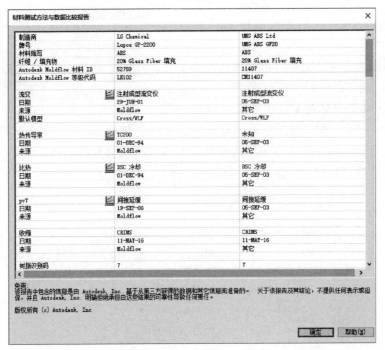

图 5-15 "材料测试方法及数据比较报告"对话框

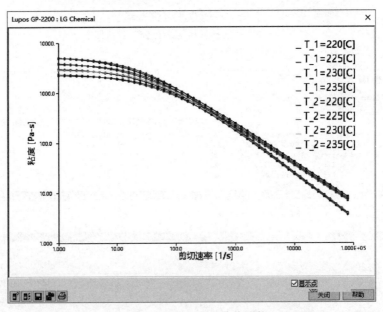

图 5-16 材料的流变曲线比较

话框。

在前述选择材料对话框中选择材料后，可点击"细节"按钮也可弹出材料信息对话框查看材料的具体信息。

需要说明的是在材料信息对话框中，如果某

图 5-17 启动查看材料细节命令

个属性名称以红色显示，则表示此特定材料的这一属性尚未经过测试。但是，发现从类似的常规级测试中得到的材料数据适用于该材料，并已分配到该材料。

（1）"描述"选项卡　如图 5-18 所示，在此提供了用来识别热塑性材料的常规描述性信息，包括材料所属的族类（系列）、材料牌号、材料制造商、材料族类名称缩写（如 PC）、材料类型（Amorphous——非晶态材料，Crystal——半结晶材料）、在材料库中的 ID 号（材料 ID）、是否含有纤维或填充物等信息。

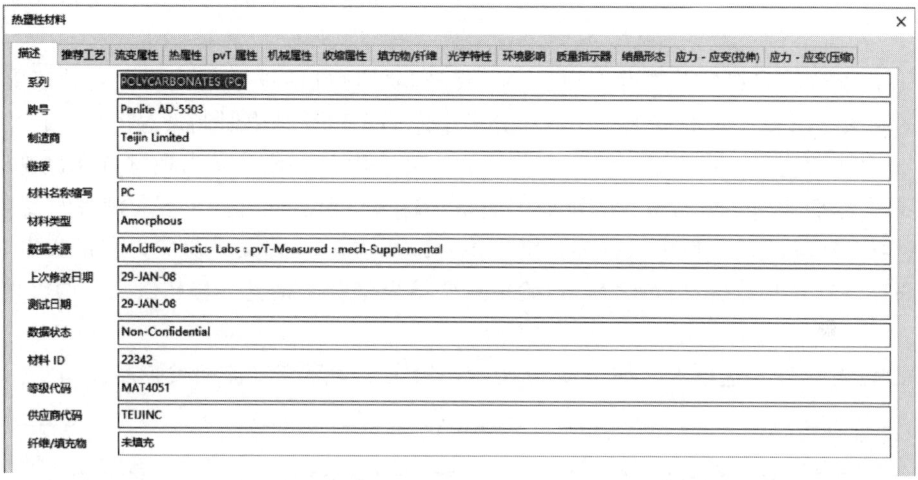

图 5-18　"描述"选项卡

（2）"推荐工艺"选项卡　如图 5-19 所示，给出了该材料的建议工艺条件及材料使用的限制。

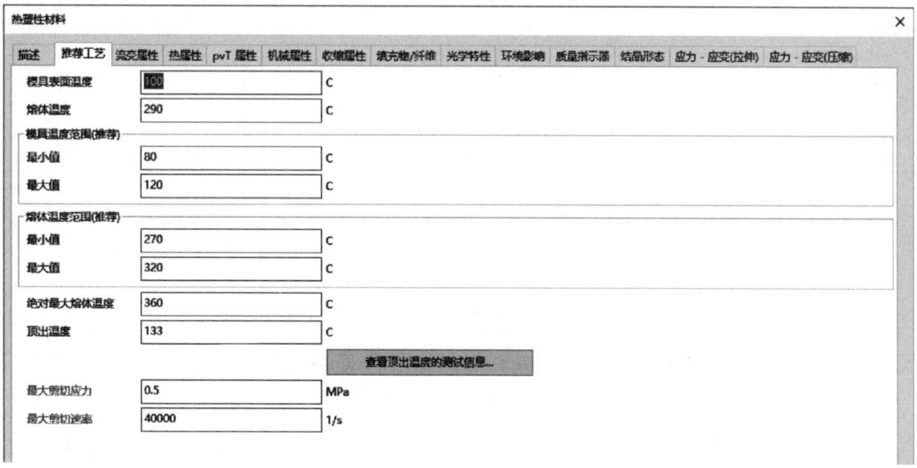

图 5-19　"推荐工艺"选项卡

① 模具表面温度：在塑料和金属的临界面的模具温度。约为推荐的模具温度范围的中间值，也是后续成型工艺参数默认设置的模具温度值。模具温度会影响塑料的冷却速率，不能高于特定材料的顶出温度。

② 熔体温度：熔体注入模具的温度。如果模型具有流道系统，则熔体温度指熔体进入流道系统时的温度。如果模型没有流道系统，则熔体温度指熔体进入型腔时的温度。约为推

荐的熔体温度范围的中间值，也是后续成型工艺参数默认设置的熔体温度值。增加熔体温度可以降低材料的黏度。此外，较热的材料会降低冻结层的厚度，因为流动收缩减小，降低冻结层的厚度将减少剪切应力，这将导致流动期间材料取向减少。

③ 模具温度范围（推荐）：推荐的该材料成型时的模壁温度范围。

④ 熔体温度范围（推荐）：推荐的该材料成型时的熔体温度范围。

⑤ 绝对最大熔体温度：制造商建议用于材料熔化工艺设置的最高温度，高于此温度熔体容易发生降解。在绝对最大熔体温度下进行加工时可能需要特殊的预防措施和减少的滞留时间。

⑥ 顶出温度：材料在此温度下顶出，以保证足够刚硬能够承受顶出，且没有由模具顶针造成的永久变形或严重的痕迹。在冷却分析中应确保冷却结束时制件温度低于顶出温度。

⑦ 最大剪切应力：材料最大许可剪切应力，超出该值后便开始出现材料降解现象。

⑧ 最大剪切速率：材料最大许可剪切速率，超出该值后便开始出现材料降解现象。

注意：分析完成后，可以根据分析结果检查顶出温度、最大剪切应力和最大剪切速率，与制造商提供的材料数据进行比较，以确定这些结果是否可接受，若超出则应调整设计或工艺参数。

（3）"流变属性"选项卡　如图 5-20 所示，给出了其流变（流相关）属性。

图 5-20　"流变属性"选项卡

① 默认黏度模型：对材料库中的材料已选择相应的默认黏度模型，在 Moldflow 中默认采用七参数的 Cross-WLF 黏度模型。可单击"查看黏度模型系数"查看系数，如图 5-21 所示。

② 点击"绘制黏度曲线"可查看不同温度下的流变曲线，如图 5-22 所示。通常，随着聚合物的温度和剪切速率的增加，黏度会减小，表明在外加压力的作用下流动能力增强。

③ 转换温度：即聚合物的玻璃化温度。在此温度下，熔体转变为玻璃态。转变温度对应于非晶态材料的玻璃化转变温度 T_g 和半结晶聚合物的结晶温度 T_c。

④ Moldflow 黏度指数：在指定的温度和剪切速率（$1000s^{-1}$）下的参考黏度级别（Pa·S）。例如，VI（240）125 表示在剪切速率为 $1000s^{-1}$ 和 240℃温度下，该材料的黏度为 125Pa·s。Autodesk 使用相同温度来计算常规族（例如 PP）中所有聚合物的黏度指数，以便于比较材料，这是不同材料流动性比较的重要指标。

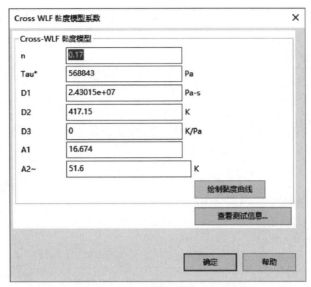

图 5-21　"黏度模型系数"对话框

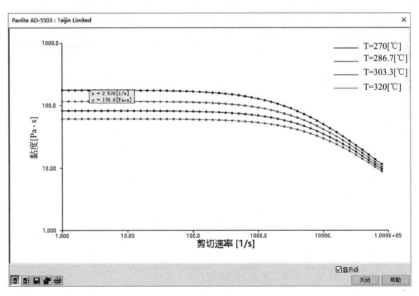

图 5-22　查看流变曲线

⑤ 熔体熔融指数（MFR）：MFR 是描述指定熔体流动的容易程度的 ISO 标准量度，指在特定的温度和压力条件下指定时间间隔内流经该毛细管的材料的质量，是以每 10min 内的克数（g/10min）进行度量的，代表 10min 内流经毛细管的熔体质量。该值越高，则流动越容易。"温度"指 MFR 度量中用于熔化材料的温度。"载荷"指 MFR 度量中用于推动材料流过料筒的重量。"测量的 MFR"测定的熔体熔融指数。也是材料流动性比较的重要指标，但注意只有在相同的"温度"和"载荷"条件下才有可比性。

⑥ 拉伸黏度：指定此材料是否具有拉伸黏度数据。选中此选项时，将显示一个按钮，允许查看或编辑拉伸黏度模型系数。拉伸黏度模型仅用于三维填充＋保压分析。

（4）"热属性"选项卡　如图 5-23 所示，显示了该材料的热属性信息。

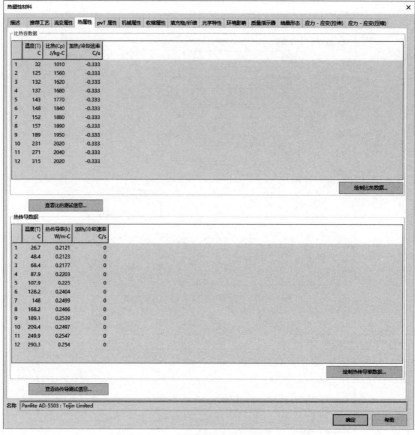

图 5-23 "热属性"选项卡

① 比热容数据：材料的比热容（c_p）是单位质量的材料温度增加 1℃所需的热量。以表格的形式显示比热容数据，每一行表示某给定温度下的比热容数据。

② 热导率数据：材料的热导率（k）是每 1mm 在每 1℃下传导传热的速率。也以表格的形式显示材料的热导率数据，每一行表示某给定温度下的热导率数据。

（5）"pvT 属性"选项卡　pvT 属性可说明材料在填充或填充＋保压分析过程中的可压缩性。"pvT 属性"选项卡如图 5-24 所示，显示了材料的 pvT 信息。

① 熔体密度：显示材料在熔体状态中的密度。

② 固体密度：显示在 0MPa 压力和 25℃的情况下材料处于固体状态时的密度。

③ 双层面修改后的 Tait pvT 模型系数：（实为修正的双域 Tait pvT 模型——Modified 2-Domain Tait pvT Model）修正后的双域 Tait pvT 模型可用于确定作为温度和压力函数的材料密度。单击"绘制 pvT 数据"显示材料 pvT 曲线图，如图 5-25 所示。

（6）"机械属性"选项卡　如图 5-26 所示，用于显示材料的机械属性信息。

① 机械属性数据：用来描述黏弹性材料的五个标准系数。要求使用应力松弛数据作为时间和温度的函数时，必须使用黏弹性模型。此模型将解释在流动方向和垂直流动方向中属性的变化。

② 热膨胀（CTE）数据的横向各向同性系数：与机械数据模型共同解释了流动方向和垂直流动方向中属性的变化。"Alpha 1"为流动方向的热膨胀系数。"Alpha2"为垂直方向的热膨胀系数。

图 5-24 "pvT 属性"选项卡

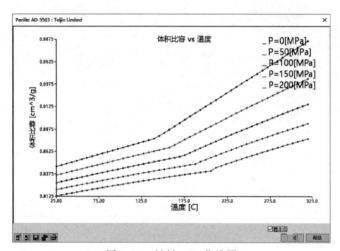

图 5-25 材料 pvT 曲线图

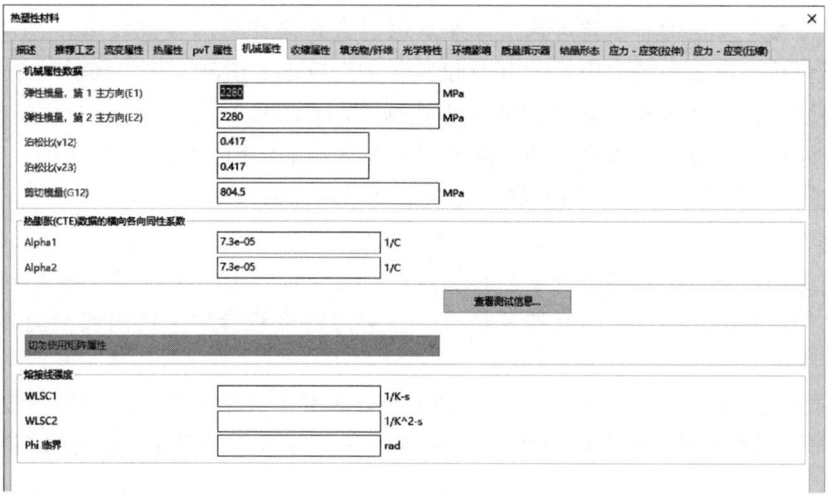

图 5-26 "机械属性"选项卡

（7）"收缩属性"选项卡　如图 5-27 所示，显示该材料的收缩属性。

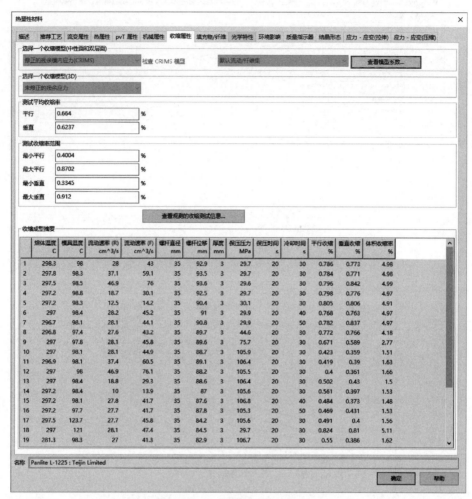

图 5-27　"收缩属性"选项卡

① 选择一个收缩模型（中性面和双层面）：针对中性面和双层面模型选择要在流动模拟中使用的收缩模型。当材料没有可用的收缩数据时选择未修正的残余应力，在这种情况下，填充＋保压分析可在成型周期中基于流动和温度变化历史来预测零件内部的残余应力值。对材料执行收缩测试后默认选择修正的残余模内应力（CRIMS）选项，由于此模型是通过实际测试的收缩值和填充＋保压分析预测的相互关联获得的，因此它是最准确的。如果材料中的 CRIMS 模型未能充分说明材料的收缩行为，则可选择残余应变选项。

② 选择一个收缩模型（3D）：针对 3D 网格模型选择要在流动模拟中使用的收缩模型。常规收缩模型当前支持所有热塑性工艺和热固性工艺。未修正的残余应力是默认选项。当前支持所有热塑性和热固性工艺。在选定此选项并关闭网格聚合后，模内残余应力结果在 3D 翘曲分析中生成。

③ 测试平均收缩率：收缩测试中观测到的平行于和垂直于流动方向的平均收缩值。

④ 测试收缩率范围：收缩测试期间观测到的平行于和垂直于流动方向的最大/最小收缩值。

⑤ 收缩成型摘要：在一系列注射成型条件下测量的平行于和垂直于流动方向的面内收

缩。其中，流动速率（R）为基于螺杆移动的流动速率；流动速率（F）为基于型腔填充的流动速率。

（8）"填充物/纤维特性"选项卡　如图 5-28 所示，给出了该材料中添加的任何填充物材料的物理特性，以及这些填充物材料的重量变化。

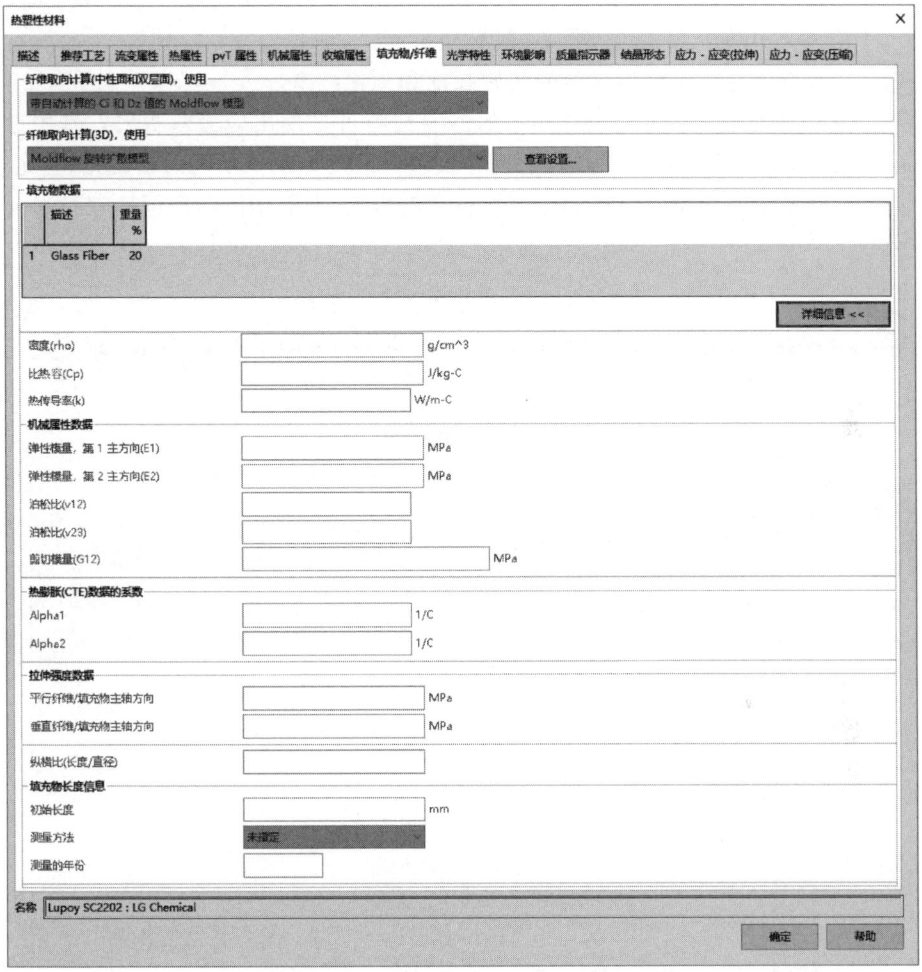

图 5-28　"填充物/纤维特性"选项卡

① 纤维取向计算（中性面和双层面），使用：指定中性面/双层面纤维分析求解器用于计算纤维取向的模型。

② 纤维取向计算（3D），使用：指定 3D 纤维分析求解器用于计算纤维取向的模型。

③ 填充物数据：包含的每种填充物的说明和重量。点击"详细信息"按钮可展开查看密度、比热容、热导率、机械属性、热膨胀、填充物等详细信息。

④ 比热容（c_p）：单位质量的材料温度每提高 1℃所需的热量，是对材料将吸收的热量转化为温度提升的能力的测量，是在零压力下的某个温度范围或从 50℃到材料的最大加工温度的温度范围平均值下进行测量。

⑤ 热导率（k）：每 1mm 每 1℃下传导传热的速率。实际上是对材料散热速率的测量。

⑥ 机械属性数据：基材（即没有纤维或填充物的基础材料）的机械属性，包含描述横向各向同性弹性材料的特征所需的五个独立的机械常量。

⑦ 热膨胀（CTE）数据的系数：填充物（纤维/填充物）的热膨胀属性。这些CTE系数与机械数据模型共同解释了流动方向和垂直流动方向中属性的变化。

⑧ 拉伸强度数据：纤维或填充物平行主轴方向和垂直主轴方向的拉伸强度。

⑨ 纵横比（L/D）：长短轴之比或有效长度与内含物直径之比。纵横比为1，其强化类型为球形或立方形填充物；纵横比大于1，其强化类型为扁长或圆柱状（如玻璃纤维）；纵横比在0～1之间，其强化类型为扁圆或盘状（如云母、薄片）。

⑩ 填充物长度信息：填充物材料的初始长度和测量细节。

（9）"光学属性"选项卡　应力作用下的透明塑料可呈现出应力双折射，其中通过整个零件的光的速度取决于光的偏振。双折射可导致重像以及传输不规则的偏振光。"光学属性"选项卡如图5-29所示，提供有关透明热塑性材料的应力-光学功能的数据。双折射分析中将使用这些属性。

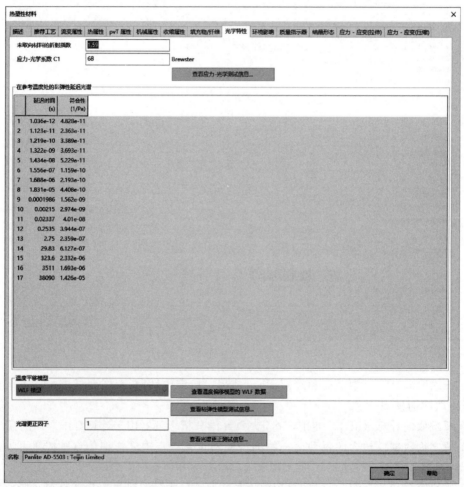

图 5-29　"光学属性"选项卡

① 未取向材料的折射指数：描述减缓光透射过材料的比例。较高的折射指数通常与密度较大的材料相关联。

② 应力-光学系数 C1：描述在应力的作用下透明材料的折射指数如何改变。

③ 在参考温度处的黏弹性延迟光谱：在参考温度处的黏弹性延迟光谱将材料的符合性

（逆刚度）与延迟时间关联起来。

④ 温度平移模型：选择供材料的黏弹性阶段使用的模型。

⑤ 光谱更正因子：使实验双折射结果和预测值匹配更好的光谱更正因子。

（10）"环境影响"选项卡　不同的材料可能有不同的环境影响。材料所属的聚合物族可以初步指出材料的可加工性和潜在的可回收性。"环境影响"选项卡如图 5-30 所示，给出了该材料的树脂识别码和能源使用指示值。树脂识别码有助于识别聚合物族，能源使用指示值指明了生产的相对能源要求。

图 5-30　"环境影响"选项卡

① 树脂识别码：该材料所属的聚合物族将决定应用哪个聚合物识别码。具体识别码及对应聚合物族如表 5-3 所示。

表 5-3　树脂识别码及对应聚合物族

识别码	聚合物族
♳	聚对苯二甲酸乙二醇酯（PET、PETE）
♴	高密度聚乙烯（HDPE）
♵	聚氯乙烯（PVC）
♶	低密度聚乙烯（LDPE）
♷	聚丙烯（PP）
♸	聚苯乙烯（PS）
♹	其他，包括未专门列出的所有树脂。此分类还包括属于混合物或包含填充物的所有材料

② 能源使用指示器：为材料指定生产能耗等级，等级范围从 1～5，所需能耗依次增大。

（11）"质量指示器"选项卡　如图 5-31 所示，用于测量热塑性材料的材料数据的可

图 5-31　"质量指示器"选项卡

靠性。

① 填充质量指示器：考虑与此材料相关的黏度、比热容和热导率数据的可靠性。材料可以有"金" 、"银" 或"铜" 材料质量等级。等级结果在"方案任务"窗格中以图标形式表示。

② 保压质量指示器：考虑 pvT 数据的可靠性以及与此材料相关的"填充质量指示器"结果。"保压质量指示器"不能超过"填充质量指示器"。

③ 翘曲质量指示器：考虑机械属性和收缩数据的可靠性以及与此材料相关的"保压质量指示器"结果。"翘曲质量指示器"不能超过"保压质量指示器"。

（12）"结晶形态"选项卡　如图 5-32 所示，提供用来描述半结晶热塑性材料的结晶形态的数据。当用来执行结晶分析的选项处于选中状态时，这些属性是必需的。

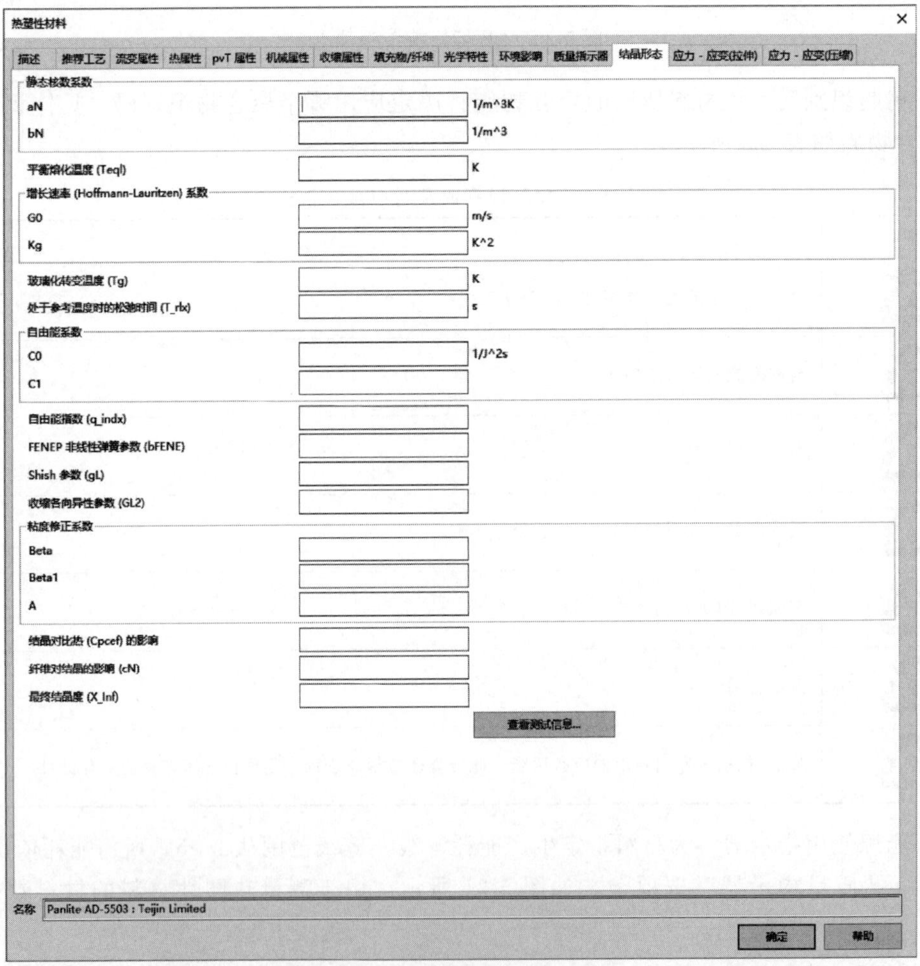

图 5-32　"结晶形态"选项卡

（13）其他　"应力-应变（拉伸）"选项卡为热塑性材料输入应力-应变（拉伸）数据。此数据将用于成品零件的结构分析。采用 Ramberg-Osgood 方程预测应力-应变曲线的非线性区域中的材料行为。不影响 Moldflow 分析，只在导出结构分析的结果时提供材料的应力-应变信息。

"应力-应变（压缩）"选项卡存储材料的原始非线性应力-应变（压缩）数据。此数据将用于成品零件的结构分析。

5.4 材料选择实例

图 5-33 打开的工程任务及已有选材

以下通过实例来阐述根据指定厂家及牌号查找材料、只知道牌号查找材料等操作。

（1）启动软件，打开工程文件 Moldflow，打开工程文件 Material _ Searching. mpi（随书资料文件夹"5"中），打开工程下的方案任务"Cover"。注意在"材料"旁的"方案任务"◇窗格中，已选择"Capron 8333GHS"材料，如图 5-33 所示。

（2）选择成型材料为 Eastman Chemical Products 的 Tenite LDPE 1870

① 在"方案任务"窗格中材料这行双击或右键单击后在其快捷菜单上点击"选择材料"，单击◈（"主页"选项卡→"成型工艺设置"面板→"选择材料"）以打开"选择材料"对话框。

② 单击"制造商"下拉列表，输入"e"迅速定位到名称为"E"打头的制造商，再查找到"Eastman Chemical Products"并点击选中。

③ 单击"牌号"下拉列表，输入"t"迅速定位到制造商"Eastman Chemical Products"所提供的名称为"T"打头的材料牌号，再查找到"Tenite LDPE 1870"并点击选中，结果如图 5-34 所示。

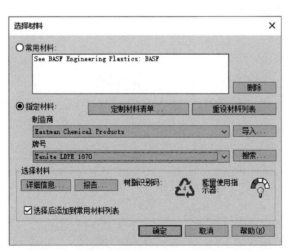

图 5-34 按指定制造商和指定的牌号选择材料

④ 单击"详细信息"，将显示材料属性，如图 5-35 所示。

⑤ 单击"推荐工艺"选项卡，如图 5-36 所示。可注意到推荐的模具表面温度是"40"，推荐的熔体温度是"220"。

⑥ 单击"确定"两次，所选材料会显示在"方案任务"窗格中。

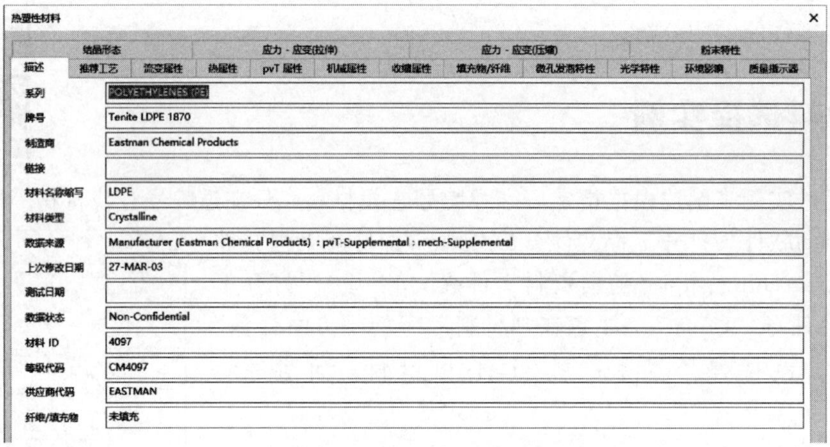

图 5-35　材料详细信息

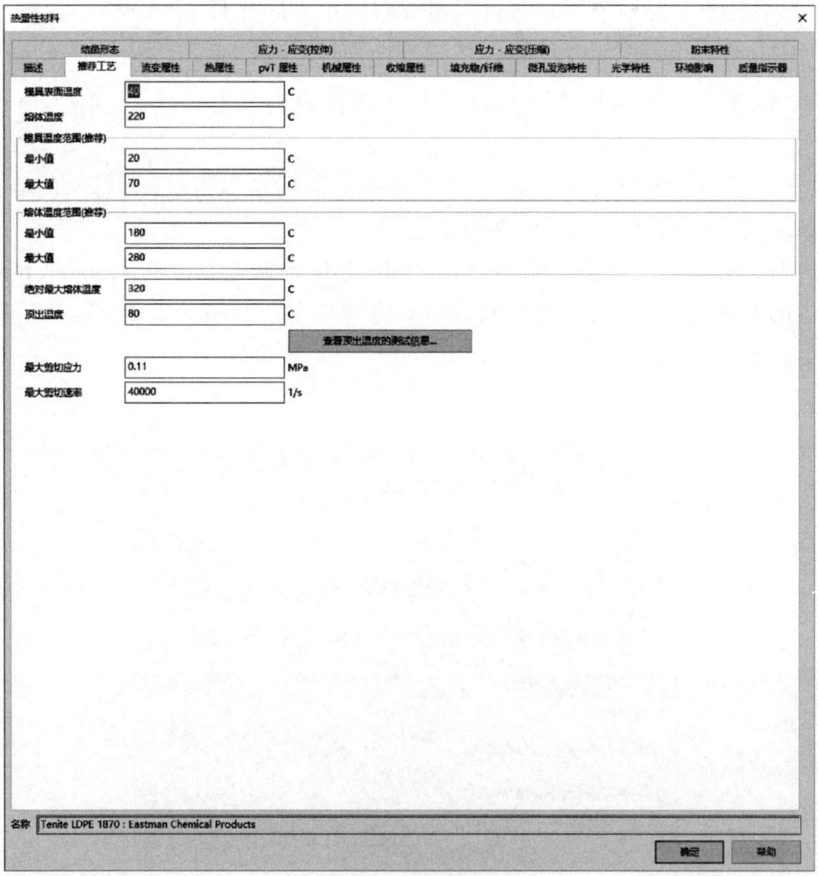

图 5-36　所选材料的推荐工艺

⑦ 单击 （"主页"选项卡→"成型工艺设置"面板→"工艺设置"），注意所选材料的推荐工艺设置在"工艺设置向导-充填设置"对话框中列出的方式，如图 5-37 所示。

⑧ 单击"取消"移除对话框。

（3）查找含玻璃纤维 20％的 PC 材料

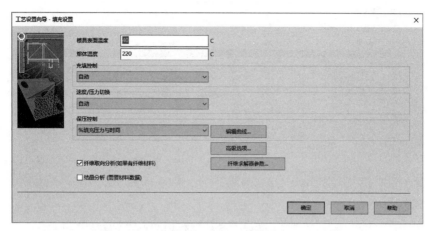

图 5-37　填充设置默认值为材料推荐的工艺参数值

① 在"方案任务"窗格中材料这行双击以打开"选择材料"对话框。

② 单击"搜索"按钮，打开"搜索条件"对话框。

③ 在"搜索字段"窗格中，选择"材料名称缩写"，并在"子字符串"文本框中键入PC，如图 5-38 所示。

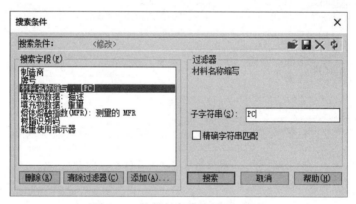

图 5-38　按材料名称缩写 PC 搜索

④ 单击"搜索"。"选择热塑性材料"对话框中将显示材料库中包含 PC 料的材料列表，如图 5-39 所示。

⑤ 单击"搜索"，再次打开"搜索条件"对话框。注意现在是在现有搜索结果中进一步搜索。

⑥ 在"搜索字段"窗格中，选择"填充物数据：描述"，并在"子字符串"文本框中键入"glass"。

⑦ 在"搜索字段"窗格中，选择"填充物数据：重量"，并在"最小值"和"最大值"文本框中均键入"20"，如图 5-40 所示。

⑧ 单击"搜索"。"选择热塑性材料"对话框中将显示更新后的材料列表，如图 5-41 所示。现在有 59 种材料可供选择，其中一些是混合材料。

⑨ 单击"材料名称缩写"栏眉。列表即按缩写词的字母顺序进行排序。

⑩ 可以根据各种材料的属性确定最终选择的材料。

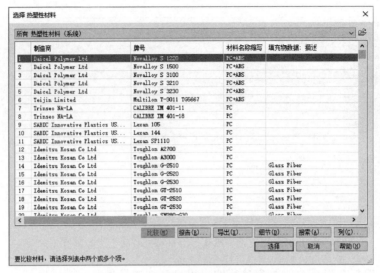

图 5-39 材料库中搜索出的所有 PC

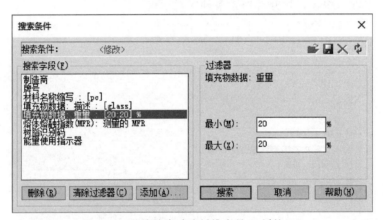

图 5-40 继续搜索玻璃纤维含量 20% 的 PC

图 5-41 搜索出的玻璃纤维含量 20% 的 PC

（4）在查找到的含玻璃纤维 PC 料中选两种进行比较

① 在列表中，单击"Tenjin Chemicals"的"Panlite G-3420 QG0015X"，将其加亮显示。按住"Ctrl"键，同时选择"LG Chmical"的"Lupoy SC2202"。这两种材料均在列表中加亮显示，如图 5-42 所示。

图 5-42　选择多种材料进行比较

② 单击"比较"按钮，将显示"材料测试方法与数据比较报告"对话框，如图 5-43 所示。现在可以对比这两种材料的物理属性并选择最合适的材料。

③ 点击"流变曲线"按钮，弹出两种材料的流变曲线比较，勾选"显示点"，如图 5-44

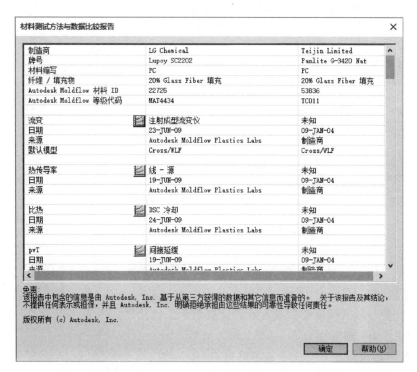

图 5-43　"材料测试方法与数据比较报告"对话框

所示。根据颜色对应可发现，在相同温度及剪切速率下，Lupoy SC2202 的黏度比 Panlite G-3420 QG0015X 要更小，其流动性更好。单击"关闭"按钮，关闭比较结果，单击"确定"移除"材料测试方法与数据比较报告"。

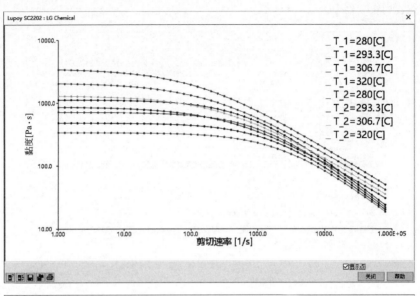

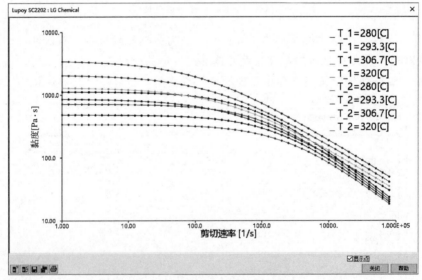

图 5-44　两种材料的流变性能比较

（5）确定材料并查看工艺设置默认值

① 单击"确定"，加亮显示"LG Chmical"的"Lupoy SC2202"，并单击"选择"按钮，然后单击"确定"。分析模型时将使用这一材料的属性。

② 单击 ⚙（"主页"选项卡→"成型工艺设置"面板→"工艺设置"），注意"工艺设置向导-充填设置"对话框顶端的推荐工艺设置发生的变化，如图 5-45 所示。

③ 单击"取消"移除对话框。

（6）按折射指数查找具有光学数据的材料

① 双击"方案任务"窗格中的材料描述，然后从菜单中选择"选择材料…"。

图 5-45　更换材料后的填充设置默认值

② 在"选择材料"对话框中，单击"搜索…"

③ 在"搜索条件"对话框中，单击"添加…"，将显示"添加搜索字段"对话框，如图 5-46 所示。该对话框会列出可用于搜索数据库的材料特性。

④ 向下滚动列表，选择"未取向材料的折射指数"，然后单击"添加"，折射指数即成为搜索选项。

⑤ 在"过滤器"窗格的"最小值"文本框中输入"1"，在"最大值"文本框中输入"5"，如图 5-47所示。

⑥ 单击"搜索"，将显示可用的材料，如图 5-48所示。

图 5-46　添加非默认显示的搜索字段

⑦ 选择一种材料，然后单击"详细信息"并选择"光学属性"选项卡。将列出重要的属性，如折射指数和应力-光学系数，如图 5-49 所示。

⑧ 单击"确定"，关闭"热塑性材料"对话框，然后单击"取消"两次，关闭其余对话框，不更改所选材料。

图 5-47 输入搜索字段值

图 5-48 按折射指数查找到的材料

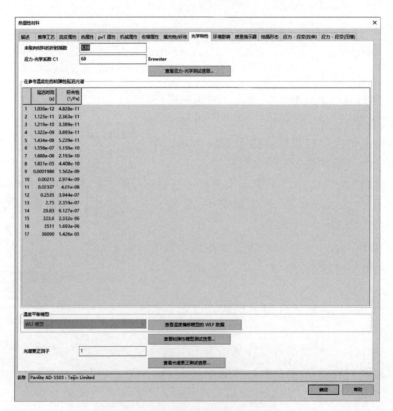

图 5-49 所找材料的光学特性

本 章 小 结

　　材料是成型的基础，本章阐述了塑料的分类及性能，并给出了工业上常用的热塑性塑料的性能特点和用途，给成型材料的选择提供了参考；详细阐述了在 Moldflow 中如何选择材料、搜索材料、材料属性查看与比选，并给出了材料选择操作实例。

第6章

浇口位置设置

在准备好了 CAE 模型，确定了成型材料后，就可开始开展模流分析。首先进行模腔分析，确定产品最合适的充填方式和成型工艺条件。产品的充填方式取决于浇口位置的设置，合理的浇口位置设置是决定产品质量的重要因素之一。

6.1 浇口设置原则

（1）浇口数　浇口数量的设置需考虑充模压力和模型内的平衡流动。

① 不考虑流道时充模压力应低于设备额定压力的一半。若充模压力过高，应考虑增加浇口数量，缩短流动长度以降低充模压力。如汽车保险杠这类大型制件就基于此考虑采用多浇口进胶。

② 有时需增加浇口以平衡熔体充模，防止局部过保压。如图 6-1(a) 所示，单个中心浇口没能保证其充填的平衡，宽度方向会存在过保压导致较大的翘曲变形；图 6-1(b) 采用两浇口均匀布置，实现长、宽两方向的充填平衡。

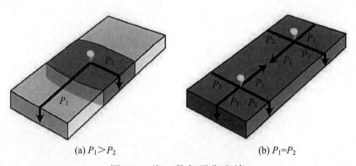

(a) $P_1 > P_2$　　　　　　　　　　(b) $P_1 = P_2$

图 6-1　浇口数与平衡充填

③ 浇口数的增加会产生额外熔接线，浇口位置设置应尽可能使熔接线形成于不敏感处。

④ 多浇口进胶的浇口位置应尽可能保证各浇口的子模塑区的压力降应相等、体积相近。

（2）熔体流动方式

① 单向流

a.熔体前沿推进越平稳越均匀越好，最理想的是熔体前沿以单向流动方式充满整个模腔。单向流动方式如图 6-2 所示，熔体在整个充填过程中波前始终以单一方向前进（充填时间等值线与流速矢量方向垂直）。单向流能获得一致的分子/纤维取向，有均匀的收缩和应力，翘曲变形小，尤其是非结晶聚合物和纤维填充材料。

b.一般为长端侧进胶，但长端侧进胶流长较长，充填压力高，保压曲线应逐渐下降以降低体积收缩的高不一致性。

对于较大的非长条状制件，可采用一侧多点进胶实现单向流，图6-3所示为车门内饰板下端设置5点进胶实现大部分区域的单向流动。

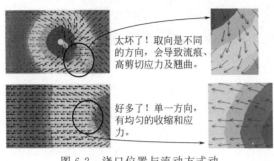 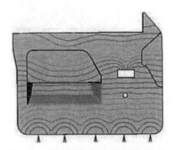

图 6-2　浇口位置与流动方式动　　　　图 6-3　多点进胶实现单向流动

② 平衡流动。平衡流动能避免局部过保压的出现，利于控制翘曲变形。

a.中心进胶。中心进胶如图6-4所示。中心进胶的平衡性较好，但长宽不一致也会出现一定程度潜流（潜流是指表层凝固而厚度中心还在流动的现象，在先充填区域的近模壁层凝固，其取向也冻结，而厚度中心继续流动以填充其他未充填区域，厚度中心流动方向的改变使得表层和中心的流动取向不一致，容易引起较大内应力，造成翘曲变形）。中心进胶适合圆形或方形制件。

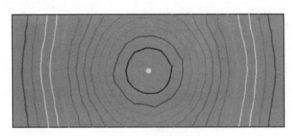

图 6-4　中心进胶

b.两浇口等流长进胶。两浇口等流长进胶如图6-5所示。多浇口的等流长能尽可能平衡流动；两料流末端相遇形成熔接痕，质量取决于流前温度和压力；制件中间无过保压，可能减少制件的翘曲。

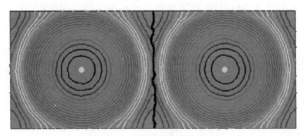

图 6-5　两浇口等流长进胶

c.两浇口近中心进胶。两浇口近中心进胶如图6-6所示。浇口间过保压可能导致制件的翘曲；熔接痕近浇口，较高温度和较高压力使得熔接痕质量较好。

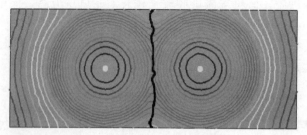

图 6-6　两浇口近中心进胶

③ 避免喷射。浇口位置若正对较大壁厚区域且无遮挡，熔体注入型腔时与模壁没形成可靠接触会导致喷射，造成成型失败。为避免喷射，可将进胶位置和方向设置为正对型芯或型腔壁或适当增大浇口尺寸，保证熔体进入型腔时与壁面有效接触。

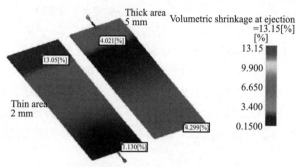

图 6-7　浇口位置在厚壁区与薄壁区的收缩比较

（3）壁厚差异较大

① 浇口位置宜设置在厚壁区。从厚壁区进胶利于保压补缩，能获得比薄壁区进胶小得多且一致的体积收缩，尤其适合半结晶聚合物或一定要避免缩痕的制件。如图 6-7 所示，从 5mm 壁厚端进胶，体积收缩率较均匀；而从 2mm 壁厚端进胶，在末端的厚壁区收缩率高达 13％。

② 浇口位置应远离薄壁区。若壁厚变化较大，为避免滞流，让滞流区（薄壁区）尽可能后充填，应远离薄壁区进胶。图 6-8 所示平板中间有一较薄的筋板，从近薄壁区进胶，薄壁区出现滞留，待充满远端时薄壁区近乎凝固，充填困难；从远薄壁区进胶时，薄壁区与进胶位置远端的充填时间差较短，保证薄壁区也能顺利完成充填。

图 6-8　浇口位置在近薄壁区与远离薄壁区的流动比较

（4）产品结构、外观及使用要求

① 浇口的设置需考虑制件特殊结构的限制。制件特定的结构需要特定的模具结构来成型，如滑块、镶块等，这些部位就限制了浇口的设置。

当塑件上有加强筋时，可利用加强筋作为改善熔体流动的通道（沿加强筋方向流动）。

② 浇口位置及类型的选择需保证产品外观质量的要求。

③ 远离承受弯曲负荷或冲击载荷区域。通常浇口位置不能设置在塑件承受弯曲负荷或受冲击力的部位；由于塑件浇口附近残余应力大、强度较差，一般只能承受拉应力，而不能

承受弯曲应力和冲击力。

(5) 模具类型　浇口设置与模具的类型选择、模具结构及模具成本也密切相关。

① 模具类型。采用中心进胶，有外观要求或要自动切断浇口则要采用点浇口，模具类型为三板模；无外观要求，则采用直浇口，模具类型为两板模。从侧边或近侧边进胶，采用侧浇口或潜伏浇口，模具类型为两板模。三板模成本比两板模更高。

② 流道系统类型。流道系统包括冷流道、热流道和热＋冷流道组合。浇口位置的选择也与流道系统类型的选择密切相关。

③ 型腔布局。型腔布局也影响浇口的设置。多腔模可采用点浇口三板模，也可采用侧浇口或潜伏浇口两板模。

(6) 其他

① 利于排气。排气不良或困气会导致短射、焦烧、高注射压力及保压力等问题。浇口位置设置应该尽可能让最后充填位置在型腔边缘，利用分型面来排气。对无法避免的困气（气穴）区域设置顶出装置，利用装配间隙来排气。

② 合理处置熔接线和汇熔线。多浇口进胶或制件设计有孔洞等结构会导致料流汇合形成熔接线（前沿夹角低于135°）和汇熔线（前沿夹角超过135°）。熔接线对外观及性能有不良影响。通过适当调整浇口位置，将熔接线规划在不影响制件功能或外观的部位；为了增加熔接痕牢度，还可以在熔接痕处的外侧开设冷料井，使前锋冷料溢出；还可采用多个阀浇口顺序控制，实现多浇口料流的接力，消除熔接线。

③ 防止型芯或嵌件挤压位移或变形。对于有细长型芯的圆筒形塑件或有嵌件的塑件，浇口应避免偏心进料，并勿设置于细长型芯镶件的末端，以防止型芯或嵌件被挤压位移或变形，导致塑件壁厚不均或塑件脱模损坏。

注意浇口的设置有时很难满足上述所有要求，需具体问题具体分析，满足主要的质量要求，并尽可能降低加工、生产成本。

6.2　浇口位置分析

6.2.1　概述

选择合适的浇口数量和合理的浇口位置是模具设计中的重要环节。Moldflow 中有"浇口位置"分析序列，可用来辅助浇口位置的设置。但需要注意的是，浇口位置分析的浇口位置可以作为浇口位置设置的重要参考，但不能作为确定浇口位置的唯一依据，浇口位置的设置要综合考虑熔体的流动、注塑件的外观质量、成型塑件的力学性能及模具设计制造等方面的因素，如 6.1 节所述。浇口数量及位置选择流程如图 6-9 所示。若没有设定限制性浇口位置（即被排除作为浇口位置），分析出来的浇口位置一般为零件的几何中心。限制性因素

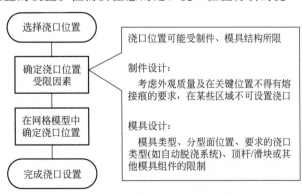

图 6-9　浇口数量及位置选择流程

考虑越周全，分析所得的浇口位置越具有可行性。

浇口位置分析有两种算法：一种是"浇口区域定位器"，是基于所给的制件结构、所选材料及工艺设置，考虑流动阻力、壁厚及可成型性来确定最佳的一个浇口位置，若已指定一个或多个浇口位置，则浇口位置分析考虑流动阻力来寻求新的浇口位置，以求流动平衡；另一种是"高级浇口定位器"，可指定浇口数量，在一次分析中基于最小流动阻力来确定这些浇口的位置。

6.2.2 分析设置

Moldflow2018的浇口位置分析支持中性面、双层面和3D三种网格类型。在准备好CAE网格模型和选择好材料就可开展浇口位置分析。

（1）选择分析序列为"浇口位置" 点击"分析序列"按钮![icon]（"主页"选项卡→"成型工艺设置"面板），在"选择分析序列"对话框的列表框中选择"浇口位置"，如图6-10所示，点击"确定"按钮完成选择。

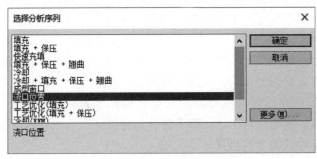

图6-10 设置分析序列为"浇口位置"

（2）设置限制性浇口节点 在运行使用高级浇口定位器算法的浇口位置分析前，应结合制件、模具多方面的要求来考虑浇口的限制性因素，对不想用作注射位置的节点设置约束——限制性浇口节点，以排除浇口位置的分析范围，缩小到更为切实可行的范围。

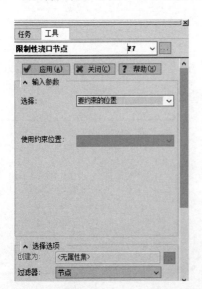

图6-11 "限制性浇口节点"设置对话框

点击"限制性浇口节点"按钮![icon]（"边界条件"选项卡→"注射位置"面板），在"工程与方案任务"窗格的"工具"选项卡下出现"限制性浇口节点"对话框，如图6-11所示。在模型窗格中通过框选等选择方式选择要排除的节点，选中的节点呈红色显示，同时在对话框的选择输入框中罗列了被选中的节点编号，按住"Ctrl"键多次添加选择后，点击"应用"按钮完成限制性浇口节点的设置。

（3）工艺设置

① 双击任务视窗中的"工艺设置"按钮![icon]，系统弹出"工艺设置向导-浇口位置设置"对话框，如图6-12所示。

② 单击"注塑机"选项的"编辑"按钮，弹出如图6-13所示。其中包括四个选项卡：描述、注射

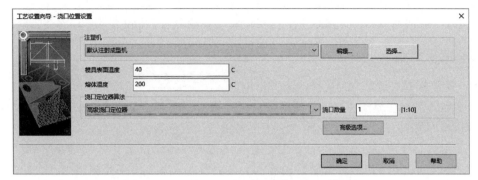

图 6-12 "工艺设置向导-浇口位置设置"对话框

单元、液压单元、锁模单元，可根据实际情况对其进行编辑，也可根据实际情况单击"选择"按钮选择合适的机型和参数，如图 6-14 所示。

图 6-13 "注塑机"编辑对话框

图 6-14 "选择注塑机"对话框

③ 模具表面温度、熔体温度是系统根据所选材料特性自动推荐的，通常使用系统默认值。

④ 选择浇口定位器算法。"浇口区域定位器"可在已设有浇口位置的条件下考虑流动阻力再寻求一个新的浇口位置，以求流动平衡；"高级浇口定位器"是指定"浇口数量"后在一次分析中基于最小流动阻力来确定这些浇口的位置。

⑤ 单击"高级选项"按钮，弹出如图 6-15 所示"浇口位置高级选项"对话框。在此设置浇口位置算法在搜索可行浇口位置时除"限制性浇口节点"外的限制条件，包括最小厚度比和最大设计注射压力/锁模力。

图 6-15 "浇口位置高级选项"对话框

对"高级浇口定位器"算法，可设置"最小厚度比"。与零件名义厚度之比低于"最小厚度比"的区域视为极薄区域，将从注射位置分析中自动排除。默认厚度为零件名义厚度"0.25"以下为极薄区域，可更改此默认值。

"最大设计注射压力"和"最大设计锁模力"可以选择"自动"或"指定"两种方式。选择"自动"则求解器按照注塑机设置中相应限制的 80％自动计算最大设计注射压力/最大设计锁模力，选择"指定"则直接输入指定的最大注射压力/最大锁模力。

工艺设置完成后双击"方案任务"窗格中的"开始分析"行进行分析，得到分析结果。

6.2.3　结果查看

浇口位置分析的结果与所选择的浇口定位器算法有关。

① 使用"浇口区域定位器"算法时，分析结果为"浇口位置分析结果"，也是早期版本的"最佳浇口位置"，以颜色显示模型上各位置作为注射位置的匹配性。

② 使用"高级浇口定位器"算法时，分析结果有"流动阻力指示器结果"和"浇口匹配性结果"。"流动阻力指示器结果"显示了来自浇口的流动前沿所受的阻力；"浇口匹配性结果"通过颜色来标示模型各处的浇口位置匹配性，蓝色为佳，红色为差。

③ 在"浇口位置分析日志"中最后给出了建议的浇口位置节点，可通过在"几何"或"网格"选项卡下的"选择"面板的选择输入框中输入节点号（加上前缀"N"）查询最佳浇口节点来确定其位置。

④ 在 Moldflow2018 中，浇口位置分析结束后会生成一个新的方案，该方案已在分析所确定的最佳浇口位置处自动设置了注射位置，分析序列也已自动设置为"填充"（可将其更改为"快速充填"），可分析计算所确定的浇口位置的填充效果。

如对一耳机前、后壳分别进行最佳浇口位置分析。图 6-16 为 Moldflow 分析出的最佳浇口位置，蓝色区域（软件中能显示颜色，此处未能显示）为最佳浇口位置，由此可见分析出来的前后壳的最佳浇口位置均在制件的中心位置。两制件的分型面均在其最大投影面所在的壳体边缘。考虑到两制件的配对关系，两制件一模成型。若按最佳浇口位置分析结果来设置浇口，则两制件要采用点浇口或潜伏浇口形式。采用点浇口则模具结构为三板模，增加了模具成本，且产品外观也受到影响。采用潜伏浇口则使模具结构更为复杂且加工成型过程中易出故障。为此，综合考虑制品分型面位置、型腔布局、制品外观要求、模具结构的简易可靠及最佳浇口位置分析结果，采用侧浇口进胶，浇口位置在制品长度方向的中间，靠近分析出来的制件最佳浇口位置。

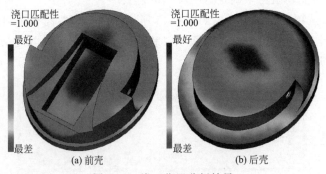

图 6-16　浇口位置分析结果

6.3　浇口位置填充效果评估

对设定的浇口位置的填充效果有两种较快速的评估方法：填充预览和快速填充分析。可根据评估结果再调整浇口位置，最终实现浇口位置的优化。

6.3.1 填充预览

"填充预览"是零件填充方式的预分析表示。在模型上放置注射位置并在"方案任务"窗格中勾选"填充预览"复选框☑✿**填充预览**后，将显示"填充预览"。每次重新定位或添加注射位置时，"填充预览"结果都会更新。可添加和调整注射位置，而且可对这些选择的影响进行实时评估。能够在启动分析前获得对熔接线位置和潜在的过保压进行快速反馈，大大缩短整体开发周期。

能进行"填充预览"要求的前提条件：以双层面或 3D 形式对零件建模；成型工艺为"热塑性塑料注射成型"；已设置注射位置；已在"方案任务"窗格中勾选"填充预览"复选框；尚未进行方案分析；单腔，尚未没建立浇注系统和冷却系统；制件任何部分的绝对厚度都必须大于 0.1mm。

结果查看与利用步骤如下。

① 勾选"填充预览"复选框后，模型以绿色等高色带显示填充时间，颜色越浅的部位越晚填充，用小黑点表示熔接线，如图 6-17 所示。

② 熔接线放置不当可能会对零件的结构强度造成影响，因而可将其视为可见瑕疵。调整注射位置可将熔接线移至相对次要的位置。如果熔接线是考虑的重点，可运行填充分析，从而更加准确地确定熔接线质量。

③ 要避免过保压及伴随的翘曲问题，零件的所有末端应同时填充。尽可能调整注射位置，以实现均匀填充。

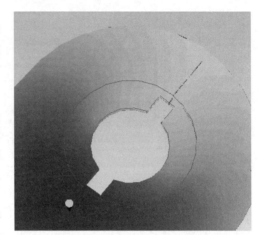

图 6-17　"填充预览"示例图

6.3.2 快速填充分析

快速填充分析是一种快速而简单的分析方法，可在精确度要求不高的情况下代替标准填充分析来观察成型时的充填方式，得到的只有标准充填分析的部分结果。主要用于：对模型快速质量检查；优化浇口位置；工艺参数初始检查；测试阀浇口时间。

快速填充分析由于采用了不可压缩模型、更少的厚度层数、快速熔体前沿推进及宽松的计算收敛准则，从而比标准充填分析计算耗时要少得多，当然精度也低。快速填充分析目前仅适用于中型面和双层面网格模型。

通过快速填充分析，若发现设置的浇口位置不是最佳，则可调整浇口位置再次进行快速填充分析，直至满意为止，而后再通过标准充填分析来进一步校验。

分析设置如下。

① 选择分析序列为"快速充填"。点击"分析序列"按钮🗔（"主页"选项卡→"成型工艺设置"面板），在"选择分析序列"对话框的列表框中选择"快速充填"，如图 6-18 所示，点击"确定"按钮完成选择。

② 双击任务视窗中的"工艺设置"按钮🗼，系统弹出"工艺设置向导-快速充填设置"

对话框，如图6-19所示。

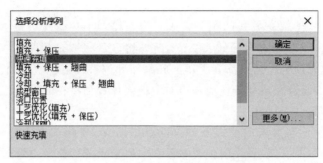

图6-18 设置分析序列为"快速充填"

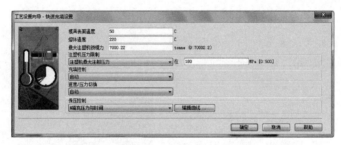

图6-19 "工艺设置向导-快速充填设置"对话框

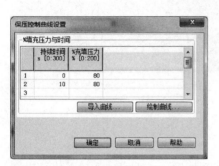

图6-20 "保压控制曲线设置"对话框

③ 模具表面温度、熔体温度、最大注塑机锁模力、注塑机压力控制根据所选材料特性自动推荐的，通常使用系统默认值。输入值不能超过材料允许最大值。

④ 充填控制、速度/压力切换选用自动。

⑤ 保压控制选用"％填充压力与时间"，单击"编辑曲线"弹出"保压控制曲线设置"对话框，如图6-20所示。

结果查看，快速填充分析得到的只有标准充填分析的部分结果：充填时间、V/P（流率控制/压力控制）切换时的压力分布、流动前沿温度、达到顶出温度时间、气穴、充填末端压力分布及熔接痕。

6.4 浇口位置设置实例

6.4.1 分析准备

① 打开Moldflow2018软件，导入模型：选择菜单"新建工程"命令，新建"工程名称"为"601"，如图6-21所示。然后点选"确定"按钮。

② 在"工程视图窗格"选择工程"601"并单击右键，选择"导入"命令。或者在功能区直接点击"导入"命令。导入模型"6-1.stl"，模型网格类型设置为"双层面"，如

图 6-21 "创建新工程"对话框

图 6-22 所示。然后点选"确定"按钮。导入模型如图 6-23 所示。该零件尺寸（长×宽×高）约为"260×80×93"，为对称结构，对外观有一定要求。

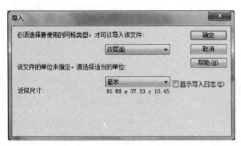

图 6-22 "导入"对话框

图 6-23 导入模型

③ 双击任务视窗中的"双层面网格" ![icon] 并单击右键，选择"生成网格"命令 ![icon] 或者选择菜单"网格"中的"生成网格"命令 ![icon]，如图 6-24 所示。

在"曲面上的全局边长"中输入"5.82"。然后点选"立即划分网格"按钮。其他都选择系统默认属性，如图 6-25 所示。选择菜单"网格"中的"网格统计"命令 ![icon]。单击"显示"按钮，得到网格诊断报告，如图 6-26 所示。网格划分符合分析要求。

④ 双击任务视窗中的"充填"按钮 ![icon]，系统弹出"选择分析序列"对话框，如图 6-27 所示。选择"浇口位置"选项，单击"确定"，"方案任务"视口如图 6-28 所示。

⑤ 双击任务视窗中的"材料质量指示器"按钮 ![icon]，打开"选择材料"对话框，如图 6-29 所示。选择制造商"Multibase"，选择材料牌号"PPCH 1012 CAB Blanc"，单击"详细信息"按钮，弹出如图 6-30 所示对话框。

⑥ 设置限制性浇口节点。如果不设定限制性浇口节点，对该对称结构的零件，浇口位置分析的最佳浇口位置将在其几何中心对称面附近，即制件顶面中心位置。

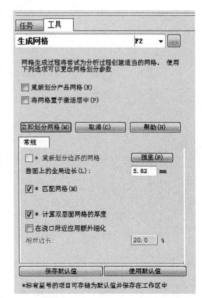

图 6-24 "生成网格"对话框

该零件有一定的外观要求，则在此位置进胶不能采用直浇口，只能采用点浇口，则其模具为三板模，成本较高。

考虑零件为条状，拟采用一模两腔，则采用侧浇口方式进胶，模具为两板模。为此设置限制性浇口节点，让浇口位置分析找最佳侧浇口位置。

图 6-25 网格划分模型

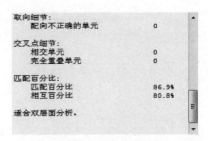

图 6-26 网格诊断报告

图 6-27 "选择分析序列"对话框

图 6-28 "方案任务"视口

图 6-29 "选择材料"对话框

图 6-30 "热塑性材料"对话框

通过点击模型窗格右上角的 ViewCube 合适的面来将模型摆正，再点击"限制性浇口节点"按钮 $\mathbf{I}_x$（"边界条件"选项卡→"注射位置"面板），在模型窗格中大致框选非边界节点，如图 6-31 所示，点击"应用"按钮完成限制性浇口节点的设置，点击"关闭"按钮回到任务选项卡。

⑦ 双击任务视窗中的"工艺设置"按钮，打开"工艺设置向导-浇口位置设置"对话框，如图 6-32 所示，选用"高级浇口定位器"，其他参数默认。

⑧ 进行分析计算，双击任务视窗中的"开始分析"按钮，在"选择分析类型"对话

框中单击"确定"按钮，求解器开始计算。

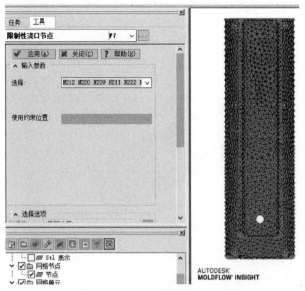

图 6-31　设置限制性浇口节点

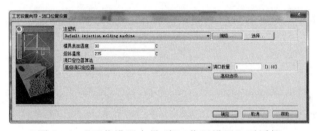

图 6-32　"工艺设置向导-浇口位置设置"对话框

6.4.2　结果分析

（1）结果查看　分析完成后，浇口位置分析结果如图 6-33 所示，包括流动阻力指示器、浇口匹配性。

① 在层窗格中去除勾选"约束"层。

② 在方案任务窗格中"结果"下勾选"流动阻力指示器"，查看分析所得浇口位置的充填流动前沿阻力大小，如图 6-34 所示。

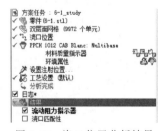

图 6-33　浇口位置分析结果

图 6-34　流动阻力指示器结果

③ 浇口匹配性：由于把非边缘的节点都设置为限制性浇口节点，只有边缘的节点有浇口匹配性值。通过点击"检查"按钮 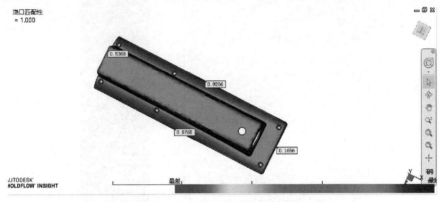（"结果"选项卡→"检查"面板），再按住"Ctrl"键点选模型边缘几个位置查看，如图 6-35 所示。可见找出的最佳浇口位置在长边中间位置。

图 6-35 "浇口匹配性"结果

④ 浇口位置的具体节点可以通过"日志"窗格中的"浇口位置"选项卡获悉，如图 6-36 所示，最佳浇口位置为"N112"。

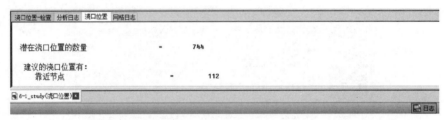

图 6-36 "浇口位置"选项卡

（2）浇口位置充填效果评估

① 分析完成后还自动生成了一个新的方案任务"6-1 _ study（浇口位置）"，在工程窗格中双击"6-1 _ study（浇口位置）"激活该方案任务，如图 6-37 所示。可见在其长边中间位置已自动添加了注射位置。放大发现该注射位置不在最边缘，这是设置"限制性浇口节点"时框选的问题。双击"方案任务"窗格中的"注射位置"设定行，在最邻近当前注射位

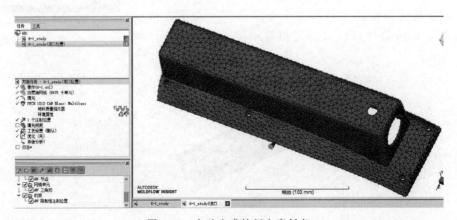

图 6-37 自动生成的新方案任务

置的边缘节点上点击设定注射位置，点击右键，在其快捷菜单中选择"完成设置注射位置"，退出设定注射位置状态。再单击原注射位置圆锥图标，按"Delete"键删除。

② 在层窗格中去除勾选"约束"，在方案任务窗格中勾选"填充预览"，如图 6-38 所示。可见浇口对侧两角最后充填，在大孔附近存在熔接线。

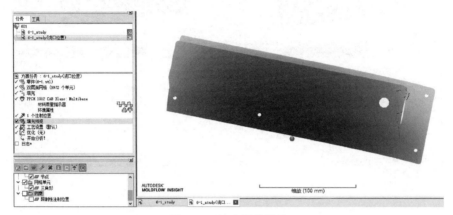

图 6-38　填充预览效果

③ 双击任务视窗中的"充填"按钮 ，系统弹出"选择分析序列"对话框，如图 6-39 所示。选择"快速充填"选项，单击"确定"，任务视窗如图 6-40 所示。

图 6-39　"选择分析序列"对话框

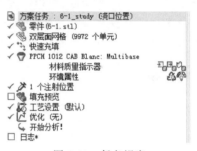

图 6-40　任务视窗

④ 材料、工艺设置不变。

⑤ 进行分析计算，双击任务视窗中的"开始分析"按钮，开始计算。

⑥ 快速充填结果。分析结束，结果列表如图 6-41 所示。点击"窗格切分"按钮（"结果"选项卡→"窗口"面板），在模型窗格中点击，将模型窗格切分为四块。点击左上区，勾选"充填时间"结果；点击右上区，勾选"流动前沿温度"；点击左下区，勾选"气穴"结果；点击右下区，勾选"熔接线"结果。再点击"锁定所有视图"按钮（"结果"选项卡→"锁定"面板），可同步旋转各视区查看各结果，如图 6-42 所示。由结果可知，1.1s 完成充填，浇口对侧的充填时间相差很

▼ 🐚 结果
　▼ 🗁 流动
　　☐ 充填时间
　　☐ 速度/压力切换时的压力
　　☐ 流动前沿温度
　　☐ 达到顶出温度的时间
　　☐ 气穴
　　☐ 填充末端压力
　　☐ 熔接线

图 6-41　结果列表

小；流动前沿温度最大下降 8℃；气穴分布在边缘处，可利用分型面排气；在孔的位置有熔接线，最长的熔接线发生在大孔近角位置，在制件对称面上无熔接线。总体而言，充填效果

良好。

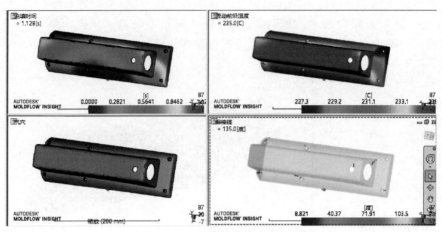

图 6-42　主要分析结果

本 章 小 结

　　浇口位置的设置直接决定了型腔的充填形态，是制件质量的重要影响因素。本章阐述了浇口设置的原则；对 Moldflow2018 中的"浇口位置"分析进行了详细阐述，并对浇口位置的填充效果的评估方法——"填充预览"和"快速填充分析"进行了详细说明；最后通过一个实例具体说明了浇口位置的确定过程。

第7章

成型窗口分析与充填分析

制件的质量除了与其浇口位置密切相关外，还受其成型工艺条件直接影响。为此，在确定制件成型的浇口位置后，需确定能保证制件较高成型质量的成型工艺条件。最后还需通过查看充填效果来对给定的浇口位置和成型工艺条件进行评估。

7.1 成型窗口分析

7.1.1 概述

注射成型中主要的工艺参数有：模具温度、熔体温度及注射时间。借助 Moldflow 中的"成型窗口分析"可找到给定制件的最优成型工艺条件和得到合格质量的最广成型范围，可快速提供注射时间、模具温度和熔体温度的推荐值以用作填充＋保压分析的初始设置。

成型窗口分析主要作用如下。

① 确定成型窗口的大小，窗口越大，成型问题越少。

② 确定在选定的注塑机规格下制件能否顺利充填。

③ 快速分析比较不同浇口位置对压力、剪切应力、温度等的影响，优化浇口数量与位置。

④ 快速评估不同材料对成型的影响（成型压力、剪切应力），优选材料。

⑤ 快速评估制件壁厚对更大充填压力、更快注射时间、更高的模温和熔体温度的要求，从而优化制件壁厚。

⑥ 快速查看制件壁厚、材料、工艺条件对冷却时间的影响，确定制件冷却时间。

成型窗口（模具温度、熔体温度和注射时间）分析应在充填和流动分析前进行，为充填和流动分析提供初始信息。

如果结果评估发现很难找到合适的工艺参数组合，则要重新调整浇口位置或数量、材料、制件结构等再进行分析。确定成型工艺条件流程如图 7-1 所示。

7.1.2 分析设置

（1）前期准备 在进行成型窗口分析前，需建立好 CAE 网格模型、选定成型材料、设定好浇口位置。注意 Moldflow2018 中的"成型窗口分析"只支持中性面网格和双面网格，并且 CAE 网格模型仅为单腔，不包括流道系统。

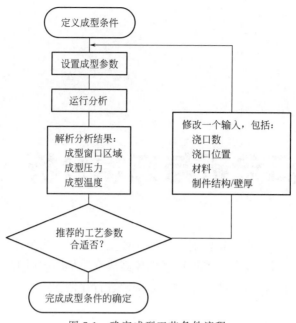

图 7-1　确定成型工艺条件流程

（2）选择分析序列为"浇口位置"　点击"分析序列"按钮 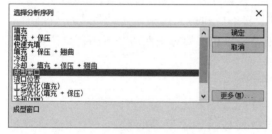（"主页"选项卡→"成型工艺设置"面板），在"选择分析序列"对话框的列表框中选择"成型窗口"，如图 7-2 所示，点击"确定"按钮完成选择。

（3）工艺设置

① 双击任务视窗中的"工艺设置"按钮 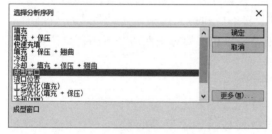，系统弹出"工艺设置向导-成型窗口设置"对话框，如图 7-3 所示。一般采用默认工艺设置，若希望考虑方案的某些特定特性，则可以更改这些默认设置。

② 注塑机的编辑/选择。单击注塑机选项的"编辑"按钮，弹出如图 7-4 所示。其中包括四个选项卡：描述、注射单元、液压单元、锁模单元，可根据实际情况对其进行编

图 7-2　设置分析序列为"成型窗口"

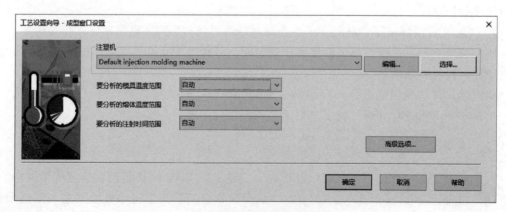

图 7-3　"工艺设置向导-成型窗口设置"对话框

辑。也可根据实际情况单击"选择"按钮选择合适的机型和参数，如图7-5所示。

图7-4 "注塑机"编辑对话框

图7-5 "选择注塑机"对话框

③ 模具温度范围。"要分析的模具温度范围"用于设置计算成型窗口时将使用的模具温度范围，有两个选项："自动"和"指定"。

a."自动"即软件自动计算温度范围，一般为所选择材料的推荐模具温度范围。

b."指定"为指定模具温度范围，该范围不应超过所选择材料的推荐模具温度范围。选择"指定"，单击"编辑范围"按钮，弹出如图7-6所示对话框，在"成型窗口输入范围"对话框中设置模具表面温度的最小值和最大值。

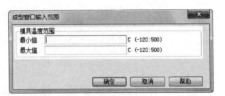

图7-6 "模具温度范围"对话框

④ 熔体温度范围。"要分析的熔体温度范围"用于设置计算成型窗口时将使用的熔体温度范围，有两个选项："自动"和"指定"。

a."自动"即软件自动计算温度范围，一般为所选择材料的推荐熔体温度范围。

b."指定"为指定计算熔体温度范围，该范围不应超过所选择材料的推荐模具温度范围。选择"指定"，单击"编辑范围"按钮，弹出如图7-7所示对话框。在"成型窗口输入范围"对话框中设置模具表面温度的最小值和最大值。

⑤ 注射时间范围。"要分析的注射时间范围"用于选择分析所要扫描的注射时间范围，有四个选项："自动""宽""精确的"和"指定"。

a."自动"即确定运行分析的最合适的注射时间范围。

b."宽"即在尽可能广的注射时间范围内运行分析。

c."精确的"将根据模具和熔体温度范围确定合适的注射时间范围，然后在该范围内运行分析。

d."指定"允许输入特定注射时间范围。选择"指定"，单击"编辑范围"按钮，弹出如图7-8所示对话框。在"成型窗口输入范围"对话框中设置注射时间范围上限和下限。

图7-7 "熔体温度范围"对话框

图7-8 "注射时间范围"对话框

⑥ 高级选项。单击右下角的"高级选项"按钮，在弹出的话框中可设置分析需考虑的因素及限制等高级选项，如图 7-9 所示。

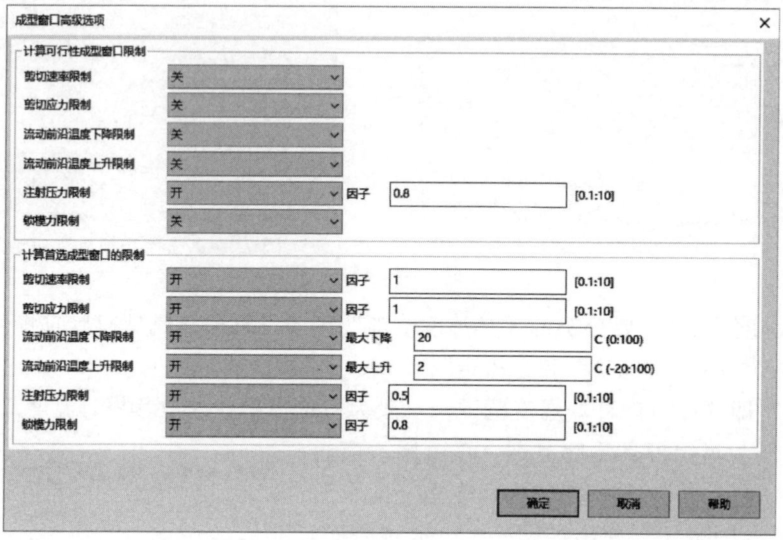

图 7-9 "成型窗口高级选项"对话框

在"计算可行性成型窗口限制"部分列出计算可行的成型窗口时考虑的参数，并指定将应用于这些参数的所有上限。可行的成型窗口能够计算合格零件成型的工艺参数（注射时间、模具温度和熔体温度）最大可能范围。

在"计算首选成型窗口的限制"部分列出计算首选成型窗口时考虑的参数，并指定将应用于这些参数的上限。首选成型窗口能够基于为确保生产优质零件而设置的一组限制条件计算高质量零件成型的注射时间、模具温度和熔体温度的范围。

一般会在"计算可行性成型窗口限制"部分设置"注射压力限制"因子为"0.8"；在"计算首选成型窗口的限制"部分设置"流动前沿温度"最大下降为 20℃，最大上升为 2℃，"注射压力限制"因子为"0.5"；其他默认。

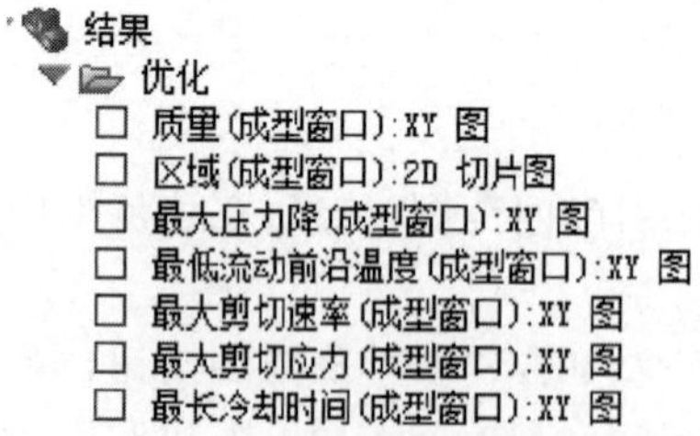

7.1.3 结果查看与工艺参数的确定

图 7-10 分析结果列表

设置完后双击"开始分析"，分析完成后在"分析日志"末尾给出分析推荐结果，并在"方案任务"窗格中出现分析结果列表，如图 7-10 所示。

（1）分析日志 点击窗口右下方的"日志"按钮 ![日志按钮] 打开"日志"窗格，在分析日志末尾看到列出"成型窗口"分析推荐的"模具温度""熔体温度"和"注射时间"。注意推荐的工艺参数不能作为最后确定的工艺参数，仅作为参考。还需根据其他分析结果综合来确定。

（2）质量（成型窗口）：XY 图 勾选该结果后可展现零件的总体质量如何随模具温度、熔体温度和注射时间等输入变量的变化而变化。可查看不同的模温、料温及注射时间组合对应的产品质量值。按"分析"日志推荐的工艺参数对应的质量值最高。

① 质量（成型窗口）：XY 图以质量值为纵坐标，默认以模具温度为横坐标。可右键单

击"方案任务"窗格中的"质量（成型窗口）"，然后选择"属性"，出现"探测解决空间-XY 图"对话框，如图 7-11 所示。在此勾选的变量即为显示在 X 轴上的变量，该变量的滑块处于未激活状态。而另两个滑块则处于活动状态，可以拖动它们来改变该变量，同时在模型窗格中查看 XY 曲线的相应变化。

图 7-11 "探测解决空间-XY 图"对话框

　　② 点击"图形属性"按钮可打开"图形属性"设置对话框，如图 7-12 所示。在此有三个选项卡："XY 图形属性（1）"选项卡可设置 X 轴变量、特征的显示、图例的显示；"XY 图形属性（2）"选项卡可设置 XY 坐标的范围为自动还是指定范围（对"Y 范围"常采用指定范围，以便比较调节变量滑块时质量最大值的变化）、图形标题及 XY 轴标题；"网格显示"选项卡可设置未变形/变形零件上的显示方式及曲面显示方式。

(a) "XY图形属性(1)"选项卡 　　　　　　　　(b) "XY图形属性(2)"选项卡

(c) "网格显示"选项卡

图 7-12 质量（成型窗口）：XY 图 "图形属性"设置对话框

③ 查看质量 XY 图时，一般勾选"注射时间"以其为 X 轴，先通过拖动"模具温度"和"熔体温度"的滑块设置其参数为推荐的成型条件值，查看其质量值。点击"检查"按钮 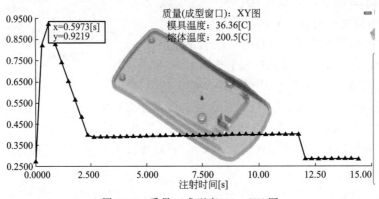（"结果"选项卡→"检查"面板）后再在 XY 曲线上点击查看质量值及对应的横坐标值，如图 7-13 所示。

图 7-13　质量（成型窗口）：XY 图

④ 若推荐成型条件接近材料许可的工艺参数范围边界，则以成型分析范围的中间值为起始来调整模温、熔体温度，查看其对质量的影响，若影响较明显，则取质量高时的模具温度和熔体温度组合，否则就取中间值；当然也需结合制件大小及复杂程度来调整，制件大、复杂，则模具温度和熔体温度可取得高些。

一般通过"质量（成型窗口）：XY 图"确定模具温度和熔体温度，要求最佳质量在 0.8 以上，并且模具温度和熔体温度在材料推荐成型范围内的合适位置。

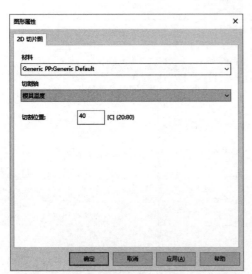

图 7-14　区域（成型窗口）：2D 切片图 "图形属性"对话框

（3）区域（成型窗口）：2D 切片图　勾选该结果可显示对于在模具设计约束下的特定材料而言，生产合格零件所需的最佳模具温度、熔体温度和注射时间范围。

① 右键单击"方案任务"窗格中的"区域（成型窗口）：2D 切片图"，然后选择"属性"，出现"图形属性"对话框，如图 7-14 所示。"切割轴"为在 2D 切片图中保持恒定的成型窗口变量，其他两个变量将形成 2D 切片图的 X 轴和 Y 轴。"切割位置"指定为切割轴变量的常数值。在模型窗格中切片图上方显示切割轴变量名及其值，如图 7-15 所示，可在切片图区域按下鼠标左键上下移动从而动态调节该值。

② 在成型窗口区域切片图中，绿色区域为首选工艺参数范围区，在该范围可获取较好质量，黄色区域为可行工艺参数范围区，在该范围可获得合格质量。

③ 查看时最好以模温为切轴，熔体温度 X 轴，注射时间为 Y 轴，调整模温切轴，可查看首选成型窗口范围的宽窄，越宽越好，当然必须保证模温不能接近材料许可的模具温度范

围边界。

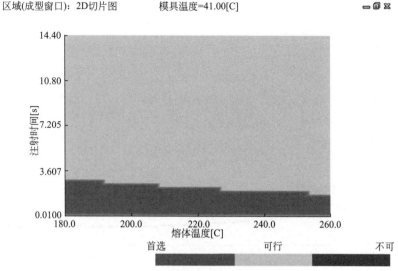

图 7-15　区域（成型窗口）：2D 切片图

④ 理想的成型条件是在首选区域的中间，可确定模具温度和熔体温度后在此区域宽度方向中心确定注射时间（点击"检查"按钮 后再在切片图上点击查看 XY 坐标值）。

⑤ 若是不同制件一模成型，分别作成型窗口分析，取各自成型窗口区域首选区的重叠区的中间值。若已知注塑机压力规格，并设置限制因子，则成型窗口分析非常有意义。

注意：一般通过上述分析结果确定工艺参数组合（模具温度、熔体温度和注射时间），再利用后续结果检验采用该工艺参数组合时的各类充填结果，若超过设备或材料许可，则需重新调整工艺参数组合。

（4）最大压力降（成型窗口）：XY 图　勾选该结果可显示注射压力如何随模具温度、熔体温度和注射时间的变化而变化。由于注射时间与注射压力密切相关，因此在图一般以"注射时间"为 X 轴，先通过拖动"模具温度"和"熔体温度"的滑块设置其参数为前面确定的成型条件值，查看对应注射时间的最大压力降，如图 7-16 所示。应保证注射压力是在注塑机注射压力规格的一半（一般要求 70MPa）以下，过高则要调整注射时间。

（5）最低流动前沿温度（成型窗口）：XY 图　勾选该结果可显示最低流动前沿温度如何随模具温度、熔体温度和注射时间的变化而变化。一般以"注射时间"为 X 轴，先通过拖动"模具温度"和"熔体温度"的滑块设置其参数为前面确定的成型条件值，查看对应注射时间的最低流动前沿温度。流动前沿温度越接近熔体温度，成型质量越好。流动前沿温度不应超过 20℃，否则注射时间应该取更短的值。

（6）最大剪切速率（成型窗口）：XY 图　勾选该结果可显示最大剪切速率如何随模具温度、熔体温度和注射时间的变化而变化。由于注射时间与剪切速率密切相关，因此在该图一般以"注射时间"为 X 轴。先通过拖动"模具温度"和"熔体温度"的滑块设置其参数为前面确定的成型条件值，查看对应注射时间的最大剪切速率，不应超过所选材料的许可值。

（7）最大剪切应力（成型窗口）：XY 图　勾选该结果可显示最大剪切应力如何随模具温度、熔体温度和注射时间的变化而变化。由于注射时间与剪切应力密切相关，因此在该图

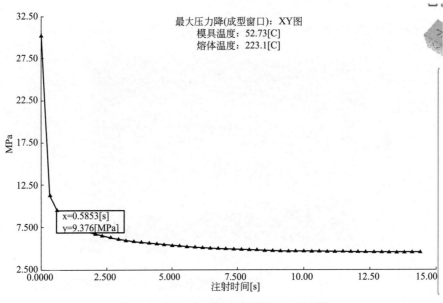

图 7-16　最大压力降（成型窗口）：XY 图

一般以"注射时间"为 X 轴。先通过拖动"模具温度"和"熔体温度"的滑块设置其参数为前面确定的成型条件值，查看对应注射时间的最大剪切应力，不应超过所选材料的许可值。

（8）最长冷却时间（成型窗口）：XY 图　勾选该结果可显示最长冷却时间如何随模具温度、熔体温度和注射时间的变化而变化。其计算依据为所选材料的推荐顶出温度。由于模具温度对冷却时间影响最大，因此在该图中以模具温度为 X 轴变量。冷却时间不宜过长，冷却时间过长可适当降低模具温度。

7.2　充填分析

在确定浇口位置和成型工艺条件后，还需通过充填分析查看充填效果来对给定的浇口位置和成型工艺条件进行评估。

7.2.1　概述

与产品自身结构有关的熔体充填分析是注塑模流分析的关键流程之一，该分析及优化应该在模具设计之前进行。熔体充填过程分析及优化是制件成型优化的第一步，也是后续其他分析的基础。熔体充填过程优化流程如图 7-17 所示。前述浇口位置的设置与成型窗口分析实际就属于充填优化的关键部分。

7.2.2　分析设置

（1）前期准备　在进行充填分析前，需建立好 CAE 网格模型、选定成型材料、设定好浇口位置。Moldflow2018 中的"填充"与"填充＋保压"分析序列支持中性面网格、双面网格和 3D 网格。

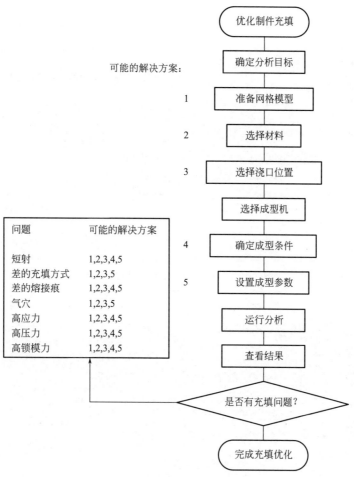

图 7-17　熔体充填过程优化流程

（2）选择分析序列为"浇口位置" 点击"分析序列"按钮（"主页"选项卡→"成型工艺设置"面板），在"选择分析序列"对话框的列表框中选择"填充"或"填充＋保压"，如图 7-18 所示，点击"确定"按钮完成选择。

"填充"分析针对熔体注射开始到整个型腔充满这个过程；而"填充＋保压"分析针对的事从熔体注射开始直到保压结束这个过程。

图 7-18　设置分析序列为"填充"

（3）工艺设置

① 双击任务视窗中的"工艺设置"按钮，系统弹出"工艺设置向导"对话框。对"填充"分析和"填充＋保压"分析，其"工艺设置向导"对话框分别如图 7-19 和图 7-20所示。

这两种分析通常都包含三种控制：充填控制、速度/压力切换以及保压控制。在速度阶段结束时进行速度/压力切换，此时型腔并未完全填充，剩余部分降低螺杆速度，通过应用保压压力完成填充，而保压压力使用保压控制来设置，这就是"填充"分析也存在保压控制的原因。

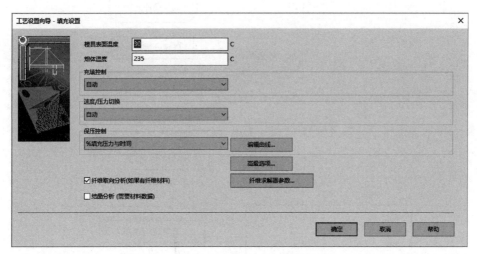

图 7-19 "填充"分析工艺设置对话框

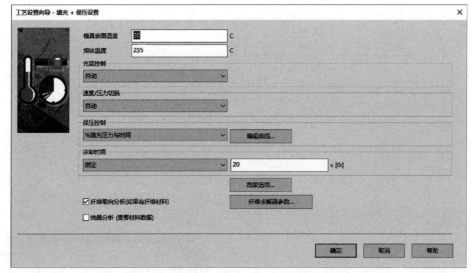

图 7-20 "填充＋保压"分析工艺设置对话框

② 模具表面温度。"模具表面温度"即为型腔壁面温度,对熔体的冷却速率影响很大。

一般默认为所选材料所推荐的模具温度。也可输入所需的模具温度,注意输入的模具温度不得超出材料推荐的模具温度范围,不得高于顶出温度。在"成型窗口分析"后,可输入"成型窗口分析"所确定的模具温度。

③ 熔体温度。"熔体温度"即为注射位置处熔体的温度。如果模型具有流道系统,则熔体温度指熔体进入流道系统时的温度;如果模型没有流道系统,则熔体温度指熔体进入型腔时的温度。

一般默认为所选材料所推荐的熔体温度。也可输入所需的熔体温度,注意输入的熔体温度不得超出材料推荐的熔体温度范围,不得低于材料转变温度。在"成型窗口分析"后,可输入"成型窗口分析"所确定的熔体温度。但注意如果有浇注系统,考虑到熔体在流道中流动的剪切热,设定的熔体温度应该略低于"成型窗口分析"所确定的熔体温度,以保证进入型腔的熔体温度与"成型窗口分析"所确定的熔体温度尽可能接近。

④ 充填控制。"充填控制"用于指定填充阶段控制熔体注射的方法，有六个选择，如图7-21所示。

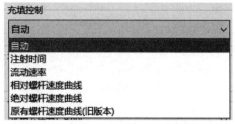

图7-21 "充填控制"选项

a.自动：类似于成型窗口分析，可快速确定合适的注射时间或速率，充填结束时具有很小的流动前沿温度降。由于流道中存在的高剪切热，该选项只适合于不带流道系统的制件分析。

b.注射时间：常用的充填控制方式，定义了常速充填所需时间，实际充填时间会略高。在"成型窗口分析"后，可输入"成型窗口分析"所确定的注射时间。但若带了浇注系统，需根据型腔体积换算成所需的流动速率，采用"流动速率"控制，以保证型腔的充填时间和"成型窗口分析"所确定的注射时间尽可能接近。

c.流动速率：常用的充填控制方式，定义了充填的流动速率，模型带了浇注系统常采用该控制方式。

d.相对/绝对/原有螺杆速度曲线：指定两个变量来控制螺杆速度曲线。从下拉列表中选择螺杆速度控制方法。单击"编辑曲线"，然后输入螺杆速度曲线。在初始设计阶段不常使用，可在分析完后采用"分析日志"中所推荐的螺杆速度曲线（该螺杆速度曲线能尽可能保持型腔内熔体流动前沿恒速推进，以获得较高的成型质量）再进行分析。所有曲线设置前必须设置螺杆直径，默认的注塑机没带螺杆直径值，要指定注塑机或设定该值。

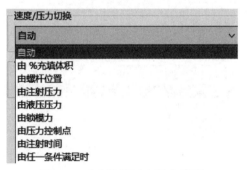

图7-22 "速度/压力切换"选项

⑤ 速度/压力切换。"速度/压力切换"用于指定从速度控制切换到压力控制时所依据的条件，有9个选择，如图7-22所示。选择所需的切换方法，然后指定切换点。

a.自动：最常用的切换方法，在典型的成型机上，标准设置是99%的填充体积。选择的切换点保证螺杆停止后仍有足够的熔体充满模腔。

b.由%充填体积：手动设置中最常用；采用螺杆速度曲线进行充填控制后常用该设置。

c.由螺杆位置：该选项指定速度/压力切换点为螺杆位置达到指定值。

d.由注射压力：注射压力即螺杆直接作用在熔体上的压力，该选项指定速度/压力切换点为注射压力达到指定值。

e.由液压压力：液压压力与注射压力的差别在于增强比（液压缸后端面积与螺杆截面积之比），增强比越大，注射压力也可越大。该选项指定速度/压力切换点为液压压力达到指定值。

f.由锁模力：该选项指定速度/压力切换点为锁模力达到指定值。

g.由压力控制点：在型腔内以选择压力控制点的方式指定切换点。在所选节点处达到指定的压力后，程序会从速度控制变为压力控制，并且将应用压力曲线。单击"编辑设置"，在弹出的"压力控制点设置"对话框中输入节点号和压力以指定压力控制点，如图7-23所

图 7-23 "压力控制点设置"对话框

示。用于模拟在模具中设置压力传感器来控制切换的情形。

h. 由注射时间：该选项指定速度/压力切换点为注射时间达到指定值，不推荐使用，只作为注塑机控制的备用方法。

i. 由任一条件满足时：通过设置多个可用的切换条件，只要满足其中一个指定条件，就会进行速度/压力切换。单击"编辑切换设置"，在弹出的"速度/压力切换设置"对话框中勾选切换条件，如图 7-24 所示。

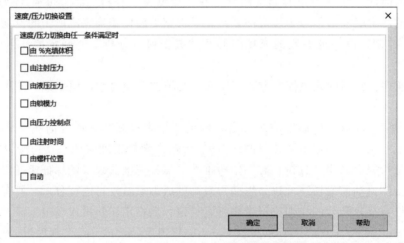

图 7-24 "速度/压力切换设置"对话框

⑥ 保压控制。"保压控制"用于指定加压阶段的控制方法，有 4 个选择，如图 7-25 所示。选择所需的控制方法，单击"编辑曲线"按钮，在弹出的"保压控制曲线设置"对话框中输入压力曲线，如图 7-26 所示。设置完曲线后可点击"绘制曲线"按钮查看保压曲线。

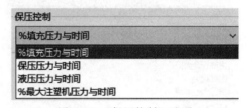

图 7-25 "保压控制"选项

图 7-26 "保压控制曲线设置"对话框

a. ％填充压力与时间：默认选项，默认为 10s 的 80％充填压力保压，多数时候作为起点是合理的。保压分析后可修改。注塑机控制器不用此法来切换，但这是一个好的设计方法。以填充压力与时间的百分比函数形式控制成型周期的保压阶段。

b. 保压压力与时间：若知道保压力，通常采用该选项，以注射压力与时间的函数形式控制成型周期的保压阶段。

c. 液压压力与时间：以液压压力与时间的函数形式控制成型周期的保压阶段。模拟实际工艺时使用，要求正确设置增强比。

d. ％最大注塑机压力与时间：以最大压力与时间的百分比函数形式控制成型周期的保压阶段。对采用此类保压控制的注塑机适用，需知道注塑机的最大注塑压力。

⑦ 冷却时间。"冷却时间"用于指定冷却时间或自动计算，有两个选项："指定"和"自动"。

a. 指定：指定在保压阶段后，零件经过充分冻结可以从模具中顶出的时间。

b. 自动：系统自动计算满足顶出条件所需的冷却时间。可单击"编辑顶出条件"，在弹出的"目标零件顶出条件"对话框编辑顶出条件，如图 7-27 所示。

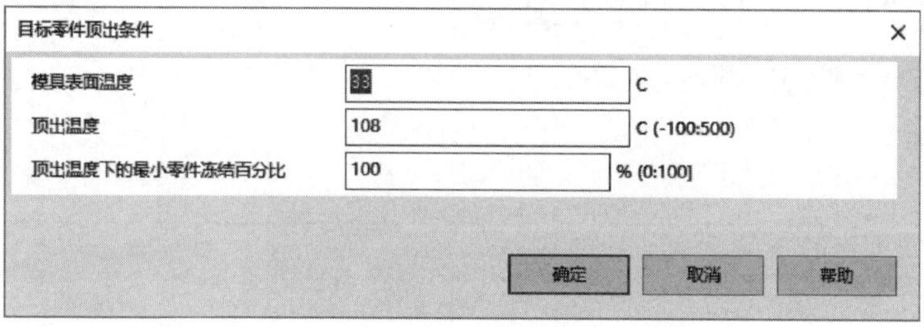

图 7-27 "目标零件顶出条件"对话框

⑧ 高级选项。点击"高级选项"按钮，弹出高级选项对话框，如图 7-28 所示。在此可进行材料、工艺、注塑机、模具材料及求解器参数的编辑修改或重新选择。一般在此只根据实际情况编辑或选择注塑机及模具材料，其他默认。

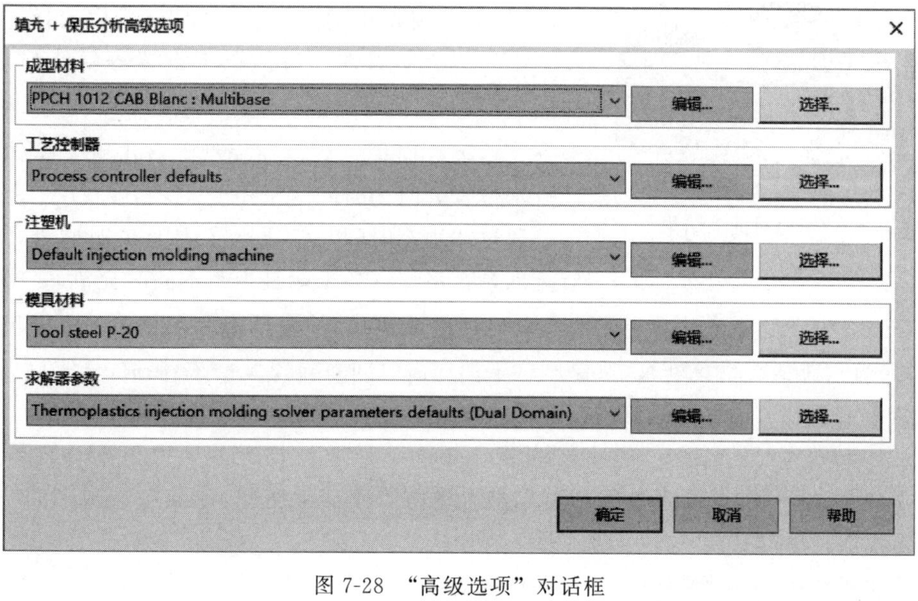

图 7-28 "高级选项"对话框

⑨ 纤维取向分析（如果有纤维材料）。若勾选此项，如果材料中包含纤维，则启用纤维取向分析。

7.2.3 结果查看

充填分析后需对分析结果进行评估，依次发现潜在的充模问题和决定后续处理办法。充填分析的主要结果及其描述如下。

（1）日志 点击窗口右下方的"日志"按钮 ![日志]打开"日志"窗格，在分析日志可以查看分析所使用的所有输入、遇到的所有警告或错误，分析进度及填充、保压等各阶段结束时的结果摘要，包括所需的锁模力和推荐的螺杆速度曲线、总体温度、壁剪切应力、冻结层因子、剪切速率、型腔温度结果和体积收缩率结果等。通过查看这些信息可以快速决定是否需要仔细查看个别结果以找出可能存在的问题。图 7-29 所示的分析日志中就给出该充填分析的短射警告信息。

| 网格日志 | 分析日志 | 填充 | 填充-检查 | 机器设置 |

	0.639	98.93		9.70		3.07	128.04	U/P	
	0.649	99.94		7.76		2.97	44.41	P	
	0.662	99.98		7.76		3.42	18.82	P	
	0.716	99.98		7.76		3.61	5.62	P	

** 警告 128270 ** 检测到短射。注塑机注射压力或保压
压力不足。

7-1_study（复制） 7-1_study（复制）…

图 7-29　分析日志

充填时间
=6.842[s]

[s]
6.842
5.131
3.421
1.710
0.0000

图 7-30　"填充时间"结果

（2）填充时间 该结果很重要。勾选该结果后可显示熔体前沿到型腔各位置的时间分布，即型腔的填充过程，如图 7-30 所示；可通过"结果"选项卡→"动画"面板中相关播放按钮来动画查看填充过程；可右键单击"方案任务"窗格中的"填充时间"，然后选择"属性"，在弹出的"图形属性"对话框中设置等值线显示方式，如图 7-31 所示；可点击"检查"按钮 ![检查]（"结果"选项卡→"检查"面板）后再在模型上点击查看熔体前沿到达点击位置处时的时间。

通过"填充时间"结果除了看充填时间外，还能查看流动是否平衡（各末端是否基本同时充满）；查看充填是否平稳（等值线间距均匀就表明熔体前沿推进速度稳定）、是否存在短射（未充填处灰色显示）、滞流（等值线密集处）、过保压（末端充满时间差异较大）、熔接痕/气穴（可同时勾选这些结果重叠显示，结合充填过程验证这些缺陷是否真实形成）及跑道效应。

（3）V/P 切换时的压力 勾选该结果后可显示 V/P 切换时的压力分布，如图 7-32 所示。主要用来看压力是否平衡；可以看到最大压力的分布和数值（通常整个成型周期中的最大压力发生在该时刻）。

需要注意到在 V/P 切换时一般型腔尚未充满（具体见"工艺设置"中的"速度/压力切

图 7-31　"图形属性"设置对话框

换"设置），未充满区域为灰色显示，不能就此说明充填存在短射问题。

（4）注射位置处压力：XY 图　勾选该结果后可显示进胶处压力随时间的变化，可以查看充填所需的最大注射压力，如图 7-33 所示。最大注射压力应该小于注塑机的极限值，很多注射机压力极限为 140MPa，最大注射压力一般在 100MPa 以下就行了，即是注塑机最大压力的 70％。如果分析没有包括浇注系统，最大注射压力应为注射机最大注塑压力的 50％。

图 7-32　"V/P 切换时的压力"结果

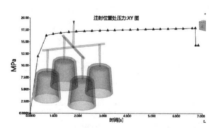

图 7-33　"注射位置处压力：XY 图"结果

还可通过压力曲线判断充填是否平衡：在填充过程中，压力应该稳定的增大。压力图上如果有激变（通常是在填充末端），表明制件的填充不是很平衡，或是由于料流前锋的尺寸突然急剧变小而导致料流前锋速度加快了。

由"注射位置处压力：XY 图"结果获取最大注射压力，可为注塑机选择时注射压力规格方面提供参数依据。

（5）流动前沿温度　勾选该结果后可显示熔体前沿在流经各位置时在厚度中间的温度，如图 7-34 所示，要求温度变化应该在 20℃之内，过低易导致滞流短射，过高易导致降解及表面缺陷；判断熔接效果时可将该结果和熔接线结果配合使用，如果熔接线生成时的流动前沿温度较高，则熔接线的质量就会较好。

（6）压力　勾选该结果后可显示型腔各处的压力随着时间的变化，如图 7-35 所示，可采用动画的方式查看变化过程，压力分布也应该像填充时间一样平衡。压力图和填充时间图应该看起来差不多，这样在零件中就没有或很少有潜流发生。最好不要出现过保压，在保压过程中压力分布也应该平衡。最好查看充填 98% 时的压力分布而不是充满（100%）时的压力，因为计算方法中是按逐个节点充满的方式来计算会导致最后充填时刻计算结果的不真实。要求充填结束时制件末端压力为 0，带流道制件的充填压力低于 100MPa，不带流道的制件充填压力低于 70MPa。

图 7-34　"流动前沿温度"结果

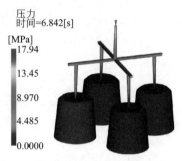

图 7-35　"压力"结果

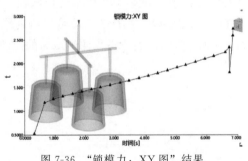

图 7-36　"锁模力：XY 图"结果

（7）锁模力：XY 图　勾选该结果后可显示锁模压力随着时间的变化情况，如图 7-36 所示。由"锁模力：XY 图"结果获取最大锁模力，可为注塑机选择时锁模力规格方面提供参数依据。

最大锁模力应不超过设备额定的 80%。需要注意的是 Moldflow 中锁模力是基于 Z 方向为开模方向来计算的，因此必须保证模型的开模方向为 Z 方向，否则该计算结果为错误。如果模型的开模方向不为 Z 方向，则需要通过"旋转"或"3 点旋转"（"几何"选项卡→"实用程序"面板→"移动"工具）操作实现模型的空间位置变换。

（8）锁模力中心　勾选该结果后可显示锁模力达到最大值时锁模力中心的位置。该结果在压力太小或者接近极限值时很有用。

如果锁模压力中心不在模具的中心，注塑机将无法提供其最大锁模力。例如，如果注射机能提供 1000t 的锁模力，每个锁模杆可以分到 250t 的锁模力，如果中心靠近某一个锁模杆，则远离中心的锁模杆所能提供的力就会小于 250t，注塑机的效能就会降低。如果锁模力的中心不在模具的中心，要采取措施来纠正。

（9）熔接线　勾选该结果后可显示型腔充填过程中熔接线的位置、长度和汇合角度，如图 7-37 所示。

熔接线是否存在应该结合"填充时间"结果来判断，看

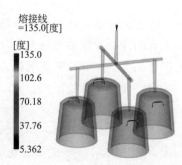

图 7-37　"熔接线"结果

料流是否真的在熔接线位置处汇合；熔接线的质量应该结合"流动前沿温度"和"压力"结果来评估，查看熔接线形成时的流动前沿温度是否够高，压力是否够大。可右键单击"方案任务"窗格中的"熔接线"，然后选择"属性"，在弹出的"图形属性"对话框的"加亮"选项卡下，点击"数据设置"后的按钮，在弹出的对话框中选择要在"熔接线"结果上叠加其他结果，即可同步查看结果，如图 7-38 所示。

减少浇口的数量可以避免熔接线，改变浇口的位置或改变产品的壁厚能够移动熔接线的位置。

图 7-38 多结果叠加显示

（10）气穴 勾选该结果后可显示气穴的分布，如图 7-39 所示。

要求气穴尽可能分布在分型面边缘，可利用分型面间隙排气；应尽量避免在零件内部产生气穴，否则就要在该处设置顶杆，利用装配间隙排气。

（11）推荐的螺杆速度曲线：XY 图 该结果给出了使流动前沿的速度保持恒定所需的螺杆推进速度曲线。螺杆速度与实时计算的流动前沿面积成比例：流动前沿的面积越大，保持恒定的流动前沿速度所需的螺杆速度就越快。

气穴位置

图 7-39 "气穴"结果

应力与压力降有关。对于给定的横截面面积，流动速率越高，对应的压力降越大，因此，相应的应力也越大。要将应力降至最小，应该以较慢的流动速率通过较小的横截面，而以较快的流动速率通过较大的横截面。如果通过更改闭环工艺控制器的螺杆速度来保持恒定的流动前沿速度，这将有助于将工艺过程中的表面应力变化降到最小，从而降低零件翘曲的可能性。

分析日志文件中也列出了推荐的螺杆速度结果，可以在优化分析中以相对螺杆速度曲线

"％流动速率与％射出体积"中直接输入该曲线。

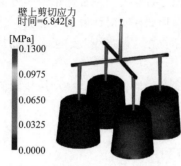

壁上剪切应力
时间=6.842[s]
[MPa]
0.1300
0.0975
0.0650
0.0325
0.0000

图 7-40　"壁上剪切应力"结果

（12）壁上剪切应力　勾选该结果后可显示型腔各处壁上剪切应力的分布随时间的变化，如图 7-40 所示。可采用动画的方式查看变化过程。

要求成型过程中的最大剪切应力应该小于材料的允许值，否则会发生降解，影响制件质量。应该先从分析日志结果中获悉剪切应力最大值，若超过材料许可的最大剪切应力值，则再仔细查看本结果，以获取其发生位置。为便于查看，可右键单击"方案任务"窗格中的"壁上剪切应力"，然后选择"属性"，在弹出的"图形属性"对话框的"比例"选项卡下选择"指定"，将最小值改为材料许可的最大剪切应力，最大值输入一大值，去除勾选"扩展颜色"，如图 7-41 所示，这样设置可使得壁面剪切应力低于材料许可的最大剪切应力值时该处显示为灰色。再以动画形式逐帧查看（重点查看分析日志中给出的剪切应力最大值发生时间前后），当模型上出现彩色即表明该处发生最大剪切应力超过材料许可值。

在壁厚较薄或截面较小（如浇口）处的壁上剪切应力往往较大，应保证发生壁上剪切应力超过材料许可的最大剪切应力的位置不在浇口位置和制件的关键位置。

降低剪切应力的措施有：局部加厚流动末端区域或薄壁区；增大浇口截面；降低注射速度；升高料温或采用低黏度材料；对浇口而言，增大其截面对降低剪切应力的效果最为显著。

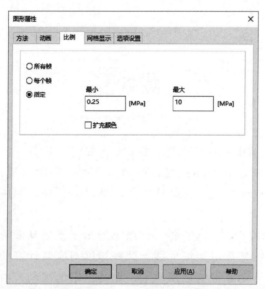

图 7-41　壁上剪切应力"图形属性"设置对话框

（13）达到顶出温度的时间　勾选该结果后可显示制件各处达到顶出温度的时间，如图 7-42 所示。该结果可用来估计零件的成型时间。大多制件在流道 50％凝固，厚壁 80％凝固即可顶出。若制件和流道系统达到顶出温度的时间差异过大，则要考虑能否采用局部加强冷却或更改壁厚、缩小截面等手段以缩短达到顶出温度的时间。

（14）冻结层因子　冻结层因子为厚度方向上已凝固厚度的比值，值为 1 表示其厚度方向完全凝固。计算零件是否凝固的参考温度是材料的转换温度。勾选该结果后可显示型腔各位置冻结层因子随时间的变化即凝固过程，如图7-43所示。可采用动画的方式查看其凝固过程。

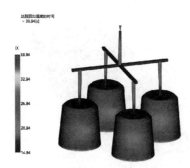

图7-42 "达到顶出温度的时间"结果

图7-43 "冻结层因子"结果

在填充结束时，凝固层比例不应该很高，如果在某些区域的凝固层比例达到0.2～0.25，这就说明保压会很困难，或者该加快填充速度。

注意采用动画方式逐帧查看浇口位置的冻结，获悉其完全凝固时的时间。浇口完全凝固也意味着保压的被迫终止，其凝固时间是保压设置的重要参数依据。若浇口凝固时制件尚未完全凝固，则会导致保压补缩不足，造成较大收缩变形。

（15）顶出时的体积收缩率 "填充＋保压"分析才有的结果。体积收缩率是通过单元收缩的百分比来表达零件在保压过程中体积的减少。材料的PVT属性决定了产品的体积收缩性能，保压压力越大，收缩率越小。勾选该结果后可显示顶出时刻的体积收缩率。整个产品的收缩应该均匀一致，但通常收缩都是不一致的，可通过调整保压曲线来使收缩更均匀一些。

（16）缩痕 "填充＋保压"分析才有的结果。勾选该结果后可显示零件上可能的缩痕对于零件表面凹陷的情况。值越大，说明缩痕越有可能发生。缩痕的计算考虑了零件的体积收缩和零件的厚度影响。

消除缩痕的措施有：可更改制件设计，减少缩痕处壁厚或隐藏缩痕；增加保压力/保压时间；将浇口移近厚壁区；增大浇口/流道截面尺寸；降低料温/模温；采用低黏度材料。

7.3 分析实例

7.3.1 分析准备

① 打开Moldflow2018软件，导入模型：选择菜单"新建工程"命令 ，新建"工程名称"为"701"，如图7-44所示。然后点选"确定"按钮。

② 在"工程视图窗格"选择工程"701"并单击右键，选择"导入"命令。或者在功能

图7-44 "创建新工程"对话框

区直接点击"导入"命令 。导入模型"7-1. stl",模型网格类型设置为"双层面",如图 7-45 所示。然后点选"确定"按钮。导入模型如图 7-46 所示。

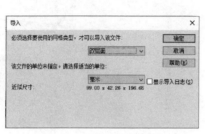

图 7-45 "导入"对话框

图 7-46 导入模型

③ 双击任务视窗中的"双层面网格" 并单击右键,选择"生成网格"命令 或者选择菜单"网格"中的"生成网格"命令 ，如图 7-47 所示。在"曲面上的全局边长"中输入"4.48",然后点选"立即划分网格"按钮,其他都选择系统默认属性。划分完毕,网格模型如图 7-48 所示。

图 7-47 "生成网格"对话框

图 7-48 网格模型

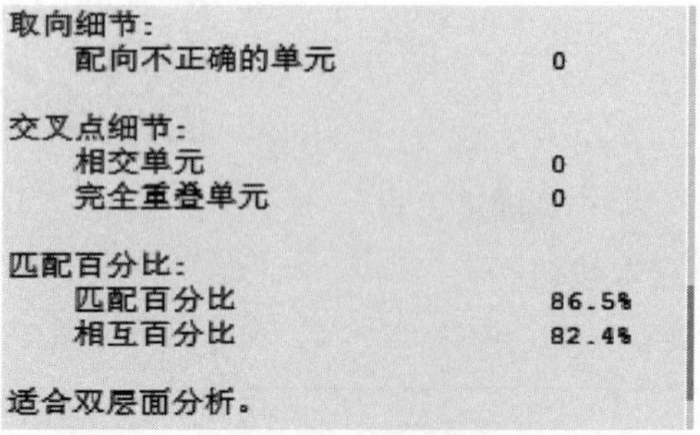

④ 选择菜单"网格"中的"网格统计"命令 。单击"显示"按钮,得到网格诊断报告,如图 7-49 所示。值得注意的若要进行冷却分析及翘曲分析,该匹配百分比略低,可通过减小全局边长增加网格密度来提升匹配百分比;也可先对 CAD 模型进行必要的小特征简化。

对网格模型进行厚度诊断,结果如图 7-50 所示。发现模型主体为 2.5mm,厚壁区近

取向细节:
　　配向不正确的单元　　　　　　　　0

交叉点细节:
　　相交单元　　　　　　　　　　　　0
　　完全重叠单元　　　　　　　　　　0

匹配百分比
　　匹配百分比　　　　　　　　　86.5%
　　相互百分比　　　　　　　　　82.4%

适合双层面分析。

图 7-49 网格诊断报告

8mm,薄壁区还不足 0.5mm。从该零件的功能分析来看,该厚壁区没必要。若有必要存在,则后续浇口位置应该设置在厚壁区中心,便于保压补缩。而不足 0.5mm 厚的薄壁区处于流动末端,容易发生滞流造成短射。在此将制件的壁厚统一为 2.5mm。在层窗格中只勾

选"网格单元"层，其他层隐藏，全部框选模型，点击右键，从快捷菜单中选择"属性"，在"选择属性"对话框中选择所有，如图 7-51 所示。点击确定，在弹出的对话框中设置厚度为指定 2.5mm，如图 7-52 所示。注意壁厚属性的更改对冷却、翘曲分析无效，需更改原 CAD 模型才行。

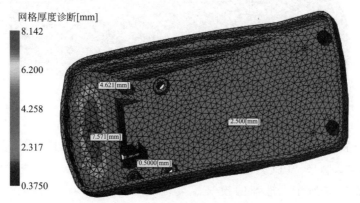

图 7-50　网格模型的厚度诊断

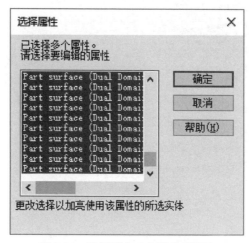

图 7-51　选择所有三角形单元属性

图 7-52　更改厚度

⑤ 双击任务视窗中的"设置注射位置"按钮，在网格中单击浇口点，完成注射位置

的确定，如图 7-53 所示。（浇口位置可通过"浇口位置"分析确定，具体参见第 6 章。）

图 7-53　设置注射位置

⑥ 双击任务视窗中的"材料质量指示器"按钮 ，打开"选择材料"对话框，选择制造商"Multibase"，牌号"PPCH 1012 CAB Blanc"，如图 7-54 所示。查看材料的推荐工艺细节信息，如图 7-55 所示，推荐的模具温度范围为 $20\sim40℃$；熔体温度范围为 $210\sim260℃$；最大剪切应力 0.25MPa，最大剪切速率 $100000s^{-1}$。

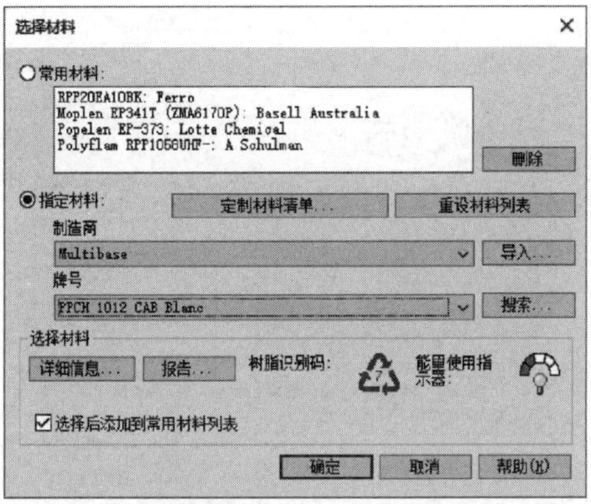

图 7-54　"选择材料"对话框

图 7-55　"热塑性材料"对话框"推荐工艺"选项卡

7.3.2　成型窗口分析

（1）分析设置

① 双击任务视窗中的分析序列行"充填"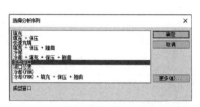，系统弹出"选择分析序列"对话框，如图 7-56 所示。选择"成型窗口"选项，单击"确定"。

② 双击任务视窗中的"工艺设置"按钮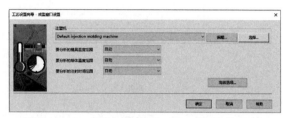，打开"工艺设置向导-成型窗口设置"对话框，如图 7-57 所示，点击"高级选项"按钮，按图 7-58 所示对话框设置，其他参数均采用默认设置，单击"确定"按钮，完成工艺参数设置。

图 7-56　"选择分析序列"对话框　　　　图 7-57　"工艺设置向导-成型窗口设置"对话框

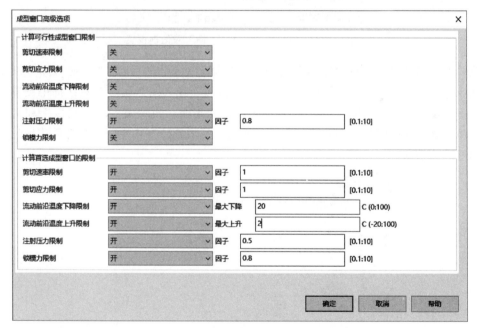

图 7-58　"成型窗口高级选项"对话框设置

③"工艺设置"完毕后，双击任务视窗中的"开始分析"按钮，求解器开始计算。

（2）结果查看与工艺参数的确定

① 查看分析日志。在"分析日志"末尾可以查到分析推荐的模具温度为 40℃，熔体温度 243℃，注射时间 0.46s，如图 7-59 所示。由图 7-60 可知推荐的模具温度为材料推荐的成型温度范围边缘，并不合适。

② 质量（成型窗口）：XY 图。勾选"质量（成型窗口）：XY 图"结果，右键点击，在

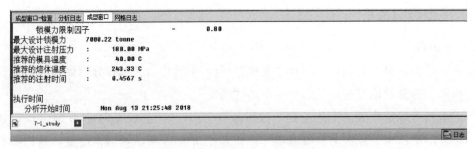

图 7-59　推荐的成型工艺参数值

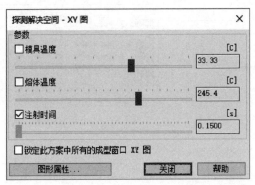

图 7-60　"探测解决空间-XY 图"对话框设置

快捷菜单上选择"属性"在"探测解决空间-XY 图"对话框中勾选"注射时间"以注射时间为 X 轴，如图 7-60 所示。点击"图形属性"按钮，在"图形属性"对话框中设置"Y 范围"为手工设定，范围从 0～1，点击"确定"按钮退出。再调节"模具温度"和"熔体温度"滑块位置，观察图，直到其峰值取得较大值，且滑块位置不在材料推荐范围的近边缘位置，如图 7-61 所示。

图 7-61　"图形属性"对话框设置

点击"检查"按钮 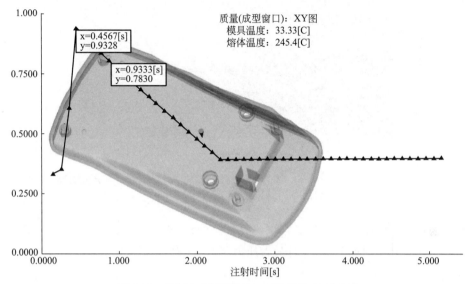（"结果"选项卡→"检查"面板）后再在 XY 曲线上点击峰值位置查看质量值及对应的横坐标值，如图 7-62 所示，由图可知在模具温度为 33℃、熔体温度 245℃、注射时间约为 0.45s 时的质量指数约 0.93，质量指数非常高。

图 7-62　"质量（成型窗口）：XY 图"结果查看

③ 区域（成型窗口）：2D 切片图。勾选"质量（成型窗口）：XY 图"结果，设置切轴为模具温度，值为 33℃，如图 7-63 所示。"区域（成型窗口）：2D 切片图"结果图如图 7-64 所示，首选区很宽。在给定模具温度为 33℃、熔体温度 245℃时，首选区的"注射时间"范围为 0.35～2.34s。但注射时间也不能取得过大，从"质量（成型窗口）：XY 图"结果可查的注射时间超过 0.9s 时其质量指数将低于 0.8。

图 7-63　"图形属性"设置

④ 最大压力降（成型窗口）：XY 图。以"注射时间"为 X 轴，在给定模具温度为

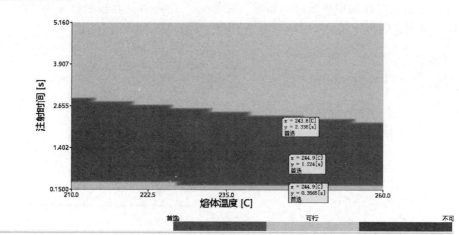

图 7-64　区域（成型窗口）：2D 切片图

33℃、熔体温度 245℃时的"最大压力降（成型窗口）：XY 图"结果如图 7-65 所示。可见最大压力降很小，注射时间为 0.5s 时最大压力降约 10MPa。

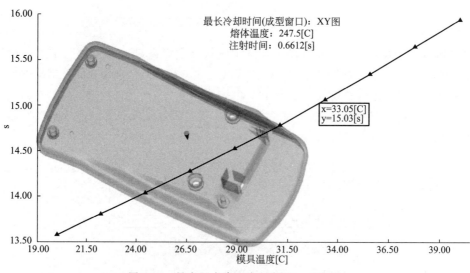

图 7-65　最大压力降（成型窗口）：XY 图

⑤ 最低流动前沿温度（成型窗口）：XY 图。以"注射时间"为 X 轴，在给定模具温度为 33℃、熔体温度 245℃时的"最低流动前沿温度（成型窗口）：XY 图"结果如图 7-66 所示。可见最低流动前沿温度随注射时间的延长近似线性下降。注射时间为 0.5s 时流动前沿温度基本不变，注射时间为 1s 时流动前沿温度下降约 7℃。

⑥ 最大剪切速率（成型窗口）：XY 图。以"注射时间"为 X 轴，在给定模具温度为 33℃、熔体温度 245℃时的"最大剪切速率（成型窗口）：XY 图"结果如图 7-67 所示。可见在较短注射时间时最大剪切速率随注射时间的延长而迅速下降。注射时间为 0.5s 时最大剪切速率要低于 4000s^{-1}；注射时间为 1s 时最大剪切速率要低于 1900s^{-1}，远低于材料许可的 100000s^{-1}。

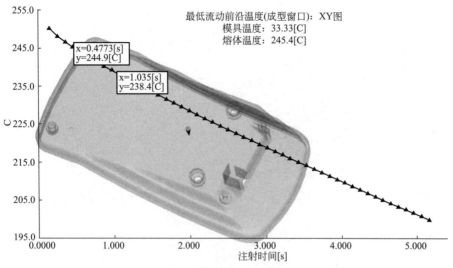

图 7-66　最低流动前沿温度（成型窗口）：XY 图

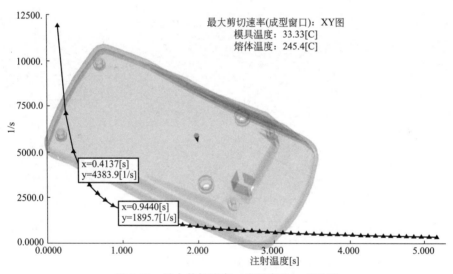

图 7-67　最大剪切速率（成型窗口）：XY 图

⑦ 最大剪切应力（成型窗口）：XY 图。以"注射时间"为 X 轴，在给定模具温度为 33℃、熔体温度 245℃时的"最大剪切应力（成型窗口）：XY 图"结果如图 7-68 所示。可见在较短注射时间时最大剪切应力随注射时间的延长而迅速下降。注射时间为 0.5s 时最大剪切应力低于 0.08MPa；注射时间为 1s 时最大剪切应力约为 0.06MPa，远低于材料许可的 0.25MPa。

⑧ 最长冷却时间（成型窗口）：XY 图。以"模具温度"为 X 轴，在给定注射时间为 0.6s、熔体温度 230℃时的"最长冷却时间（成型窗口）：XY 图"结果如图 7-69 所示。可见最长冷却时间基本随模具温度的升高而线性增长。模具温度为 33℃时最长冷却时间约为 15s，相比 20℃模温的最长冷却时间 13.5s 仅增加 1.5s。

经过分析，可初步取模具温度为 33℃、熔体温度 245℃、注射时间 0.7s（由前面分析确定在 0.4~0.9s 范围内，过短容易造成剪切过于剧烈，过长容易导致流动前沿凝固短射）

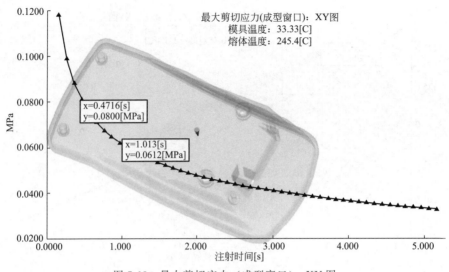

图 7-68　最大剪切应力（成型窗口）：XY 图

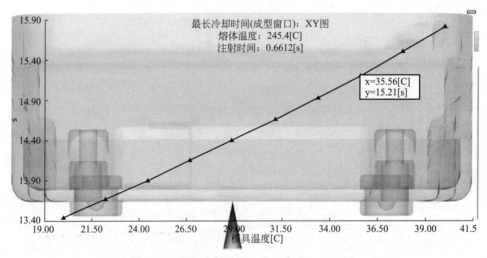

图 7-69　最长冷却时间（成型窗口）：XY 图

作为后续分析的初始工艺参数。

7.3.3　充填分析

（1）分析设置

① 在"工程"窗格中成型窗口分析方案任务行点击右键，从快捷菜单中选择"重复"复制该方案任务，双击激活复制所得的方案任务"7-1_study（复制）"。

② 通过模型窗格右上角的 ViewCube 将模型摆正，发现其分型面平行于 XZ 面，而不是 XY 面，如图 7-70 所示。为保证有关锁模力计算的正确性，需对模型进行旋转，保证开模方向为 Z 方向。

点击"旋转"选项 （"几何"选项卡→"实用程序"面板→"移动"下拉按钮），在工程与方案任务窗格的"工具"选项卡出现"旋转"对话框。在模型窗格框选所有；在对

图 7-70　模型分型面平行于 XZ 面

话框中选择"X"轴作为旋转轴；角度为 90°；鼠标定位到参考点后的输入框，放大模型后在模型上点击注射位置节点，以其为参考点，如图 7-71 所示。点击"应用"按钮，再点"关闭"按钮完成"旋转"操作，结果如图 7-72 所示。

图 7-71　"旋转"对话框

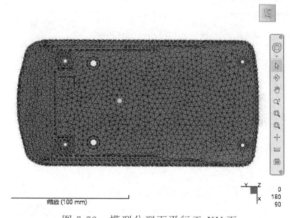

图 7-72　模型分型面平行于 XY 面

③ 双击方案任务窗格中的分析序列行"成型窗口分析" 🐾，系统弹出"选择分析序列"对话框，如图 7-73 所示。选择"填充＋保压"，单击"确定"。注意如果选择了"填充"分析序列，计算完后，若将分析序列更改为"填充＋保压"，只有没更改"填充"有关设置，则可在原计算基础上继续往后计算，不必从头算起。

图 7-73　"选择分析序列"对话框

④ 双击任务视窗中的"工艺设置"按钮 🔧，打开"工艺设置向导-填充＋保压设置"对话框，按照"成型窗口分析"确定的模具温度、熔体温度和注射时间进行设置，具体设置如图 7-74 所示。单击"确定"按钮，完成工艺参数设置。

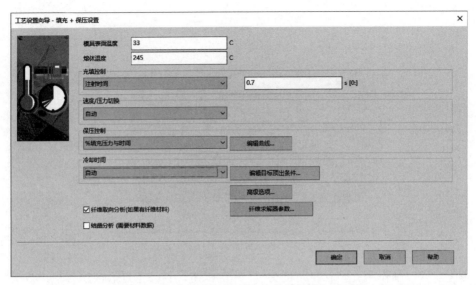

图 7-74 "工艺设置向导-填充＋保压设置"对话框

⑤"工艺设置"完毕后，双击任务视窗中的"开始分析"按钮，求解器开始计算。

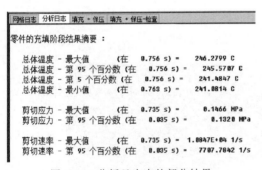

图 7-75 分析日志中的部分结果

（2）结果查看

① 查看分析日志。浏览分析日志，可见型腔顺利完成充填，最大剪切应力约 0.15MPa，最大剪切速率约 $10000s^{-1}$，如图 7-75 所示。从日志中还获悉 V/P 切换时间为 0.756s，此时型腔充填了 99%，此时的注射压力最大（8.47MPa），0.76s 时完成充填，10.76s 时完成保压（默认设置中是 10s 的 80% 充填压力保压），13s 时完成冷却。

② 充填时间。勾选"充填时间"结果，

"检查"四个边缘位置的充填时间，如图 7-76 所示。完成充填时间为 0.76s，比设定的注射时间 0.7s 略长（这是因为 V/P 切换后注射压力更低，注射速度更慢的缘故）；在长度方向两端充填是不平衡的，图中左端后充满，这与浇口位置有关。本例没进行浇口位置分析，由此也说明浇口位置分析的必要性。

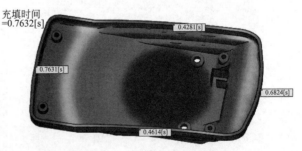

图 7-76 "充填时间"结果

③ 速度/压力切换时的压力。勾选"速度/压力切换时的压力"结果，查看 V/P 切换时的压力分布，如图 7-77 所示。最大压力 8.5MPa，发生在浇口区域；图中右端先充满，此时压力为 6.3MPa，左端还在充填，流动前沿压力近乎 0，右端存在过保压。

④ 流动前沿温度。勾选"流动前沿温度"，并多点"检查"具体流动前沿温度值，如图 7-78 所示。熔体注射温度为 245℃，从结果看其流动前沿温度比较恒定，能保持很好的

充填状态。

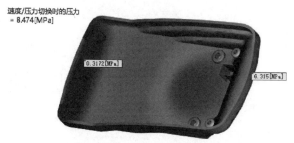

图 7-77　"速度/压力切换时的压力"结果

图 7-78　"流动前沿温度"结果

⑤ 注射位置处压力：XY 图。勾选"注射位置处压力：XY 图"结果，设置其"图形属性"的 X 范围为 0～1s（即只关注其充填过程），如图 7-79 所示。"检查"压力突变位置及其峰值，如图 7-80 所示。可知 0.66s 时注射压力开始剧增，结合"充填时间"结果，可知这是因为此时右端已充满，料流从可以左右两边同时充填转为只有左侧可充填，前沿流动截面的锐减，使得其注射压力迅速增大。这种注射压力的剧增也反映了充填的不平衡。最大注射压力为 8.5MPa，即为速度/压力切换时的最大压力。

图 7-79　"注射位置处压力：XY 图"结果"图形属性"设置

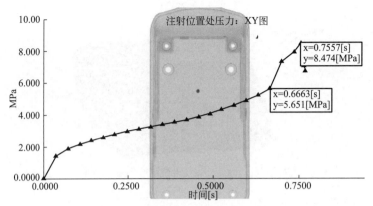

图 7-80 "注射位置处压力：XY 图"结果

⑥ 锁模力。勾选"锁模力"结果，查看锁模力峰值，如图 7-81 所示，可知锁模力峰值为"11.62"。

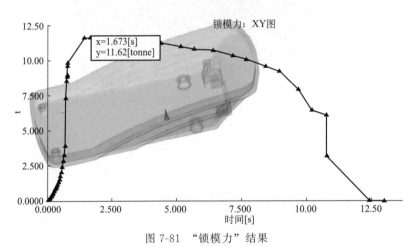

图 7-81 "锁模力"结果

⑦ 气穴。勾选"气穴"结果，查看气穴分布，如图 7-82 所示。可知气穴主要分布在制件边缘，可利用分型面排气。

⑧ 熔接线。勾选"熔接线"结果，查看熔接线分布，如图 7-83 所示。可知熔接线主要分布在制件上孔的远离浇口侧，熔接线长度较短，对产品质量影响较小。

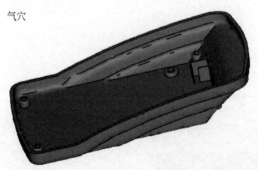

图 7-82 "气穴"结果

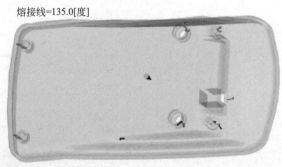

图 7-83 "熔接线"结果

⑨ 推荐的螺杆速度：XY 图。勾选"推荐的螺杆速度：XY 图"结果，查看推荐的螺杆速度曲线（相对），如图 7-84 所示，从分析日志中查看推荐的螺杆速度曲线（相对）"％射出体积 vs％流动速率"的具体数值，如图 7-85 所示，可以此作为优化的充填控制。

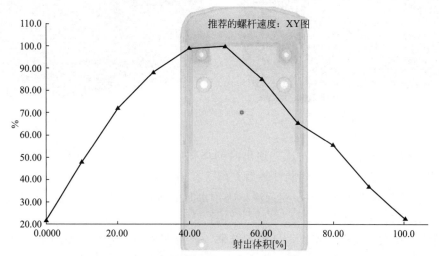

图 7-84 "推荐的螺杆速度：XY 图"结果曲线

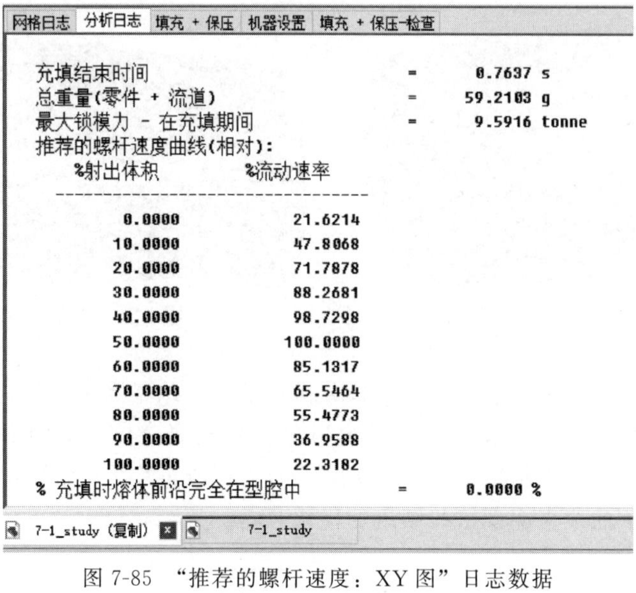

图 7-85 "推荐的螺杆速度：XY 图"日志数据

⑩ 达到顶出温度的时间。勾选"达到顶出温度的时间"结果，查看各处达到进出温度的时间，如图 7-86 所示。可见大部分区域达到顶出温度的时间约为 14s，而近浇口区距离浇口越近，达到顶出温度的时间越长，最长达 23.76。

⑪ 冻结层因子。勾选"冻结层因子"结果，查看不同时刻的冻结层因子分布，可通过动画播放方式查看制件冻结过程，如图 7-87 所示。在冷却结束时刻（13s），大部分区域已冻结，而近浇口区距离浇口越近冻结层因子越小，浇口处才 0.27。说明自动计算确定的冷却时间没能保证近浇口区域的完全冻结。

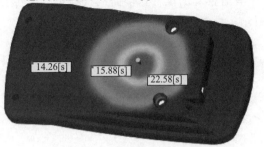

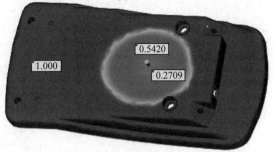

图 7-86 "达到顶出温度的时间"结果

图 7-87 "冻结层因子"结果

⑫ 顶出时的体积收缩率。勾选"顶出时的体积收缩率"结果,查看顶出时的体积收缩率分布,如图 7-88 所示。可见该制件最后充填区在顶出时的体积收缩率为 7.5%,中间充填区顶出时的体积收缩率为 5.7%,到近浇口区顶出时的体积收缩率又升高,在进胶位置顶出时的体积收缩率最大,超 17%。

⑬ 缩痕,指数。勾选"缩痕,指数"结果,查看缩痕指数分布,如图 7-89 所示。可知在近浇口区域存在缩痕,最大在浇口处,达到 5.2%,这与未能充分保压补缩有关。

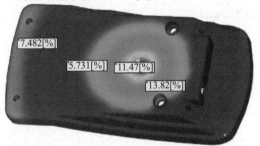

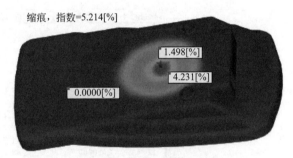

图 7-88 "顶出时的体积收缩率"结果

图 7-89 "缩痕,指数"结果

通过以上分析可知,由于前期缺乏浇口分析环节,导致本案例的浇口设置没能实现充填平衡;可优化浇口位置后再重新进行成型窗口分析和充填分析。本例中保压不充分,导致"达到顶出温度的时间""冻结层因子""顶出时的体积收缩率""缩痕指数"等结果存在问题,可通过优化保压曲线来实现这些结果的优化。

本 章 小 结

成型工艺参数对产品的质量有着直接影响。熔体充填过程分析及优化是制件成型优化的第一步,也是后续其他分析的基础。本章对 Moldflow 中的"成型窗口"分析、"填充"分析和"填充+保压"分析进行了详细的阐述;并结合一实例具体说明了借助 Moldflow"成型窗口"分析和"填充+保压"分析的完整过程。

第 **8** 章

浇注系统的创建与优化

熔体充模优化后，即确定了浇口位置及成型工艺参数，获得了能保证较高产品质量的充填形态和工艺条件。制件在模具内成型，其浇注系统的设计是模具设计的核心内容之一。基于模腔分析结果进行浇注系统的创建与优化是注塑模流分析的重要内容。

8.1 浇注系统的设计与原则

浇注系统是模具从注射机喷嘴到型腔的塑料流动通道，包括浇口与流道。浇口是流道系统的一个关键位置，对产品质量影响很大。浇注系统的设计应该能保证各型腔能够同时等压的充填，保证各腔的产品质量均匀且都较优良。为此，浇注系统设计时应遵循一定的原则。

8.1.1 浇口类型与建模

浇口是熔体进入型腔前的最后一段通道，对成型有着极重要的影响，在模流分析中也是需关注的一个关键位置。根据成型后浇口凝料与制件的分离方式，浇口可分为手工切除的浇口和自动切除的浇口两大类。

（1）手工切除的浇口 该类浇口是成型开模后，制件与冷凝料一块取出再切割分离。该类浇口加工容易，模具相对简单，但在成品成型时多了到后处理工序。

① 侧浇口。这是最常见的手工切除浇口的浇口类型，如图 8-1 所示。该类型浇口有多种变化。侧浇口一般是矩形截面，与产品在分模面或分割线处相交。该浇口既可只在分模面的一侧也可同时在分模面的两侧。浇口的剖面既可是直的也可带有拔模角。

浇口的定义尺寸包括厚度、宽度和投影长度。浇口的厚度是指垂直于分模线的尺寸，厚度一般比宽度小得多；浇口的厚度（H）一般是产品壁厚的 25%～75%，也可以与浇口连接处的产品壁厚一样厚。浇口的宽度一般是厚度的 2～4 倍，但也可和厚度一样宽。

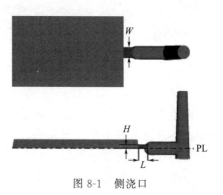

图 8-1 侧浇口

浇口的投影长度一般比较小，一般为 0.25～3.0mm；产品越小，投影长度就越小。浇口的拔模角一般比较小，或是使浇口在分模面上与流道相切，这取决于流道的深度。浇口越大，剪切速率就越低，产品更容易获得足够的保压。

侧浇口一般使用矩形截面的梁单元来构建。需要定义的尺寸是宽度和高度（厚度）。在 Moldflow 中浇口的离散网格应该不少于 3 个单元，这样才能较准确地模拟熔体在其中的流动与冷却凝固。

图 8-2　耳形浇口

② 耳形浇口。耳形浇口是在耳朵和产品接触面上有大的横截面的特殊浇口，如图 8-2 所示。这是侧浇口的一种变化，实质是在侧浇口与制件间加了一个过渡区。该类浇口一般用于那些要求要有很低的应力的产品，如镜头或别的光学零件。这是因为在浇口位置通常会有很高的应力，并带有浇口痕或喷射痕。使用耳形浇口则将该较高的应力区移到浇口中，保证了制件的较高质量。但耳朵一般都比较大，需要在下一工序中使用机械加工的方式去除。

将"耳朵"作为制件的一部分采用三角形单元来创建。耳形浇口的最小宽度（W）通常为 5mm，耳形浇口的最小厚度（H）通常为型腔深度的 75%。

③ 直浇口。直浇口实际上就是直浇道直接连接到产品上，如图 8-3 所示。直浇口一般在大的单型腔模具上使用。该浇口的截面相对于产品的壁厚来说要大得多，需要手工切除，会在产品上留下很明显的浇口痕迹。由于主流道浇口附近的零件收缩率较低，而主流道末端截面大，收缩大，导致浇口附近产生高拉伸应力。该浇口的尺寸一般主要考虑产品的成型周期和保压效果。

该浇口使用带锥度的圆形柱单元来构建。通常是先创建一条带相应属性的直线，再划分网格。

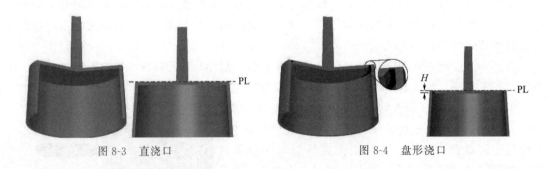

图 8-3　直浇口　　　　　　　　　　　图 8-4　盘形浇口

④ 盘形浇口。盘形浇口是用于圆柱体内侧面的浇口，如图 8-4 所示。使用该类型浇口的目的是在圆柱体特征上获得均匀的填充，同时避免熔接线的存在。该浇口还能使材料的分子取向沿着圆柱体的轴线方向分布。盘形浇口由三个主要的部分组成：进浇部分、浇口实体和浇口裙边。进浇部分可以是直浇道、热嘴或是三板模的点浇口。浇口实体就是连接进浇点和浇口裙边的圆柱体。浇口实体一般比较厚。典型浇口厚度（H）为 0.2～1.3mm。浇口裙边就是连接浇口实体和产品的一段狭窄的薄边。裙边一般做得比较薄是为了方便去处浇口。该浇口的成本比较高，同时需要在后续工序中去去除浇口。

该浇口的进浇部分使用梁单元来构建；而浇口实体和裙边则使用三角形单元来构建，可与制件一起造型后导入 Moldflow 中。在浇口裙边上至少要生成三行单元，从而保证该区域计算的准确性。因为浇口最快凝固的区域和可能发生迟滞的地方都在浇口裙边上。该浇口可以作为产品的一部分直接导入 Moldflow 中，也可以在 Moldflow 中进行构建。

⑤ 环形浇口。环形浇口是用于圆柱体外侧面的浇口，如图 8-5 所示。使用环形浇口的目的和使用薄膜浇口的目的是一样的，都是为获得均匀的填充。但是该浇口不是一个自平衡的浇口。该浇口由浇口裙边和一个环绕产品的流道组成。胶料由一个进浇点进入流道，然后环绕产品填充 180°后进入浇口裙边。问题是进浇点处的胶料会比别的区域先进入裙边。如果浇口裙边很薄，那么胶料在进浇点处的裙边里就可能发生迟滞现象，甚至出现凝固。使用两个或三个进浇点可以改善这个问题，但依然无法获得很均匀的填充，而且这样产品的成型工艺范围就会很窄。

环形浇口的流道由梁单元来构建，浇口裙边由至少三行的三角形网格单元构建。

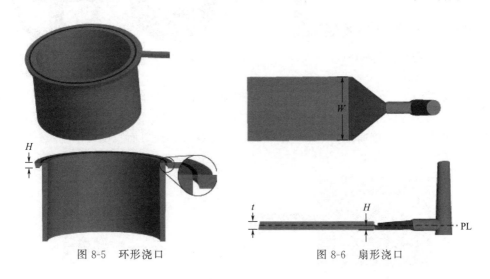

图 8-5　环形浇口　　　　　　　　图 8-6　扇形浇口

⑥ 扇形浇口。扇形浇口是一种逐渐展开的浇口，可获得更加平衡的填充，如图 8-6 所示。使用侧浇成型大的平板件时，胶料会呈扇形填充产品，而使用扇形浇口就可获得更加平坦的料流前锋，产品的填充也会更加平衡。扇形浇口其浇口面较窄，通常为 2.0mm 或更小。此浇口面将非常薄，通常在 1mm 以下。浇口宽度通常为 25mm，与零件宽度相同。扇形浇口一般是靠近产品一侧比较薄，而与流道连接的一侧比较厚。一般会有两个区域：浇口实体和浇口裙边。浇口裙边一般是均匀截面的狭窄薄边。浇口与流道连接一侧的形状可以是圆形或梯形。

浇口的主体可以用三角单元来构建，单元的密度要足够，使其能精确地表现浇口厚度的变化，而裙边应至少由三行网格单元来构建。

⑦ 薄膜浇口。薄膜浇口类似于环形浇口。有一个流道平行于产品的棱边，在流道和产品之间有一个薄的裙边（薄膜），如图 8-7 所示。使用薄膜浇口的目的与使用扇形一样都是为获得平坦的料流前锋。但该浇口与环形浇口一样在群边处可能存在迟滞或前锋冷料。典型浇口尺寸很小，厚度为 0.2～1.0mm。面区域（浇口长度）也必须保持较小，通常在 1mm以下。

薄膜浇口在整个裙边上应至少有三行三角形网格单元，流道采用柱单元。

⑧ 轮辐浇口。轮辐浇口又可称为四点浇口或十字浇口，如图 8-8 所示。这种浇口用于管状零件，可轻松去除浇口并节省材料。缺点是可能出现熔接线和难以形成完美的圆形。浇

口横截面可像侧缘浇口一样为矩形并具有类似的公称尺寸，或者横截面也可为圆形并像圆锥形浇口一样进行配置。

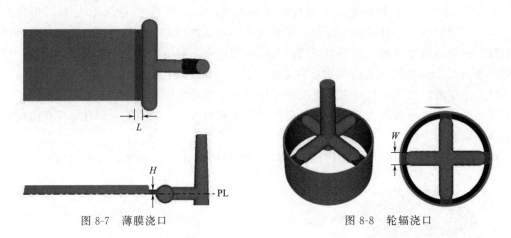

图 8-7 薄膜浇口   图 8-8 轮辐浇口

⑨ 重叠式浇口。重叠式浇口与侧缘浇口相似，只是浇口的一部分重叠在零件上，如图 8-9 所示。典型浇口厚度（H）是零件厚度的 $25\%\sim75\%$，而宽度通常是厚度的 $2\sim10$ 倍。浇口面应较短，长度通常为 $0.5\sim1.0\text{mm}$。零件越大，浇口面长度可以越长。

图 8-9 重叠式浇口

（2）自动切除的浇口 自动切除的浇口是指在开模顶出过程中浇口就会自动与产品分离的浇口。这类浇口被广泛使用，因为它不需要一个额外的工序来切除浇口，节省了时间和成本。

图 8-10 点浇口

① 点浇口。点浇口用于三板模，如图 8-10 所示。浇口的直径很小但拔模角比较大。该浇口与香蕉型浇口都是靠开模时强行拉断的。浇口必须做小以保证浇口的痕迹不太明显，但浇口位置的剪切率一般都很高。

该浇口用锥形柱单元构建，至少包含三个单元。

② 潜伏式浇口。潜伏式浇口也叫隧道式浇口，是最常见的自动切除浇口的冷浇口。浇口的形状一般是带拔模角的圆柱形，如图 8-11 所示。该浇口的定义尺寸主要包含浇口在产品上的开口直径、浇口与分模面的夹角和浇口的拔模角。一般小端直径为相接产品厚度的 $50\%\sim75\%$；浇口锥度为 $10°\sim20°$，一般给定小段直径，大端与流道直径一致；浇口与分型面的角度在 $30°\sim60°$ 间，常取 $45°$。材料越硬，该角度应越大，便于浇口的自动剪除。

该类浇口至少要用三个单元来定义浇口。因为浇口带有拔模角，所以单元数量越多越能精确地预测浇口的凝固时间。

③ 香蕉形浇口。香蕉形浇口也叫腰果形浇口，是一种曲线形的隧道式浇口，如图 8-12 所示。它用于将浇口的开口放置在产品的底边上，这样能更好地隐藏浇口的痕迹。香蕉形浇口加工比较困难，它是分为两个镶件来做的。如果有一点胶料塞在了浇口里，除了把浇口镶件从模具里拆下来以外没有别的方法可以去除。硬的材料不能使用这种浇口。该浇口的开口一般都很小，从而导致了较高的剪切速率。

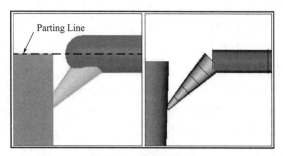

图 8-11　潜伏式浇口

该浇口必须至少使用三个单元来构建。

④ 热浇口。热浇口是直接传送热熔塑料到模腔中，相当于是延伸到模腔的喷嘴，没有运动零件，如图 8-13 所示。填充型腔后，其中的聚合物将开始在型腔内冻结，塑料也会在热浇口末端内冻结。当模具打开且零件从工具中被顶出时，浇口区域中的某些冻结塑料将随零件一起脱落，而某些则保留在热浇口中以用作堵头，防止其他熔化的塑料流出。在下一个周期中，塑料堵头后的压力会迫使其进入型腔，从而再次打开浇口，使塑料可以填充零件。

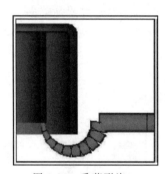

图 8-12　香蕉形浇口

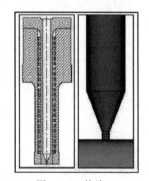

图 8-13　热浇口

在建模时浇口至少要 3 个以上的柱单元；需设置外部加热器温度，一般为熔体温度；浇口端部温度一般设为材料的转换温度或顶出温度。

⑤ 阀浇口。阀浇口设有运动零件，如图 8-14 所示。与热浇口相比，能够更好地控制零

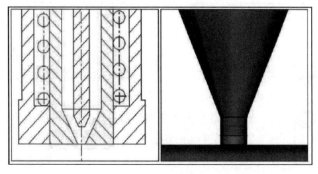

图 8-14　阀浇口

件填充，显著改进零件的外观。在周期开始时，阀销将向前移动，关闭浇口。之后，销将抽出，以便材料可以注入零件。在保压阶段后，销将再次关闭，这可防止流涎。

在建模时浇口至少要 3 个以上的柱单元；在最后一个单元需设置阀浇口控制器，控制器浇口的开闭。

确定浇口尺寸应该考虑到的主要因素有：剪切速率、制件壁厚和浇口类型。其中，剪切速率是最重要的考虑因素。成型时浇口位置处的剪切速率不得超过材料的最大剪切速率限制；若材料中含如玻璃纤维、着色剂等添加物，更应注意剪切率；若通过调整浇口截面大小来降低剪切率，但这对潜伏浇口和热流道浇口比较困难，对点浇口是不可行的。

8.1.2 流道布局与尺寸

根据产量、产品质量要求、注塑机额定注射量、塑化能力、锁模力、模具结构和尺寸等确定模腔数后就可以进行型腔布局。流道是模具内连接注塑机喷嘴与型腔浇口的通道，对成型的影响虽没有浇口那么敏感，但流道的布局与尺寸也直接影响到多模腔的充填平衡和充填的阻力。

（1）流道布局

① 鱼骨形。鱼骨形排列又称标准布局，有两排型腔，而且型腔数量通常是 4 的倍数，如图 8-15 所示。这种布局较紧凑，模具可较小，流道体积也较小。但这种布局其流道不是自然平衡，从直浇道到各型腔的距离是不相等的。可以通过流道平衡分析来改变流道的尺寸，使内侧的流道尺寸做得比外侧的流道尺寸更小一些来实现流动平衡。

② 几何平衡的排列。几何平衡的流道，也叫自平衡流道，型腔数量是 2 的幂级数，如图 8-16 所示。这种布局从喷嘴到各型腔的距离和状况相同，流道是平衡的，可获得较宽的成型窗口。但这种布局不紧凑，模具会较大，流道体积也大。可以通过流道平衡分析优化流道截面，使流道截面在满足成型要求的前提下尽可能小。

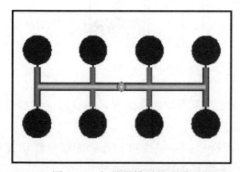

图 8-15　鱼骨形排列的流道

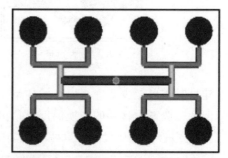

图 8-16　几何平衡或自平衡的流道

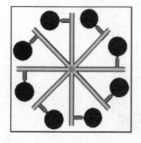

图 8-17　圆形排列的流道

③ 圆形排列。在圆形排列时，型腔排列在以直浇道为圆心的圆上，如图 8-17 所示。显然，该布局不紧凑，模具会较大，流道体积也大，较为少见。

④ 流道的截面形状。流道可以被分为多种不同的截面形状。圆形是最好的截面形状，但同时也是加工成本最高，需要在分型面的两面都加工。如果分型面不是平面，一般都使用别的截面形状的流道，如圆形、梯形、U 形、半圆形或矩形，如图 8-18 所示。

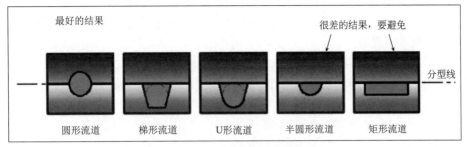

图 8-18　流道的截面形状

（2）流道尺寸　流道尺寸取决于材料、流长、成型压力等因素，为减少废料，流道越小越好，流道的尺寸应保证制件的充填与保压补缩，且不能过多影响成型周期，流动分析可确定流道尺寸是否能保证充填与保压。

没有经过分析的流道经常比所需的大，由此造成材料、成型周期的浪费。

对几何平衡的流道，从主流道到浇口截面应逐级减小，各级流道截面尺寸可由流道平衡分析的等压力梯度原理（保证流道中熔体匀速推进）来计算，如图 8-19 所示。也可通过式(8-1)从近浇口流道开始近似反算：

$$D_{feed} = D_{branch} \times N^{1/3} \tag{8-1}$$

式中，D_{feed} 为上级流道直径；D_{branch} 为下级分流道直径；N 为流道分支数，在几何平衡流道中，N 总为 2。

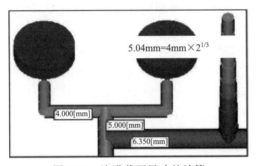

$5.04mm=4mm\times 2^{1/3}$

4.000[mm]
5.000[mm]
6.350[mm]

图 8-19　流道截面尺寸的计算

8.1.3　流道系统的设计原则

流道系统的设计应该遵循以下原则。

（1）流道尺寸设计应有助于达成在模穴中所需的充填形态

① 流道系统的浇口位置应保证模腔成型所需的充填状态，尽可能实现型腔的平衡充填。

② 成型过程中流道内最大剪切应力和最大剪切速率不超过材料的许用值。

（2）流道应平衡，保证有合适的成型工艺窗口大小

① 多腔模各型腔应尽可能同时充满，避免过保压。

② 几何平衡具有更宽的成型窗口。

③ 非几何平衡流道可通过流道平衡分析改变流道截面来实现流动平衡，但成型窗口要比几何平衡小得多；最长流长与最短流长相差越大，潜在问题越大。

（3）流道尺寸应保证制件的充填与保压补缩，且不过多影响成型周期

① 流道的凝固时间应最多为制件的 2～3 倍，不过通常难以做到。

② 一般若制件尺寸要求不严、可忽略表面缩痕，则流道凝固时间可低至制件的 80%，否则必须高于制件凝固时间。

（4）可接受的流道/模腔体积比

① 保证充填与保压的前提下，流道/模腔体积比应尽可能低，以减少材料与能源的浪费。

② 理想的流道/型腔体积比应低于 20%。

③ 采用热流道浇注系统可减少流道体积。

（5）应满足充模优化的注射工艺要求

① 通常进入主流道的熔体温度比进入浇口的熔体温度低 10～30℃，可通过适当控制流道系统尺寸来控制流动剪切热，使得熔体经由流道浇口后熔体温度升高到成型窗口分析所优化确定的熔体温度。

② 充模时间比无浇注系统的充模时间要长些，可计算型腔充填流率，再折算到主流道注入口的充填流率，以该流率来控制充填，保证型腔的充填注射时间为成型窗口分析所优化确定的注射时间。

8.2 浇注系统的建模

确定好制件浇口位置后，就可以构建模具的浇注系统。浇注系统的构建与型腔布局有关。若是多腔模，还存在一模成型多个相同制品和一模成型不同制品两种情况。浇注系统的构建方式有自动创建和手动创建两种。

在此需注意的是型腔布局尺寸、浇注系统的构建尺寸都必须与模具实际或模具设计密切结合，只有相一致，分析结果才具有可信的基础，才具有指导意义。后续的冷却系统建模与优化也同样需要如此。不能将分析与设计割裂开来，分析与设计应该交互进行，否则分析的意义就大打折扣。

8.2.1 多模腔的布局创建

一模成型多个相同制品，其模型的创建可采用"型腔重复"来实现；若是镜像件（如汽车左右后视镜）的一模成型，可通过"镜像"来实现。若是一模成型不同制品的多腔模，通过在方案任务中"添加"模型来实现其多腔模的构建。

（1）型腔重复　利用"型腔重复向导"可快速实现一模成型多个相同制品的型腔布局构建。

① 使用"型腔重复向导"的要求

a.模型进行网格划分，已设定注射位置（浇口位置的设定具体参见第 6 章）。

b.分型面必须平行 XY 面，在 XY 面上进行多模腔的布局。

若模型的分型面不平行于 XY 面或开模方向不是 Z 方向，需通过"旋转"功能（"几何"选项卡→"实用程序"面板→"移动"下拉按钮）将模型转到满足该要求（具体操作可参见第 7 章的实例）。导入模型后保证模型的分型面与 XY 面平行或开模方向为 Z 方向是个很好的习惯。

②"型腔重复"过程

a.单击 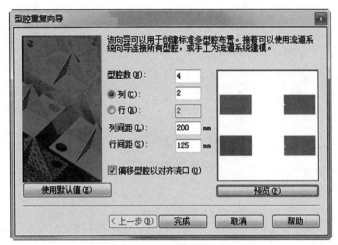 ("几何"选项卡→"修改"面板→"型腔重复"),弹出"型腔重复向导"对话框,如图 8-20 所示。

图 8-20 "型腔重复向导"对话框

b.输入所需的型腔数、行数或列数、行间距、列间距。可从"列"切换到"行",以确保为平衡流道系统正确放置注射位置。

c.若勾选"偏移型腔以对齐浇口",则浇口会对齐,便于后续创建较规整的浇注系统。没勾选"偏移型腔以对齐浇口",则型腔边界会对齐。此选项对于浇口没精确定位在零件一侧中心时十分有用。

d.单击"预览"查看布局。

e.单击"完成"。

(2)"镜像"制件的多腔布局 同样地,先保证模型的分型面与 XY 面平行或开模方向为 Z 方向。

a.单击 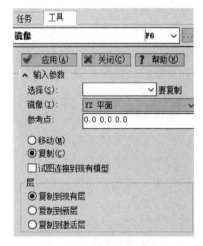 ("几何"选项卡→"实用程序"面板→"移动"→"镜像"),出现"镜像"对话框,如图 8-21 所示。

b.框选要镜像的对象,选择镜像平面,指定镜像参考点(即镜像面通过的点,需先确定型腔间距,再根据模型上的节点坐标来推算该参考点在镜像面法向的坐标值),进行镜像复制。

c.单击"应用"、单击"关闭"完成镜像布局。

图 8-21 "镜像"对话框

(3)不同制件的多腔布局 要求对需进行多腔布局的几个模型分别在其方案任务中完成网格的划分、浇口位置的确定,并保证模型的分型面与 XY 面平行或开模方向为 Z 方向。

a.单击 ("主页"选项卡→"导入"面板),弹出"选择要添加的模型"对话框,找到需要添加的模型的"sdy"格式文件,如图 8-22 所示。将该网格模型导入当前方案任务中,与其原有模型进行多腔布局。

图 8-22 "选择要添加的模型"对话框

b. 添加进来的模型会在相应的新层中显示。通过层控制模型的显示，框选模型进行移动，实现模型间的布局。

8.2.2 浇注系统的构建

确定浇口位置和型腔布局后，即可进行浇注系统的构建。若模具尚在设计阶段，应该确定模架后再进行浇注系统的建模。浇注系统的建模部分的尺寸数据等信息需根据模具实际或设计模具所选的模架尺寸来定。

（1）自动创建 "流道系统向导"可用于定义基本流道、主流道及浇口以便快速生成完整的浇注系统，生成的流道系统为几何平衡流道。

使用"流道系统向导"务必保证模型的分型面与 XY 面平行或开模方向为 Z 方向，并且模型外表面朝向 Z 轴正方向。所得到的浇注系统的注射位置（即喷嘴位置）在 $+Z$ 方向。

零件上的注射位置在侧壁则系统认定其浇口为侧浇口（包括前面所述的潜伏浇口）；零件上的注射位置在内表面（方向为 $-Z$ 方向），系统认定为侧浇口，但采用"香蕉形"浇口形式；零件上的注射位置在顶面上，则系统认定为顶部浇口（直浇口或点浇口）；对话框会相应有所不同。

① 单击 （"几何"选项卡→"创建"面板→"流道系统"），弹出"流道系统向导"对话框，可在此按照引导提示进行设置。

②"布局-第 1 页（共 3 页）"页面用于根据模型上设置的一个或多个注射位置指定主流道位置和流道系统类型，如图 8-23 所示。

a. 可输入主流道的 XY 坐标；单击"模具中心"则将主流道设置在位于模具中心；若存在多个浇口位置，单击"浇口中心"则将主流道设置在这些浇口的中心。

b. 勾选"使用热流道系统"则指定将在流道系统中使用热流道，需要输入"顶部流道平面 Z（2）"（浇口为顶部浇口时也需输入该值），对话框右下角会显示示意图，该平面为流道的分型面。

c."分型面 Z（1）"指定制件分型面的 Z 坐标，单击"顶部""底部"或"浇口平面"按钮时自动计算 Z 坐标。"顶部"在零件 Z 轴方向上的最大 Z 坐标；"底部"为零件 Z 轴方向上的 Z 坐标；"浇口平面"为浇口位置的 Z 坐标。

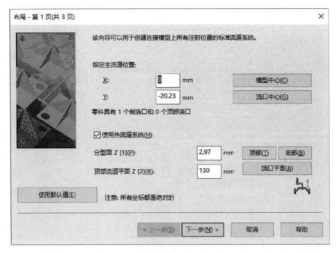

图 8-23 "布局"页

③"主流道/流道/竖直流道-第 2 页（共 3 页）"页面用于指定浇注系统的主流道、流道和竖直流道的几何信息，如图 8-24 所示。在此可选择流道截面为"梯形"，默认为圆形，也可生成流道后再去编辑流道属性。如果浇口为顶部浇口，则需设定"竖直流道"的尺寸。

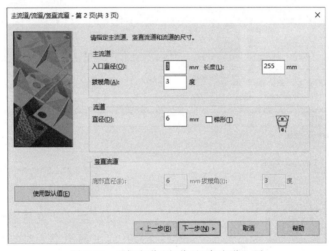

图 8-24 "主流道/流道/竖直流道"页

④"浇口-第 3 页（共 3 页）"页面用于指定浇注系统中浇口的几何信息，如图 8-25 所示。

a. 如果为侧浇口，则需设定侧浇口的几何和尺寸；香蕉形浇口在此作为侧浇口，指定其"长度"；侧浇口长度可通过输入"长度"或"角度"来定义。

b. 浇口为顶部浇口，则要输入顶部浇口尺寸。"始端直径"为浇口与流道（浇注）系统连接处的浇口直径；"末端直径"为浇口与模具型腔连接处的浇口直径。

⑤ 通过"流道系统向导"建立流道系统后，如果流道或浇口的截面及尺寸不是所需要的，可放大后单击选中一个单元，右键单击，选择"属性"，弹出其属性对话框（不同属性的对话框会有所区别），在此对截面及尺寸进行编辑修改。对等截面（如流道）需勾选"应用到共享该属性的所有实体"实现一次性批量修改，如图 8-26 所示。如果是浇口或主流道

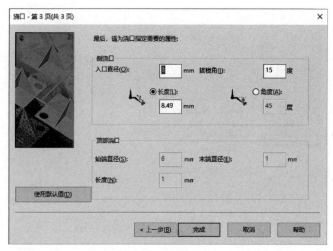

图 8-25 "浇口"页

等具有锥面的对象，需选择"编辑整个锥体截面的属性"来对其整体进行编辑修改，如图 8-27 所示。

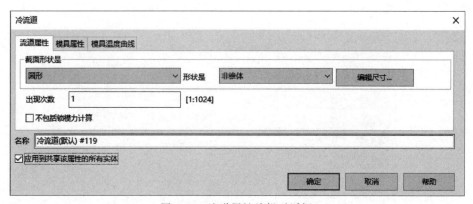

图 8-26 流道属性编辑对话框

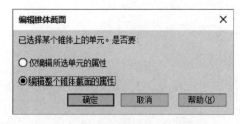

图 8-27 "编辑锥体截面"对话框

（2）手动创建 "流道系统向导"生成的流道系统为几何平衡流道。对非平衡流道系统还是得手动创建。手动创建流道系统比较灵活，也没有"流道系统向导"对模型方位的要求限制。但还是建议按照"流道系统向导"对模型方位的要求来调整模型方位。

手动创建流道系统步骤如下。

① 通过给定坐标或偏移复制节点方式构建关键节点。

② 由节点创建"直线"或"曲线"（针对香蕉形浇口），同时指定其属性。

③ 网格划分。

注意到完全手动创建流道系统还是比较费事，可通过"流道系统向导"先得到平衡的流道系统，保留主流道和浇口，删除分流道后再来手动构建所需的分流道。两者结合的方式可以极大提高流道系统的建模效率。

8.2.3 浇注系统的创建实例

（1）一模成型多个相同制件的浇注系统构建 浏览查找到"08-Gate_Run_Design"文件夹下的"Gate_Run_Design.mpi"文件，并双击，在Moldflow中打开该工程文件，可知"Gate_Run_Design"工程已包含"Snap Cover Runner Modeling"方案任务。该方案任务的网格模型、浇口位置都已确定；分型面与XY面平行，不需调整（否则尽可能按此要求调整）。考虑到该模型为条状，从一端进胶可获得单一方向的流动取向，浇口设置在长端侧面；设置在非分型面位置，为潜伏浇口，开模自动切断；浇口位置避开了制件倒扣结构，避免了设计的干涉，如图8-28所示。

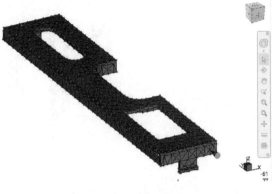

图 8-28 单腔模型

该制件拟采用一模八腔成型，现构建其模腔布局及浇注系统。为提高浇注系统建模效率，先采用"流道系统向导"，而后删除不要的流道再手动创建。考虑到对称性，为提高计算效率，只留下两腔，通过设置"出现次数"来实现分析的等效。

① 多模腔的布局创建

a. 在"工程"窗格中双击打开"Snap Cover Runner Modeling"方案任务。

b. 可通过"移动"操作将模型的分型面（在此为模型的下边界）移到$Z=0$面。

c. 单击 （"几何"选项卡→"修改"面板→"型腔重复"），弹出"型腔重复向导"对话框，如图8-29所示。通过型腔复制向导：8腔、2行、列间距75、行间距260、对齐浇口。点击"完成"按钮，完成的型腔布局如图8-30所示。

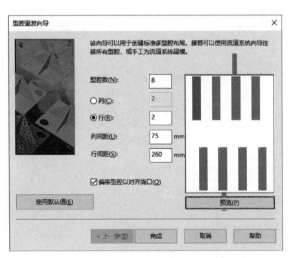

图 8-29 "型腔重复向导"对话框

② 流道系统的自动创建

a. 单击 （"几何"选项卡→"创建"面板→"流道系统"），弹出"流道系统向导"

图 8-30　型腔布局

对话框。

b. 在"布局"页点击"浇口中心"设定主流道位置 X、Y 坐标;"分型面 Z（1）"位置输入"0"（即模型分型面位置），如图 8-31 所示。点击"下一步"，到"主流道/流道/竖直流道"页。

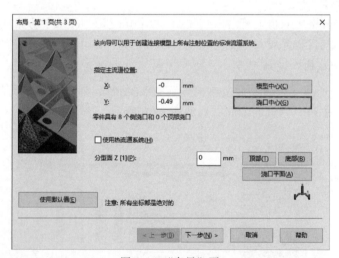

图 8-31　"布局"页

c. 在"主流道/流道/竖直流道"页设置主流道/流道尺寸，如图 8-32 所示。点击"下一步"，到"浇口"页。

d. 在"浇口"页设置浇口尺寸，如图 8-33 所示。

e. 点击"完成"按钮，得到的流道系统如图 8-34 所示。放大浇口位置，如图 8-35 所示，为潜伏浇口，开模时自动切断。

③ 分流道的手动创建

a. 考虑对称性，为提高分析效率，只留左上两个型腔，框选删除其余 6 个型腔，框选删除分流道，流道系统还留下了浇口和主流道，如图 8-36 所示。

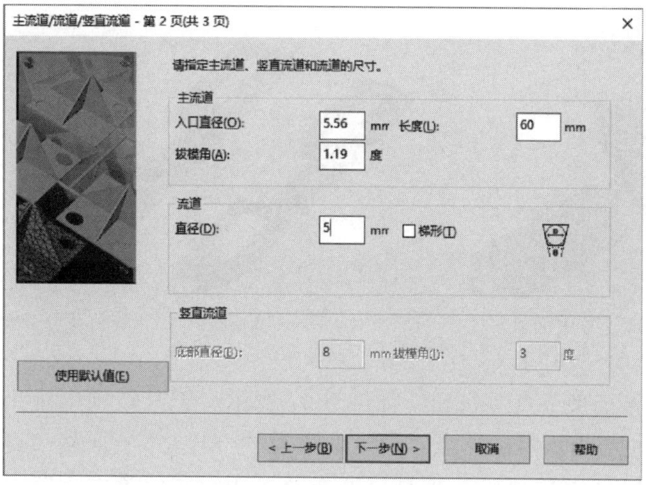

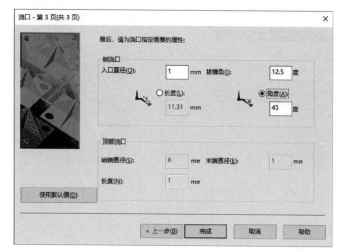

图 8-32 "主流道/流道/竖直流道"页

图 8-33 "浇口"页

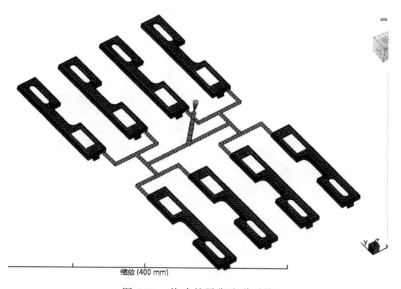

缩放 (400 mm)

图 8-34 构建的平衡流道系统

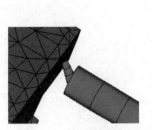

图 8-35　潜伏浇口

图 8-36　删除 6 个型腔及分流道

b. 点击"按偏移定义节点"按钮，如图 8-37 所示。工具选项卡中出现"按偏移定义节点"对话框，选择主流道大端的节点，设定偏移为"－37.5"（即为－X 方向偏移 37.5）进行偏移复制节点，如图 8-38 所示。重复该操作，再次将主流道大端节点偏移"－70"复制节点。结果如图 8-39 所示。

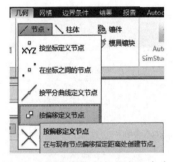

图 8-37　"按偏移定义节点"命令

图 8-38　"按偏移定义节点"对话框

c. 点击"创建直线"按钮，如图 8-40 所示。工具选项卡中出现"创建直线"对话框，第一坐标选择主流道大端的节点，第二坐标选择刚偏移复制的第一个节点，指定"创建为"冷流道，如图 8-41 所示。再点击"应用"完成一段冷流道的直线创建。类似操作，最后完成分流道直线的创建，结果如图 8-42 所示。

图 8-39　分流道相关节点

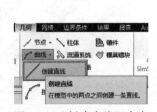

图 8-40　"创建直线"命令

d. 在"方案任务"窗格中双击"双层面网格"行，"工具"选项卡出现"生成网格"对话框，设置全局边长为 12mm（分流道直径为 5mm，长径比取 2～3），如图 8-43 所示。点击"立即划分网格"对分流道进行网格划分（注意不能勾选"重新划分产品网格"，否则整个模型的网格重划），结果如图 8-44 所示。

图 8-41 "创建直线"对话框

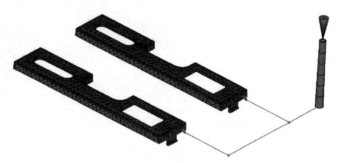

图 8-42 分流道相关直线

图 8-43 "生成网格"对话框

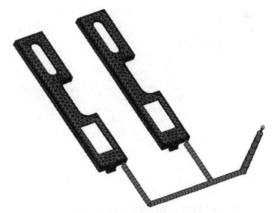

图 8-44 手动创建的分流道

④ 设置出现次数

a. 注意现在是要用两模腔的分析代替原 8 腔的分析，要实现分析的等效，必须对型腔及流道等设定相应的"出现次数"。

b. 点击"属性"按钮，按属性来选择对象，如图 8-45 所示。在"按属性选择"对话框中左侧选择"三角形单元"，右侧按住"Shift"键全选所有三角形，如图 8-46 所示。点击"确定"按钮，则模型上两型腔的所有三角形单元被选中亮显。在点击"编辑"按钮，如图 8-47 所示。在弹出的"选择属性"对话框中选择所有后点击"确定"按钮。弹出"零件表面（双层面）"的属性编辑对话框，如图 8-48 所示，在"出现次数"输入框中输入"4"，点击"确定"按钮，完成两型腔出现次数为 4 的设置。

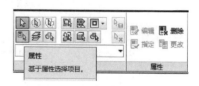

图 8-45 "按属性选择"命令

类似操作，选择两浇口（图 8-49），设定两浇口的出现次数为 4；

c. 直接在模型窗格中框选二级分流道，如图 8-50 所示；设定其出现次数为 4；在"冷流道"的属性编辑对话框中（图 8-51），点击"编辑尺寸"按钮，弹出"横截面尺寸"对话框

（图 8-52），可在此查看/编辑流道直径，还可进一步编辑流道平衡约束。

图 8-46 "按属性选择"对话框

图 8-47 "选择属性"对话框

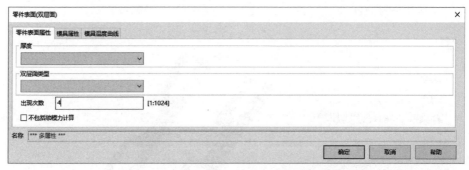

图 8-48 "零件表面（双层面）"的属性编辑对话框

图 8-49 按属性选择浇口

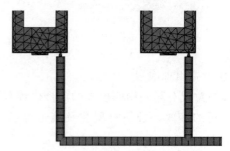

图 8-50 框选二级分流道

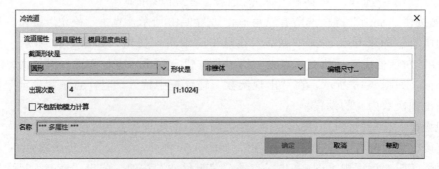

图 8-51 "冷流道"的属性编辑对话框

需要注意的是：通过设定"出现次数"可以极大地提高计算效率，并保证分析结果的等效。但该方法只能针对"填充""填充＋保压"等流动有关的分析，对要进行冷却、翘曲等相关的分析，必须构建完整的模型进行分析。

图 8-52 "横截面尺寸"对话框

（2）一模成型不同制件的浇注系统构建

浏览查找到"08-Family _ Tools"文件夹下"Family _ Tools.mpi"文件，并双击，在 Moldflow 中打开该工程文件，可知"Family _ Tools"工程已包含"Box"和"Lid"两方案任务，如图 8-53 所示。两方案任务的网格模型、浇口位置都已确定；分型面均与 XY 面平行，注射位置均在外侧＋Z 方向，不需调整（否则尽可能按此要求调整）。考虑到两模型同模成型，模型具有对称特性，为此采用顶部中心进胶，可实现模腔内的流动平衡，并便于从分型面排气。

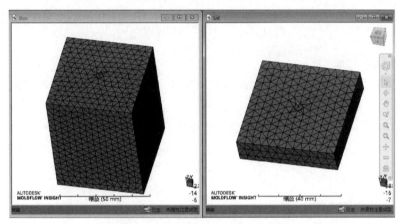

图 8-53 "Box"和"Lid"两模型

现进行这两模型同模型腔布局的构建及浇注系统的构建。

① 多模腔的布局创建

a. 在"工程"窗格中复制"Box"方案任务，更名为"Box＋Lid"，并双击激活"Box＋Lid"方案任务。

b. 单击"添加"按钮（"主页"选项卡→"导入"面板），弹出"选择要添加的模型"对话框，如图 8-54，找到"lid. sdy"文件，选择后点击"打开"将该模型添加到当前方案任务中，添加进来的模型与原模型置于不同的层，如图 8-55 所示。

c. 两模型在原 CAD 建模时中心坐标不同，所以模型无重叠。若有重叠，可关闭一个模型的相关层，只显示另一个

图 8-54 "选择要添加的模型"对话框

模型的所有相关层，通过"移动"操作实现其模腔的布局。还可通过"移动"操作将模型的分型面（在此为模型的下边界）移到 $Z=0$ 面，两浇口中心在 XY 面投影坐标为原点。这将为后续确定流道坐标提供便捷。

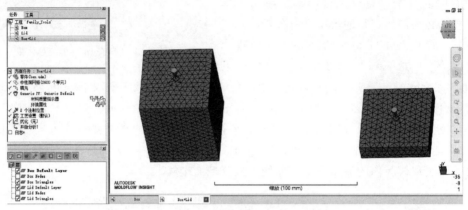

图 8-55　不同件的同模型腔布局

② 流道系统的创建

a. 单击 （"几何"选项卡→"创建"面板→"流道系统"），弹出"流道系统向导"对话框。

b. 在"布局"页点击"浇口中心"设定主流道位置 X、Y 坐标；"分型面 Z（1）"位置输入"0"（即模型分型面位置），如图 8-56 所示。点击"下一步"，到"主流道/流道/竖直流道"页。

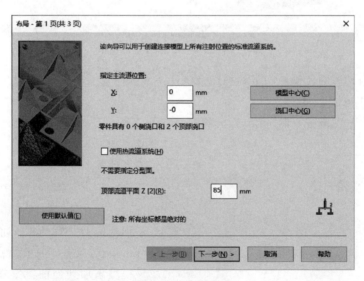

图 8-56　"布局"页

c. 在"主流道/流道/竖直流道"页设置主流道/流道尺寸，如图 8-57 所示。点击"下一步"，到"浇口"页。

d. 在"浇口"页设置浇口尺寸，如图 8-58 所示。

e. 点击"完成"按钮，得到的流道系统如图 8-59 所示。

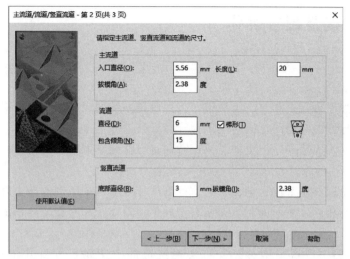

图 8-57　"主流道/流道/竖直流道"页

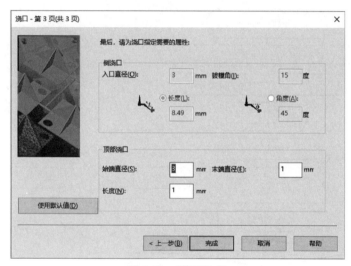

图 8-58　"浇口"页

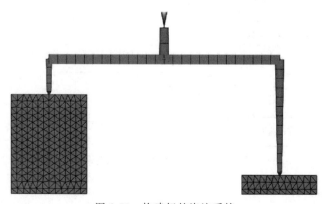

图 8-59　构建好的浇注系统

8.3 流道平衡及尺寸优化

8.3.1 流程

流道分为自然平衡流道和非平衡流道。按照流道系统的设计原则，需对非平衡流道进行流道截面调整，保证各流动路径同时同压地充填，工艺窗口也要更宽些；对自然平衡流道，尽管各型腔能够同时充填到，但也需对流道截面进行优化，减小流道体积，减少能耗、缩短成型周期。

流道平衡就是通过调节流道截面尺寸，控制熔体在流道中流动的压力降，实现所有流动路径内的压力降均相同，从而同时填充所有型腔；流道体积相对型腔体积最小化；所需的注射压力可接受。

Moldflow 中的"流道平衡分析"可实现流道的平衡及尺寸优化，其流程如图 8-60 所示。

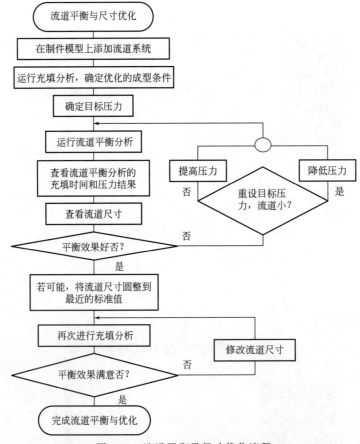

图 8-60 流道平衡及尺寸优化流程

具体过程如下。

① 先完成型腔充填优化，确定浇口位置和成型工艺条件。经过型腔充填优化，确定能获得较高成型质量的浇口位置、成型工艺条件及型腔内的充填平衡。

对不同制件的一模成型，应从制件成型窗口的首选区或可行区的重叠区域来确定成型工艺条件，保证几种制件都能获得较高质量或保证合格质量。若制件成型窗口的可行区都无重叠或重叠区很窄，说明这几个制件不适合同模成型。

② 完成多型腔布局创建及浇注系统构建。

③ 进行多型腔模的"填充＋保压"分析，获得最大注射压力。运行填充分析，同时将切换点设置为100%并将保压设置为100%。查找注射位置处"压力：XY图"的峰值可找到目标压力的范围。

④ 流道平衡分析。设置目标压力和流道截面限制条件，进行流道平衡分析，调节流道截面。

⑤ 评估调节后的流动平衡状况及流道尺寸

a.确定平衡结果是否可以接受。平衡包括时间平衡和压力平衡两方面，相对充填时间，压力对平衡更为敏感。

b.平衡后还要注意流道尺寸是否合适，若最小流道冷却时间小于制件冷却时间的80%，则该流道过小；相对制件冷却时间，流道冷却时间也不应太长，否则影响成型周期；若有必要修改目标压力，重新分析，该过程可能需要多次反复。

⑥ 流道尺寸圆整。流道平衡分析并不考虑流道尺寸是否为标准尺寸，它只保证模腔充填均匀。若平衡分析确定的流道尺寸与标准尺寸接近，应尽可能圆整尺寸到标准，当然调整量越大，则熔体充填越容易不平衡。

⑦ 再进行充填分析，查看流动平衡情况。将流道尺寸圆整到标准流道尺寸后，应再次进行充填分析，以确保圆整后的充填平衡状况可接受，否则只能采用圆整前的非标尺寸。

⑧ 通过几次反复，直到达到流动平衡，确定流道截面尺寸。

8.3.2 流道平衡分析

下面仅对流道平衡及尺寸优化过程中的"流道平衡"分析环节进行阐述。

（1）概述

① 相对浇口而言，分流道截面要大得多，对迟滞和热效应也不太敏感，熔体流动稳定充分，且加工误差和摩擦磨损对熔体的压力降影响也要小得多。因此在 Moldflow 的流动平衡分析中，只调整流道系统中的流道截面，而不调整浇口截面。

② 对于冷、热流道混用的模型，利用自动流道平衡算法仅可平衡冷流道。仅含有热流道的模型将利用流道平衡算法自动平衡。

③ 对不参与流道平衡分析的分流道设置其流道平衡约束为固定，也可设置分流道截面在给定范围内调整，以免截面过粗或过细。

④ 流动平衡分析实质为反复多次的迭代分析，每个迭代都是一个完整的填充＋保压分析，根据平衡情况及目标压力，调节流道截面尺寸，直到达到平衡条件、注射压力达到目标压力公差范围。

⑤ 对于一模多腔模型，由于其单元总数多，会导致流道平衡分析这个迭代过程很长，可以通过用等效的矩形板模型（与实际模型具有同样的厚度、压力降和体积）来代替型腔，等效模型采用20～50个单元划分（实际型腔的单元数可能是成千上万）。该等效模型的手动创建可能需几次尝试才能获得，但在后续分析中可极大地缩短分析时间，由此确定流道尺寸后再基于实际模型进行流动分析来检验。

（2）分析前的准备

① 需说明的是 Moldflow2018 中的"流道平衡分析"只支持中性面网格和双层面网格，不支持 3D 网格。

② 复制已进行"填充"分析的带浇注系统的多腔模方案任务并双击激活。

③ 更改"分析序列"为"流道平衡分析"。

④ 设置流道截面限制属性。该操作最好在前面进行"填充"分析时设置，这样在进行"流道平衡"分析时只需"继续分析"而不用从头开始计算，节省一次"填充分析"的时间。

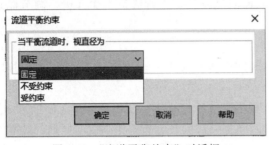

图 8-61　"流道平衡约束"对话框

选择流道后，对其属性进行编辑，点击"编辑尺寸"，在"编辑尺寸"对话框中点击"流道平衡约束"按钮，弹出"流道平衡约束"对话框，如图 8-61 所示。在此对所选流道设置流道平衡约束。

a. 固定：在流道平衡分析时该段流道截面尺寸固定不变；对冷竖流道，可将其属性改为浇口，则分析时其截面也不更改。

b. 不受约束：在流道平衡分析时该段流道截面尺寸自动调整，以达到最佳的流动平衡效果；在初步分析时，不确定平衡流道尺寸，最好选择该方式；系统通过初步模流分析，自动调整来确定最佳的平衡流道截面尺寸，也可以避免在初步流道平衡分析时由于流道截面尺寸约束条件设定不合理造成分析失败。

c. 受约束：在流道平衡分析时该段流道截面尺寸在指定的允许范围内调整。通用的设计原则是流道横截面的最小尺寸应比零件厚度大 1.5mm，这样可使型腔保压均匀并可获得一致的体积收缩率。最小尺寸的选择可能会受到零件的材料和设计的影响。流道尺寸通常取决于所用材料的类型。

（3）分析设置

① 单击 ![] （"主页"选项卡→"成型工艺设置"面板→"工艺设置"），弹出"工艺设置向导-流道平衡设置"对话框，在其第 2 页设置"目标压力"，如图 8-62 所示。

目标压力：也称平衡目标压力；通过设定平衡目标压力，流动平衡分析能够自动修改流

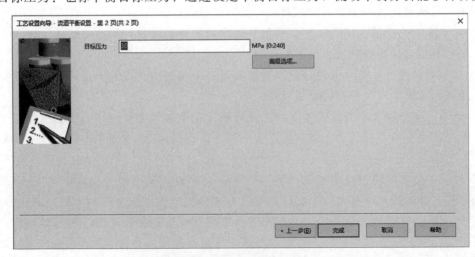

图 8-62　"目标压力"设置

道截面尺寸，实现流动平衡（对于几何平衡流道，则仅优化流道截面）并确保熔体充模所需的注射压力在平衡压力的指定公差范围内。平衡压力过高，流道截面会很小；反之，平衡压力设置过低，流道截面会过大。平衡目标压力可参考前面的充填分析的注射位置处的"压力：XY图"结果来设定，一般等于浇口处压力（充填结束时刻），若结束时刻压力有个明显的峰值，则目标压力设置为略低于该值。

② 点击"高级选项"按钮，弹出"流道平衡高级选项"对话框，如图8-63所示。

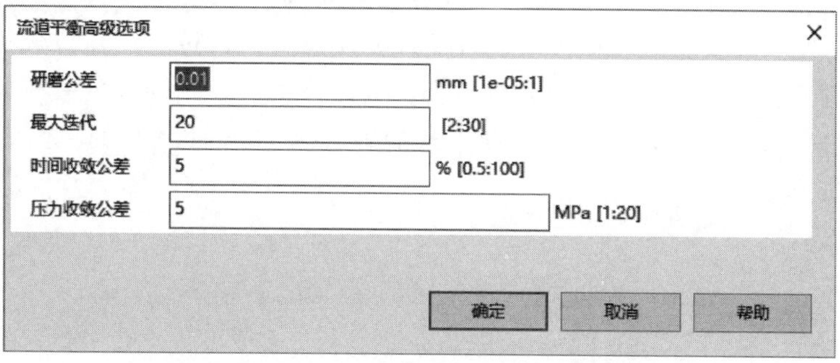

图 8-63　"流道平衡高级选项"对话框

a.研磨公差：为流道平衡分析中每次迭代时流道截面积的调整量。研磨公差直接影响到迭代计算的精度和速度，其值越小（应与实际能达到的加工精度匹配，否则失去意义），计算精度越高，但迭代计算时间越长，直接影响分析进度，应根据实际情况进行设定。

b.最大迭代：为迭代计算的最大次数。每改变一次流道截面尺寸进行一次充填分析，判断充填时间和充填压力是否达到流动平衡收敛要求，没有平衡则再次调整，直到达到平衡要求或达到此设置的最大迭代次数。默认值适用于绝大多数分析。

c.时间收敛公差：为充填时间平衡标准。若各型腔中最早充填与最晚充填的时间差百分比小于设定的时间收敛公差，表明已经达到了充填时间的平衡；时间收敛公差越小，平衡越好，但要求的迭代次数会越多，并可能导致分析失败；制件越小，该值也应越小；一般不需改变默认值。

d.压力收敛公差：为充填压力平衡标准。若充填压力（注胶口处）与目标压力间的差值小于设定的压力收敛公差，表明已经达到压力平衡；压力收敛公差越小，迭代次数会越多。一般不需改变默认值。

（4）结果查看

① 分析日志。分析日志列出分析进度，显示了求解所需的迭代，其中每个迭代都是一个完整的填充分析。进度表显示了分析期间各个迭代的时间不平衡、压力不平衡和截面不平衡。减小的不平衡值表示分析正在对解进行收敛。

② 体积更改。流道平衡分析完以后，会在当前的方案任务中得到"体积更改"结果，如图8-64所示。勾选该结果后可显示流道的体积变化，为正则截面增大，为负则截面变细。

图 8-64　"体积更改"结果选项

③ 新的填充分析方案。流动平衡分析后会自动再生成一个新方案，新方案的流道已按分析结果进行调整，分析序列也已自动改为

"填充"，可直接计算，完成计算后再查看填充平衡情况。

8.3.3 流道平衡及尺寸优化实例

以下基于8.2.3节不同件同模的例子来阐述流道平衡和尺寸优化。

浏览查找到"08-Family_Tools"文件夹下"Family_Tools.mpi"文件，并双击，在Moldflow中打开该工程文件，该"Family_Tools"工程已包含"Box""Lid"和"Box+Lid"三个方案任务，在"Box+Lid"方案任务已建立流道系统。

本例为不同件一模成型，为保证两制件的成型质量，需通过成型窗口分析寻求对两制件都较合适的成型工艺参数并进行填充分析验证。因此该例子较相同件的一模成型要复杂些。

制件材料均为Generic Default制造商生产的牌号为Generic PP的聚丙烯，其推荐的工艺参数如图8-65所示。

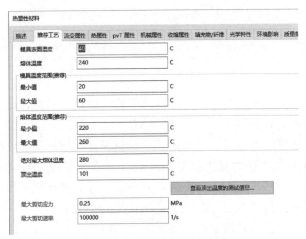

图 8-65　成型材料的推荐工艺参数

（1）初次成型窗口分析

① Box 模型

a. 将"Box"方案任务重命名为"Box MW1"，其分析序列改为"成型窗口"分析，"工艺设置"为默认，默认设置如图8-66和图8-67所示。双击"开始分析"。

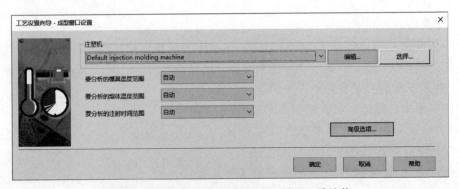

图 8-66　"工艺设置向导-成型窗口设置"默认值

计算完后，查看"分析日志"推荐的工艺参数，如图8-68所示。由此可知，推荐的模具温度为材料推荐工艺范围的边缘值，不合适。

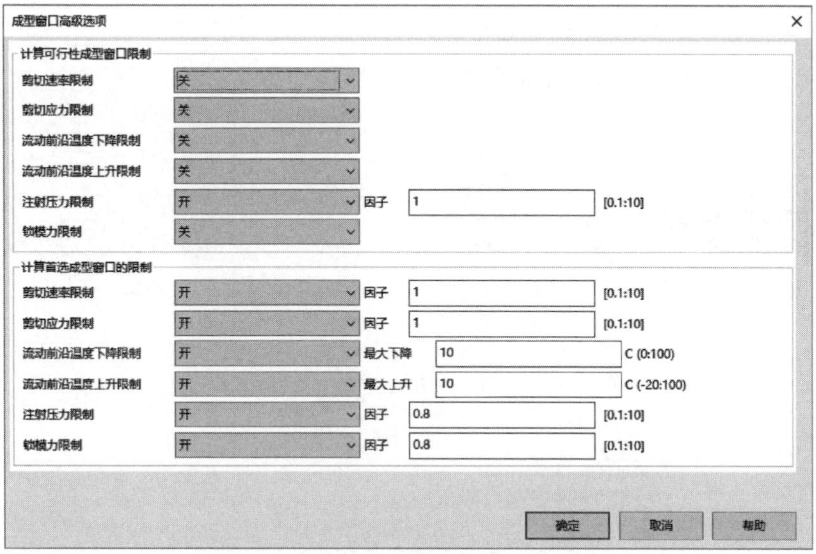

图 8-67　"成型窗口高级选项"默认设置

b. 查看"最大压力降（成型窗口）：XY 图"，移动"注射时间"滑块，确定其变换范围为 0.045～2.4s，如图 8-69 所示；在最短注射时间时的最大压力降为 36MPa，如图 8-70 所示。

```
推荐的模具温度    :    60.00 C
推荐的熔体温度    :    247.37 C
推荐的注射时间    :    0.3814 s
```

图 8-68　"分析日志"推荐的工艺参数

图 8-69　确定"注射时间"变化范围

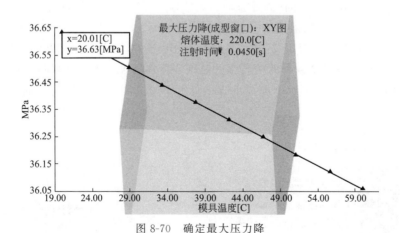

图 8-70　确定最大压力降

② Lid 模型

a. 对"Lid"方案任务进行类似操作，重命名为"Lid MW1"，按默认设置进行"成型窗口"分析，计算完后查看"分析日志"推荐的工艺参数，如图 8-71 所示。由此可知，推荐的模具温度为材料推荐工艺范围的边缘值，不合适。

b. 查看"最大压力降（成型窗口）：XY 图"，移动"注射时间"滑块，确定其变换范围为 0.01～1.92s，如图 8-72 所示；在最短注射时间时的最大压力降为 21MPa，如图 8-73 所示。

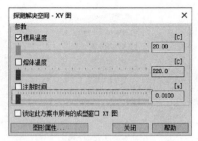

图 8-72　确定"注射时间"变化范围

推荐的模具温度　　:　　60.00 C
推荐的熔体温度　　:　　247.37 C
推荐的注射时间　　:　　0.1659 s

图 8-71　"分析日志"推荐的工艺参数

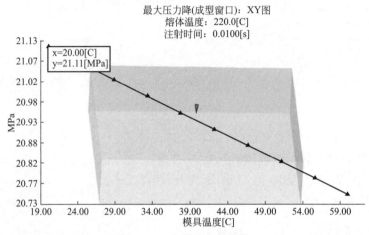

图 8-73　确定最大压力降

（2）再次成型窗口分析

① Box 模型

a. 复制"Box MW1"方案任务并重命名为"Box MW2"，双击激活。

b. 在"工艺设置向导-成型窗口设置"对话框（图 8-74）中对注塑机进行编辑，最大注射压力设定为 140MPa，如图 8-75 所示。为避免分析推荐的模具温度和熔体温度为材料推荐的成型温度范围边缘，设定分析的模具温度范围、熔体温度范围均在材料推荐的成型工艺范围往内缩小 10℃，而注射时间范围取前面分析中两模型的注射时间范围的重叠区间，如图 8-76 所示。

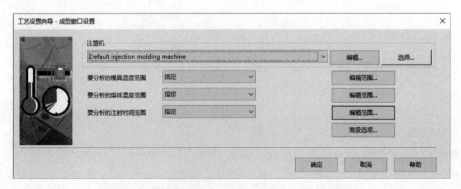

图 8-74　"工艺设置向导-成型窗口设置"对话框

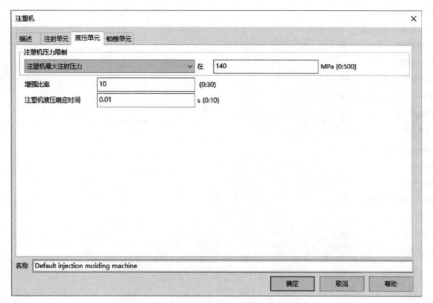

图 8-75　"注塑机最大注射压力"设定

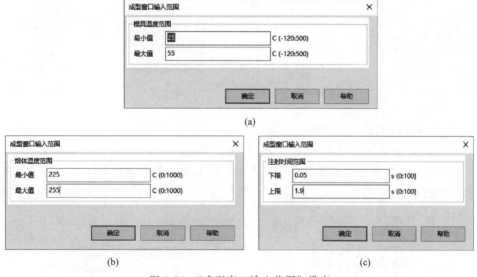

(a)

(b)　　　　　　　　　　　　　　　　(c)

图 8-76　"成型窗口输入范围"设定

c.点击"工艺设置向导-成型窗口设置"对话框中的"高级选项"按钮，在"成型窗口高级选项"对话框中进行如下设置：可行性成型窗口分析时注射压力限制因子为 0.8；首选成型窗口分析时注射压力限制因子为 0.5，流动前沿温度下降限制最大为 20℃，流动前沿温度上升限制最大为 2℃，如图 8-77 所示。

d.进行计算分析。计算完后查看"分析日志"推荐的工艺参数，如图 8-78 所示。

② Lid 模型。复制"Lid MW1"方案任务并重命名为"Lid MW2"，与"Box MW2"方案的工艺设置相同，进行分析计算。计算完后查看"分析日志"推荐的工艺参数，如图 8-79 所示。

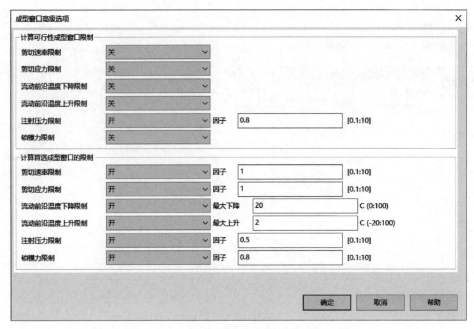

图 8-77 "成型窗口高级选项"对话框设置

最大设计注射压力	:	140.00 MPa		最大设计注射压力	:	140.00 MPa
推荐的模具温度	:	55.00 C		推荐的模具温度	:	55.00 C
推荐的熔体温度	:	242.14 C		推荐的熔体温度	:	248.57 C
推荐的注射时间	:	0.3898 s		推荐的注射时间	:	0.1645 s

图 8-78　Box 模型"分析日志"推荐的工艺参数　　图 8-79　Lid 模型"分析日志"推荐的工艺参数

（3）确定多腔模的成型工艺参数

① 点击模型窗格下的选项卡，关闭其他方案任务，只留下"Lid MW2"和"Box MW2"两方案任务，点击"结果"选项卡下的"垂直平铺"按钮（图 8-80）对两方案任务的模型窗格进行垂直平铺。点击"锁定所有图"按钮（图 8-81）锁定两方案任务的模型窗格图，保证能同时显示相同的结果图。

图 8-80　"垂直平铺"命令按钮

图 8-81　"锁定所有图"命令按钮

② 查看"区域（成型窗口）：2D 切片图"，更改"图形属性"，切割轴为模具温度，结合两方案任务的分析日志中推荐的工艺参数值，取 55℃，如图 8-82 所示。结果如图 8-83 所示。

③ 两模型的成型窗口分析设置了相同的分析范围，检查两区域"首选"区重叠区域的中间位置，取工艺参数为：模具温度 55℃，熔体温度 240℃（取两模型首选区横坐标范围重叠区的中间值），注射时间 0.6s（确定熔体温度后，取两模型该熔体温度对应的首选区纵坐标范围重叠段的中间值）。

图 8-82 "区域（成型窗口）：2D 切片图"结果的"图形属性"设置

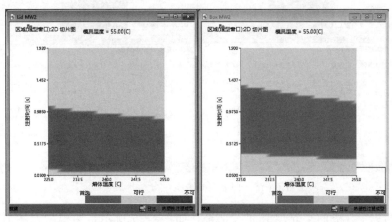

图 8-83 两模型的"区域（成型窗口）：2D 切片图"结果

若两模型的成型窗口首选区无重叠，则说明难以保证两制件的质量都获得较佳；若两模型的成型窗口的可行区都无重叠，或重叠区很窄，说明两制件同模成型很难保证都合格，不适合同模成型。

（4）填充验证

① 复制"Box MW2"方案任务并重命名为"Box Fill"，双击激活该方案任务，将分析序列改为"填充"，"工艺设置"如图 8-84，进行计算分析。

② 复制"Lid MW2"方案任务并重命名为"Lid Fill"，双击激活该方案任务，将分析序列改为"填充"，"工艺设置"同"Box Fill"，进行计算分析。

③ 点击模型窗格下的选项卡，关闭其他方案任务，只留下"Box Fill"和"Lid Fill"两方案任务，进行垂直平铺，并锁定所有图。

④ 查看两方案任务的"分析日志"，如图 8-85 所示。两模型的最大剪切应力、最大剪切速率均未超过材料的最大许可值。

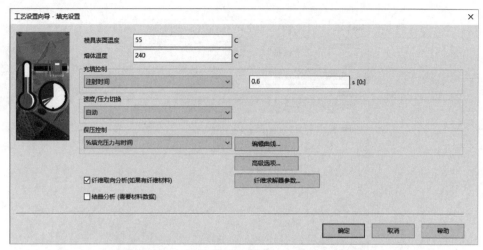

图 8-84 "工艺设置向导-填充设置"对话框设置

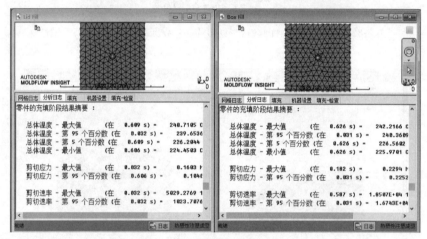

图 8-85 两方案任务的"分析日志"

⑤ 查看两方案任务的"充填时间"结果，如图 8-86 所示，两模型充填时间在 0.61~0.63s 间。

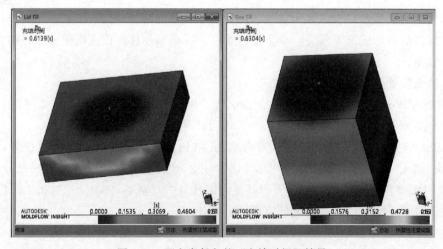

图 8-86 两方案任务的"充填时间"结果

⑥ 查看两方案任务的"速度/压力切换时的压力"结果，如图 8-87 所示，Lid 模型在切换时的压力是 5.6MPa，Box 模型为 14.2MPa，均较小。

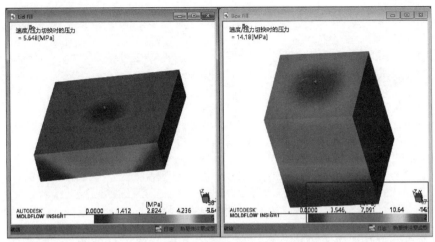

图 8-87　两方案任务的"速度/压力切换时的压力"结果

⑦ 查看两方案任务的"总体温度"结果，如图 8-88 所示，两模型的总体温度在 226～238℃间。

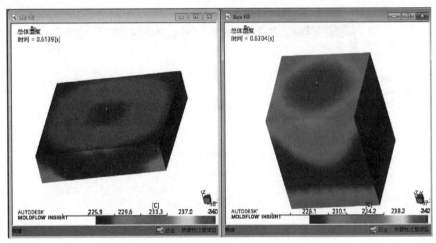

图 8-88　两方案任务的"总体温度"结果

由上可知，按确定的成型工艺参数，两模型均能较好地完成充填，未发现存在成型缺陷。

（5）组合型腔的填充分析

① 通过网格统计分别查看 Box 和 Lid 模型的体积，分别为 21.66cm^3 和 6.69cm^3，如图 8-89 所示，两模型体积共计 28.35cm^3。

② 关闭两方案任务，双击打开"Box＋Lid"方案任务，分析序列改为"填充分析"。

③ 框选水平流道，点击右键，选择"属性"，弹出"冷流道"的属性编辑对话框，将其截面改为圆截面（等完成流道平衡分析后可再改回梯形截面），如图 8-90 所示；点击"编辑尺寸"按钮，弹出"横截面尺寸"对话框，将横截面直径设为 6mm，如图 8-91 所示（点击

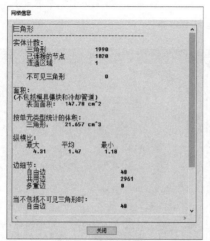

图 8-89　型腔体积数据

"编辑流道平衡约束"按钮可设置进行流道平衡分析时的截面尺寸约束,对水平流道不做限制)。

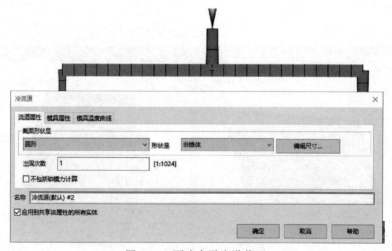

图 8-90　更改水平流道截面

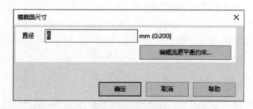

图 8-91　设定水平流道横截面直径

　　④ 按住"Ctrl"键框选两冷竖流道,如图 8-92 所示;点击右键,选择"属性",在"选择属性"对话框中选择所有属性,如图 8-93 所示;点击"确定"按钮,弹出"冷流道"的属性编辑对话框,如图 8-94 所示;点击"编辑尺寸"按钮,弹出"横截面尺寸"对话框,如图 8-95 所示;点击"编辑流道平衡约束"按钮,弹出"流道平衡约束"对话框,设置为

"固定"，如图 8-96 所示，即两冷竖流道在流道平衡分析时不参与截面调节。

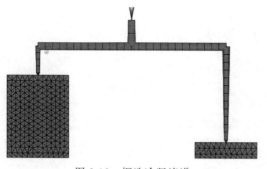

图 8-92　框选冷竖流道

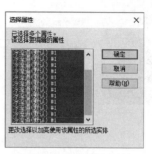

图 8-93　选择所有属性

图 8-94　"冷流道"的属性编辑对话框

图 8-95　"横截面尺寸"对话框

图 8-96　"流道平衡约束"对话框

⑤ 双击"工艺设置"，打开"工艺设置向导"对话框，如图 8-97 所示。输入前述确定的模具表面温度 55℃ 和熔体温度 240℃；选择"流动速率"作为充填控制方式，由两型腔体积和确定的注射时间来计算流率为 47.25cm^3；100% 的充填体积作为速度/压力切换点；保压控制设定为 100% 的注射压力，如图 8-98 所示，以便为后续流道平衡分析确定目标压力。

完成设置后进行分析计算。计算完成后查看分析结果。

⑥ 查看"充填时间"结果，通过"检查"发现 Box 型腔在 0.79s 充满，而 Lid 型腔 0.62s 充满，如图 8-99 所示。两型腔充填结束时间相差 0.17s，充填不平衡。

⑦ 查看压力结果，通过"检查"发现在充填结束时刻，Box 型腔压力从浇口位置到末端压力逐步减小到 0.5MPa，而 Lid 型腔压力均为 20.6MPa，如图 8-100 所示。显然 Lid 型腔存在过保压。

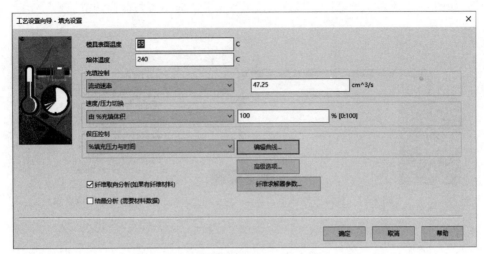

图 8-97 "工艺设置向导-填充设置"对话框

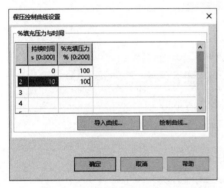

图 8-98 "保压控制曲线设置"对话框

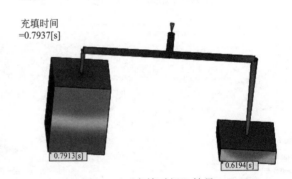

图 8-99 "充填时间"结果

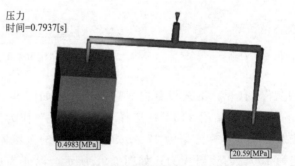

图 8-100 充填结束时刻的压力分布

⑧ 查看"注射位置处压力：XY 图"结果，如图 8-101 所示。通过"检查"发现在 0.62s 时注射压力曲线骤升，表明两型腔充填不平衡。此时为 Lid 型腔充满，而 Box 型腔继续充填，到充填结束时注射压力达到最大，为 29MPa。

以上三个分析结果都表明两模腔充填不平衡，为此进行"流道平衡"分析。

（6）流道平衡分析

① 复制"Box＋Lid"方案任务，并重命名为"Box＋Lid RB"，双击打开，将分析序列

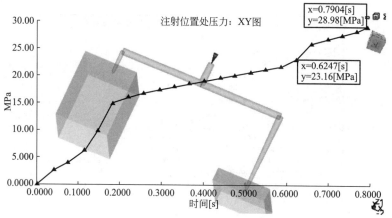

图 8-101 "注射位置处压力：XY 图"结果

改为"流道平衡"，如图 8-102 所示。

② 双击"工艺设置"，保留"填充设置"页的设置不变，根据目标压力设定为 30MPa，其他默认，如图 8-103 所示。

③ 双击"继续分析"，分析完成后进行结果评估。

a. 查看分析日志，如图 8-104 所示。可知经过两次迭代即满足时间、压力和截面的收敛条件。

图 8-102 选择"流道平衡"分析序列

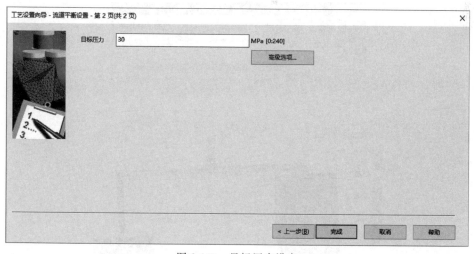

图 8-103 目标压力设定

b. 查看体积更改，通过"检查"发现 Box 型腔端和 Lid 型腔段的流道截面体积分别要减少 12% 和 54%，如图 8-105 所示。

c. 双击分析完后自动生成的"Box＋Lid RB（流道平衡）"方案任务，点击"网格"选项卡下的"厚度"诊断按钮（图 8-106），查看流道截面直径，如图 8-107 所示。可见调整后的流道截面直径 Box 型腔端为 5.6mm，Lid 型腔端为 4mm。

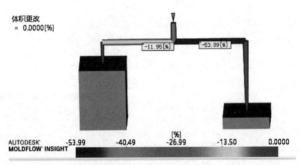

网格日志	分析日志	填充	流道平衡	机器设置	填充-检查	流道平衡-检查

平衡目标压力　　　　30.0000 MPa
研磨公差　　　　　　0.0100 mm
最大迭代限制　　　　20
时间收敛公差　　　　5.0000 %
压力收敛公差　　　　5.0000 MPa
截面收敛公差　　　　0.7000

迭代	时间不平衡(%)	压力不平衡(MPa)	截面不平衡
0	21.6811	7.4110	0.6225
1	0.0736	2.8700	0.3203

理想的平衡完成：允许研磨公差和压力控制

2	0.0880	2.7310	0.3085

图 8-104　分析日志

图 8-105　"体积更改"结果

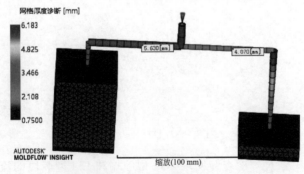

图 8-106　"厚度"诊断命令

图 8-107　流道截面直径

（7）流道调整后的平衡效果评估

① 在"Box＋Lid RB（流道平衡）"方案任务的窗格中，双击"开始分析"，分析完成后查看充填效果。

② 查看"充填时间"结果，通过"检查"发现两型腔均在 0.74～0.75s 时充满，如图 8-108 所示，说明两型腔基本同时充满，充填平衡。

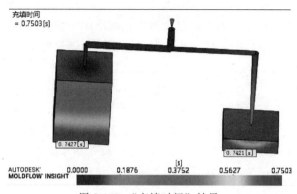

图 8-108　"充填时间"结果

③ 查看压力结果，通过"检查"发现在充填结束时刻，两型腔压力从浇口位置到末端压力逐步减小到 0.2MPa 左右，如图 8-109 所示。说明从流道到两型腔的压力是平衡的，无过保压。

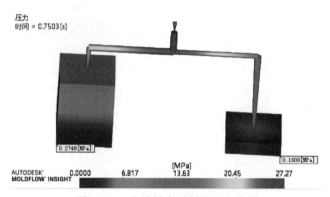

图 8-109　充填结束时刻的压力分布

④ 查看"注射位置处压力：XY 图"结果，如图 8-110 所示。通过"检查"发现随着注射过程的进行注射压力平稳上升，没出现骤升情况，表明两型腔充填平衡。到充填结束时注射压力达到最大，为 27.3MPa。

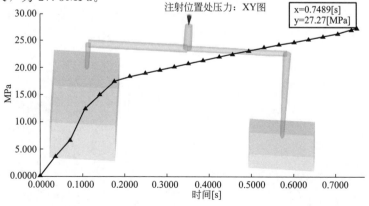

图 8-110　"注射位置处压力：XY 图"结果

可见两模腔实现了同时等压的充填，没有过保压，平衡良好。

平衡后还要注意流道尺寸是否合适，流道冷却时间不能影响成型周期；若有必要修改目标压力，重新分析，该过程可能需要多次反复；若平衡分析确定的流道尺寸与标准尺寸接近，应尽可能圆整尺寸到标准，当然调整量越大，则熔体充填越容易不平衡；圆整后应再次进行充填分析，以确保圆整后的充填平衡状况可接受，否则只能采用圆整前的非标尺寸。

本 章 小 结

浇注系统的设计是模具设计的重要内容。本章系统地介绍了浇注系统的设计与原则；在Moldflow中浇注系统的建模，包括型腔的布局；详细介绍了流道平衡及尺寸的优化。通过一个实例完整而具体地阐述了其浇注系统的创建与优化过程。

第9章

冷却系统的创建与优化

模腔内的熔体温度要借助冷却系统才能降到顶出温度，其冷却的均匀性直接影响到制件内部的应力，最后影响到翘曲变形；冷却的效率直接影响到所需冷却阶段时长，而冷却阶段要占到成型周期的 2/3 以上。因此构建能实现均匀快速冷却的冷却系统对提高产品质量和生产效率具有重要意义。除浇注系统外，冷却系统的设计也是模具设计的核心内容之一。冷却系统的创建与优化是注塑模流分析的重要内容。

9.1 冷却系统的设计优化流程与准则

良好的冷却系统设计可以缩短制件冷却时间，提高生产率，还可以均匀冷却制件，降低其内部残余应力，保持尺寸稳定，提高产品质量。好的冷却系统的设计过程包括创建、评估与优化过程，需要遵循一定的设计准则。

9.1.1 冷却系统的设计优化流程

模具冷却系统的设计与优化流程如图 9-1 所示。

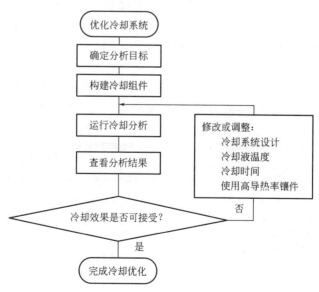

图 9-1　冷却系统的设计与优化流程

（1）确定分析目标　冷却系统的设计与优化有两个目标：均匀的热传递和尽可能短的成型周期。型芯和型腔间的温度分布应该是均匀的。在这里"均匀"指的是模具表面的温度变化应在目标模温的±10℃范围内，对于结晶材料最好能在±5℃范围内。通常产品大部分区域的温度分布在这个范围内就是可接受的。这主要取决于产品变形情况以及冷却对产品整体变形的影响大小。

（2）构建冷却组件　根据制件及型腔布局的特点，构建合适的冷却组件，需遵循一定的设计准则。在此必须密切结合模具结构进行，不得出现贯穿漏水的问题。

（3）冷却分析　基于构建的冷却系统进行冷却分析；对分析结果进行评估，看是否达到分析目的，实现较好的冷却效果。

（4）冷却优化　对不理想的分析结果，采取合理的改进措施，实现对冷却系统及工艺的优化。

9.1.2　冷却系统的设计优化准则

（1）制件壁厚要求

① 应避免壁厚尺寸过大。一般制件的冷却时间与其壁厚的平方成正比，因此制件壁厚增加一倍，所需的冷却时间要延长 3 倍。壁厚尺寸过大使得冷却时间过长，还会导致过大的冷却收缩，所以应该避免壁厚尺寸过大。

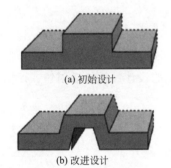

(a) 初始设计

(b) 改进设计

图 9-2　制件壁厚设计

② 壁厚应尽可能均匀。壁厚不均将导致其收缩也不均，容易导致翘曲变形。所以应尽可能保证壁厚均匀，如图 9-2 所示。

（2）冷却组件尽量采用标准尺寸，以便加工。

（3）必须避开模具上的活动机构，考虑密封问题。

根据制件的结构和型腔布局，模具上会有相应的顶出机构、抽芯机构、镶块等组件，且位置不可调整。所以应先确定这些模具组件的结构与位置，再来进行冷却系统的设计，保证冷却组件的位置与尺寸不与这些结构发生贯穿；为保证可靠的密封，水道跨模具组件（如模芯与模架）段的走向应与其安装方向一致。

（4）尽可能直接布置型腔/型芯模板或模仁上，尽量消除模具镶块与模板的空隙，以保证可靠而高效的传热。

（5）水道布局尺寸

① 水道布局尺寸关系与冷却效果如图 9-3 所示。水道距型腔壁越近，越能有效散热，但容易冷却不均。一般水道中心距型腔壁为水道直径的 2.5 倍（即图中 $b=2.5D$）时能获

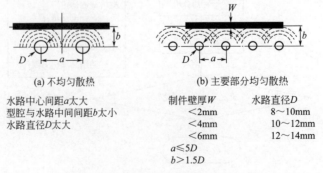

(a) 不均匀散热	(b) 主要部分均匀散热	
水路中心间距a太大	制件壁厚W	水路直径D
型腔与水路中间间距b太小	<2mm	8～10mm
水路直径D太大	<4mm	10～12mm
	<6mm	12～14mm
	$a\leqslant5D$	
	$b>1.5D$	

图 9-3　水道布局尺寸关系与冷却效果

得较均匀的冷却。

② 在有些情况下，可能需要将管线定位在距零件更近或更远的地方，这取决于要消除多少热量。在热量集中的区域（例如，阴角和加强筋）内，冷却回路应紧挨零件。在热量较低的区域（例如较薄部分）内，冷却回路可远离零件放置。如图 9-4 所示，右图水道布置的冷却均匀性明显好于左图水道布置。

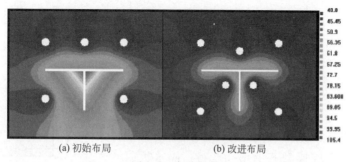

(a) 初始布局　　　　　　　(b) 改进布局

图 9-4　水道布局

（6）避免将冷却水道开在注塑加工制品的熔合纹处，以免降低注塑加工制品此处的强度。

（7）型腔、型芯或成形芯应分别冷却，并应保证其冷却平衡。

（8）浇口部位是注塑模具上最热的部位，应加强冷却，一般将冷却水的入口设在靠近浇口处，使冷却水先通过浇口处。

（9）冷却水道连接分为并联水道和串联水道，如图 9-5 所示。与并联式水道相比，选择串联式水道通常更为合适，因为其可以实现均匀的冷却液流动速率和热传递系数。并联式冷却水道设计不当，某些分支中的流动可能很弱或者根本不存在流动，影响模具的均匀冷却。串联式水道最常用，截面尺寸一致，即可获得一致的湍流，可有效导热；但要注意不能太长，尽可能控制冷却液的温升；若冷却液温度升高过多，则应将串联式水道断开分成多路水道。

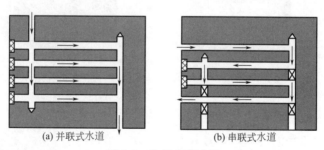

(a) 并联式水道　　　　　　　(b) 串联式水道

图 9-5　冷却水道连接

（10）模具材料

① 若模具热导率较小（钢铁基），水道位置和尺寸对模腔壁温度的影响大；

② 若模具热导率较大（铜基），水道位置和尺寸对模腔壁温度的影响小，模腔壁温度更均匀，模腔壁与冷却液的温差更小。

（11）进、出水的水管接头应设在不影响操作的方向，并尽可能设在注塑模具的同一侧，通常朝向注塑加工机的背面。

（12）冷却液

① 冷却液温差。通常比要求的模腔表面温度低 10～20℃；普通模具进出口温差控制在

5℃内；精密模具控制在3℃内；大型模具采用多组水道来保证较小的冷却液温差。

②气泡。消除冷却液中的气泡，以保证良好的传热效率。

③冷却液的流动应保持紊流状态。在低速层流状态下，主要传热方式为传导，传热效率低；在高速紊流状态下，热对流与热传导共存，传热效率大大提高。但注意在紊流状态下，提高流速对提高传热效率和缩短冷却时间意义不大，但水压的要求却迅速上升，水泵费用大大提高。

9.2 冷却系统组成及其创建

9.2.1 概述

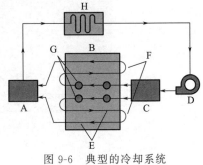

典型的冷却系统如图9-6所示。其中冷却管道为基本水道，可直接在型腔或型芯上钻孔获得；隔水板或喷水管等则是进入冷却管道无法到达区域（如较深制件的型芯），以实现均匀冷却。

图9-6 典型的冷却系统

A—集液歧管；B—模具；C—供液歧管；
D—泵；E—冷却管道；F—软管；G—隔水板
或喷水管等；H—温度控制器

（1）管道 管道为基本水道，可直接在型腔或型芯上钻孔获得，如图9-7所示。

（2）软管 软管是连接模具中的管道，构成串联水道，如图9-8所示。在软管中只计算压力的损失，其热导率（THE）为0，即无冷却效果。

图9-7 管道

图9-8 软管

（3）隔水板 隔水板（又称"水井"）是垂直于水道钻一盲孔，然后利用一块导流薄板把该盲孔对中平分，来自水道的冷却液从导流片一侧的半边孔上去翻过导流片再从另半边孔下来回到水道另一侧，如图9-9所示。隔水板主要用来冷却那些直的水管到不了的小的区域，如小型芯。通过阻断冷却管道中的流动，隔水板可以在折弯处形成湍流，从而提高冷却液的导热能力。由于隔水板使得流动区域变窄，流阻将增大，因此，盲孔的直径要比水管的直径大些，一般是水管直径的两倍左右。如果隔水板不止一个，一般会彼此串联成一个连续的水道。隔水板的热传递系数为管道热传递系数的一半。

图9-9 隔水板示意图

（4）喷水管　喷水管工作原理与隔水板水道相似，只是用一段水管进入盲孔，冷却液会在水管的顶部也就是盲孔的底部"喷出"，如图9-10所示。喷水管通常会因为在盲孔内的水管中的流动很小而导致很高的压力损失，喷水管的优点是可以做在很小的地方，而这也加剧了压力损失的问题。由于喷水管的入水管和出水管不在同一层上，如果喷水管不止一个，则它们应该并行布置。喷水管两个截面的直径之比必须能够确保两个截面上的流阻相等，满足此要求的条件是内径/外径＝0.707。

图9-10　喷水管示意图

在Moldflow中，与浇注系统类似，冷却管路的建模方式也有两种："冷却回路向导"和手动建模。采用"冷却回路向导"方式能快捷方便地创建简单水道布局；手动建模方式可灵活地创建所需要的冷却水道，包括隔水板或喷水管等。

9.2.2　基本水道的"冷却回路向导"创建

采用"冷却回路向导"方式能快捷方便地创建简单的水道布局；产生的冷却水道平面平行于XY平面。为此，在构建冷却系统前应该保证型腔的分型面平行于XY面。

① 单击 "冷却回路"（"几何"选项卡→"创建"面板→"冷却回路"）。

② 将显示"冷却回路向导"对话框"布局"页，如图9-11所示。在此显示了型腔的大小尺寸（如果是多腔，则显示的是整个型腔布局的大小范围）输入冷却管道相对于零件的常规布局信息，包括水管直径（根据制件壁厚定）、水管与型腔的间距（指水管中心与型腔壁面的距离，一般取水管直径的2.5倍）以及水管走向（沿X向还是Y向）。

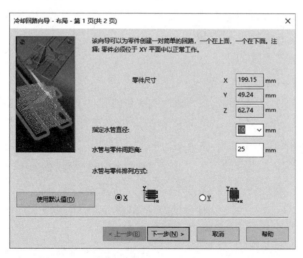

图9-11　"冷却回路向导"对话框"布局"页

③ 单击"下一步"，将显示"冷却回路向导"对话框"管道"页，如图9-12所示。在此输入冷却系统设计中冷却管道的特定信息，包括：管道数量、管道中心间距、管道在模腔投影区之外的距离。

④ 若此前已建有冷却回路，勾选"首先删除现有回路"复选框则删除现有回路，否则

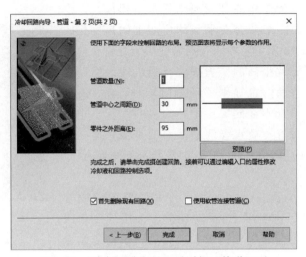

图 9-12 "冷却回路向导"对话框"管道"页

在原基础上添加新回路。

⑤ 勾选"使用软管连接管道"复选框则自动在管道末端用软管连接（表示模外，软管不具冷却效果，导热率为 0），否则为模内的管道连接。

⑥ 单击"预览"预览设定的冷却回路布局。

⑦ 单击"完成"创建管道并关闭向导。新创建的冷却系统将显示在模型上。

9.2.3　冷却管路的手动创建

"冷却回路向导"创建的基本水道一般只能满足高度值较小的制件的冷却需要，而对高度值较大或较复杂的制品难以达到要求的冷却效果。而手动建模方式可灵活地创建所需要的冷却水道，也没有"冷却回路向导"对模型方位的要求限制。但还是建议按照"冷却回路向导"对模型方位的要求来调整模型方位。

冷却管路的手动创建步骤如下。

① 通过给定坐标或偏移复制节点方式构建关键节点。

图 9-13　选择属性

② 由节点创建"直线"，同时指定其属性及并选择尺寸；相关属性有管道、软管、喷水管、隔水板等，如图 9-13 所示。如果是通过点击"选择"下拉选择的属性，则会继续弹出选择截面具体规格尺寸对话框，如图 9-14 所示。若是通过点击"新建"下拉选择的属性，则会继续弹出设定具体规格尺寸的对话框，如图 9-15 所示。

③ 最后进行网格划分（注意控制长径比在 2.5～3 之间）。

完全手动创建冷却系统还是比较费事，可用"冷却回路向导"和手动建模两种方式相结合来高效而灵活地创建水道：先采用"冷却回路向导"创建简单的水道布局，以此为基础再使用移动/复制等操作及局部的手动创建等手段来修改。

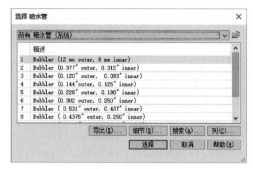
图 9-14　选择尺寸

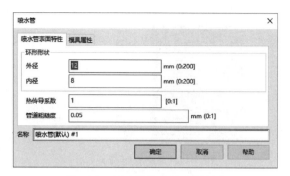
图 9-15　新建属性并设定属性值

（1）管道的创建　管道只需构建一条直线，指定属性为"管道"后，在"选择管道"对话框中选择直径，如图 9-16 所示，而后再网格划分即可。在模型窗口中默认显示为蓝色。

（2）软管的创建　若是采用"冷却回路向导"创建冷却水道，只需在其对话框中勾选"使用软管连接管道"复选框则自动在管道末端建立软管连接。

软管的手动建模也只需选择要连接的两管道端点构建直线，指定属性为"软管"，在"选择软管"对话框中选择其直径（与其所连接的管道直径一致），如图 9-17 所示，而后再网格划分即可。在模型窗口中默认显示为灰色，如图 9-18 所示。

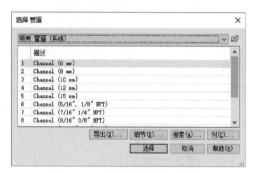
图 9-16　"选择管道"对话框

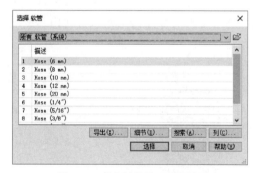
图 9-17　"选择软管"对话框

图 9-18　软管的创建

（3）隔水板的创建　隔水板需构建两条直线：一条是流到隔水板顶部的，另一条是从顶部流出。如图 9-19 所示，冷却液的流向为"P3"→"P1"→"P2"。为便于进行节点的选择，建模时"P3"和"P2"两节点留有很小的间距（如 0.1），而不是重叠；隔水板顶点"P1"距离型腔面约 1.5 倍的管道直径。指定属性为"隔水板"，在"选择隔水板"对话框中选择其直径（与其所连接的管道直径一致，保证流速和压力损失），如图 9-20 所示，而后再网格划分即可。在模型窗口中默认显示为黄色。

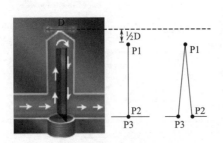

图 9-19　隔水板的建模示意

图 9-20　"选择隔水板"对话框

图 9-21　喷水管的建模

（4）喷水管的创建　喷水管需创建两条直线：一条是流到喷水管顶部，另一条是从顶部流下。如图 9-21 所示，冷却液的流向为"P1"→"P2"→"P3"。中间的长线"P1P2"属性应指定为"管道"，管径与所连接的管道直径一致；另一条线"P2P3"属性应指定为"喷水管"，在"选择喷水管"对话框中选择内径与喷水管所连管道直径接近（其外径就是所钻盲孔的直径，内径是指中间喷水管的外径。为保证管内外流动阻力的一致，管内外截面面积应相等，因此内径与外径之比约为 0.707。若选择列表中没有满足要求的，可通过"新建"方式来自己设定），而后再网格划分即可。

9.2.4　模具镶块的创建

"模具镶块"实质为冷却分析的模具边界，不是冷却分析必须构建的特征。但该特征能使冷却分析收敛得更好，所以推荐构建该特征。模具镶块不必构建得和模具的实际外尺寸一模一样，重要的是要将产品模型、浇注系统以及水道等几何结构包含在内。冷却水道不必延伸出模具镶块。当水道的单元穿过模具边界时，容易导致分析无法收敛。一般的做法是在水道与型腔边界再往外延 50mm。

利用"模具镶块向导"可围绕模型快速建立立方体 CAD 模具或外表面，以提高冷却分析的精度。点击　模具镶块按钮（"几何"选项卡→"创建"面板），弹出"模具镶块向导"对话框，如图 9-22 所示。可指定模具镶块中心（即对话框中所述的原点）与模具型腔中心一致，或指定其具体坐标；模具镶块的窗框高尺寸基于型腔布局、浇注系统及冷却系统进行自动计算，将其全包容在内，可修改默认值，

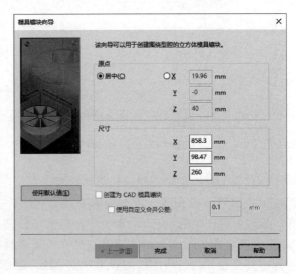

图 9-22　"模具镶块向导"对话框

使其大小合适。

9.3　冷却分析

9.3.1　分析设置

尽管冷却分析不需使用充填分析的结果，但需要指定熔料温度和成型周期的值，在"自动"分析确定成型周期时需给出目标模具温度。因此在冷却分析及优化前应该已经完成了模腔充填的优化（即完成浇口位置及成型工艺参数的优化）及浇注系统的优化。

（1）分析序列的选择　与冷却分析相关的分析序列有"冷却""填充＋冷却""填充＋保压＋冷却""冷却＋填充""冷却＋填充""冷却＋填充＋保压"等（必须注意这些分析序列不是所有的网格类型都适用）。当先进行冷却分析时，初始边界条件是假设熔料温度为常量；如果先进行填充分析，初始边界条件是设定模具温度为常量。因此进行冷却分析时推荐使用的分析序列是"冷却""冷却＋填充＋保压"。如果还需要进行翘曲分析可选择"冷却＋填充＋保压＋翘曲"，分析序列中先进行冷却分析比先进行填充分析得到的翘曲更可靠。

选择了"冷却"相关的分析序列后，方案任务窗格中随即出现冷却相关的设置行。

（2）冷却液入口及温度设置　在冷却系统构建好后还需指定冷却液入口，并设置相关属性，包括冷却液温度、雷诺数等。冷却液温度直接影响到冷却效果。

① 双击方案任务窗格中的 **◇ 冷却回路** 行，弹出"设置冷却液入口"对话框，如图 9-23 所示。默认为"冷却液入口♯1"，直接在模型窗格中点选要设为冷却液入口的水道端点，则在该端点出现冷却液入口标识，如图 9-24 所示；若有多个入口，且具有相同的属性，则连续点选后，再点击"设置冷却液入口"对话框中的"编辑"按钮，弹出"冷却液入口"的属性设置对话框，如图 9-25 所示。也可在后续操作中点选冷却液入口标识，再点击右键，选择"属性"，同样可进入"冷却液入口"的属性设置对话框。

图 9-23　"设置冷却液入口"对话框

图 9-24　冷却液入口标识

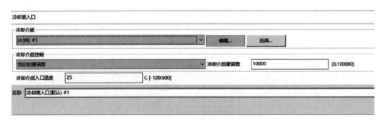

图 9-25　"冷却液入口"的属性设置对话框

② 在"冷却液入口"的属性设置对话框中选择冷却介质，设置雷诺数（默认 10000，大于 4000 就已是紊流状态，一般默认）和冷却介质入口温度（一般取低于目标模具温度 10～20℃）。

③ 若有不同的冷却液入口属性设置（一般型腔和型芯两侧的冷却液入口温度不同，型芯侧略低），在"设置冷却液入口"对话框中选择"冷却液入口♯2"，再进行设置；若不止两种属性，则点"新建"按钮新建新的冷却液入口属性。

（3）工艺设置　双击方案任务窗格中的 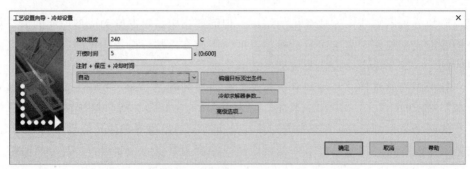 工艺设置行（在此以"冷却"分析序列为例），出现"工艺设置向导-冷却设置"对话框，如图 9-26 所示。

图 9-26　"工艺设置向导-冷却设置"对话框

① 熔体温度：按成型工艺参数优化时确定的熔体温度来设置。

② 开模时间：为模具打开状态经历的时间。在这段时间塑件和模具间无热传递，而模具与水道间有热传递，一般采用默认设置。

③ 注射＋保压＋冷却时间（IPC 时间）：包含了充模、保压和冷却时间，即模具和熔体接触总时间。可直接指定或让软件自动分析。

a. 指定。"指定"模式是在考察不同冷却方案（不同水道排布、冷却液温度或流动速率或采用高热导率的合金材料）时使用。选择该模式后直接在后面的输入框中输入 IPC 时间。指定的成型周期不一定是最优，但固定的成型周期便于方案比较。指定的成型周期值可由之前的流动分析的凝固时间结果中确定。

b. 自动。"自动"模式必须在冷却水道已经优化完毕并且平均型腔温度已经低于目标模具温度之后再进行，用以优化成型周期，即确定 IPC 时间。确定的 IPC 时间能使模具温度与目标模具温度的差值小于 1℃。选择该模式后，点击其后的"编辑目标顶出条件"按钮，弹出"编辑目标顶出条件"对话框，如图 9-27 所示。其中模具表面温度以成型工艺参数优化时确定的模具温度来设置，此温度即为冷却分析的目标温度；顶出温度为材料所推荐的顶出温度。

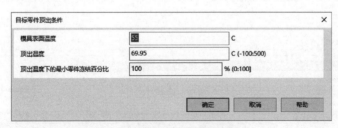

图 9-27　"编辑目标顶出条件"对话框

④ 点击"冷却求解器参数"按钮，弹出"冷却求解器参数"对话框，如图 9-28 所示。

a. 对于大多数冷却分析，模具温度收敛误差和最大模温迭代步数一般不需更改；如果冷却分析出现收敛警告，或结果中出现明显异常的温度梯度，那说明需要提高迭代步数和减小收敛误差。

图 9-28 "冷却求解器参数"对话框

b.勾选"自动计算冷却时间时包含流道",则将流道也纳入目标顶出条件的考核对象类。一般不勾选。

c.默认勾选"使用聚合网格求解器"。网格聚合是将相似单元与直接相邻的单元聚合在一起形成更大的主单元,从而减少求解器内部模型的单元总数,因此可以缩短分析时间。这种功能在所有情况下都推荐使用。

⑤ 点击"高级选项",弹出"冷却分析高级选项"对话框,如图 9-29 所示。在此可选择模具材料或编辑所选模具材料的属性。点击"编辑"按钮,弹出所选模具材料对话框,如图 9-30 所示。主要在此设定其热属性。

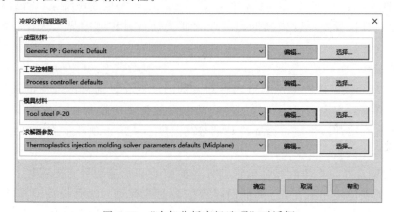

图 9-29 "冷却分析高级选项"对话框

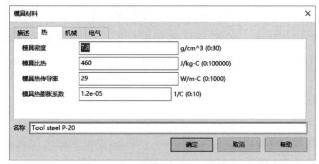

图 9-30 "模具材料"对话框

9.3.2 结果查看

冷却分析的结果分为关键结果和次要结果。关键结果是分析结果中最重要的分析结果;次要结果可能有利于更好地考察某些冷却分析目标,但更主要的是帮助理解关键分析结果所给出的信息，大多数情况下不对辅助结果进行评估。

（1）关键结果

① 日志

a. 水道入口到出口的冷却液温度的升高应控制在 2～3℃ 以下。若水道结果可接受，则不需查看相应的结果云图。反之则要仔细查看水道结果云图，发现其热点。

b. 型腔的最低、最高温度值和平均温度值。最低和最高值与产品上下表面温度有关，反映冷却的均匀性；而平均温度则与目标模具温度有关，比较其差距，便于后续依据此差值调整冷却液温度。

② 温度，模具。模具表面温度分布，属双面网格模型结果；注意观察定模侧和动模侧。

对无定形材料，模具表面温度差异应在目标温度±10℃范围内，对于结晶性材料最好能在±5℃范围内；通常产品大部分区域的温度分布在这个范围内就是可接受的，这主要取决于产品变形情况以及冷却对产品整体变形的影响大小。

③ 温差，制件。制件上下表面的温度差，中性面网格模型才有此结果，体现了制件两侧冷却的差异，是个比较重要的结果。如果翘曲对产品比较重要，那么减小温度的差异是解决翘曲问题的关键。

④ 温度曲线，零件：XY 图。默认的没显示该结果，需创建该结果。可查看在成型周期结束时刻几个特征位置处厚度方向的温度变化曲线是否对称或差异太大。一般要求控制在 20℃ 内。

（2）次要结果

① 回路冷却介质温度。显示水道内冷却液的温度变化。通常冷却液的温度会随着在水道中的流动而升高。水道入口到出口的冷却液温度的升高应控制在 2～3℃ 以下；对于并联式水道，由于存在冷却液汇流，因此冷却液最高温度不一定出现在水道出口处，必须查看此结果。

② 回路管壁温度。冷却液和金属管壁分界面或冷却水道边界上的温度。该温度与冷却液的入口温度的差值应小于 5℃。降低回路管壁温度的有效方法是提高冷却液的流动速率、增大水管的直径同时提高流率、在温度较高处添加水道。通常加大冷却液的流动速率效果比较明显。

③ 达到顶出温度的时间，制品。显示了从注射开始每个单元所需要的冻结时间，即单元截面厚度（默认为 80％厚度）温度冷却到低于材料的顶出温度的时间。塑件的冷却要求均匀且尽可能快，如果塑件某些区域冻结的时间较长，表明该区域可能产生热点，需局部加强冷却。

④ 最高温度，制品。显示了冷却结束后塑件上的最高温度，塑件顶出时，最高温度必须低于顶出温度。

⑤ 平均温度，制品。显示了塑件厚度方向上平均温度分布，理想的平均温度应该是顶出温度和目标模具温度的中间值；制件上平均温度差异要求尽可能小，在厚壁和冷却不良的地方平均温度较高。

⑥ 水道的压力。不仅能显示整个水道需要的压力而且能帮助验证指定区域是否有问题或水道是否过长；了解水道的压力范围对确认压力降是否可接受很重要。

⑦ 回路流动速率。水道内冷却液的流动速率。如果水道是串联，该结果就不太重要了。但如果水道中有平行的水道，那么该结果就非常有用，因为它可以显示冷却液在水道中的流

动速率分布是否均匀。

⑧ 回路雷诺数。雷诺数是用来表征流体流动状态的。冷却液处于紊流状态时传热效率很高。当雷诺数大于 4000 时处于湍流。如果水道有截面的改变，或者有平行水道存在，该结果可能就比较重要了。

9.4　冷却系统的优化

为便于判断冷却改善的状况，各冷却方案应指定相同的 IPC 时间来进行分析计算。在实现均匀的模具表面温度和最短的成型周期这个基本的目标后，根据分析结果可能的优化手段如下。

（1）调整水道的位置

① 前提是还有足够的调整空间，需要注意的是水道位置必须避开制件顶出机构、抽芯结构的位置。

② 先从消除模具上热量集中区域和过冷的区域着手来调整水道的设计。热集中区域和过冷的区域可由模具表面温度结果来判断。

（2）增加冷却水道　在压力降太大、水温升高过多，或者是冷却液/冷却管壁分界面上的温度过高的情况下增加水道，否则冷却水道应尽可能少。同样地，需要注意水道位置与制件顶出机构、抽芯结构的位置错开。

（3）使用高热导率的合金材料如铜合金　将合金材料如铜合金作为镶件可明显降低冷却系统复杂程度，且使模具表面温度快速均匀，消除模具上热量集中区域；水道必须通过或是接触合金材料，带走热量。

（4）改变冷却液的温度和流动速率

① 若水道的位置不可调整，且镶件也已经设计好，则只能调整冷却液的温度。

② 型腔平均温度比目标模温高多少，冷却液温度就降多少。

③ 若条件允许，则不同水道设置不同温度，以获得均匀模具表面温度。一般型芯中使用的冷却液温度会比型腔的低一些，这是常用的使型芯的温度更加接近型腔温度的方法。

④ 若冷却液温度升高超过 2℃，或冷却液/管壁分界面的温度比入水温度高过 5℃，则应提高冷却液的流率。

⑤ 若导致压降过高或超过水源所能提供最大流率，则缩短水道长度；理想流率应使冷却液雷诺数约为 10000。

（5）调整 IPC 时间　如果已获得能实现均匀冷却的优化的冷却水道布局，但型腔的平均温度低于目标模具温度，这时可以用自动分析来降低成型周期。

9.5　冷却系统创建与优化实例

以第 6 章的实例模型为例来阐述冷却系统创建与优化过程。

在进行冷却分析及优化时需要指定熔料温度和成型周期，在"自动"分析确定成型周期时需给出目标模具温度，因此在冷却分析及优化前应该完成模腔充填的优化（即完成浇口位置及成型工艺参数的优化）及浇注系统的优化。

9.5.1　模腔充填的分析优化及浇注系统的创建优化

在随书资料的文件夹"09-10-11CFPW"下双击"CFPW. mpi"工程文件，自动启动 Moldflow 并打开。该"CFPW"工程已包含"6-1 _ study G"和"6-1 _ study Fill"两个方案任务，分别为浇口位置分析及浇口位置的填充分析验证。在此继续完成工艺参数的确定及浇注系统的优化，具体操作可参见前面相关章节，在此只叙述其过程。

（1）成型工艺参数的确定

① 初次成型窗口分析。复制"6-1 _ study Fill"方案任务并重命名为"6-1 _ study MW1"，双击打开，将其分析序列改为"成型窗口"分析，按缺省设置，双击"开始分析"。

分析完后，查看分析日志中推荐的成型工艺参数，如图 9-31 所示。熔体温度为材料推荐范围的边界值；查看质量 XY 图，从图形属性设置上确定注射时间的可变范围为"0.15～3.12s"。

② 再次成型窗口分析。复制"6-1 _ study MW1"方案任务并重命名为"6-1 _ study MW2"，双击打开，在"工艺设置"中，将注塑机的最大注射压力改为 140MPa；要分析的模具温度范围指定为 25～35℃（材料推荐范围 20～40℃）；要分析的熔体温度范围指定为 215～255℃（材料推荐范围 210～260℃）；要分析的注射时间范围为 0.15～3.12s；在高级选项对话框中，设置可行性成型窗口的注射压力限制因子为 0.8；首选成型窗口的流动前沿温度下降最大为 20℃，上升最大为 2℃，注射压力限制因子为 0.5，其他默认。双击"开始分析"。

分析完后，查看分析日志中推荐的成型工艺参数，如图 9-32 所示。其"质量（成型窗口）：XY 图"结果及"区域（成型窗口）：2D 切片图"结果分别如图 9-33 和图 9-34 所示。

推荐的模具温度	:	35.56 C
推荐的熔体温度	:	260.00 C
推荐的注射时间	:	0.5743 s

图 9-31　默认设置分析所推荐的工艺参数

推荐的模具温度	:	33.89 C
推荐的熔体温度	:	246.58 C
推荐的注射时间	:	0.6349 s

图 9-32　按设定值分析所推荐的工艺参数

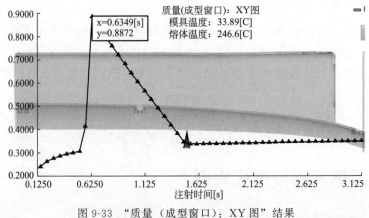

图 9-33　"质量（成型窗口）：XY 图"结果

③ 综合三个结果来看，取模具温度 35℃、熔体温度 245℃（温度值一般取 5 的倍数）、注射时间 1s。由此查看"最大压力降（成型窗口）：XY 图"结果及其他结果，分别如图 9-35 和图 9-36 所示。发现最大压力降约 30MPa，最低流动前沿温度约 235℃（降低 10℃），最大剪切

区域(成型窗口)：2D切片图　　　模具温度=34.00[C]

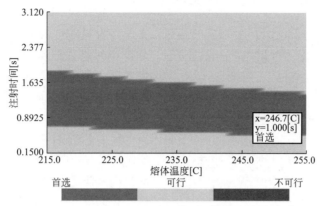

图 9-34 "区域（成型窗口）：2D 切片图"结果

速率 $4900s^{-1}$（材料最大许可值为 $100000s^{-1}$），最大剪切应力约为 0.08MPa（材料最大许可值 0.25MPa），最长冷却时间约为 10.4s，结果均可以接受。

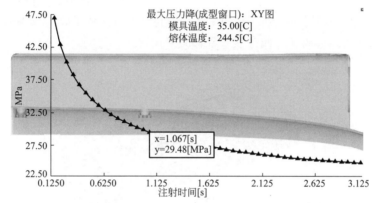

图 9-35 "最大压力降（成型窗口）：XY 图"结果

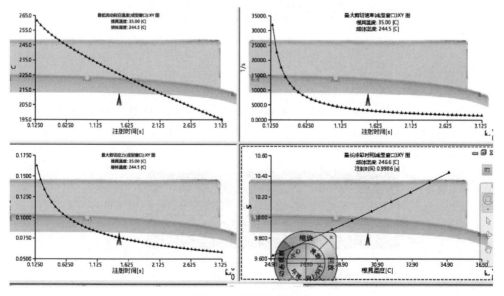

图 9-36 其他分析结果

```
| 1.146 | 100.00 |    20.86 |   33.97 |  20.49 | 已填充 |
------------------------------------------------------------
|                                                           |

充填阶段结果摘要：

    最大注射压力        (在    1.0917 s) =    26.0745 MPa

充填阶段结束的结果摘要：

    充填结束时间                      =    1.1456 s
    总重量(零件 + 流道)               =    62.3357 g
    最大锁模力 - 在充填期间           =    33.9733 tonne

零件的充填阶段结果摘要：

    总体温度 - 最大值        (在    1.092 s) =    248.7428 C
    总体温度 - 第 95 个百分数 (在    1.092 s) =    246.4583 C
    总体温度 - 第 5 个百分数  (在    1.144 s) =    225.3371 C
    总体温度 - 最小值        (在    1.144 s) =    221.0585 C

    剪切应力 - 最大值        (在    0.401 s) =    0.2165 MPa
    剪切应力 - 第 95 个百分数 (在    0.050 s) =    0.2106 MPa
    剪切速率 - 最大值        (在    1.000 s) =    3.3800E+04 1/s
    剪切速率 - 第 95 个百分数 (在    0.050 s) =    3.0216E+04 1/s
```

图 9-37 "填充"分析日志

④ 填充分析验证

a. 复制"6-1 _ study MW2"方案任务并重命名为"6-1 _ study Fill2"，双击打开；将分析序列改为"填充"；在"工艺设置"中，设置模具表面温度为 35℃，熔体温度 245℃，充填控制为注射时间 1s，其他默认。双击"开始分析"。

b. 分析完后，查看分析日志，如图 9-37 所示。1.15s 填充顺利完成，最大注射压力 26MPa（注意到当前模型分型面平行于 XZ 面，在此最大锁模力的计算没有意义），最大剪切应力为 0.22MPa，最大剪切速率"3.38E4 1/s"。

c. 以等值线方式查看充填时间结果，如图 9-38 所示。可知浇口对侧在 0.98s 填充到，而两远角在 1.15s 几乎同时填充到。在图中箭头所指之处有熔体汇合形成小段熔接线（若浇口在短边中点，在此孔远离浇口侧会形成较长的熔接线）。

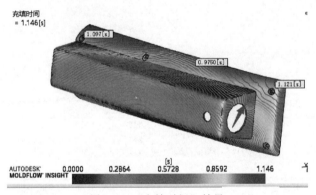

图 9-38 "充填时间"结果

从主要结果看，填充效果较好。

（2）构建两型腔

① 复制"6-1 _ study Fill2"方案任务并重命名为"6-1 _ study 2 Cavities"，双击打开；为使模型开模方向为 Z 方向，选择整个模型，以 X 轴为旋转轴，以型腔注射位置节点为参考点，旋转 90°，如图 9-39 所示。

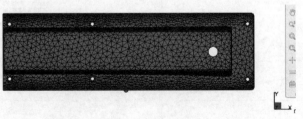

图 9-39 使模型开模方向为 Z 方向

② 通过"型腔重复向导"构建两腔，行间距 160mm（指的中心间距，实际型腔壁间距为 80mm），浇口对齐，如图 9-40 所示。得到两型腔布局如图 9-41 所示。

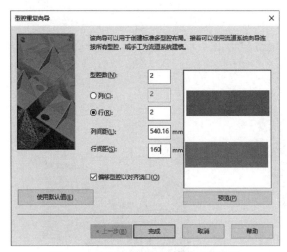

图 9-40 "型腔重复向导"对话框设置

图 9-41 型腔布局

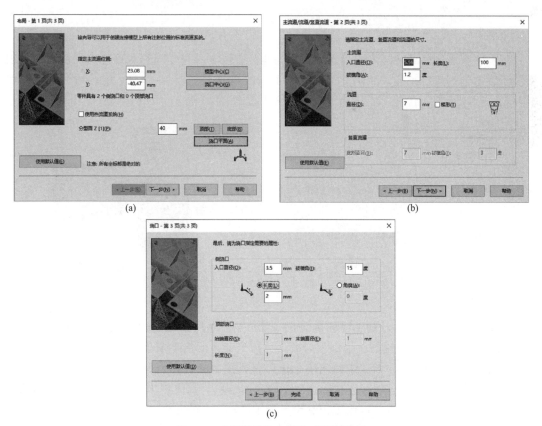

图 9-42 "流道系统向导"对话框设置

（3）浇注系统的创建与优化

① 浇注系统的创建

a. 先利用"流道系统向导"构建浇注系统：主流道位置为浇口中心，分型面 Z 坐标为浇口平面；主流道入口直径 5.56mm，长度 100mm（模具为两板模，主流道长度要考虑制件本身高度、模板厚度及水路布置空间来确定），拔模角 1.19°；流道直径 7mm；侧浇口指定长度 2mm，其他默认。具体设置如图 9-42 所示。完成的浇注系统如图 9-43 所示。

b. 放大浇口区域，如图 9-44 所示。发现浇口为香蕉形潜伏浇口，不是所需的侧浇口。为此删除浇口，手动建模。

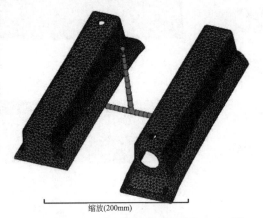

图 9-43　由"流道系统向导"创建的浇注系统

图 9-44　初始浇口

c. 删除该香蕉形潜伏浇口的单元及曲线，构建直线，并指定属性为冷浇口，进行网格划分。而后再选择浇口单元，编辑其属性，将截面改为等截面矩形，尺寸为 4×1.5（制件壁厚 1.5mm），如图 9-45 所示。手动创建的侧浇口如图 9-46 所示。

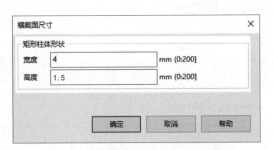

图 9-45　"横截面"尺寸设置对话框

图 9-46　手动创建的侧浇口

② 填充分析评估

a. 在"工艺设置"中，基于前面确定的成型工艺参数，模具表面温度为 35℃，熔体温度为 245℃（后续可查看流动前沿温度，若熔体流经流道后有明显温度升高，则设置将熔体温度降低相应的差值）；选择"流动速率"作为充填控制方式，由两型腔体积和确定的注射时间来计算流率为 150cm³/s（查看单腔模型的网格信息，其体积为 74.85cm³）；100% 的充填体积作为速度/压力切换点；保压控制设定为 100% 的注射压力。双击"开始分析"。

b. 分析后查看分析日志，如图 9-47 所示。可知填充顺利完成，充填时间 1.13s，最大注射压力 39MPa，型腔和流道中的最大剪切应力均没超过 0.22MPa，最大剪切速率也远低于材料许可值。

c. 查看"流动前沿温度"结果，如图 9-48 所示。发现最高为 245.5℃，无明显升温。

```
| 1.130 | 100.00 |      39.31 |     71.30 | 149.17 | 已填充 |
|-----------------------------------------------------------------------|
```

充填阶段结果摘要：

　　最大注射压力　　　（在　　1.1295 s）=　　39.3053 MPa

充填阶段结束的结果摘要：

　　　充填结束时间　　　　　　　　　=　　1.1303 s
　　　总重量(零件 + 流道)　　　　　=　　130.3605 g
　　　最大锁模力 - 在充填期间　　　=　　71.3010 tonne

零件的充填阶段结果摘要：

　　　总体温度 - 最大值　　　（在　1.130 s）=　251.8808 C
　　　总体温度 - 第 95 个百分数（在　1.130 s）=　248.7923 C
　　　总体温度 - 第 5 个百分数（在　1.100 s）=　227.9443 C
　　　总体温度 - 最小值　　　（在　1.100 s）=　223.7479 C

　　　剪切应力 - 最大值　　　（在　0.250 s）=　0.2150 MPa
　　　剪切应力 - 第 95 个百分数（在　0.101 s）=　0.2087 MPa

　　　剪切速率 - 最大值　　　（在　1.002 s）=　3.6070E+04 1/s
　　　剪切速率 - 第 95 个百分数（在　0.101 s）=　3.1536E+04 1/s

流道系统的充填阶段结束的结果摘要：

　　　主流道/流道/浇口总重量　　　　=　　5.3159 g
　　　总体温度 - 最大值　　　　　　　=　251.5602 C
　　　总体温度 - 第 95 个百分数　　　=　251.2267 C
　　　总体温度 - 第 5 个百分数　　　 =　250.3262 C
　　　总体温度 - 最小值　　　　　　　=　250.1173 C
　　　总体温度 - 平均值　　　　　　　=　251.0034 C
　　　总体温度 - 标准差　　　　　　　=　0.3231 C

　　　剪切应力 - 最大值　　　　　　　=　0.2116 MPa
　　　剪切应力 - 第 95 个百分数　　　=　0.1176 MPa
　　　剪切应力 - 平均值　　　　　　　=　0.0910 MPa
　　　剪切应力 - 标准差　　　　　　　=　0.0163 MPa

图 9-47　"填充"分析日志

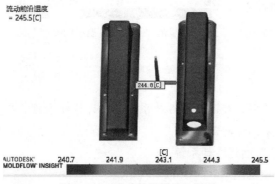

图 9-48　"流动前沿温度"结果

　　d. 查看"达到顶出温度的时间"结果，如图 9-49 所示。发现型腔部分在 6s 内达到顶出温度，而流道需 43s，显然流道对成型周期影响过大，应该调整优化。

　　③ 浇注系统的优化

　　a. 复制"6-1 _ study 2 Cavities"方案任务并重命名为"6-1 _ study 2 Cavities _ Runner"，双击打开；选择分流道单元，编辑属性，将截面直径由 7mm 改为 5mm，再进行分析。

　　b. 分析后再查看分析日志，如图 9-50 所示。发现最大注射压力和最大锁模力只有很小的提升，最大剪切应力和最大剪切速率也变化很小。

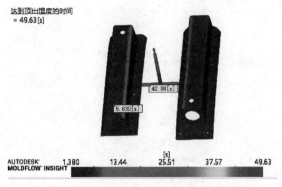

图 9-49　"达到顶出温度的时间"结果

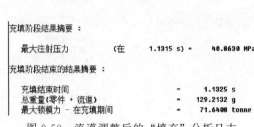

图 9-50　流道调整后的"填充"分析日志

c.查看达到顶出温度的时间，如图 9-51 所示。发现型腔部分在 6s 内达到顶出温度，而流道达到顶出温度的时间已锐减到 23s，有了很大的改善（可再结合实际加工能力，调整主流道的锥角并结合分析结果来确定合适的主流道尺寸）。

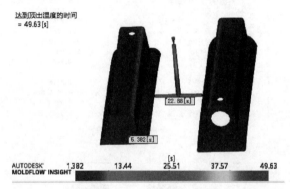

图 9-51　流道调整后的"达到顶出温度的时间"结果

9.5.2　冷却系统的创建

为能有较高的创建效率，在此基于冷却系统的设计优化准则，采用"冷却回路向导"与手动建模相结合的方式来创建冷却系统。

（1）"冷却回路向导"创建冷却系统

① 在"工程"窗格中复制"6-1 _ study 2 Cavities _ Runner"方案任务并重命名为"6-1 _ study 2 Cavities _ Cooling"，双击打开。

② 在"方案任务"窗格中将分析序列改为"冷却"分析；双击" 冷却回路(无) "行，弹出"冷却回路向导"对话框。在此指定水管直径 10mm（制件壁厚 1.5mm，小于 2mm），水管与零件间的距离 25mm（为管径的 2.5 倍，在此指的是 Z 方向距离），水管走向为 X 方向（与型腔长度方向一致，便于后续调整）；管道数量为 6 根，管道中心间距 40mm（具体数值在本例关系不大，后续还要手动调整），搞到伸出型腔距离 30mm，勾选"使用软管连接管道"，如图 9-52 所示。点击"完成"按钮，得到的冷却系统如图 9-53 所示。

由于本例模型非扁平形状，其腔较深，存在较高较大的侧面。采用"冷却回路向导"创建的冷却系统显然不能达到良好的冷却效果，需根据模型实际对其进行相应的调整修改。

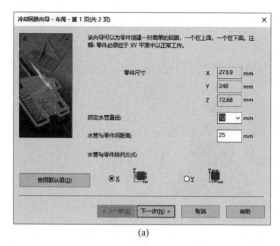
(a)

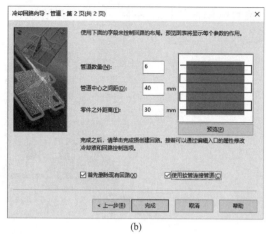
(b)

图 9-52 "冷却回路向导"对话框

（2）手动修改冷却系统

① 借助 ViewCube 将模型摆正，框选软管单元按 "Delete" 键删除（包括节点与连线），如图 9-54 所示。

图 9-53 "冷却回路向导"创建的冷却系统

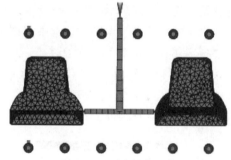

图 9-54 删除软管连接

② 水道的移动复制。先选择单个型腔对应的 6 根水道进行平移（保证中间水道在型腔对称面上。型腔布局时给定的行距尺寸为两型腔的中心距，利用"测量"工具获得量中间水道与主流道的水平间距，由此确定平移量），如图 9-55 所示；将型腔两侧的水道下移，并复制，构成对侧壁的两层冷却，并通过平移保证水道中心与型腔壁面距离约为 25mm；将型芯侧的水道上移，将两侧的水道往中心移动，便于在型芯镶块中加工水道；注意到该制件的顶

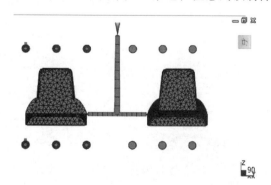

图 9-55 水道的"平移"

出位置将设置其腔底两排，为此型芯侧的水道布局应保证顶杆的布置空间；移动复制后的水道布局如图 9-56 所示。

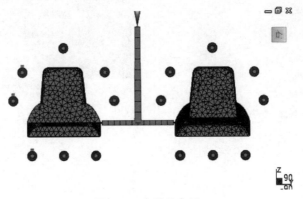

图 9-56　水道的布局

③ 端部水道的构建。模型一端有大圆孔，需采用侧抽芯，该处无法布置水道；而另一端则布置水道，在型腔侧将两层水道分别通过管道连接。

a. 点击"创建直线"按钮，如图 9-57 所示。"工具"选项卡出现"创建直线"对话框，设置"过滤器"为"节点"，如图 9-58 所示。在模型窗格中依次点选两水道端部节点；点击对话框中"创建为"后的按钮，弹出"指定属性"对话框，如图 9-59 所示；点击"选择"下拉按钮，选择"管道"；弹出"选择管道"对话框，在此选择 10mm 的管道，如图 9-60 所示；点击"选择"完成管道属性的选择。其他类似操作。

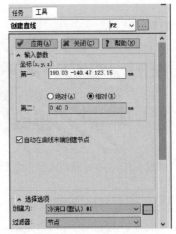

图 9-57　"创建直线"按钮

图 9-58　"创建直线"对话框

b. 在"方案任务窗格"双击 🐌 双层面网格 行，出现"生成网格"对话框，如图 9-61 所示；点击"立即划分网格"按钮，将对未划分网格的直线进行网格划分，如图 9-62 所示。

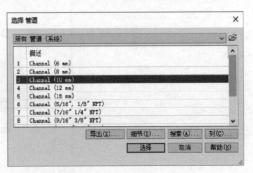

图 9-59　"指定属性"对话框

图 9-60　"选择管道"对话框

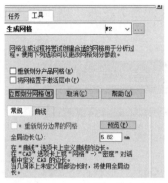

图 9-61 "生成网格"对话框

图 9-62 端部水道创建完成

④ 型芯隔水板的创建

a. 对型芯侧的中间水道,删除单元和曲线,保留两端的节点,如图 9-63 所示。

b. 点击"按偏移定义节点"按钮,如图 9-64 所示,出现"按偏移定义节点"对话框,如图 9-65 所示。在模型窗格中点选中间水道的一个端部节点,

图 9-63 删除型芯侧中间水道
(保留两端节点)

点击"偏移"输入框,弹出"测量"对话框,如图 9-66 所示;点选该端部节点,再点选型腔内壁的某节点,从"测量"对话框的"矢量"坐标可知其 X 方向的偏距,再加上约 25mm 作为其 X 偏移量,Y、Z 的偏移量为 0;在"偏移"输入框中输入确定的偏移矢量,点击"应用"按钮得到新节点;对另外一端的端部节点类似的节点偏移创建,结果如图 9-67 所示。

图 9-64 "按偏移定义节点"按钮

图 9-65 "按偏移定义节点"对话框

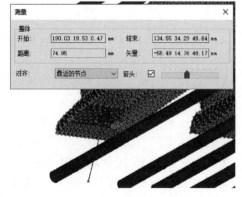

图 9-66 "测量"对话框

c. 点击"在坐标之间的节点"按钮,如图 9-68 所示,出现"在坐标之间的节点"对话框,如图 9-69 所示。在模型窗格中依次点选刚刚偏移得到的两节点,在"节点数"输入框中输入 3(先测量两节点的距离,按照隔水板间距不超过其管径的 5 倍确定中间要创建的节点数)。点击"应用"按钮,得到的节点如图 9-70 所示。

d. 在"层"窗格中点击"新建层"按钮(图 9-71 所示的第一个按钮),并将层名改为"隔水板水道",在模型窗格中选择该水路上的所

有节点，点击"指定层"按钮（图 9-71 所示的右数第三个按钮）则将所选的对象全部移动到"隔水板水道"层中。

图 9-67　通过偏移创建两节点

图 9-68　"在坐标之间的节点"按钮

图 9-69　"在坐标之间的节点"对话框

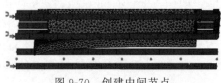

图 9-70　创建中间节点

图 9-71　"层"窗格

e.选择中间的 5 个节点向往 Z 方向移动（通过测量节点距型芯顶面的 Z 方向距离再减 1.5 倍管径来确定移动距离）复制；再选择这 5 个节点向 X 方向移动复制 0.2；在"隔水板水道"行右键单击，选择"隐藏所有其他层"。构建好的节点如图 9-72 所示。

f.逐段构建直线（隔水板下端两节点很接近，构线时需放大后再选择），属性先都选择"水道"，截面 10mm，构建的直线如图 9-73 所示。拖选 10 条竖线，点击右键，选择"更改属性类型"，选择"隔水板"，如图 9-74 所示；拖选 10 条竖线，点击右键，选择"属性"，确定其管径为 10mm。

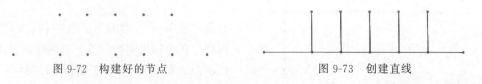

图 9-72　构建好的节点

图 9-73　创建直线

g.而后进行网格划分，结果如图 9-75 所示。

⑤ 另一侧型芯的隔水板创建。注意两模型并非平行对称，而是旋转对称，为此采用旋转复制的方式获得另一型芯的中间水道。

先将另一侧的现有中间水道删除。点击"旋转"按钮，如图 9-76 所示，出现"旋转"对话框，如图 9-77 所示。框选刚创建的水道，以 Z 轴为旋转轴，旋转角度为 180°，点选主流道端部节点作为参考点，进行旋转复制。在"层"窗格中勾选其他回路层显示，此时得到的回路如图 9-78 所示。

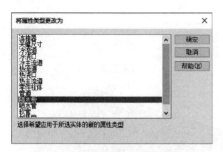

图 9-74　更改属性类型为隔水板

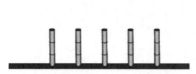

图 9-75　型芯中间水道的网格划分

图 9-76　"旋转"按钮

图 9-77　"旋转"对话框

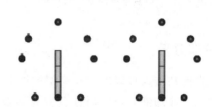

图 9-78　通过旋转复制后得到的冷却系统

⑥ 型芯侧的水路的串联

a. 点选"模型"窗格中的"冷却液入口"标识符，按"Delete"删除。

b. 对型芯侧的水路再创建水道连接，形成串联。

⑦ 冷却液入口设置。在"方案任务"窗格中双击 ⧉ 冷却液入口/出口行，弹出"设置冷却液入口"对话框，如图 9-79 所示。在模型窗格中选择靠近浇注系统的水道端部节点作为冷却液入口，以便加强流道系统的冷却。完成后点击对话框右上角关闭对话框。在"层"窗格中勾选"三角形"层显示，建立的冷却系统如图 9-80 所示。

图 9-79　"设置冷却液入口"对话框

图 9-80　手动修改后的冷却系统

（3）创建模具镶块　为能使冷却分析收敛得更好，创建模具镶块。

在"方案任务"窗格中双击 🔧 模具镶块(无)行，弹出"模具镶块向导"对话框，模具原点设为"居中"，尺寸可经过几次反复尝试确定（只需完全包容型腔、浇注系统和冷却系统即可），如图 9-81 所示。完成的模具镶块如图 9-82 所示。

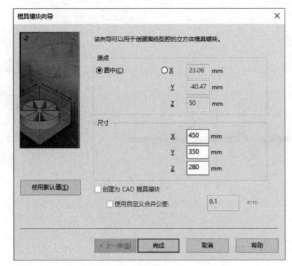

图 9-81　"模具镶块向导"对话框

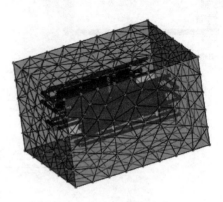

图 9-82　完成的模具镶块

9.5.3　冷却分析

（1）设定冷却液入口温度　在模型窗格中点选"冷却液入口"标识符，点击右键，选择"属性"，弹出"冷却液入口"属性设置对话框，如图 9-83 所示。前述分析确定的模具温度为 35℃，下降 10℃作为冷却介质入口温度，为此在此设定冷却介质入口温度为 25℃，其他默认不变。

图 9-83　"冷却液入口"属性设置对话框

（2）工艺设置　在"方案任务"窗格中双击 工艺设置行，弹出"工艺设置向导"对话框，如图 9-84 所示。根据前述分析确定的成型工艺条件，熔体温度设定为 245℃，开模时间

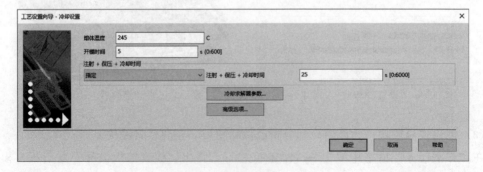

图 9-84　"工艺设置向导"对话框

默认为5s。根据前述填充分析的"达到顶出温度的时间"结果,将"注射＋保压＋冷却时间"(即IPC时间)指定为25s;其他采用默认设置,点击"确定"按钮完成设置。双击"开始分析"进行分析计算。

(3)结果分析　计算完成后先查看主要分析结果。

① 查看分析日志。分析日志部分结果如图9-85所示。可见各条水道的温度上升均在2℃以下;型腔表面温度平均值约40℃,与目标模具温度35℃接近。

② 查看"温度,模具"结果。"温度,模具"结果如图9-86所示(为便于观察结果,可在"层"窗格中"三角形"层处点右键,选择"隐藏所有其他层")。发现型腔侧的模具温度较均匀,在35~40℃之间;而型芯侧靠分型面处的模具温度在35~40℃之间,在型芯侧壁及顶面处的模具温度在40~50℃之间,在一端角落温度上升到约60℃。

成型材料为PP料,属结晶型材料。目标模具温度为35℃,因而要求模具温度在35℃±5℃,即30~40℃。显然当前冷却方案中型芯侧温度略高,且一侧角落温度较高。

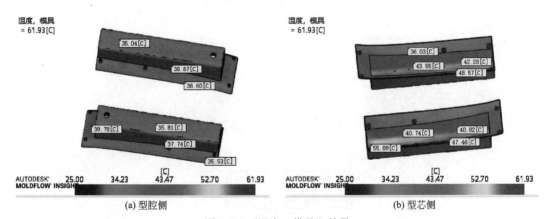

图 9-85　分析日志

图 9-86　"温度,模具"结果

(a) 型腔侧　　(b) 型芯侧

图 9-87　新建图

③ 查看"温度曲线,零件:XY图"结果。"温度曲线,零件:XY图"结果不是缺省结果,需选择添加。在"方案任务"窗格的"结果"行点右键,选择"新建图",如图9-87所示。在弹出的"创建新图"对话框中选择"温度曲线,零件"结果,图形类型选择"XY"图,如图9-88所示。点击"确定"则将添加"温度曲线,零件:XY图"结果。调整好模型的方位,在模型上点选多个有代表性的位置,在"实体ID"对话框会实时显示所选择位置的三角形单元号,同时在"温度曲线,零件:XY图"显示其厚度方向的温度变化曲线(对不需要的曲线

可在"实体 ID"对话框中删除对应的三角形单元号即可)。结果如图 9-89 所示。可知制件周边两侧的温度很相近,而在中间部分温差在 12℃内,在一角落处两侧温差也在 20℃内。

图 9-88 "创建新图"对话框

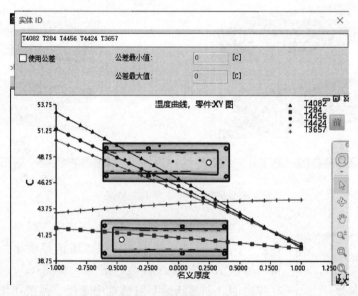

图 9-89 "温度曲线,零件:XY 图"结果

④ 查看"达到顶出温度的时间,零件"结果。"达到顶出温度的时间,零件"结果如图 9-90 所示。可见在型芯侧的冷却液温度由入口的 25℃上升到出口的 26.8℃,这是由于其流动距离较长。在实际条件允许的情况下(设备能提供多路进出水)可考虑将该水路分成 3 段。

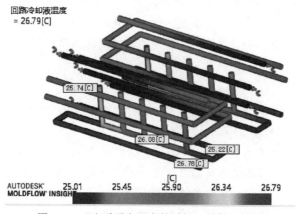

图 9-90　"达到顶出温度的时间，零件"结果

⑤ 查看"回路管壁温度"结果。"回路管壁温度"结果如图 9-91 所示。可见回路管壁温度与冷却液入口温度最大相差在 5℃ 之内，最高温度发生在型芯侧靠近较高温度角落的隔水板上端。

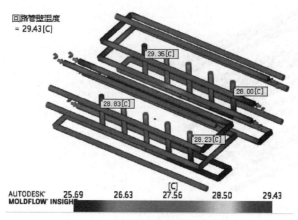

图 9-91　"回路管壁温度"结果

⑥ 查看"达到顶出温度的时间，零件"结果。"达到顶出温度的时间，零件"结果如图 9-92 所示。发现绝大部分区域的时间约为 4.5s，但局部达到顶出温度的时间较长，最高

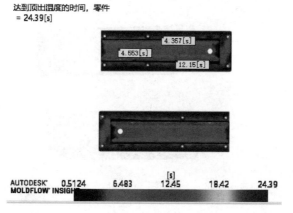

图 9-92　"达到顶出温度的时间，零件"结果

达 24s，这是因为该模型 CAD 模型存在问题，圆角局部壁厚过厚。

综上分析，总体而言，基于冷却系统的设计优化准则所构建的冷却系统能获得较好的冷却效果，只是在型芯侧的侧壁与顶面温度略高，存在局部温度较高的情况。

9.5.4　冷却优化

（1）第一次优化　复制"6-1 _ study 2 Cavities _ Cooling"方案任务并重命名为"6-1 _ study 2 Cavities _ Cooling r1"，双击打开。

前述分析所用的冷却液入口温度为 25℃，这也基本是一般模温机温控范围的最低值，因此不考虑降低型芯侧的冷却液入口温度。考虑到型芯处空间狭窄，还需要布置顶杆，不能设置两排隔水板。在此考虑将型芯侧的水道打断为 3 段，将型芯中的隔水板数目由 5 个增加到 7 个。具体过程不再赘述，修改后的冷却系统如图 9-93 所示。

冷却液的入口温度均为 25℃，其他工艺参数同前述分析。分析后查看结果。

① 查看分析日志。分析日志部分结果如图 9-94 所示。型腔表面温度平均值由原方案的 40℃降到 38℃，与目标模具温度 35℃更为接近。

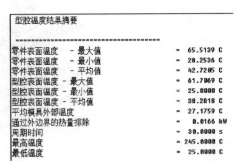

型腔温度结果摘要

```
================================
零件表面温度　－ 最大值　　　　　　　＝　65.5139 C
零件表面温度　－ 最小值　　　　　　　＝　28.2536 C
零件表面温度　－ 平均值　　　　　　　＝　42.7205 C
型腔表面温度　－ 最大值　　　　　　　＝　61.7069 C
型腔表面温度　－ 最小值　　　　　　　＝　25.0000 C
型腔表面温度　－ 平均值　　　　　　　＝　38.2818 C
平均模具外部温度　　　　　　　　　　＝　27.1759 C
通过外边界的热量排除　　　　　　　　＝　0.0166 kW
周期时间　　　　　　　　　　　　　　＝　30.0000 s
最高温度　　　　　　　　　　　　　　＝　245.0000 C
最低温度　　　　　　　　　　　　　　＝　25.0000 C
```

图 9-93　修改后的冷却系统　　　　　　　　　　图 9-94　分析日志

② 查看"温度，模具"结果。"温度，模具"结果如图 9-95 所示。发现型芯侧靠分型面处的模具温度在 36℃左右，在型芯侧壁的模具温度在 35～40℃之间，顶面的模具温度为 40～45℃，在一端角落温度上升到约 50℃。

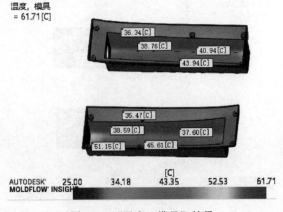

图 9-95　"温度，模具"结果

要求的模具温度为 30～40℃，模具的绝大多数区域达到要求。

③ 查看"温度曲线，零件：XY 图"结果。添加"温度曲线，零件：XY 图"结果，如图 9-96 所示，由图可知制件周边两侧及侧壁内外的温度很相近，而制件顶部两侧温差在 8℃ 内，在一角落处两侧温差也在 15℃ 内。与原方案相比，有较明显的改善。

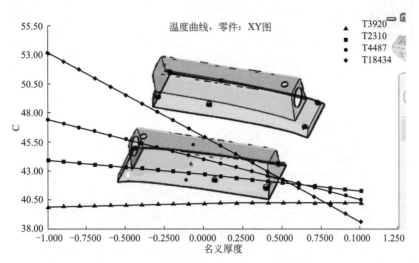

图 9-96 "温度曲线，零件：XY 图"结果

④ 查看"达到顶出温度的时间，零件"结果。"达到顶出温度的时间，零件"结果如图 9-97 所示。可见在型芯侧的冷却液温度由入口的 25℃ 上升到出口的 26.5℃。与原方案相比，改善不明显。

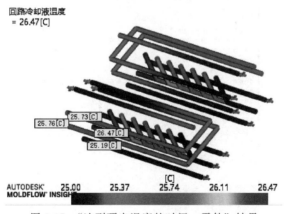

图 9-97 "达到顶出温度的时间，零件"结果

（2）第二次优化 复制"6-1 _ study 2 Cavities _ Cooling r1"方案任务并重命名为"6-1 _ study 2 Cavities _ Cooling r2"，双击打开。

在"方案任务"窗格中双击 🔧 工艺设置 行，弹出"工艺设置向导"对话框。将"注射＋保压＋冷却时间"（即 IPC 时间）选择为"自动"，如图 9-98 所示，其他设置不变。点击"目标零件顶出条件"按钮，弹出"目标零件顶出条件"对话框，如图 9-99 所示。根据前述分析确定的成型工艺条件，模具表面温度设定为 35℃，其他采用默认设置，点击"确定"按钮完成设置。设置完后双击"开始分析"进行计算。

图 9-98 "工艺设置向导" 对话框

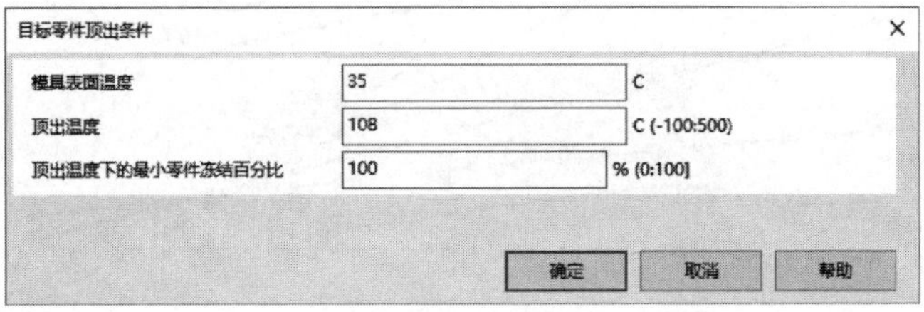

图 9-99 "目标零件顶出条件" 对话框

计算完后查看结果。

① 查看分析日志。分析日志部分结果如图 9-100 所示。可见各条水道的温度上升均在 1.1℃以下；型腔表面温度平均值约 35℃，与目标模具温度基本一致；确定的周期时间为 40s，除去开模时间 5s，则 "填充＋保压＋冷却时间" 即 IPC 时间为 35s。

入口	冷却液温度	冷却液温度升高	热量排除
节点	范围	通过回路	通过回路
10085	25.0 - 25.2	0.2 C	0.048 kW
10071	25.0 - 25.2	0.2 C	0.048 kW
10113	25.0 - 25.6	0.6 C	0.170 kW
10080	25.0 - 25.6	0.6 C	0.165 kW
9986	25.0 - 25.3	0.3 C	0.090 kW
10326	25.0 - 25.6	0.6 C	0.170 kW
10014	25.0 - 25.6	0.6 C	0.165 kW
10029	25.0 - 25.3	0.3 C	0.091 kW
10626	25.0 - 25.2	0.2 C	0.045 kW
11440	25.0 - 26.1	1.1 C	0.327 kW
10625	25.0 - 25.2	0.2 C	0.045 kW
12625	25.0 - 26.1	1.1 C	0.327 kW

型腔温度结果摘要

零件表面温度 - 最大值	= 60.8093 C
零件表面温度 - 最小值	= 27.4611 C
零件表面温度 - 平均值	= 38.4849 C
型腔表面温度 - 最大值	= 57.3720 C
型腔表面温度 - 最小值	= 25.0000 C
型腔表面温度 - 平均值	= 35.0486 C
平均模具外部温度	= 26.6442 C
通过外边界的热量排除	= 0.0125 kW
从目标模具温度计算的周期时间	
周期时间	= 40.0074 s
最高温度	= 245.0000 C
最低温度	= 25.0000 C

图 9-100 分析日志

② 查看 "温度，模具" 结果。"温度，模具" 结果如图 9-101 所示。发现型芯侧靠分型面处的模具温度在 33℃以下，在型芯侧壁的模具温度在 35～40℃之间，顶面的模具温度为

40～45℃。要求的模具温度在 30～40℃ 范围内，模具的绝大多数区域达到要求。

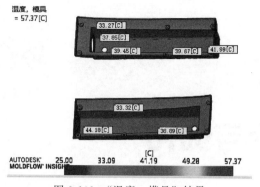

图 9-101　"温度，模具" 结果

　　③ 查看 "温度曲线，零件：XY 图" 结果。添加 "温度曲线，零件：XY 图" 结果，如图 9-102 所示。由结果可知制件周边两侧及侧壁内外的温度很相近，而制件顶部两侧温差在 6℃ 内，在一侧角落处两侧温差也在 11℃ 内。与第一次优化方案相比，也有所改善。

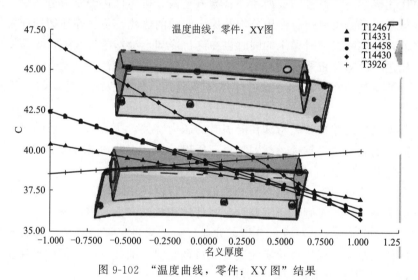

图 9-102　"温度曲线，零件：XY 图" 结果

　　综上所述，基于冷却系统的设计优化准则创建的冷却系统能获得较好的冷却效果，可通过分析结果进一步优化冷却系统，并最后确定能获得目标模具温度的成型周期。

本 章 小 结

　　冷却系统是模具设计的核心设计内容之一，对成型质量与生产效率影响极大。本章系统地阐述了冷却系统的设计优化流程和准则、冷却系统组成及其在 Moldflow 中的创建方法；详细阐述了 Moldflow 中 "冷却" 分析的设置、结果查看及冷却系统的优化策略；最后通过一个实例完整而系统地阐述了冷却系统的创建与优化过程。

第10章

保压分析与优化

10.1 概述

在充填优化确定浇口位置和成型条件、流道平衡分析与优化确定流道系统、冷却分析与优化确定冷却系统后就可以进行保压分析及保压曲线的优化。虽然在注塑周期中保压阶段在冷却阶段之前，但实际成型时保压的同时也在进行冷却，冷却导致收缩，才需要保压进行补缩，因此，先进行冷却分析及优化有助于提高保压分析的准确性。

保压的目的就是补充因冷却导致的熔体体积收缩，体积收缩率越均匀，其翘曲变形越小，制件质量越高。

产品上某处最后的体积收缩与其在凝固时的压力有关，压力越大，收缩越小。而产品各处的凝固时间一般是离浇口越远，凝固越早。所以一般产品填充末端的体积收缩始终最大，靠近浇口的位置就比较小。

保压时间过长或过短都对成型不利。过长会使得保压不均匀，残余应力增大，塑件容易变形，甚至应力开裂；过短则保压不充分，塑件体积收缩严重，表面质量差。

在 Moldflow 可对保压过程进行分析，并通过对结果进行评估分析，从而实现优化，获得小而均匀的体积收缩。保压优化实质就是通过调整保压曲线（即注射位置保压力随时间的变化），使得产品各处在其凝固时的压力相近。

10.2 分析设置与结果分析

10.2.1 分析设置

在注塑过程中，熔体充填满型腔后即进入保压补缩状态，充填后熔体的温度、压力，模具的温度等都直接影响着保压补缩的效果，因此对保压补缩阶段不能孤立地进行分析。

在 Moldflow 中有两种方式进行保压分析：一种是连续分析过程，即"填充＋保压"；另一种是先进行"填充"分析，完成后，将分析序列由"填充＋保压"分析，在没对"填充"分析做任何更改的情况下将在原"填充"分析基础上继续保压阶段的分析。在"填充＋保压"中，有对应保压分析的重要设置，如图 10-1 所示。分析设置具体说明如表 10-1所述。

图 10-1 "工艺设置向导-填充＋保压设置"对话框

表 10-1 保压分析设置

项目	描述
保压控制	控制不同时间保压力的大小,即保压曲线。有以下四种保压控制方式: ①充填压力与时间:默认的输入方法,用速度/压力切换时的注射压力的百分比来设置保压力,默认为80%,保压时间为10s ②保压压力与时间:在进行保压曲线优化时常用的选择 ③液压压力与时间:只在注塑机以液压压力作为输入时采用,且还需知道保压力和液压力间的增强比 ④最大注塑机压力与时间:只在知道实际使用的注射机的型号参数时才使用 保压压力越大,制件的体积收缩将越小;但保压力过大,会产生过大的残余应力,导致易于翘曲变形 保压时间必须足够长,持续到浇口凝固结束后,以防浇口熔料倒流。该值可从冷却分析结果中查看浇口冻结层因子达到1(即完全凝固)的时间来确定
冷却时间	可直接指定或让软件自动计算 自动计算所得的冷却时间是产品百分百凝固所需要的时间

10.2.2 结果查看

保压的目的是为了补偿熔体的冷却收缩,减少成型后制件的收缩变形,因此顶出时的体积收缩是保压分析最重要的结果。冻结层因子和压力 XY 图结果主要用来辅助优化保压曲线。具体如表 10-2 所述。

表 10-2 保压分析的主要结果

项目	描述
顶出时的体积收缩率	保压分析最主要的结果 顶出时的体积收缩率应尽可能小且分布均匀 顶出时的体积收缩率必须在材料的体积收缩率范围之内,制件容许的体积收缩率取决于其材料及厚度,在 Moldflow 材料中的收缩属性中可查到材料不同厚度在不同成型工艺条件下的体积收缩率 由于制件不同区域的壁厚差异,尤其是一些细部特征的壁厚往往和制件主体壁厚存在差异,很难通过优化保压曲线来获得整个制件均匀的体积收缩,所以一般要求制件主体区域的体积收缩率均匀,尽量控制在 2% 以内
冻结层因子	用于观测制件和浇口的冻结时间。冻结层因子为1,表明该处整个截面温度都在玻璃化温度(转化温度)以下,完全冻结 如果近浇口比远浇口冻结早,会使得远浇口区未能充分补缩,收缩率高 当压力移除后浇口或产品仍未凝固,则需延长保压时间重新进行保压分析
压力:XY 图	查看制件上各位置的压力在成型过程中的变化 产品上某处在凝固时的压力决定了该处的体积收缩量,压力越大,收缩越小。所以一般产品填充的末端体积收缩始终最大,靠近浇口的位置就比较小 该结果有助于理解体积收缩率的分布,并可利用该结果来进行保压曲线的优化
缩痕指数	反映塑件上产生缩痕的相对可能性,缩痕指数越高,产生缩痕或缩孔的可能性越大 可通过延长保压时间、增大保压力、增加浇口数目、优化冷却系统、改变浇口位置、改善产品设计等方式来改善

10.3 保压优化流程

保压分析优化主要是通过调整保压曲线，使制件的体积收缩尽可能小且分布均匀，从而尽可能减少区域收缩差异引起的翘曲变形。要进行保压方案的优化，就需要先确定优化的目标，即可接受的体积收缩率范围及体积收缩率差异，而后进行初始保压分析，再基于分析结果不断调整保压曲线来达到优化目标。保压曲线的优化流程如图 10-2 所示。

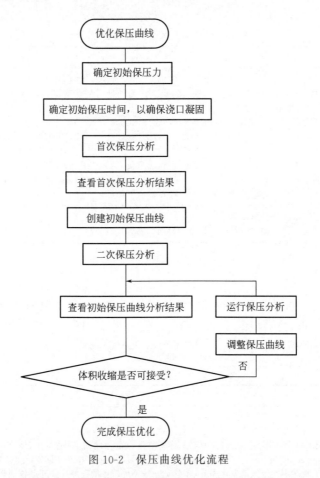

图 10-2　保压曲线优化流程

（1）保压优化目标的确定　保压优化的目标就是使制件在顶出时的体积收缩率小且均匀。由于制件一些区域尤其是一些细部特征的壁厚往往和制件主体壁厚存在差异，使得难以通过保压优化来实现均匀体积收缩，所以保压优化主要针对制件的主体区域而言。

要求制件主体在顶出时的体积收缩率必须在容许范围内，制件容许的体积收缩率取决于其材料及厚度。在 Moldflow 材料详细信息的收缩属性中查询制件主体对应的厚度或最相近的厚度在不同工艺条件下的体积收缩率，找出其最大值和最小值，由此确定制件容许的体积收缩率范围，并且一般要求制件的主体区域的体积收缩率差异尽量控制在 2％以内。

（2）初始保压力及保压时间的确定　保压优化前先进行恒压保压，需要设置初始保压力和初始保压时间，具体参数可按表 10-3 所述来设置。

表 10-3　初始保压设置

参数	设置
初始保压力	一般取熔体充模压力的 80%～100%，当然也可以提高或降低，但不得超过最大保压力 P_{max}（MPa） $$P_{max} = \frac{锁模力}{模型总投影面积} \times 100 \times 80\%$$
初始保压时间	初始保压时间必须足够长，以保证浇口在保压结束前凝固。这个时间能够从充填分析的达到顶出温度的时间结果中估算出来 　对于第一次的保压分析，估算一个较大的值是比较好的。如达到顶出温度的时间为 5s，取初始保压时间为 15s 　如果已通过冷却分析确定了 IPC 时间（即注射＋充填＋保压时间，具体为分析确定的周期时间除去开模时间），则可以 IPC 时间扣除充填时间后的时间长度作为初始保压时间 　再以此分析结果为基础，在下一次保压分析时把时间设置为一个较合理的值

（3）恒压保压分析及调整　通过恒压保压分析及调整来确定恒压保压力及保压时间（即浇口凝固时间 t_g），使顶出时刻的体积收缩率最大值控制在允许的体积收缩率范围内。恒压保压分析后主要查看冻结层因子结果和顶出时刻的体积收缩率结果，具体结果分析及相应参数调整如表 10-4 所示。

表 10-4　恒压保压结果分析及保压参数调整

主要结果	分析	调整
冻结层因子	查看浇口处冻结层因子随时间的变化，确定其冻结层因子达到 1 的时间 t_g，即浇口凝固时间为 t_g 时刻	如果浇口凝固时间 t_g 大于保压时间，则说明保压时间不够，需延长保压时间至 t_g 时刻再次进行保压分析
顶出时刻的体积收缩率	主要查看制件主体的体积收缩率是否在容许的体积收缩率范围内 　因为体积收缩与熔体冷却过程中所受压力有关，保压补缩的压力越高，体积收缩越小。由于熔体的高黏度，导致近浇口和远浇口处存在较大的压力降，离进胶口越远，压力越小，因此充填末端的收缩一般都要比浇口附近的收缩大	如果制件主体的最大体积收缩率超过容许的最大体积收缩率，在保压时间足够长的前提下一般可通过提高保压力来降低制件主体的最大体积收缩率，但注意保压力不能超过允许的最大保压力

经过恒压保压及调整后，顶出时刻的体积收缩率最大值控制在允许的体积收缩率范围内，但近浇口区的体积收缩率往往低于容许的最小体积收缩率，为过保压，因此还需进行保压曲线的优化。

（4）保压曲线的初次优化　由于体积收缩与熔体冷却过程中所受压力有关，若在保压阶段随时间逐步降低压力则可控制不同位置体积收缩大小差异，在充填末端凝固或快要凝固时开始降低保压力，此时近浇口区还在继续冷却，因此，随着凝固前沿从充填末端向浇口推进，压力逐步下降，这样在近浇口处可以获得与充填末端相近的体积收缩。保压曲线的优化即基于此原理。

通过保压曲线初次优化来确定恒压/降压切换时刻。恒压保压到恒压/降压切换时刻后，保压力线性下降，到浇口凝固时刻保压力降至 0，保压结束。恒压/降压切换时刻通过充填末端的压力变化来确定。充填末端压力达到最大时说明保压力已充分传递到该处，充填末端压力降至 0 时说明此时该处已经凝固，保压力已无法传递到该处。为此，可先取充填末端压力达到最大时刻与降至 0 时刻的中间值作为恒压/降压切换时刻。由此进行保压曲线第一次优化后的分析。

初始优化保压曲线如图 10-3 所示，具体设置如表 10-5 所述。

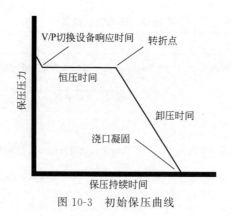

图 10-3　初始保压曲线

表 10-5　初次优化保压曲线设置

经历时间/s	压力/MPa	说明
t_1	P_1	充填结束后经设备响应时间 t_1 后注胶口压力由充填结束时刻的压力调整到恒压保压力 P_1
t_2	P_1	保压力为 P_1、保压时长为 t_2 的恒压保压 $$t_2 = t_J - t_{V/P} - t_1$$ 式中，t_J 为恒压/降压切换时刻，取充填末端的压力达到最大值时刻与降至 0 时刻的中间时刻；$t_{V/P}$ 为注塑机速度/压力切换时刻
t_3	0	经过 t_3，注胶口压力由 P_1 线性降至 0。t_3 为线性卸压时间

（5）保压曲线的进一步优化　保压曲线初次优化后如果制件主体顶出时刻的体积收缩率没达到优化目标，则根据制件主体各区域顶出时刻的体积收缩率分布结果再逐步调整保压曲线，直到达到要求的顶出时刻体积收缩率分布，具体调整措施如表 10-6 所述。

表 10-6　保压曲线优化策略

区域	措施	体积收缩率相应变化	图示
充填末端	缩短恒压保压时间	升高	
	延长恒压保压时间	降低	
浇口附近	缩短卸压时间，快速卸压	升高	
	延长卸压时间，慢速卸压	降低	
中间区域	降低卸压折点压力，卸压时先快后慢	升高	
	增加卸压折点压力，卸压时先慢后快	降低	

10.4 保压分析与优化实例

继续以第 9 章的案例为例进行保压分析与优化。

在随书资料文件夹"09-10-11 CFPW"下双击"CFPW. mpi"工程文件，自动启动 Moldflow 并打开。

（1）保压优化目标的确定 由于该工程中各方案任务的材料相同，双击打开任意方案任务，查看材料信息。在方案任务窗格中的材料行右键单击，选择"细节"，查看其收缩属性，如图 10-4 所示。案例模型的壁厚主要为 1.5mm，在此材料的收缩成型摘要中最接近的壁厚为 1.7mm，其体积收缩率变化范围为 0.44%～5.26%，对应的保压力分别约为 100MPa 和约为 30MPa。本案例模型一模两腔填充分析的最大注射压力约为 40MPa，为此，该模型以 3.5%±1% 的体积收缩率为保压优化目标，要求制件绝大部分区域的体积收缩率要在 2.5%～4.5% 之间。

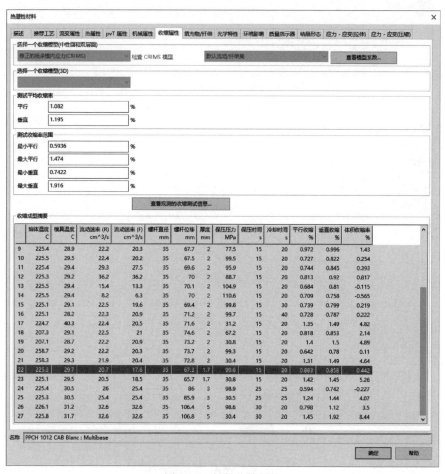

图 10-4 材料收缩属性

（2）初始保压力及保压时间的确定 复制方案任务"6-1 _ study 2 Cavities _ Cooling r2"，重命名为"Init Pres and Time"，双击打开。将分析序列改为"冷却＋填充＋保压"。

初始保压力设为最大填充压力的80%，保压时间为周期时间减去开模时间和注射时间。在"6-1_study 2 Cavities_Cooling r2"方案分析所得周期时间为40s，注射时间1s，因此初次保压时间取33s。

（3）恒压保压分析及调整

① 初次恒压分析。在"工艺设置向导"对话框中，熔体温度为245℃，开模时间5s，IPC时间为35s，如图10-5所示；充填控制为注射时间1s，速度/压力切换选择"自动"，保压控制选择"%填充压力与时间"，如图10-6所示；点击"编辑曲线"按钮，保压控制曲线设置如图10-7所示。完成工艺设置后双击↳ 开始分析!进行计算。

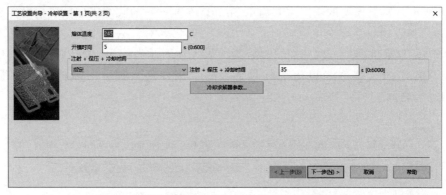

图10-5 "工艺设置向导"对话框"冷却设置"页

图10-6 "工艺设置向导"对话框"填充＋保压设置"页

图10-7 初次恒压分析保压控制曲线设置

查看"顶出时的体积收缩率"结果，如图 10-8 所示。可见近浇口处体积收缩率约 2.8%，而距浇口远端的体积收缩率约 7%，在局部安装固定柱上体积收缩率高达 11%。绝大部分区域的体积收缩率在 2.5%～7% 之间。

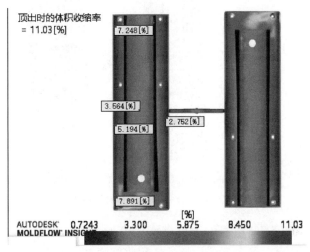

图 10-8　初次恒压分析"顶出时的体积收缩率"结果

查看"冻结层因子"结果，通过动画逐帧查看，发现浇口在约 14s 时冻结层因子达到 1，即浇口冻结时间为 14s，如图 10-9 所示。

② 第二次恒压分析。复制方案任务"Init Pres and Time"，重命名为"Init Pres and Time 40MPa"，双击打开。根据"Init Pres and Time"方案的分析，最大注射压力为 36MPa，浇口冻结时间为 14s，在此方案中将保压控制改为"保压压力与时间"，保压压力设为 40MPa，保压时间为 15s，保压控制曲线设置如图 10-10 所示，其他不变，再次分析。

图 10-9　初次恒压分析"冻结层因子"结果

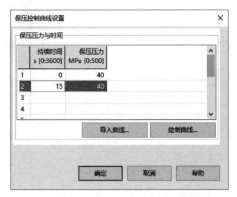

图 10-10　第二次恒压分析保压控制曲线设置

查看"顶出时的体积收缩率"结果，如图 10-11 所示。可见近浇口处体积收缩率约 2.1%，而距浇口远端的体积收缩率约 5.8%，绝大部分区域的体积收缩率在 2.1%～5.8% 之间。

③ 第三次恒压分析。复制方案任务"Init Pres and Time 40MPa"，重命名为"Init Pres and Time 50MPa"，双击打开。在此方案中将保压压力设为 50MPa，保压时间为 15s。其他不变，再次分析。查看"顶出时的体积收缩率"结果，如图 10-12 所示。可见近浇口处体积

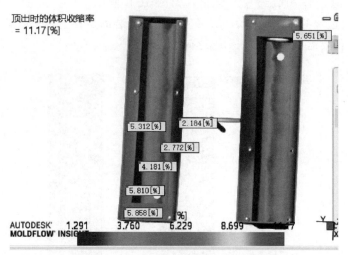

图 10-11　第二次恒压分析"顶出时的体积收缩率"结果

收缩率约为 1.6%，而距浇口远端的体积收缩率约为 4.5%，局部超过 4.5%（该模型原 CAD 模型局部壁厚较厚），绝大部分区域的体积收缩率在 1.6%～4.5% 之间。近浇口处的体积收缩率低于所要求的范围，存在过保压。

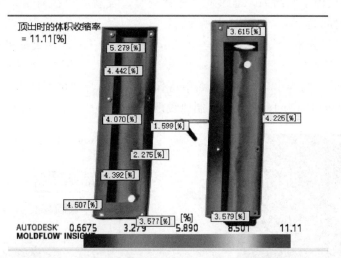

图 10-12　第三次恒压分析"顶出时的体积收缩率"结果

通过恒压保压分析及调整来确定恒压保压力为 50MPa，保压时间 15s，使顶出时的体积收缩率最大值控制在允许的体积收缩率范围内。

（4）保压曲线的初次优化

① 最后一次恒压保压分析结果的深入查看。继续查看方案任务"Init Pres and Time 50MPa"的分析结果，在其"方案任务"窗格"结果"行右键单击，选择"新建"，在"创建新图"对话框中选择"压力：XY 图"，如图 10-13 所示。而后在模型上点选近浇口点和充填末端点，出现该两个位置的"压力：XY 图"，如图 10-14 所示。可知在充填末端约 1.7s 达到压力最大值，6.8s 压力降为 0。再次查看"冻结层因子"结果，获取浇口凝固时间，如图 10-15 所示，可知浇口在 14.5s 时已经凝固。

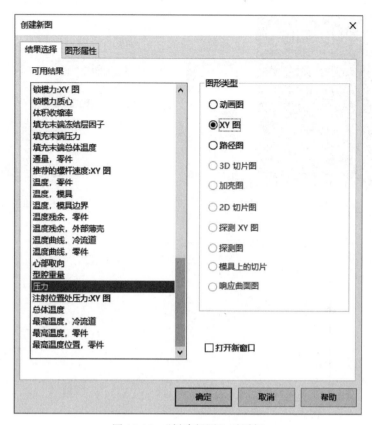

图 10-13 "创建新图"对话框

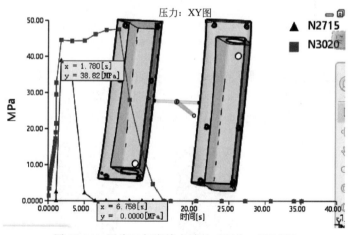

图 10-14 近浇口与充填末端的"压力：XY 图"

② 初始保压优化曲线的设定。复制方案任务"Init Pres and Time 50MPa"，重命名为"First Pressure Prof"，双击打开。其他设置不变，对保压控制曲线进行重新设置。在末端 1.7s 达到压力最大值，6.8s 压力降为 0，因而以 4.3s 时刻作为保压力开始下降时刻。考虑速度/压力切换时刻为 1.1s，速度/压力切换设备响应时间 0.1s，因此恒压段时长为 3.1s；浇口凝固时间为 14.5s，因此降压段时长为 10.2s。因此保压控制曲线设置如图 10-16 所示，点击"绘制曲线"，保压曲线如图 10-17 所示。再次进行分析。

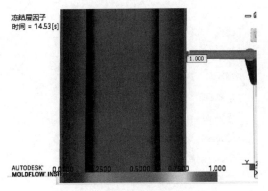

图 10-15　"冻结层因子"结果

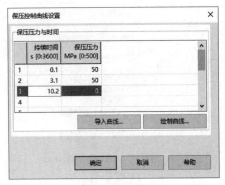

图 10-16　"保压控制曲线设置"对话框

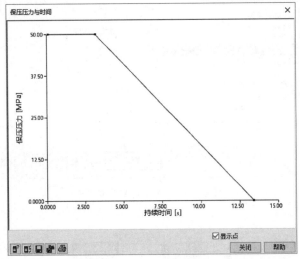

图 10-17　首次优化的保压曲线

③ 初始保压曲线优化分析结果。查看"顶出时的体积收缩率"结果，如图 10-18 所示。可见近浇口处体积收缩率约为 3.5％，而距浇口远端的体积收缩率约为 4.5％，绝大部分区域的体积收缩率在 2.5％～4.5％之间，达到保压优化分析的目标。

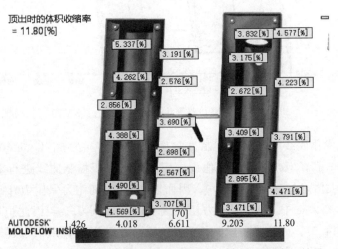

图 10-18　初始保压优化分析的"顶出时的体积收缩率"结果

新建"压力：XY 图"，并查看近浇口处、充填末端及中间位置的压力变化曲线，如图 10-19 所示。与优化前的结果图 10-14 相比，各处的压力变化曲线更为接近，这也是其顶出时体积收缩率相对较均匀的原因。

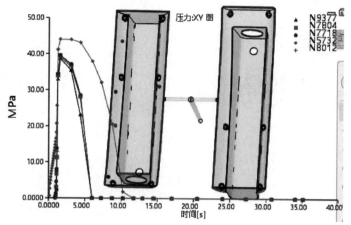

图 10-19　初始保压优化分析的"压力：XY 图"结果

本 章 小 结

保压补缩是注塑成型中保证成型质量的重要环节。本章系统地阐述了 Moldflow 中进行保压分析的设置及主要结果查看，详细地阐明了保压优化流程及原理，并结合一个实例讲解了保压分析及优化的全过程。

第11章

翘曲分析与优化

11.1 概述

"翘曲"是指注塑制件成形后,其外形尺寸与型腔尺寸产生偏离的情况。"翘曲"是注塑工艺的常见问题,严重的"翘曲"变形会影响产品的形状尺寸及使用性能,必须予以控制。

11.1.1 收缩

(1)收缩差异 引起翘曲的根本原因就是制件中收缩的差异,控制收缩差异就能控制翘曲。收缩差异可分为三类。

① 区域收缩差异:指制件中距浇口位置远近区域及厚壁薄壁区域的收缩差异。

② 厚度方向收缩差异:指型腔与型芯两侧温度的差异导致制件厚度方向两侧收缩差异。

③ 平行/垂直材料取向方向的收缩差异:聚合物分子取向方向一般与流动方向一致。对含填充材料的塑料成型,填充材料会阻碍流动方向(也是分子取向方向)的收缩,因而流动方向的收缩小于垂直流动方向的收缩。

(2)影响收缩的因素

① 体积收缩。体积收缩是所有收缩的内在驱动力。材料的PVT(压力/体积/温度)数据反映了压力和温度对体积变化的影响。

② 高冷却速率。对半结晶材料,快速冷却会降低其结晶度,从而减小其体积收缩率。

③ 流动取向。在流动过程中,由于剪切应力作用导致高分子链沿流动方向取向。在高温静止条件下分子链会发生解取向,在流动方向发生较大收缩。

④ 模具约束。制件在模腔内由于模具的约束作用,在流动平面内无法收缩(产生内应力),导致在厚度方向存在较大收缩。制件从模腔中顶出后继续冷却,内应力松弛,使得制件发生变形。

⑤ 模腔两侧温差。模腔两侧的温差导致制件两侧收缩不一致,造成制件翘曲变形。

11.1.2 收缩与翘曲

引起翘曲的收缩变量可分为以下几种。

(1)冷却差异 制件两侧的温差较大时,两侧的收缩差异会导致制件发生翘曲,如

图 11-1 所示。冷却不均的原因有：水道布局不合理；冷却液入口温度控制不合理；模具热属性较差等。

图 11-1　冷却差异

（2）收缩差异　也称为区域收缩或各向同性收缩，是不同区域的收缩差异。在充分保压的情况下一般离浇口越远，区域收缩越大（此处压力小，补缩困难），离浇口越近，收缩越小。区域收缩差异的原因有：壁厚差异、浇口位置不合理、成型工艺设置（尤其是保压时间和保压力）不合理、冷却系统设计及参数设置不合理等。如图 11-2 所示，图（a）中心比边缘厚，中心收缩大导致马鞍形的翘曲变形；图（b）边缘比中心厚，边缘收缩大导致拱顶形的翘曲变形。

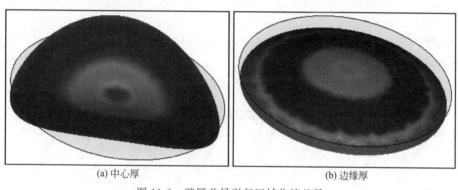

图 11-2　壁厚差异引起区域收缩差异

（3）取向效应　取向效应包括分子链和纤维取向。分子链取向取决于冻结时分子链的方向及作用应力。对纤维填充材料，取向效应还包括纤维的影响。一般，无填充材料的聚合物沿流动方向的收缩更大；对有填充材料的聚合物，垂直于纤维取向方向的收缩更大。取向效应的影响因素有：浇口位置及其充填形态与平衡；成型条件，尤其是填充时间、保压力和保压时间；冷却系统设计及参数。如图 11-3 所示的圆盘，采用中心浇口，沿径向流动取向，如图 11-4 所示。图 11-3(a) 沿流动方向的取向使得径向收缩更大，导致圆盘呈马鞍形翘曲变形；图 11-3(b) 垂直流动方向的取向使得周向收缩比径向收缩更大，导致圆盘呈拱顶形翘曲变形。

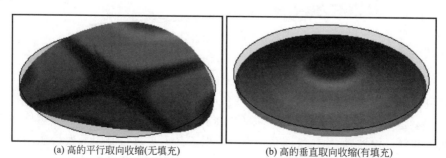

图 11-3　取向效应引起翘曲变形

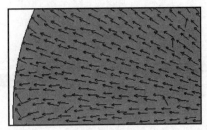

图 11-4　取向方向

11.1.3　翘曲的影响因素

翘曲的影响因素众多，可分为制件、模具、工艺条件和材料四类。

（1）制件设计

① 制件刚度。有侧壁或加强筋的制件具有较好的刚度，能抑制收缩引起的应力，从而阻止翘曲变形。

② 壁厚。一般来说，壁厚越薄，取向度就越高，收缩会越小。对无定形聚合物，增加壁厚有助于减少与取向有关的翘曲问题，如图 11-5 所示；对结晶型材料则相反，结晶型材料具有更高的体积收缩率，因此减小壁厚可降低收缩。

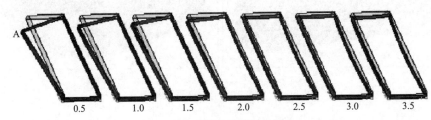

图 11-5　不同壁厚框架的翘曲

③ 壁厚变化。壁厚突变会引起两个问题：填充时的滞流（严重导致短射，充不满）、收缩差异导致翘曲变形，如图 11-6 所示。

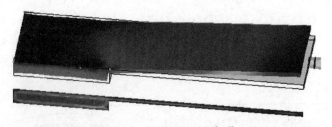

图 11-6　壁厚变化引起翘曲

（2）模具设计　模具设计时有几个关键问题会对翘曲产生显著影响。

① 浇口位置。浇口位置对翘曲影响非常大，因为浇口位置会影响流动取向和保压补缩。要求浇口应设置在厚壁区，以利于该区域的保压补缩；浇口还应保证填充尽可能平衡。

② 流道和浇口设计/尺寸。流道系统设计应保证其不会过早凝固导致保压不充分，也不能凝固耗时太久导致过保压及成型周期拖延，这都会造成翘曲变形过大。

③ 冷却系统。冷却系统对成型周期和翘曲问题都有着重大影响。冷却差异是引起翘曲

的一个主要原因。冷却越均匀，翘曲变形越小。可通过改变水道数、冷却液温度及采用高热导率合金材料来改善冷却的均匀性。一般型芯侧冷却较为困难，应该设置更多的水道，采用更低的冷却液温度或采用铜合金。冷却液温度的改变对翘曲变形的变化影响显著。

（3）工艺条件　工艺条件对制件的收缩与翘曲影响很大，如图 11-7 所示。这些工艺参数间存在较强的交互影响且一般为非线性。

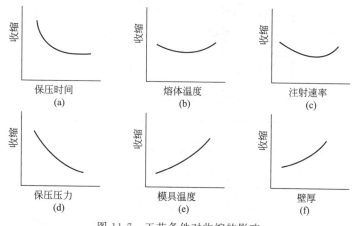

图 11-7　工艺条件对收缩的影响

① 模具温度。模具温度对成型制件具有显著影响，包括模具温度的平衡及制件的收缩和翘曲。模具温度升高，冷却速率下降，使得冷却时间延长，导致体积收缩增加。若翘曲的主要原因是冷却不均，冷却液温度对翘曲有很大的影响。

② 熔体温度。随着熔体温度的升高，制品的体积收缩也会增大。熔体温度越低，收缩变化相对会更小些。为了达到同样的保压效果，随着熔体温度的升高，保压力也要增大。

③ 注射时间。注射时间对体积收缩率的影响较小。

④ 保压时间。保压时间是影响制件体积收缩、翘曲及翘曲稳定性的非常重要的因素。保压时间必须确保浇口已经凝固。若保压时间过短，在保压结束时浇口尚未凝固，则会有熔体回流，导致近浇口区域的体积收缩过大。

⑤ 保压压力。随着保压压力增加，体积收缩下降。随保压压力增加，保压时间可能也需相应更长些，以保证浇口凝固。保压力大小会影响到制件的重量及线性尺寸。若在整个保压期间维持较高的保压力，则在近浇口区会发生过保压，其体积收缩率会相对较小。而若保压力在浇口凝固前就撤除，则在近浇口区会发生欠保压，其体积收缩率会较大，如图 11-8 所示。保压力过小也会导致欠保压，使得保压补缩不充分，需通过优化保压曲线来避免过保压和欠保压。

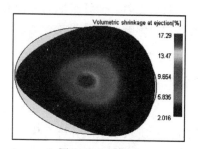

图 11-8　欠保压

（4）材料

① PVT 属性。所有的材料属性对翘曲有着或多或少的影响。除了黏度影响制件充填及保压所需的压力，分子链结构的影响也非常大。无定形材料和结晶型材料的 PVT 属性曲线有明显区别，如图 11-9 所示。相应地，在相同的保压力作用下，结晶型材料的体积收缩要比无定形材料大，如图 11-10 所示。要达到同样的体积收缩，结晶型材料所需的保压力要高得多。

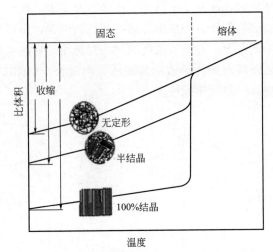

图 11-9　无定形材料和结晶型材料的 PVT 属性曲线

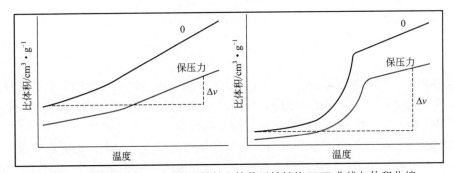

图 11-10　给定保压力下无定形材料和结晶型材料的 PVT 曲线与体积收缩

② 结晶度差异。材料为半结晶材料时，壁厚的改变对体积收缩影响显著。壁厚越厚，冷却越慢，结晶度越高，导致体积收缩越大，翘曲一般也越大。

③ 填充材料。填充材料填充量及其取向对制件的收缩和翘曲影响很大。在纤维取向方向，收缩受阻。但纤维取向方向有可能与流动方向不一致。在辐射状流动时，纤维取向不是受剪切力影响，而是受拉伸力影响（流动方向的速度发生改变），使得纤维取向垂直于流动方向。

11.1.4　翘曲分析流程

在 Moldflow 中能够进行翘曲分析，并实现其优化。制件的翘曲分析及优化流程如图 11-11 所示。翘曲分析与优化是整个成型分析与优化流程的最后一步，充填、冷却和保压都会影响到制件的翘曲变形，翘曲分析是对这些分析与优化工作的一个总体检验。当然，若这些流程步骤分析优化合理，制件翘曲应该会很小。若翘曲量超出允许值，则需调整优化，直到翘曲变形量在可接受范围内。

翘曲分析分为四个步骤：确定翘曲类型，确定翘曲量，确定翘曲原因和降低翘曲量。这个过程中的每一步都很重要。

（1）确定翘曲类型　翘曲类型有两种：稳定翘曲和不稳定翘曲，即屈服和不屈服，如图 11-12 所示。当前只有中性面模型的分析能够确定翘曲的类型。产生屈服的一般是产品上非常细小的结构部分，而且产品所用的是弹性模量很低的材料，产生屈服的这种情况很少出现。对于双层面模型，是假设产品不会发生屈服。如果采用的网格模型是中性面模型就必须选择翘曲类型。

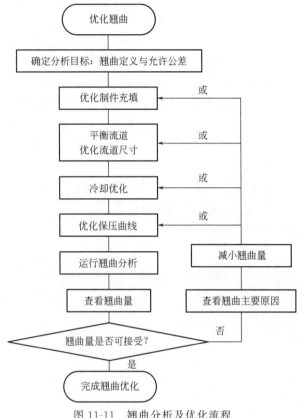

图 11-11　翘曲分析及优化流程

（2）确定翘曲量　通过翘曲分析确定翘曲量大小，判断产品的变形是否超过设计要求。

（3）确定翘曲原因　如果翘曲量超出了设计要求或使用许可公差，就需要确定导致翘曲的原因。在 Moldflow 中，翘曲分析可以孤立地分析出冷却不均、收缩不均、取向效应和角效应（由厚度方向收缩比流动平面收缩更大引起，仅适用于中性面和双层面网格）四种因素对翘曲变形的贡献，从而找出其主要影响因素，进而有针对性地采取措施予以解决。

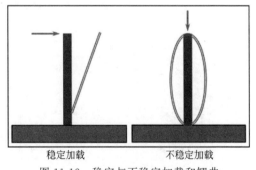

图 11-12　稳定与不稳定加载和翘曲

（4）降低翘曲量　一旦知道了翘曲原因就需要采取相应措施来减小翘曲。这包括观察与翘曲原因有关的流动、冷却以及翘曲的分析结果，以决定应该采取什么方法来降低翘曲量。一般改善翘曲的方法有改善产品设计、模具设计和工艺条件，但需要明白怎样的改善才能对减小翘曲有用。

11.2 分析设置与结果查看

11.2.1 分析设置

（1）分析序列选择　与"翘曲"分析有关的分析序列主要有："冷却＋填充＋保压＋翘曲""填充＋冷却＋填充＋保压＋翘曲""填充＋保压＋冷却＋填充＋保压＋翘曲"和"填充＋保压＋翘曲"四种。第一种以均匀的型腔熔体温度为冷却初始条件，第二、三种以均匀的型腔模具温度为初始条件。以均匀的型腔熔体温度为冷却初始条件所分析的翘曲变形要更准确些。"填充＋保压＋翘曲"分析序列不含冷却分析，不能计算冷却不均对翘曲的影响，只有在产品设计时想考察其设计对翘曲影响时才采用。因此一般最好选择"冷却＋填充＋保压＋翘曲"分析序列。

（2）工艺设置　在"方案任务"窗格中双击 工艺设置 行打开"工艺设置向导"，在第三页进行翘曲相关设置。不同的网格类型翘曲设置也不同，中性面、双层面和 3D 模型的翘曲设置分别如图 11-13～图 11-15 所示。

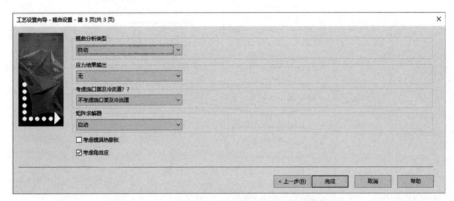

图 11-13　中性面网格模型的翘曲设置对话框

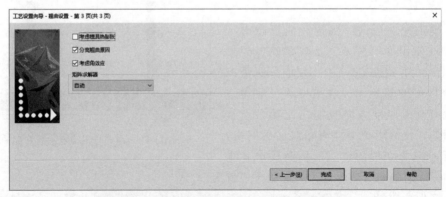

图 11-14　双层面网格模型的翘曲设置对话框

① 翘曲分析类型。翘曲分析类型有"自动""小变形""大变形"和"挫曲"四种，四种类型均适用于中性面网格，后三者适用于 3D 网格模型。对双层面网格无此选项，系统采用"小变形"分析。

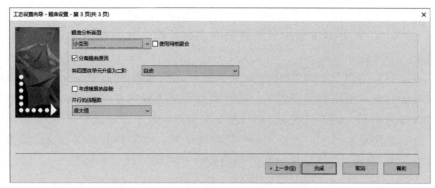

图 11-15　3D 网格模型的翘曲设置对话框

a. 自动。此选项只适用于中性面网格模型。如果要求确定翘曲是否稳定，则选择此选项。选择"自动"选项后，将先运行"挫曲"分析，如果确定翘曲不稳定（特征值小于1.5），则继续运行大变形分析来确定真正的零件变形后的最终形状，否则执行小变形分析。建议先选择"自动"进行分析。

b. 小变形。此选项适用于中性面和 3D 网格模型。"小变形分析"又称"线性分析"，指收缩应力与翘曲变形成线性关系。如果预计零件的翘曲是稳定的，则选择这种分析类型。这种分析类型允许启用"分离翘曲原因"选项。

c. 大变形。此选项适用于中性面和 3D 网格模型。"大变形分析"又称"非线性分析"，指收缩应力与翘曲变形间无线性关系。如果分析零件的翘曲是不稳定的（由之前的"自动"或"挫曲"分析确定），或者零件的翘曲是边界稳定/不稳定的和/或希望最精确地预测零件形状，选择这种分析类型。可指定求解器参数设置。

d. 挫曲。此选项适用于中性面和 3D 网格模型。"挫曲分析"又称"线性失稳分析"，该分析先进行小变形分析，再确定要发生失稳所需的收缩应力。可判定确定零件的翘曲是否稳定。翘曲是稳定的（临界载荷因子＞1），则由挫曲分析获得的变形结果能够很好地表示零件变形后的最终形状。如果翘曲是不稳定的（临界载荷因子＜1），则还需要运行大变形分析来确定零件变形后的最终形状。

② 分离翘曲原因。只在双层面网格及中性面与 3D 网格的"小变形"翘曲分析中有该选项。如果勾选"分离翘曲原因"选项，则除了总的变形结果，还会分别给出冷却不均、收缩不均和取向效应对变形的贡献，以便找到翘曲变形的主要原因。

③ 应力结果输出。指定求解器将输出应力相关结果，有助于查看零件内部所包含的应力。有"无""主残余应力""最大剪切应力""Mises-Hencky 应力"四种选择。对于较大模型，在计算应力结果时可能需要很多 CPU 时间，而所得到的结果也将占用大量磁盘空间。

④ 考虑浇口面及冷流道。指定在执行翘曲或应力分析过程中是否考虑冷流道和/或浇口面单元。有"不考虑浇口面及冷流道""只考虑浇口面"和"考虑浇口面及冷流道"三个选择。通常会在顶出时切除冷流道和浇口，因此冷流道和浇口对零件应力产生的影响通常可以忽略不计。一般选择"不考虑浇口面及冷流道"。

⑤ 矩阵求解器。在此选择翘曲分析中要使用的等式求解器。只在中性面网格和双层面网格模型的翘曲分析中才有该选项。有"自动""直接求解器""SSORCG 求解器"和"AMG 求解器"四种。

a. 自动。分析将自动使用适合模型大小的矩阵求解器。对于中性面模型，将使用与所选翘曲分析类型选项相适合的矩阵求解器。对于小型模型，可以使用"直接"选项；对于大型模型，使用 SSORCG 求解器可减少分析时间和内存要求，从而提高求解器的性能；AMG 选项为首选项，除非内存受限。

b. 直接求解器。适用于小型到中型模型（一般为单元数小于 50000）的简单矩阵求解器。直接求解器对于大型模型而言效率较低，而且需要大量内存（磁盘交换空间）。

c. SSORCG 求解器。对于大型模型，SSORCG（对称逐次超松弛共轭梯度）迭代求解器（以前称为"迭代求解器"）要比 AMG 选项效率低，但需要的内存较少。对于中性面模型，SSORCG 求解器不支持将翘曲分析类型设置为"自动"或"挫曲"。

d. AMG 求解器。AMG（代数多重栅格）迭代求解器对大型模型非常有效。选择此选项可以显著减少分析时间，但与 SSORCG 选项相比，它需要更多的内存。对于中性面模型，AMG 求解器不支持将翘曲分析类型设置为"自动"或"挫曲"。

⑥ 考虑模具热膨胀。在注塑过程中，模温随着熔体的填充而温度升高从而引起模具型腔膨胀，致使塑件翘曲变形。勾选此复选框将会把模具型腔热膨胀因素考虑进所分析的结果当中，从而得出更客观的结论。

⑦ 考虑角效应。针对中性面网格和双层面网格模型，由于模具的原因在制件锐角区域的厚度方向比平面方向的收缩更大。对有侧壁类的制件勾选此复选框将有助于得到更准确的结果，对平板类制件则无此必要，如图 11-16 所示。

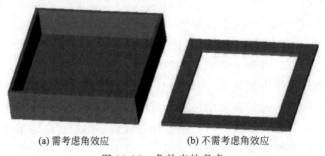

(a) 需考虑角效应   (b) 不需考虑角效应

图 11-16　角效应的考虑

⑧ 使用网格聚合和二阶四面体单元/网格选项。控制 3D 翘曲分析是否应使用网格聚合。网格聚合技术假设零件的四面体网格只有两个单元厚。对于翘曲分析，这会导致一些小的差异，但可更快地生成结果。设置此选项还会使所有四面体单元变为二阶。

⑨ 将四面体单元升级为二阶。指定在 3D 翘曲分析中是否应将网格生成器创建的四节点四面体单元（一阶单元）升级为十节点四面体单元（二阶单元）。

⑩ 并行的线程数。指定 3D 翘曲分析中并行计算要使用的线程数。

11.2.2　结果查看

（1）分析日志　对中性面网格模型的翘曲分析而言，从分析日志中可看到特征值，最小的正特征值又称为"临界载荷因子"。若临界载荷因子小于 1，则在制件上施加不足 100% 的收缩应力就能使制件失稳翘曲，即制件已发生失稳翘曲。在"自动"分析中，如果特征值低于 1.5，将继续进行"大变形"分析。但"大变形"分析并不表示制件就发生了失稳翘曲。了解制件是否失稳翘曲很关键，稳定的翘曲变形和失稳翘曲变形的分析过程是不同的。这只有从分析日志结果中才能确定。

（2）图形结果及查看

① 类型。翘曲分析结果给出了总的变形及各方向的变形，如果分析设置中勾选了"分离翘曲原因"复选框，则还有"冷却不均""收缩不均""取向效应"和"角效应"（若勾选了此选项）的结果，如图 11-17 所示。

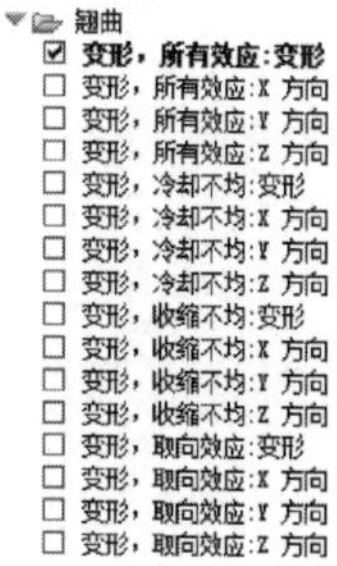

图 11-17 翘曲分析结果

若是"大变形"分析（中性面网格），则在结果名中有"（非线性、翘曲）"字样。

② 翘曲结果查看工具。勾选了"翘曲变形结果"后，在"结果"选项卡下的"翘曲"面板可用，如图 11-18 所示。点击 ◆ **可视化** 即可打开"翘曲结果查看工具"，如图 11-19 所示。如果已使用锚显示变形结果，点击 ◆ **恢复** 则恢复到默认的"最适合"（最佳拟合）显示状态。

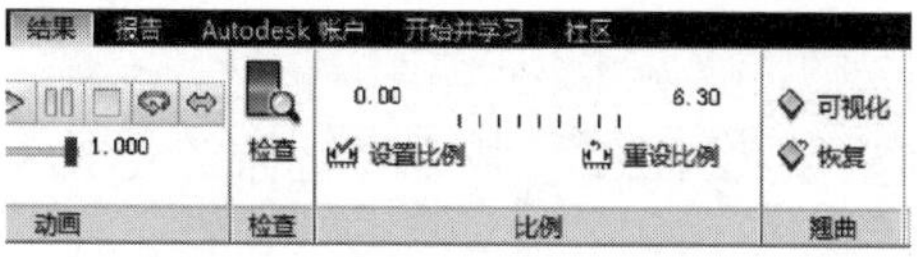

图 11-18 翘曲工具按钮

图 11-19 "翘曲结果查看工具"对话框"锚"选项卡

a. 锚。如图 11-19 所示，该选项卡用于创建、编辑或选择一个查看翘曲分析结果的参考位置。锚是用户定义的查看翘曲变形结果的参考点、线、平面，可以是一个点、两个点（确定参考线）或三个不共线点（确定"锚平面"，也叫"参照平面"）。一般常选三个节点来确定锚平面，类似局部坐标系的创建：第一点为锚点，其各方向的变形为"0"；第二点与第一点连线确定 X 方向，该线上只有 X 方向的变形；第三点确定 XY 面，参照平面上只有 XY 两个方向的变形。

图 11-20 "锚"对话框

锚节点：指定用于定义锚系统的节点。可手动输入节点编号，也可在模型显示窗格中点选节点。

锚名称：输入一个锚名称，以选取特定的锚平面。

新建：创建新的锚平面，需输入"锚平面名称"，再选择锚节点定义该锚平面。

管理锚平面：显示"锚"对话框，如图 11-20 所示。在其中可查看现有锚平面的列表，可选择锚平面进行激活、删除或重命名。

"应用于"下拉列表：选择希望将上面的设置仅应用于当前的变形图、当前方案的所有变形图，还是所有当前打开方案的所有变形图。其他选项卡也有该设置选项。

单击并按住"Shift"键，同时向上或向下拖动鼠标光标可增大或减小锚图标的大小。

b. 最适合。如图 11-21 所示，这是翘曲变形的默认显示模式，也叫"最佳拟合"，可以最大限度地减少所指定节点的变形。默认值为所有节点。从视觉角

图 11-21 "翘曲结果查看工具"对话框"最适合"选项卡

度来看，当所有节点处于选中状态时，它将使零件朝零件中心收缩。"锚平面"和"最适合"两种显示模式效果比较如图 11-22 所示。

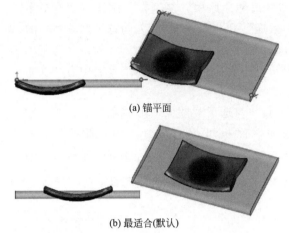

(a) 锚平面

(b) 最适合(默认)

图 11-22　"锚平面"和"最适合"两种显示模式效果比较

c.平移。如图 11-23 所示，此选项卡可与局部坐标系（LCS）或全局坐标系（GCS）一起使用，以便在负/正方向上平移/旋转变形结果。

d.显示。如图 11-24 所示，此选项卡用于设置是否显示模型上当前激活的锚平面及是否将翘曲结果与未变形零件叠加，以便观察翘曲变形。

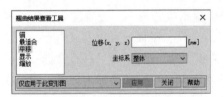

图 11-23　"翘曲结果查看工具"
对话框"平移"选项卡

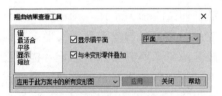

图 11-24　"翘曲结果查看工具"
对话框"显示"选项卡

e.缩放。如图 11-25 所示，此选项卡用于设置几个方向变形结果的缩放比例。

图 11-25　"翘曲结果查看工具"
对话框"缩放"选项卡

以上所查看的内容如果设置需要修改，关闭"翘曲结果查看工具"对话框后可以点击 "恢复"命令，就可以重新设置了。

③ 图形属性。点击 （"结果"选项卡 "属性"面板 "图形属性"），弹出"图形属性"对话框，在"变形"选项卡下也可进行相关设置，如图 11-26 所示。

④ 变形查询。单击 （"结果"选项卡 "检查"面板 "检查"），弹出"变形查询"对话框，如图 11-27 所示。选择一个节点，节点号将与该点的翘曲信息一起显示在对话框中。对话框底部的下拉框可用于指定坐标结果、变形结果、距离结果和收缩结果的多个组合。选择第二个节点，然后单击对话框中的"查询"，即可报告变形前和变形后节点之间的相对距离以及收缩，同时在模型窗格显示点选位置相对原位置的变形量（位移）。

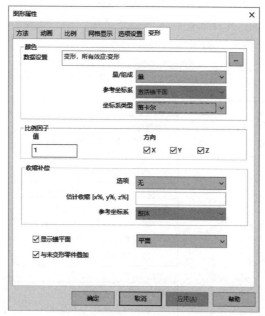

图 11-26 "图形属性"对话框"变形"选项卡

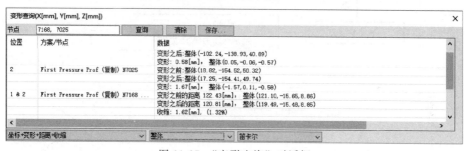

图 11-27 "变形查询"对话框

11.3 翘曲优化

翘曲优化过程也是采取措施减少翘曲变形的过程。改善翘曲的方法有改善产品设计、模具设计、成型条件和材料。

(1) 减小翘曲变形的途径

① 通过 Moldflow 分析,减少引起翘曲的变量影响,包括冷却不均、收缩不均、取向效应及角效应。采取的措施可能涉及制件的壁厚、模具浇注系统和冷却系统、成型条件等。

② 改变制件几何,提高其刚度(如增设加强筋)。

③ 选择弹性模量更高的材料,一般不推荐,这会导致材料成本增加。

(2) 翘曲优化过程

① 确定翘曲的原因,可再查看冷却、流动和翘曲结果,以更好地理解引起翘曲的主因。

② 针对引起翘曲的主因,采取相应的调整措施。

③ 重新运行翘曲分析,查看调整效果。

④ 如果翘曲量不在要求范围内，再次分离翘曲原因。

⑤ 继续查明翘曲原因，直到获得满意的翘曲结果。

翘曲的原因分析与调整策略的流程如图 11-28 所示。

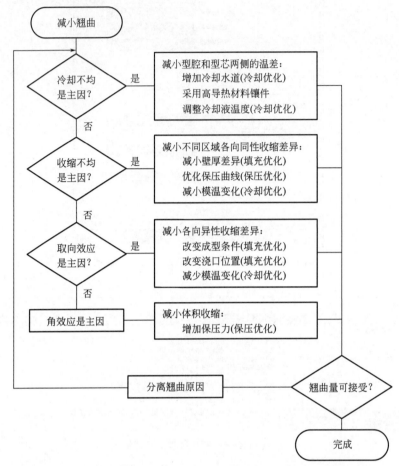

图 11-28　翘曲原因分析与调整策略流程

如果进行了产品设计的改善，那么整个分析序列中的所有分析都需要重新进行计算。基于修改的产品或模具，工艺条件也需要做出相应的优化。如果改动很小，那么重新进行相应分析的计算就可以了，如在一些案例中只需要改善保压曲线，那只需要重新进行流动分析的计算就可以了。采取了何种改善措施也就决定了哪些分析需要重新进行计算。

减少翘曲量往往是个反复迭代过程，可能有多种可行的解决方案，需要多次尝试，最终找到既满足公差要求，又经济、切实可行的解决方案。

11.4　翘曲分析与优化实例

（1）翘曲分析（第 10 章的案例为例）　在随书资料的文件夹"09-10-11 CFPW"下双击"CFPW. mpi"工程文件，自动启动 Moldflow 并打开。复制"First Pressure Prof"方案任务并重命名为"CFPW"，双击打开，分析序列改为"冷却＋填充＋保压＋翘曲"。双击 **工艺设置**，在"工艺设置向导"对话框的"翘曲设置"页勾选"分离翘曲原因"，如

图 11-29 所示。而后双击"继续分析"（该分析序列只是在原分析序列中加了"翘曲"分析，并且未对冷却、填充和保压的相关设置进行修改，因而只是在原来分析结果的基础上继续进行翘曲分析）。

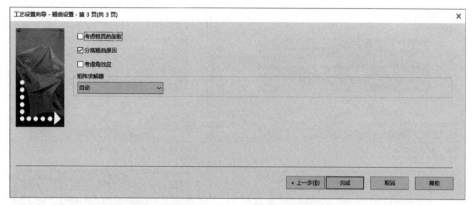

图 11-29 "工艺设置向导"对话框的"翘曲设置"页

分析完成后，查看翘曲变形结果。

由于该模型采用的一模两腔，对称布置，为便于分析，只对一腔进行结果查看。在层窗格点击"新建层"按钮，新建层并命名为"一腔"，在模型窗格中框选（只留一腔），再点"指定层"按钮，将选定的对象移到刚建的层中，关闭该层的显示。

点击"结果"选项卡下"窗口"面板中"拆分"按钮将窗格拆分为 4 格，点击"结果"选项卡下"锁定"面板中"锁定所有视图"按钮将所有视图锁定，对拆分后的窗格逐个勾选翘曲变形结果，如图 11-30 所示（此时为默认的"最适合"显示模式）。

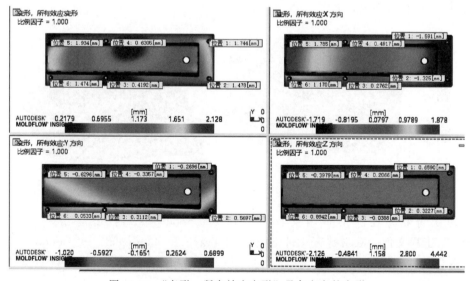

图 11-30 "变形，所有效应变形"及各方向的变形

由于该零件为装配件，主要考虑 Z 方向的翘曲变形。经对 6 个安装位置查询，Z 方向的翘曲变形范围在 1.2mm 内。X 方向的变形最大，其变形量沿 X 方向逐渐过渡，显然，这是材料的正常收缩，长度方向 3.6mm 的收缩相对近 280mm 的长度，收缩率约为 1.3%，

在模具设计时应予以补偿。

　　类似操作，查看各因素对翘曲变形的影响，如图11-31所示。可见本例中收缩不均对翘曲变形的影响最大，而冷却不均的影响最小。

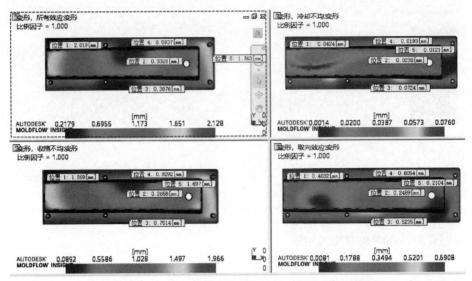

图11-31　"变形，所有效应变形"及各效应的变形

　　总体而言，制件的翘曲收缩量在可接受的范围，不需进一步优化。

　　（2）托盘的翘曲变形分析　一餐厅托盘壁厚2mm，边缘壁厚3.2mm，如图11-32所示。尺寸为"360×275"，底部四个筋板支脚高1.5mm，要求底部变形量低于1.5mm。网格模型为中面网格，材料为Lotte Chemical制造的牌号为Popelen EP-373的PP料。采用热主流道＋冷浇口中间位置进胶，如图11-32所示。

(a) 厚度　　　　　　　　　　(b) 热主流道+冷浇口

图11-32　托盘CAE模型

　　① 初次分析。在随书资料文件夹"11-2 _ Food _ Tray"下双击"11-2 Food _ Tray. mpi"工程文件，双击打开文件夹"Food Tray"→"Original"→"Food Tray Original"方案任务，其分析序列改为"冷却＋填充＋保压＋翘曲"，工艺设置如图11-33所示。

　　查看分析日志，翘曲变形的特征值结果如图11-34所示，发现临界载荷因子（即最小正特征值）为0.34，小于1，其变形为不稳定变形，因而该分析继续进行大变形翘曲计算分析。不稳定变形会因为工艺条件的较小变化而可能引起变形形状和变形量的大变化。

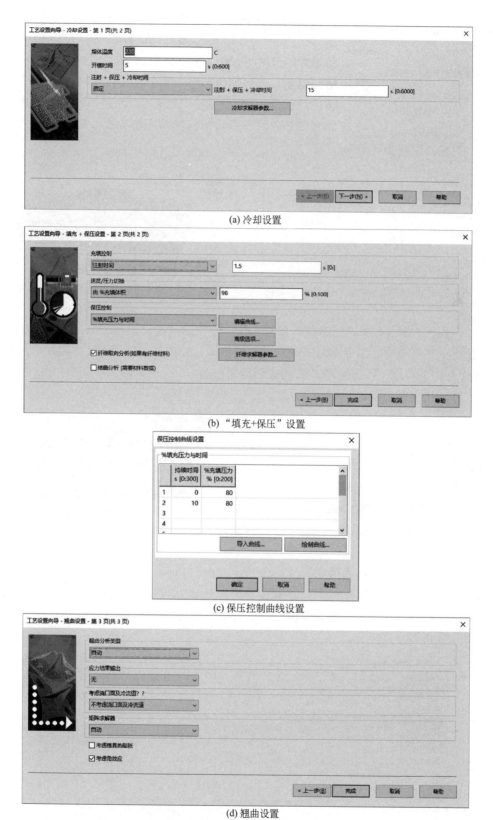

(a) 冷却设置

(b) "填充+保压"设置

(c) 保压控制曲线设置

(d) 翘曲设置

图 11-33　初次分析工艺设置

最少的 2 个特征值和相应的特征矢量：
特征值 lambda 1 = -0.25775102
特征值 lambda 2 = 0.34238202

正在从挫曲检查切换到大变形翘曲...

图 11-34　初次分析翘曲变形的
特征值结果

该制件要求能平放，其 Z 方向的变形最为关键，为此查看 Z 方向的变形。在"方案任务"窗格中勾选 ☑ **变形(大变形，翘曲)：z 方向**显示 Z 方向的变形结果；点击 ◇ **可视化**打开"翘曲结果查看工具"，在"缩放"页中设置 Z 方向的比例因子为"10"，如图 11-35 所示。Z 方向翘曲变形结果如图 11-36 所示，其变形范围为 -1.975～3.642，托盘底部中心明显高出其筋板支脚。

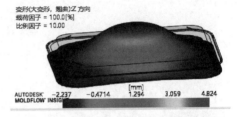

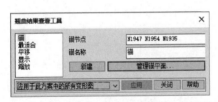

图 11-35　初次分析设置翘曲结果查看缩放比例

图 11-36　初次分析 Z 方向翘曲变形结果

将比例因子改回 1，在"翘曲结果查看工具"的"锚"页设置锚平面，旋转模型到合适位置，选择三个筋板支脚边界上的节点，定义锚平面，并选择"应用于此方案中的所有变形图"，如图 11-37 所示。再重新将 Z 方向比例因子改为"10"，变形结果如图 11-38 所示。可知托盘底部超出支脚底部达 5.155mm。

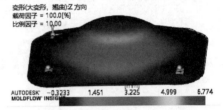

图 11-37　初次分析设置翘曲结果查看锚平面　图 11-38　初次分析设置锚平面后的 Z 方向翘曲变形结果

②"挫曲"翘曲分析及翘曲变形主因分析。复制"Food Tray Original"方案任务并重命名为"Food Tray Original _ BIW"，双击打开，在工艺设置中将翘曲分析类型改为"挫曲"分析，并在"挫曲分析求解器参数"对话框中勾选"分离翘曲原因"，如图 11-39 所示。双击"继续分析"。

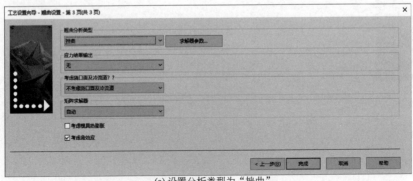

(a) 设置分析类型为"挫曲"

(b) 分离翘曲原因

图 11-39 "挫曲"翘曲分析设置

查看分析日志，有关各变量的灵敏度分析结果如图 11-40 所示。高灵敏度的变量为翘曲主要原因，由此可知本例取向效应为主要原因，该因素对输入非常敏感，输入的微小变化会导致变形的很大变化。

单变量	收缩更改标准	灵敏度
收缩不均	2.2956E-03	5.250E-01
不同的取向	3.8447E-05	8.499E+02
冷却不均	1.0621E-05	2.022E+00

图 11-40 "挫曲"分析变量灵敏度查看

制件变形为不稳定翘曲变形，因此在此不关注其变形的图形结果。

③ 翘曲变形首次优化。再次查看"Food Tray Original"的相关结果。查看其"顶出时的体积收缩率"结果，新建"各向异性收缩"结果，如图 11-41 所示。高的不均匀的各向异性收缩会导致取向相关的翘曲。查看材料的收缩属性，比较其平行收缩、垂直收缩及体积收缩，如图 11-42 所示。对某些材料，低的保压力对垂直收缩的影响远大于平行收缩的影响，导致翘曲变形。该托盘的体积收缩较大，在四个角处较高，在浇口处最高。托盘边缘壁厚较厚，高的收缩导致托盘拱起，可通过增大保压力来减小收缩。而浇口处高的体积收缩是因为保压时间过短，浇口处尚未凝固保压力就撤销了，为此应延长保压时间。查看"注射位置处压力：XY 图"，可知最大注射压力为 31MPa。逐帧查看"冻结层因子"结果，发现浇口在约 15s 时冻结。

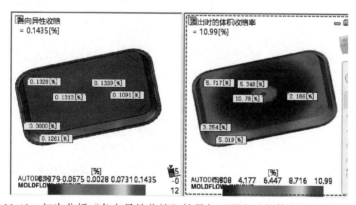

图 11-41 初次分析"各向异性收缩"结果与"顶出时的体积收缩率"结果

复制"Food Tray Original _ BIW"方案任务并重命名为"FT IPC 25 PT 18 Pack 50 MPa"，双击打开。在工艺设置中设置"注射＋保压＋冷却时间"为 25s；保压控制曲线设置如图 11-43 所示，为 50MPa 持续 18s 的保压；翘曲分析类型为"挫曲"分析，在"挫曲分析求解器参数"对话框中勾选"分离翘曲原因"。双击"开始分析"。

查看分析日志，如图 11-44 所示。发现临界载荷因子约为 0.25，还是不稳定翘曲变形；灵敏度最高的变量还是取向效应。

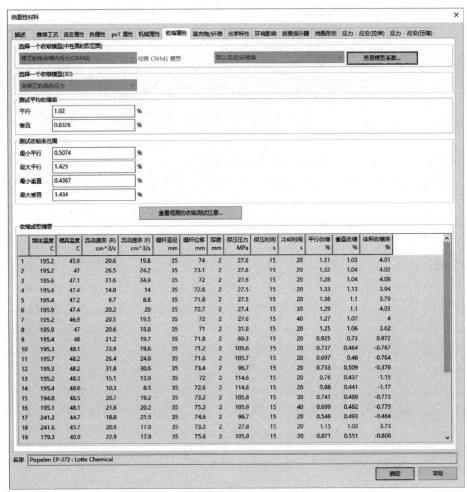

图 11-42　材料收缩属性

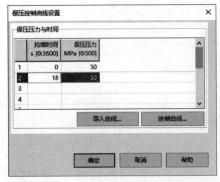

图 11-43　首次优化保压控制曲线设置

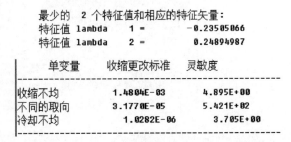

图 11-44　首次优化的翘曲相关分析日志结果

　　查看"顶出时的体积收缩率"结果，如图 11-45 所示。可知顶出时的体积收缩率相对前面的分析有了很大的改善，但临界载荷因子还是过低。

　　新建"体积收缩率：路径图"，沿模型中心到角落方向点选多个点，并指定其图形属性 Y 范围为 0～15％，如图 11-46 所示。逐帧查看"体积收缩率：路径图"结果随时间的变化，发现在 8.26s（前一帧对应时间为 6.26s）后远浇口段体积收缩率不再变化，在 1%～3% 之间，较为均匀，如图 11-47 所示。体积收缩率不再变化说明该区域应该已经完全凝固。

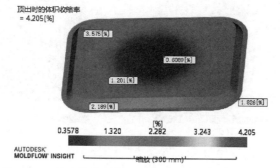

图 11-45　首次优化后的"顶出时的体积收缩率"结果

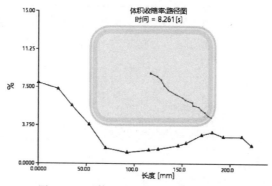

图 11-46　"体积收缩率：路径图"结果图形属性"Y 范围"设定

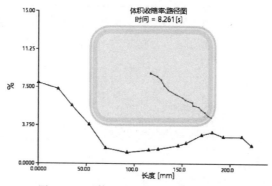

图 11-47　"体积收缩率：路径图"结果

查看"冻结层因子结果"结果，如图 11-48 所示。发现在 6.26s 时基本没有完全冻结区域，在 8.26s 时除近浇口区域外其他区域都完全冻结。完全冻结即表明其体积收缩率不再发生变化。

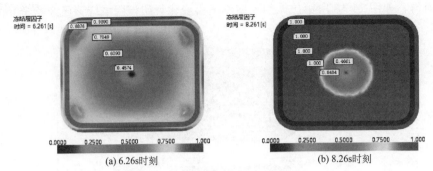

(a) 6.26s时刻　　　　　　　(b) 8.26s时刻

图 11-48　"冻结层因子结果"结果

④ 翘曲变形再次优化。为此考虑采用阀浇口，将阀浇口关闭时间定为远浇口区域完全冻结的时间。根据以上分析，选择 7s 和 8s 两个时刻，分别进行分析。

图 11-49　更改浇口属性为"热浇口"

复制"FT IPC 25 PT 18 Pack 50 MPa"方案任务并重命名为"FT IPC 25 VG7 50 MPa"，双击打开。放大显示浇口区域，选择热主流道下冷浇口的两个单元，更改其属性为"热浇口"，如图 11-49 所示；选择该热浇口，右键单击，选择"属性"，在"阀浇口"对话框中指定阀浇口控制器为"阀浇口控制器默认值"，如图 11-50 所示。单击"编辑"按钮，在"查看/编辑阀浇口控制器"对话框中设置

其关闭时间为 7s，如图 11-51 所示。

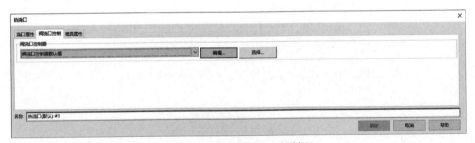

图 11-50　"阀浇口"对话框

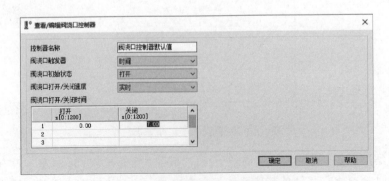

图 11-51　"查看/编辑阀浇口控制器"对话框

在工艺设置中保压控制曲线设置为 50MPa 持续 10s 的保压（阀浇口关闭后保压自动结束），翘曲分析类型为"自动"分析，其他设置不变，双击"开始分析"。

查看分析日志中翘曲分析相关结果，如图 11-52 所示。可见临界载荷因子高达 2.88，其变形为稳定变形。查看其 Z 方向变形结果，如图 11-53 所示。最大变形发生在长边边缘，托盘底部 Z 方向的变形量仅为 0.55mm，满足在 1.5mm 范围内的要求。

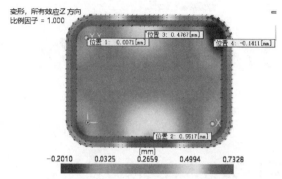

```
最少的  2 个特征值和相应的特征矢量：
特征值 lambda    1 =        2.23800755
特征值 lambda    2 =        2.88458920
```

图 11-52　阀浇口 7s 关闭时的特征值　　　　图 11-53　阀浇口 7s 关闭时的 Z 方向变形

复制"FT IPC 25 VG7 50 MPa"方案任务并重命名为"FT IPC 25 VG8 50 MPa"，双击打开。设置阀浇口关闭时间为 8s。工艺设置不变，进行分析。查看分析日志中翘曲分析相关结果，如图 11-54 所示。可见临界载荷因子为 1.7，其变形为稳定变形。查看其 Z 方向变形结果，如图 11-55 所示。最大变形发生在托盘中间，托盘底部 Z 方向的变形量仅为 1.38mm，满足在 1.5mm 范围内的要求。但显然阀浇口关闭时间为 7s 时的翘曲变形更小。

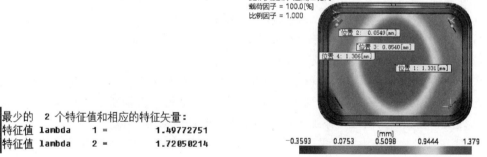

```
最少的  2 个特征值和相应的特征矢量：
特征值 lambda    1 =        1.49772751
特征值 lambda    2 =        1.72050214
```

图 11-54　阀浇口 8s 关闭时的特征值　　　　图 11-55　阀浇口 8s 关闭时的 Z 方向变形

综上所述，可确定该托盘采用阀浇口，阀浇口关闭时间为 7s，10s 的 50MPa 保压，IPC 时间为 25s 可获得较小变形，满足要求的制件。

本 章 小 结

翘曲变形是注塑件的常见问题，主要由收缩引起。本章对翘曲变形的原因、影响因素进行了详细阐述。对在 Moldflow 中翘曲分析流程、分析设置及结果查看及翘曲优化策略进行了详细说明。最后通过一个双层面网格模型和一个中性面网格模型两个例子具体而系统地说明了翘曲分析及优化过程。

第12章

分析报告的创建

当完成一项分析后，可通过"报告生成"功能生成分析结果来表达相关信息。

12.1　分析报告生成向导

对零件设计进行分析后，可使用模板创建基于分析结果的报告。报告模板定义最终报告的布局和结构以及想要包括的所有信息。选择报告模板后，即可添加所有需要信息并创建报告。

① 单击 "报告向导"。打开"报告生成向导-方案选择-第一页"对话框。

② 在"可用方案"窗口中，选择报告所需的方案，然后单击"添加"按钮。根据需要继续添加方案。完成后单击"下一步"。

③ 在"报告生成向导-数据选择"页面中，选择要包括在报告中的各个方案的结果，然后单击"添加"按钮，或者单击"全部添加"选择所有结果。完成后单击"下一步"。

④ 在"报告格式"下拉列表中，选择要使用的文件格式。

⑤ 对于"报告模板"，可选择"标准模板"（针对所有报告格式）或"用户创建的模板"（仅限 Word 文档或 PowerPoint 演示文稿格式）。

⑥ 选择"封面"选项，然后单击"属性"。输入报告封面信息，然后单击"确定"。

⑦ 对于"报告项目"窗口中列出的各个结果，指定是否要重新生成图像。根据需要更改屏幕截图属性和动画属性，添加要包括到报告中的任何描述文本。

⑧ 要重新排列报告中的结果顺序，请单击"上移"和"下移"。要在结果描述中插入文本部分，应单击要在其上放置文本块的结果，然后单击"文本块"。

⑨ 完成后单击"生成"。如果将报告另存为 HTML 文件，则报告会在默认的互联网浏览器中自动打开。

12.2　分析报告内容的添加

可通过这组报告功能向报告中添加附加内容，如：封面、文本、图像和动画。

12.3　分析报告的编辑、查看和发送

可从"报告"菜单中选择相应的功能来对报告进行编辑、打开、预览或发送操作。

12.4 分析报告创建实例

本例以第"16章应力分析"为例，一个项目分析完后，工程视窗如图 12-1 所示。选择"主页"选项中的  "报告"命令。

图 12-1　工程视窗

12.4.1 创建分析报告

① 单击  "报告向导"。打开"报告生成向导-方案选择-第 1 页"对话框，如图 12-2(a) 所示。

② 在"可用方案"窗口中，选择报告所需的方案，然后单击"添加"按钮，根据需要继续添加方案，如图 12-2(b) 所示。

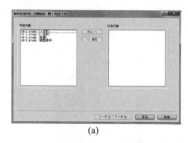
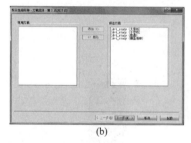

(a)　　　　　　　　　　　　(b)

图 12-2　"报告生成向导-方案选择-第 1 页"对话框

③ 完成后单击"下一步"。打开"报告生成向导-数据选择-第 2 页"对话框，如图 12-3(a) 所示。在"报告生成向导-数据选择-第 2 页"页面中，选择要包括在报告中的各个方案的结果，然后单击"添加"按钮，或者单击"全部添加"选择所有结果，如图 12-3(b) 所示。

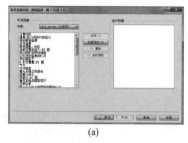
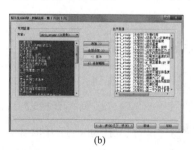

(a)　　　　　　　　　　　　(b)

图 12-3　"报告生成向导-数据选择-第 2 页"对话框

④ 完成后单击"下一步"，打开"报告生成向导-报告布局-第 3 页"对话框。如图 12-4 所示。"报告生成向导 - 报告布局-第 3 页"对话框中，在"报告格式"下拉列表中，选择"HTML 文档"格式。"报告模板"选择"标准模板"。勾选"封面"选项，点选"属性"按

钮，打开"封面属性"对话框，输入所需内容，如图 12-5 所示。

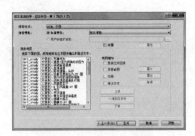

图 12-4 "报告生成向导-报告布局-第 3 页"对话框　　　图 12-5 "封面属性"对话框

图 12-6 工程视窗

⑤ 对于"报告项目"窗口中列出的各个结果，指定是否要重新生成图像。根据需要更改屏幕截图属性和动画属性，添加要包括到报告中的任何描述文本。要重新排列报告中的结果顺序，可以单击"上移"和"下移"。要在结果描述中插入文本部分，请单击要在其上放置文本块的结果，然后单击"添加文本块"。最后单击"生成"按钮。分析完成后，工程视窗如图 12-6 所示。

⑥ 生成分析报告如图 12-7 所示。报告还包括"分析日志""结果摘要""机器设置"的内容文件，如图 12-8 所示。

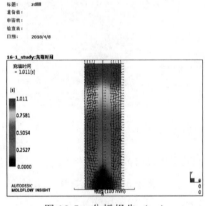

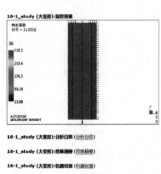

图 12-7 分析报告（一）　　　　　　图 12-8 分析报告（二）

12.4.2 添加分析报告内容

① 单击 "封面" 按钮，打开"封面属性"对话框，如图 12-5 所示。选择"封面图片"选项，然后单击 "浏览"查找现有图片。

② 选择 "文本" 按钮，打开"添加文本块"对话框，如图 12-9 所示。在"名称"文本框中，输入文本标题，在"描述文本"框中，键入要在报告中包括的文本，然后单击"确定"。可添加文本块来描述分析结果。此文本独立于报告的图像或动画文本描述。

图 12-9 "添加文本块"对话框

③ 单击 "图像" 按钮，显示"添加图像"对话框，

如图 12-10 所示。在"名称"文本框中，输入图像的名称，并根据需要添加描述文本。单击"图像属性"显示"屏幕截图属性"对话框，如图 12-11 所示。选择"使用现有图像"选项查找现有图像，或选择"生成图像"选项创建新图像。在"图像格式"下拉列表中，选择"JPEG 图像"。以像素为单位输入图像的"高度"和"宽度"。在"旋转角度"区域内，使用 X、Y 和 Z 坐标定义旋转；或者，单击下拉箭头以显示先前保存的视角。

图 12-10 "添加图像"对话框

图 12-11 "屏幕截图属性"对话框

④ 点选"确定"返回，报告将自动添加。

12.4.3 分析报告的编辑、查看、发送

① 单击 "编辑向导"按钮，打开"报告生成向导-方案选择-第 1 页"对话框。

② 在"所选方案"窗口中，选择报告所需的方案，然后单击"添加"或"删除"按钮。然后单击"下一步"。"添加"报告中所要包含的任何结果，或"删除"任何不需要包含的结果，然后单击"下一步"。

③ 更改各个结果的模板、封面、图形、动画和文本属性，或更改报告中的项目顺序，然后单击"生成"。

④ 单击 "打开"按钮，或者在"工程视图"窗格中的报告上单击鼠标右键，然后选择"打开报告"。根据报告文件类型的不同，报告将通过与文件类型相关联的默认程序打开。

⑤ 单击 "视图"按钮，HTML 格式的报告将在 Autodesk Moldflow 程序中打开。

⑥ 发送报告前，必须先生成报告。

⑦ 预览报告以检查信息是否正确以及显示是否正确。报告将通过与此文件类型相关联的默认程序打开。

⑧ 浏览到工程所在的目录，然后打开"报告"文件夹。

注：工程文件通常位于工程文件夹中，如"My Documents \ My AMI 20xx Projects"。

⑨ 查找报告文件并将其发送至接受人。

如果是 HTML 报告，在将其发送至接受人之前，应将报告文件夹存档或压缩为单个文件。

如果是 PowerPoint 或 Word 报告，则不必存档文件夹。可以将单个 PowerPoint 或 Word 文件发送至接受人。

本 章 小 结

本章介绍了软件的"报告向导"模块。创建的分析报告包括了所有分析内容，以图片和文字形式展示出来，方便读者查阅，并且可以对分析报告进行编辑、添加、删减。

第13章

注塑模流分析完整过程示例

13.1 概述

前述各章节详细阐述了常规注塑模流分析各环节，并有一案例贯穿始终。本章再以某品牌电饭煲底座为例，详细阐述其注塑模流分析的全过程，以期让读者对各环节的前后关联有个更真实的认识与更透彻的理解。在此不再对软件详细操作赘述，只阐述其过程与分析。本章的案例文档在随书资料"13-BaseOfRiceCooker"文件夹中。

13.2 分析前的准备

13.2.1 CAD 模型准备

电饭煲底座零件结构较为复杂，其零件造型及注塑模具设计均在 UG 软件中完成。该零件总体（长×宽×高）尺寸为"390×270×80"，总体壁厚为 2mm，有侧孔侧凹结构，有较多筋板、小孔、圆角等特征，其 CAD 模型如图 13-1 所示。零件模型以."CATPart"格式导出。

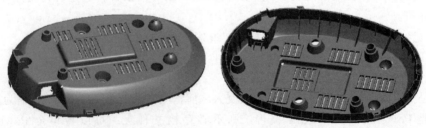

图 13-1　电饭煲底座 CAD 模型（外侧与内侧）

13.2.2 CAD 模型修复与简化

（1）模型修复　模型导入 CAD Doctor 后进行自动检测，软件对模型的错误检查统计后的结果如图 13-2 所示，其中自由边的数量是最多的。首先考虑使用自动修复的方式进行修复，这样就能减少手工修复的工作量，自动修复后的错误检查统计结果如图 13-4 所示，与

图 13-3 的统计结果相比，除了自由边的数量没有变化外，其他的错误都已经得到了修复。自动修复后错误数不变的是自由边，说明软件对还存在的自由边已经无法自动修复了，需手动修复，对于自由边的修复常用的是缝合工具，根据实际经验，修复公差使用 0.254mm 可以修复大量的自由边，同时可以防止产品变形，修复后自由边数量还是没变，此时就需要找到自由边具体所在的位置进行逐个修复。双击自由边，通过软件的转换窗口功能，软件会将每一处的自由边逐个显示出来，针对不同位置的自由边利用缝合、拆分面等工具修复，直至自由边的数量为 0，当自由边的数量修复为 0 后，此时还存在的错误很多是和自由边相关的，运行自动统计查看残存的错误数量。然后再运行自动修复，修复完成后错误数量全为0，修复后的模型如图 13-5 所示。

图 13-2　初始模型

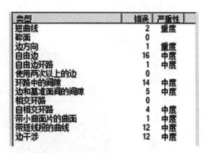

图 13-3　自动检测结果

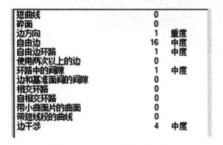

图 13-4　自动修复结果

图 13-5　模型修复结果

（2）模型简化　将软件的工作界面切换为简化模块，将模型中的 4mm 以下的圆角和一些小凸台、凹坑等通过简化模块去除掉，因为这些小特征的存在使得整个网格模型的纵横比太大、网格匹配率太低，这样，划分网格时就需要减小网格划分时的全局边长，从而导致网格数量急剧增加，不利于分析的进度。简化模型的基本前提是需要简化的小特征不会对塑料熔体在型腔中的流动充填带来很大的影响，这样才可以删除这些特

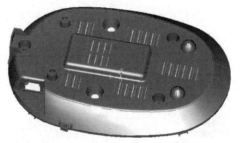

图 13-6　修复与简化后的模型

征，否则是不可以简化的。经过简化后的模型如图 13-6 所示。

13.2.3　CAE 网格模型的准备

网格模型是整个模流分析流程进行的前提，所以在正式进行模流分析前需要对 CAD 模型进行三角形网格的划分并保证其质量。此处 CAD 模型选择双面网格类型，全局网格边长一般设置为壁厚的 1.5～2 倍，因此设为 13.5mm，对网格模型进行统计，纵横比最大为159.5，相交单元 122 个，网格的匹配百分比为 91.1%，相互百分比为 87.3%。

首先使用网格修复向导对网格进行自动修复，由于模型的曲面较多，所以自动修复时网格的纵横比控制在 10 左右。网格修复向导并不能修复所有的问题，接下来需要利用网格诊断工具逐项对网格中可能存在的问题进行诊断，然后根据诊断结果对相应的网格问题利用网格修复工具进行修复。修复后再进行网格统计，纵横比最大 10.6，相交单元 0 个，匹配百分比 91.36%，相互百分比 91.35%，网格总数为 70510，节点数量为 35101。

划分后的网格厚度必须要和模型的厚度一致，这样分析得到的结果才会准确，所以还需要对修复好的网格进行厚度诊断，如图 13-7 所示，厚度诊断结果与模型厚度是一致的。

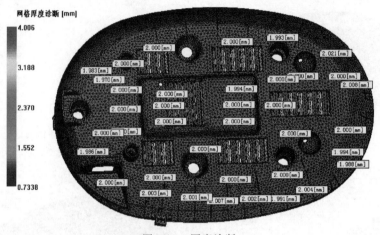

图 13-7　厚度诊断

13.3　充填分析及优化

13.3.1　浇口位置选择

在软件的材料库中按照要求选择 Borealis Europe 生产 PP 料，根据产品的投影面积和充填体积选择海天注塑机 HTF650×2，PP 材料的推荐工艺如图 13-8 所示。

对于一个塑件可以有多种浇口数量的选择方案，一个浇口填充是采取点覆盖面的方式，

图 13-8　材料的推荐工艺

两个浇口充填是用线覆盖面的方式，三个及以上的浇口进胶则是采用面覆盖面的方式。同时考虑到产品的外表面有一定的外观要求以及产品的具体结构，因此浇口的位置只能放在外表面，这样就只能考虑使用点浇口进胶。由于塑件的尺寸较大，进胶量就会较大，如果采用一个点浇口进胶和两个点浇口进胶，充填就会受到浇口尺寸的限制，生产产品就会需要很长的注射时间，塑料在流道里的流动速率也要求很快，这样就会使塑料在流道系统里流动时相应的壁上剪切应力和剪切速率超过材料推荐的许可值，从而

导致塑料的降解，生产出来的产品会出现很多缺陷。因此该塑件考虑使用三个以上的点浇口进胶。

设置软件的分析序列为"浇口位置"，在工艺设置中设置不同的浇口的数量进行浇口位置的分析。

图 13-9 所示的为三个浇口位置的分析结果，浇口的位置全部在外表面上，可以接受，考虑后期的加工，浇口的位置还需做进一步调整，尽量使浇口的位置不出现在曲面和圆角处，这样的位置不容易加工。

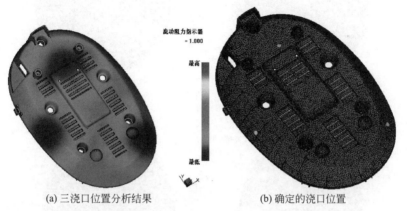

(a) 三浇口位置分析结果　　　　　　　(b) 确定的浇口位置

图 13-9　三浇口方案

图 13-10 所示为四个浇口位置的分析结果，其中三个的位置是可以接受的，但是左上方的浇口只能按侧浇口加工出来，这样不利于脱模，所以四个浇口的方案不合理。

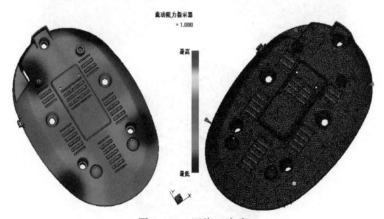

图 13-10　四浇口方案

图 13-11 所示的五个浇口位置几乎全部在产品的内表面，所以浇口位置是不合理的。

图 13-12 所示的六个浇口的位置情况与五个浇口的类似，所以六个浇口的位置也不合理。

由以上不同浇口数量的浇口位置分析结果可知，三个浇口的位置是可以接受的，浇口数量再增加，浇口位置会更多地往产品内部移动，这是不可接受的。

建议设置限制性浇口位置节点使分析的浇口位置在许可的区域内，这将使浇口位置分析更具针对性和可行性。

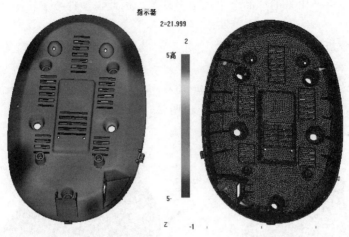

图 13-11　五浇口方案

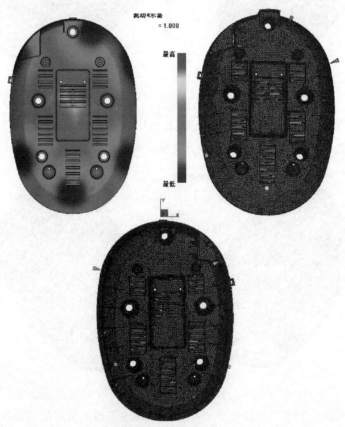

图 13-12　六浇口方案

13.3.2　快速充填分析

接下来用三个浇口进行快速充填进一步评价 3 个浇口的具体充填效果，如图 13-13 所示为快速充填后产品表面熔接痕的位置，可以看到熔接痕的长度很长，对外观及力学性能影响较大，因此三个浇口所分析的浇口位置也是不可以接受的。

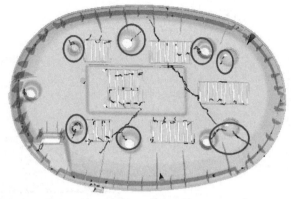

图 13-13　熔接痕

对于这个产品，浇口位置的选择应对外观没有很大的影响，且充填后熔接痕的位置尽量不要通过受力部位，所以参考三个浇口的充填结果以及产品的结构，确定浇口的位置如图 13-14 所示。

比较图 13-15 和图 13-13 的熔接痕，优化后的五个浇口充填所产生的熔接痕长度缩短了，同时也尽量避开了受力部位。

图 13-14　优化后浇口位置

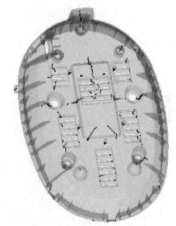

图 13-15　优化后方案的熔接痕结果

13.3.3　成型窗口分析

成型工艺参数会直接影响到产品的质量，成型窗口的范围越宽，越容易得到合格的产品。Moldflow 中的成型窗口分析可以确定能够生产出合格质量的产品的工艺参数范围。成型窗口分析的参数设置为：注射压力限制因子 0.8，锁模力限制关闭，剪切速率限制因子为 1，剪切应力限制因子为 1，流动前沿温度下降限制最大为 20℃，上升限制最大温度限制为 2℃，注射压力限制因子 0.5，锁模力限制因子 0.8，其余参数默认。

显示"质量：XY 图"结果，如图 13-16 所示，将横坐标轴改为注塑时间，拖动模具温度和溶体温度的滑块，观察质量的变化，保证最高的质量高于 0.8 就可以了，从而确定模具温度为 42℃，熔体温度为 201℃。

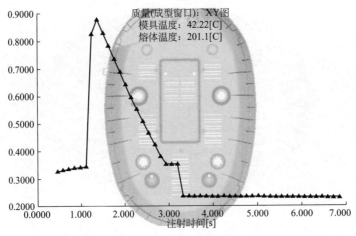

图 13-16　质量：XY图

　　显示"区域：2D幻灯片图"结果，如图13-17所示，在成型窗口区域切片图中，在"首选"工艺参数范围区，可以获得较好质量，在"可行"工艺参数范围区，可获得合格质量的产品。将"切割轴"改为"模具温度"，输入模具温度为42℃，通过检查结果工具，结合首选区域和通过"质量：XY图"分析出来的熔体温度，确定充填时间为2.1s。

模具温度=42.00[C]　　　　区域(成型窗口)：2D幻灯片图

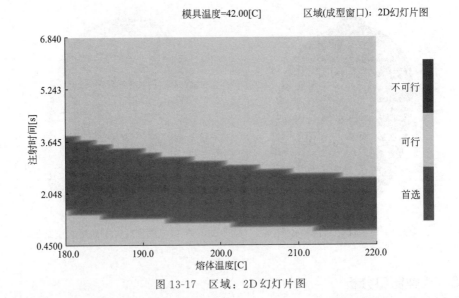

图 13-17　区域：2D幻灯片图

　　显示"最大剪切速率：XY图"结果，如图13-18所示，在模具温度为42℃、溶体温度为201℃的成型条件下，熔体充填在0.45s时剪切速率最大为7030.3s^{-1}，小于材料的最大剪切速率。

　　显示"最大剪切应力：XY图"结果，如图13-19所示，熔体充填在0.45s时最大剪切应力为0.16/s，小于材料的最大剪切应力。

　　成型窗口分析结论：模具温度为42℃，复合材料推荐的模具温度范围20～60℃；熔体温度为201℃，在材料推荐的熔体温度范围180～220℃范围内；充填时间为2.1s；在0.45s时最大剪切速率为7030.3s^{-1}，小于材料的最大剪切速率为40000s^{-1}；剪切应力为

0.16MPa，小于材料的最大剪切应力 0.5MPa。

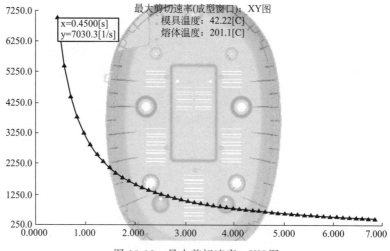

图 13-18　最大剪切速率：XY 图

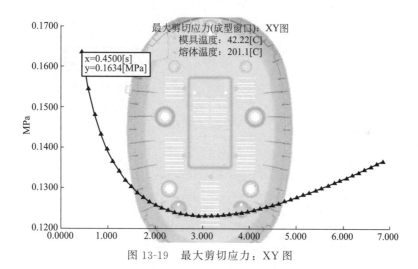

图 13-19　最大剪切应力：XY 图

13.3.4　充填分析

以成型窗口分析确定的工艺参数（模具表面温度 42℃，熔体温度 201℃，充填控制为充填时间 2.1s，其他默认）进行充填分析，可以比较全面地分析得到准确的充填时间、注射压力、流动前沿温度以及壁上剪切力等数据，而且还能预测可能出现熔接痕、气穴等缺陷的位置。

如图 13-20 所示，充填分析得出的充填时间为 2.5s。由注射处"压力：XY 图"（图 13-21）和"锁模力：XY 图"（图 13-22）可知，最大注射压力为 31MPa，最大的锁模力为"178tonne"，均发

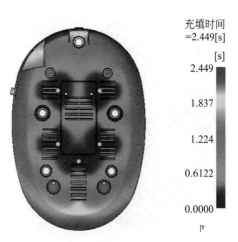

图 13-20　充填时间

生在 2.344s，这个时间为速度/压力的装换的时刻。

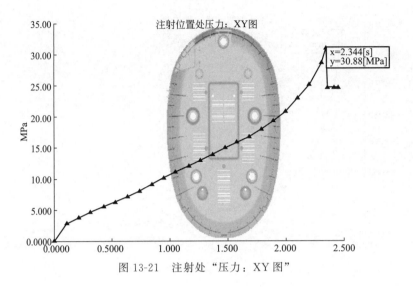

图 13-21　注射处"压力：XY 图"

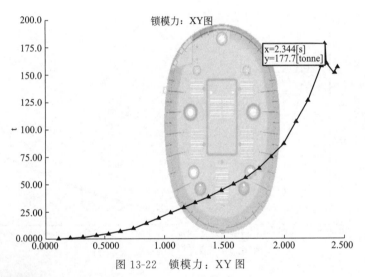

图 13-22　锁模力：XY 图

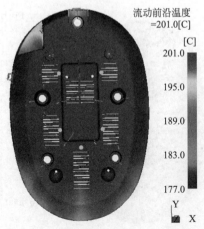

图 13-23　熔接痕及其流动前沿温度图

查看熔接痕结果并加亮显示流动前沿温度，如图 13-23 所示，在产品的排气栅格的位置还是存在熔接痕，这是不可避免的，但是这些位置并不是受力部位，查看这些熔接痕的流动前沿温度，其温度为 198.9～201℃，接近熔体的温度，并且熔接痕所处位置的压力随着充填的进行而升高（图 13-24 所示为充填结束时刻的压力分布），这些都可以保证熔接痕能很好地熔合，从而保证对产品质量的影响不大。

查看气穴分布图（图 13-25），可以看到气穴主要分布在产品的排气栅格以及产品前端，可以通过镶件的配合间隙和分型面排气，不会造成困气缺陷。

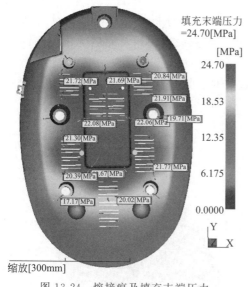

图 13-24　熔接痕及填充末端压力

图 13-25　气穴

13.4　流道平衡分析及优化

13.4.1　添加浇注系统

　　塑件的尺寸较大，并且使用的是点浇口，结合浇口位置，因此选择一模一腔的型腔布局，利用软件的建模功能，查询相关浇口、分流道、主流道尺寸，结合模具 3D 设计中模架 LKM5570 的尺寸和注塑机海天 HTF650×2 的相关参数，给模型添加如图 13-26 所示的浇注系统，主流道在模架的中心位置。

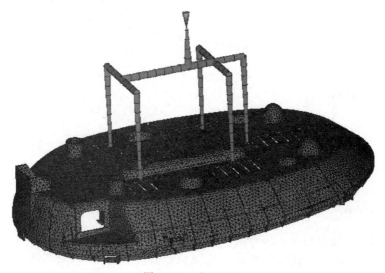

图 13-26　浇注系统

13.4.2　填充分析

浇注系统添加完毕后，首先进行有浇注系统的充填分析。通过网格统计，浇注系统的体积约为型腔体积的 8%，为此填充分析的工艺参数设置采用与充填优化中相同的工艺参数。

查看壁上剪切力结果，如图 13-27 所示，最大壁上剪切力为 0.49MPa，未超出材料最大剪切应力值。查看流动前沿温度结果，如图 13-28 所示，温度变化在 20℃内。

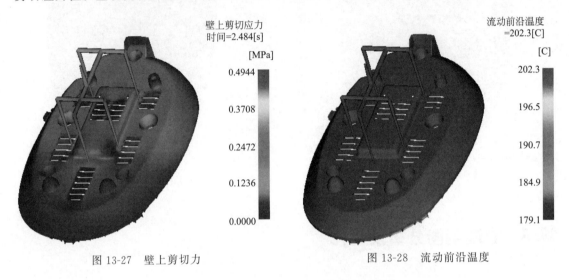

图 13-27　壁上剪切力　　　　　　　图 13-28　流动前沿温度

注射位置处的"压力：XY 图"如图 13-29 所示。最大的注射压力为 81.49MPa。

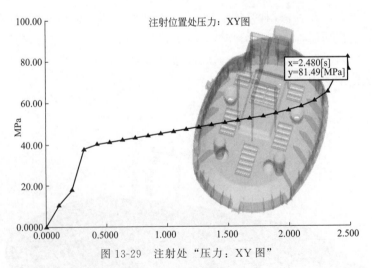

图 13-29　注射处"压力：XY 图"

13.4.3　流道平衡

流道平衡前的填充分析最大注射压力为 81.6MPa，流动平衡的目标压力设置为 75MPa。体积更改如图 13-30 所示。建议在此将竖直流道设置为"固定"，只调水平分流道的截面，也便于加工。

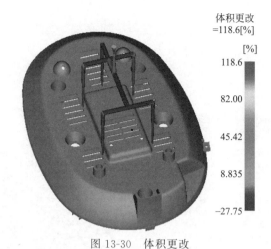

体积更改
=118.6[%]

[%]
118.6

82.00

45.42

8.835

−27.75

图 13-30　体积更改

13.5　冷却分析及优化

13.5.1　添加冷却系统

冷却系统的创建需要结合产品的顶出系统进行设计，所以可以在 UG10.0 软件中根据具体的顶出系统设计出水路路径，然后将其添加到 Moldflow 中创建冷却水路，该塑件创建后的水路如图 13-31 所示。

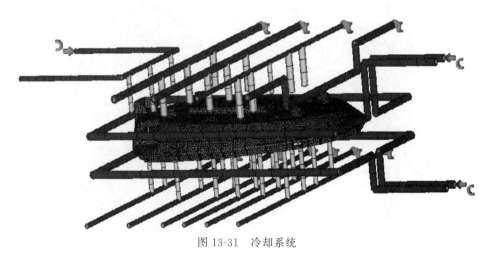

图 13-31　冷却系统

13.5.2　冷却分析

冷却分析需要设置的参数主要有熔体温度和 IPC 时间，熔体温度通过成型窗口分析确定为 201℃，其他参数采用默认设置。冷却介质为水，入口处的水温使用默认的 25℃，冷却介质采用指定雷诺数控制。

查看分析日志中回路中冷却液温度的上升情况，水路入口到出口的冷却液温度的升高应控制在 2～3℃，由日志中的分析结果（图 13-32）可知 13 条水路中的冷却液温升都小于 2℃。

查看回路管壁的温度（图 13-33），该温度与冷却液入口处的温度差值应在 5℃ 左右，从图中可以看出最高温度与水温之间的差值为 6.24℃，需要进一步降低。查看温度最高的位置如图 13-34 所示。

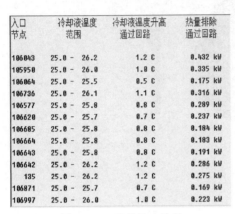

图 13-32　分析日志结果

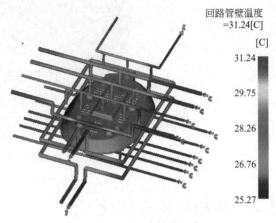

图 13-33　回路管壁温度

查看模具温度分析结果（图 13-35），大部分区域的模具温度与目标温度的差值都在 10℃ 左右，只有图中标示位置的温度过高，查看分析日志可以看到提示有单元未冻结，这些单元的温度未达到顶出所需的温度，通过软件查看这些单元所处的位置如图 13-34 所示。

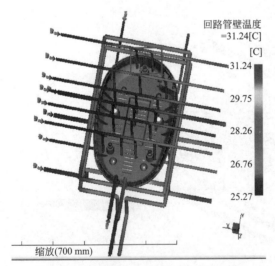

图 13-34　回路管壁及模具温度最高的位置

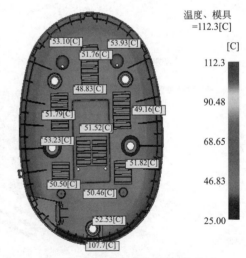

图 13-35　模具温度分析结果（一）

13.5.3　冷却优化

根据前面的冷却分析方案可以看出产品尾部处的冷却需要优化，由于冷却水路的布置不能与顶出结构以及模具的其他结构干涉，而模具中已经没有其他空间能够继续增加水路了，所以只能考虑改变产品尾部附近冷却液的温度以及控制冷却液的流率，将图 13-34 中圈出的水路冷却液的温度设置为 15℃，指定冷却液的流率为"30lit/min"。

冷却分析的参数设置与前一个方案一样。查看分析日志中回路中冷却液温度的上升情况（图13-36），13条水路中的冷却液温升都小于2℃。

查看回路管壁的温度（图13-37），该温度与冷却液入口处的温度差值应在5℃左右，从图中可以看出最高温度与水温之间的差值为6℃，需要进一步降低。

入口 节点	冷却液温度 范围	冷却液温度升高 通过回路	热量排除 通过回路
106043	25.0 - 26.1	1.1 C	0.399 kW
105958	25.0 - 25.7	0.7 C	0.257 kW
106064	25.0 - 25.5	0.5 C	0.171 kW
106736	25.0 - 26.1	1.1 C	0.311 kW
106577	25.0 - 25.8	0.8 C	0.282 kW
106620	25.0 - 25.6	0.6 C	0.225 kW
106685	25.0 - 25.7	0.7 C	0.162 kW
106664	25.0 - 25.7	0.7 C	0.172 kW
106643	25.0 - 25.8	0.8 C	0.183 kW
106642	25.0 - 26.2	1.2 C	0.278 kW
135	25.0 - 25.9	0.8 C	0.197 kW
106871	25.0 - 25.6	0.6 C	0.150 kW
106997	15.0 - 15.3	0.3 C	0.583 kW

图13-36　分析日志结果

图13-37　回路管壁温度（一）

查看模具温度分析结果（图13-38），大部分区域的模具温度与目标温度的差值都在10℃左右，只有图中标示位置的温度过高，查看分析日志没有单元未冻结。

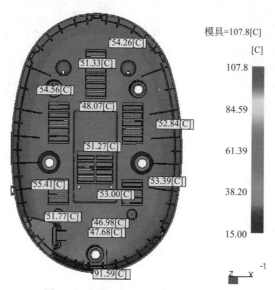

图13-38　模具温度分析结果图（二）

可以看出优化后的冷却方案更好，对第二个方案进一步优化以确定合理的IPC时间。将冷却分析参数设置中的IPC时间设置为自动，进行优化分析。

如图13-39所示为冷却液温度的上升情况，差值都小于1℃。

图13-40所示为回路管壁温度的改变情况，最大值为29.63℃，与25℃差值小于5℃，产品尾部水路的回路管壁温度差值为0.2℃。

入口 节点	冷却液温度 范围	冷却液温度升高 通过回路	热量排除 通过回路
106943	25.0 - 25.9	0.9 C	0.300 kW
105950	25.0 - 25.5	0.5 C	0.182 kW
106064	25.0 - 25.4	0.4 C	0.131 kW
106736	25.0 - 25.8	0.8 C	0.243 kW
106577	25.0 - 25.6	0.6 C	0.221 kW
106620	25.0 - 25.5	0.5 C	0.173 kW
106685	25.0 - 25.5	0.5 C	0.121 kW
106664	25.0 - 25.6	0.6 C	0.138 kW
106643	25.0 - 25.6	0.6 C	0.140 kW
106642	25.0 - 25.9	0.9 C	0.213 kW
135	25.0 - 25.6	0.6 C	0.136 kW
106871	25.0 - 25.5	0.5 C	0.112 kW
106997	15.0 - 15.3	0.3 C	0.523 kW

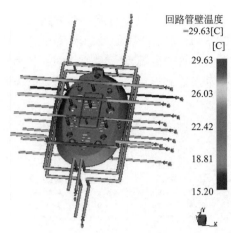

图 13-39　分析日志结果　　　　　　图 13-40　回路管壁温度（二）

图 13-41 所示为模具温度，型芯和型腔侧的模具温度大部分区域与模具的目标温度的差值都在 10℃左右。

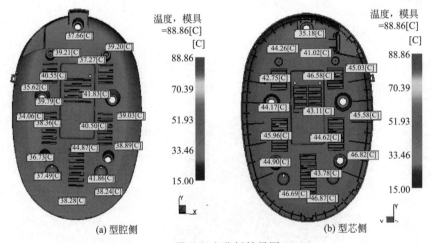

(a) 型腔侧　　　　　　　　　　　　　(b) 型芯侧

图 13-41　模具温度分析结果图（三）

查看分析日志，得出 IPC 时间为 43s。

13.6　保压分析及优化

13.6.1　初始保压

查看充填分析的分析日志，可知：产品的投影面积为 868.5993cm^2，最大充填压力 74.23MPa 发生在速度/压力切换时刻。通过计算得到允许的最大保压力为 92.2MPa，初始保压采用最大充填压力的 80% 作为初始保压力，由前面的冷却分析可知 IPC 时间为 43s，用 IPC 时间减去填充时间，结果圆整作为初始保压时间。

将分析序列设置为"冷却＋充填＋保压"，初始保压的工艺参数设置：模具温度为 42℃，熔体温度为 201℃，开模时间为 5s，IPC 时间为 43s，充填控制为 2.5s 的注射时间，速度/压力切换采取自动，80%充填压力保压 41s。

产品顶出时的体积收缩率如图 13-42 所示，由图可见产品顶出时的体积收缩率从浇口附近的 1.477% 到充填末端附近的 10.94% 变化，差异达到 9% 以上，查看材料的收缩属性，材料相近厚度允许的收缩率为 1.28%～6.86%，从图中可以看出产品主体部分的收缩率为 1.47%～5.436%，相对所查到的材料相近厚度允许的体积收缩范围而言，制品主体的顶出时体积收缩率在材料允许的范围内。

以上分析说明保压力合适，接下来进行恒压保压，以进一步确定合适的保压时间。

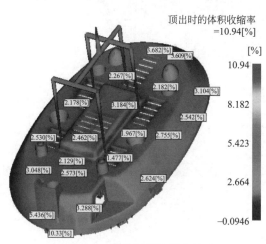
图 13-42　初始保压体积收缩率

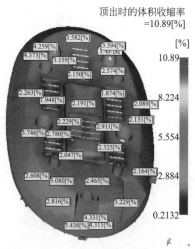
图 13-43　恒压保压体积收缩率

13.6.2　恒压保压

由初始保压可知充填压力的 80% 作为保压力是合适的，所以恒压保压的保压力设置为 60MPa，其他工艺参数设置与初始保压一样。顶出时的体积收缩率如图 13-43 所示，产品主体的体积收缩率在材料允许的范围内。

13.6.3　保压优化

基于上面的分析结果来进行保压曲线优化。查看从浇口到充填末端多个位置的"压力：XY 图"（图 13-44），充填末端在 2.5s 压力达到最大，4.9s 时降为 0，取中值 3.7s 作为转换点。查看其分析日志，速度/压力切换时间为 2.4s，由此确定第一段恒压保压时长为 1.2s。查看冻结层因子结果（图 13-45），发现浇口在 17s 时冻结。

根据以上的分析与计算，保压曲线如表 13-1 所示设置，保压曲线如图 13-46。

表 13-1　保压曲线设置

经历时间/s	压力/MPa	说明
0.1	60	经过 0.1s 的设备响应时间,压力由充填压力变化为 60MPa
1.2	60	1.2s 的 60MPa 恒压保压(1.2 为恒压保压时长 1.3s 减去设备响应时间 0.1s 所得)
15.8	0	经过 15.8s 保压力逐渐降为 0(15.8s 为浇口的冻结时间减去恒压/降压装折点 1.2s 所得)

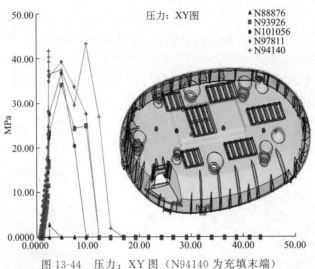

图 13-44　压力：XY 图（N94140 为充填末端）

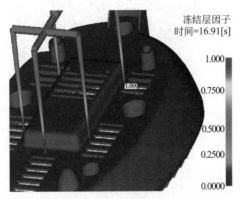

图 13-45　冻结层因子结果

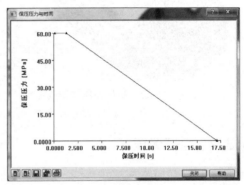

图 13-46　保压曲线

　　分析得到的产品主体顶出时的体积收缩率如图 13-47 所示，由图可见产品头部和尾部部分的体积收缩率太大，还需要继续优化。产品的头部和尾部属于充填末端附近的位置，要减小体积收缩率就需要延长恒压保压时间，优化的保压曲线设置如表 3-2 所示，保压曲线如图 13-48 所示。

表 13-2　保压曲线设置

经历时间/s	压力/MPa	说明
0.1	60	经过 0.1s 的设备响应时间，压力由充填压力变化为 60MPa
6	60	6s 的 60MPa 保压
15.8	0	经过 15.8s 保压力逐渐降为 0

　　分析得到制件主体顶出时的体积收缩率如图 13-49 所示。由图可见产品主体的体积收缩率绝大部分在材料允许的体积收缩率 1.28%～6.86% 内，基本达到保压要求。查看冻结层因子结果（图 13-50），发现浇口在 16s 时冻结，比恒压保压要稍快些。查看从浇口到充填末端多个位置的"压力：XY 图"（图 3-51），与恒压保压相比，"压力：XY 图"线发生了显著

的变化，这些位置的曲线更为接近，这就是体积收缩更为均匀的原因。

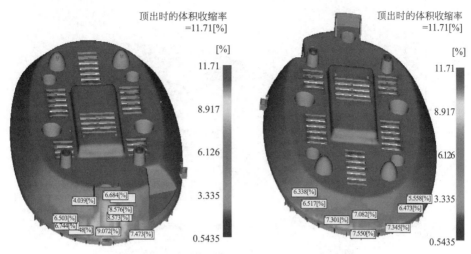

图 13-47　首次保压优化后的顶出时体积收缩率

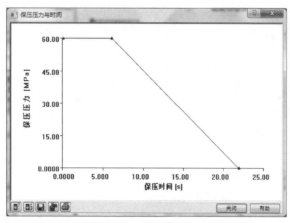

图 13-48　最终保压曲线

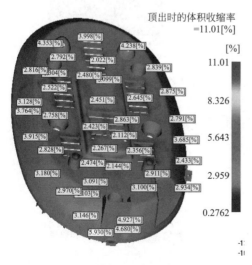

图 13-49　最终保压顶出时体积收缩率

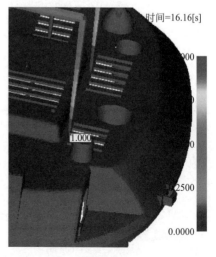

图 13-50　最终保压冻结层因子结果

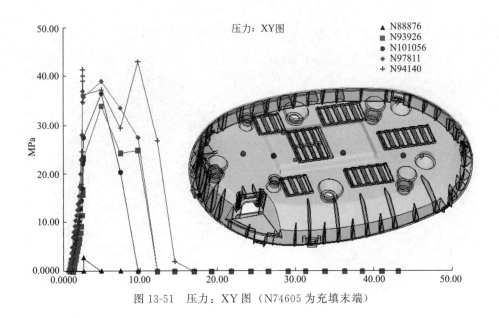

图 13-51　压力：XY 图（N74605 为充填末端）

13.7　翘曲分析

　　在最后的保压优化方案任务的基础上加上翘曲分析，工艺参数设置不变，勾选分离翘曲原因，以便找到引起翘曲的主要原因。

　　所有因素引起的翘曲变形结果如图 13-52 所示，最大为 3.907mm；在分型面 X 方向变形范围为 $-2.54\sim2.24$mm，从宽度方向一侧过渡到另一侧，该方向收缩变形约 5mm；Y 方向变形范围为 $-3.45\sim3.53$mm，从长度方向一侧过渡到另一侧，该方向收缩变形近 7mm；X、Y 方向均属于自然内缩，在模具设计时应予以补偿。而在分型面法向 Z 向变形范围为 $-1.64\sim1.45$mm，中心外凸，长度方向两端向下弯。

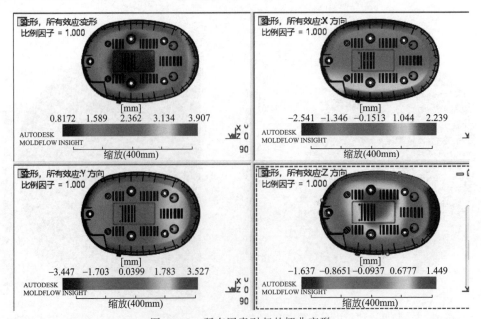

图 13-52　所有因素引起的翘曲变形

电饭煲底座为装配件，Z 方向装配平面的变形更为关注。查看 Z 方向变形及各因素的贡献，如图 13-53 所示，可见取向效应和收缩不均是引起 Z 向翘曲变形的主因。

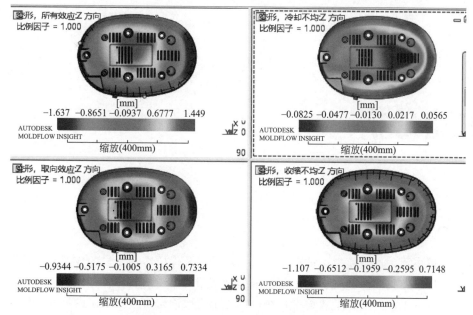

图 13-53　Z 方向变形及各因素的贡献

在装配平面选择 3 点创建锚平面，Z 方向变形图如图 13-54 所示，可见最大变形约为 2mm。制件材质为 PP 料，具有较好的韧性，因而不影响其安装。当然也可考虑采用热竖流道加阀浇口来减少翘曲变形。

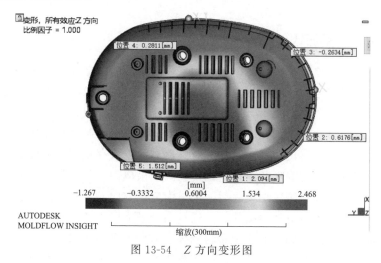

图 13-54　Z 方向变形图

本章小结

本章以一电饭煲底座为对象，详细阐述了其注塑模流分工全过程。通过该例子，将 Moldflow 中各分析环节有机地串起来，并与模具设计密切结合，实现了模流分析对模具设计、工艺设置的优化。

第14章
收缩分析

14.1 收缩概述

收缩分析主要是通过模拟熔体在型腔内的流动以及保压冷却阶段的成型从而计算出制件的收缩变形量。使我们能够在考虑使制件成型所使用的材料的收缩特征以及成型条件的情况下，确定用于加工模具的合适收缩率。每个制件都需要确定将模具加工的尺寸。以前的精密制件在模具制造过程中需要进行反复大量的修改，才能满足容差要求。甚至模具报废多次之后才能达到所需的尺寸，使成本大幅度增加而且极大地延长了产品上市的时间。

14.2 收缩的性质

14.2.1 收缩的主要原因

塑料熔体注射至型腔后，在保压压力作用下，以缓慢的冷却速度固化，则聚合物高分子在模具型腔内就能有充足的时间进行变形和重排，逐渐与注射压力和保压压力的作用取得平衡，脱模后制件中的残余应力很小，尺寸和形状将比较稳定。但在实际注塑成型中，为了节约时间，注射的时间往往低于理论时间，在这期间，充模后的制品在保压压力作用下冷却凝固时，高分子之间的排列将比较松散，造成脱模后制件内将存在较大的残余应力，高分子之间还将随时间推移继续进行变形和重排，以便消除残余应力，就会产生收缩现象。

从微观上看，保压补料阶段结束之后，原来沿流动方向发生取向拉伸的高分子链会因流动剪切应力的消失而恢复至自然卷曲状态，通过高分子链段不断与空隙交换位置，将空隙逐渐移到塑件表面并释放出空间从而实现塑料的体积收缩（包含热收缩与结晶收缩），所以塑料表面层高分子的运动状态控制着塑料产品体积收缩过程。随着型腔开启，与型腔表面相触的塑件表面温度下降得非常快，塑件表面层的高分子进入高弹态，分子运动降低，此时链段迅速变为短范围运动和推迟的长范围运动。随着塑件表面温度的继续下降，高分子将进入玻璃态，这时只能发生分子内的键长、键角围绕着平衡位置的振动和转动。当塑件表面层的高分子运动能力极其微弱时，塑件的外形尺寸就基本不再变化，形成固定的制品。

从宏观上看，保压补料阶段结束之后，塑料冷却未完全，只是按模腔形状简单排列，随着型腔开启，在常温状态下进一步冷却。因为温度传导效应，首先接触模腔的先冷却固化

（已固化层），再内部渐次固化（待固化层）。收缩部分可以通过压力传递将塑料从待固化层向已固化层传动及补充，减缓收缩对产品尺寸造成的影响。成型保压一段时间后，模具开模、离开模腔，由于冷却不完全（补缩不完全），残留应力继续存在于塑料产品中，收缩继续进行。直至常温状态，在无外来补偿情况下，内部收缩将拉动表层已固化塑料，往内部收缩。从局部看，补缩将缩小塑料存在空间，表面出现凹痕即缩水；从整体产品看，补缩将导致产品整体尺寸小于模腔。这也就是产品成型收缩率的原因。

14.2.2 成型收缩的特点

成型收缩主要有如下特点。

（1）线尺寸收缩　由于热胀冷缩、脱模时弹性恢复、塑性变形等原因导致塑件产品脱模冷却到室温后，产品尺寸缩小。因此模具设计过程中应该考虑收缩率的大小。

（2）收缩的方向性　成型时由于分子的取向作用，使制件呈现各向异性。沿料流方向收缩大、强度高，垂直料流方向则收缩小、强度低。另外，成型时由于塑件各部位密度及填料分布不均匀，故使收缩也不均匀。由于收缩的不一致，容易产生制件翘曲、变形、裂纹等外观缺陷。因此模具设计过程应考虑收缩的方向性，按塑件形状和料流方向选取适当的收缩率。

（3）后收缩　塑件成型时，受成型压力、切应力、各向异性、密度不均、填料分布不均、模温不一致、硬化不一致和结晶程度等的影响，塑件内存在残余应力，由于脱模后应力趋向平衡及储存条件的影响，使残余应力发生变化而导致塑件再次收缩，这种收缩称为后收缩。一般塑件在脱模后 4h 内变化最大，24h 后基本稳定。因此，在产品尺寸确定前，应该通过实验的方式确认最合适的产品尺寸补偿方式。

14.2.3 收缩率的计算模型

非牛顿流体理论解释较复杂，但是在实际中，可以简化制品收缩率。将制品的收缩分为成型流动方向与垂直方向。计算收缩率时，因取向导致收缩程度不同，故测定收缩率时也需分方向测定。垂直于流动方向和平行于流动方向收缩率的计算公式如下。

$$S_W = \frac{W_m - W_s}{W_m} \times 100\% \tag{14-1}$$

式中　S_W——垂直于流动方向上的收缩率；

　　　W_m——常温下，垂直于流动方向上的模具尺寸；

　　　W_s——常温下，垂直于流动方向上的样本尺寸。

$$S_l = \frac{l_m - l_s}{l_m} \times 100\% \tag{14-2}$$

式中　S_l——平行于流动方向上的收缩率；

　　　l_m——常温下，平行于流动方向上的模具尺寸；

　　　l_s——常温下，平行于流动方向上的样本尺寸。

14.2.4 影响注塑制品收缩率的因素

影响塑料制品收缩性能的因素很多，除了注塑成型的工艺条件外，塑料制品特性（形状、壁厚、有无嵌件、嵌件数量）、塑料品种、机器设备、模具（包括模具材料、结构形状、流道设计、浇口、冷却管道)、其他材料（玻璃纤维、色母)、操作人员的经验与水平、成型后塑料制品的时效变化等都对成型收缩率产生影响。

(1) 塑料品种的影响　在塑料成型加工中，不仅不同品种塑料的收缩率各不相同，而且不同批次的同种塑料收缩率都会出现一定差异。各种塑料都有其各自的收缩范围。同一种塑料又由于分子量、填料或增强材料及配料比例不同，其收缩及各相异性也有很大差异。

(2) 模具浇口和流道的影响　在模具设计中，浇口、流道的平衡设计在一模多腔的精密注射模中关系到制品的精度，也是保证多个零件尺寸精度一致的重要因素。只有浇口、流道平衡，才能保证熔融塑料均匀地注满各个型腔，使充模条件一致。

浇口的形式与结构也对收缩率有影响。这是因为这些条件都影响充模的流动过程。在一定注塑工艺条件下，大浇口有助于压力的传递，提高模腔压力，延长浇口凝固时间，增大补料量，提高补料密度，能够降低制品的收缩率。浇口尺寸过分小于制品壁厚时，由于浇口先凝固，即使有足够大的压力也难以对模腔内的熔体充分发挥作用，因此收缩率大。

(3) 成型工艺的影响

① 成型压力。成型压力包括注射压力和保压压力。模腔压力越大，树脂的弹性就越大，因此，注射压力越高，成型收缩率就减小。但是，即使是同一个成型制品其各个部分的收缩也不相同，注射压力作用小的部位，比直接受注射压力作用的部位收缩大，甚至在多型腔模中，若注射压力不能均匀地作用于各个模腔上，则成型后的塑料制品收缩率各不相同。保压压力在浇口凝结前对塑料制品最终压实、稳定收缩率起着决定性的作用，保压压力增大，塑料制品收缩率明显减小。但压力太高容易引起翘曲变形。通常保压压力取注射压力的 80%。

② 成型温度。成型温度即注射温度与模具温度的调节。注射温度可视为浇口的温度。一般理论指出，注射温度越高，收缩率就越大。但实际上，注射温度高，熔体温度就高，进入模腔内的熔体密度就越大，又有可能使成型收缩率减小。如高密度聚乙烯的收缩率就随着注射温度的升高而减小。模具温度的高低影响着制品的冷却速度，随着模温的升高，收缩率减小。但升高模具温度，会使成型制品出模后的热收缩量增大，因而成型收缩率也随之增大。虽然提高模温，可使制品的冷却变得缓慢，而使成型收缩率仍为增大的趋势。尤其对结晶型塑料随着模温的提高，由于结晶条件充分，结果收缩率增大。

③ 成型时间。注射时间、保压时间和冷却时间统称为成型时间。注射时间是指螺杆连续推进，对塑料熔体连续压缩持续的时间，也称充模时间。浇口封闭前，注射时间越短，收缩率越大，而且收缩率的变化幅度也较大，因此，注射时间控制与所设计的浇口尺寸关系密切，浇口尺寸的大小能够在很大程度上左右着浇口的封闭时间。保压时间约等子注射时间，保压时间长，有利于熔体补缩压实，制品密度大，收缩率小。冷却时间的延长，能使模腔内的熔体得以充分固化，制品脱模后，其尺寸更接近模具尺寸，收缩率小，但冷却时间过长，会导致制品脱模困难。

14.3　收缩分析

14.3.1　收缩分析的主要功能

① 计算推荐使用的收缩率。

② 以图形显示的方式指示是否可以对整个零件应用这一推荐使用的收缩率值。

③ 确定关键尺寸时，收缩分析会预测使用推荐的收缩率时是否可以满足指定的容差以及详细的 X、Y 和 Z 方向上的尺寸和容差信息。

14.3.2 注塑工艺和收缩率的关系

利用极差分析法计算模具温度、熔体温度、注射速率、保压时间、保压压力和冷却时间六个因素不同水平对收缩率指标的极差。极差的大小，反映了试验中各因素作用的大小。极差大，表明这个因素对质量指标的影响大，通常是重要因素；极差小，表明这个因素对质量指标的影响小，通常是不重要因素。

为了更加清楚地表示各个工艺参数对成型收缩率的影响及趋势，分别绘制六个相互关系曲线图，如图 14-1 所示。

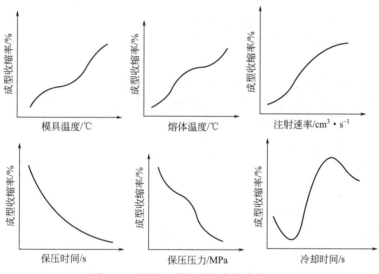

图 14-1　注塑工艺和收缩率的曲线关系

（1）模具温度的影响　在熔融状态下注入模具内的高温树脂在型腔内冷却固化而成型，所以冷却速度受到模具温度的影响，成型收缩也将受到模具温度的影响。

如果模具温度高，因为制品脱模后的热收缩量大，所以成型收缩率也大。可是，因为模具温度高而冷却缓慢，所以注射压力容易充分发挥作用，能够使制品脱模时弹性恢复增大，又能降低成型收缩率。热收缩的影响对一般塑料都较大，所以在一般情况下，模具温度越高，成型收缩率越大。但对于聚碳酸酯，其成型收缩率反而随模具温度升高而降低。结晶型树脂与非结晶型相比，模具温度对成型收缩的影响要大得多。

在注射成型较大箱型制品时，如果冷却不充分，型芯温度将较高，制品因内外收缩率不同而翘曲不平。所以模具内应设有足够的冷却水管，并且要设有调温装置，以调节模具温度。另外，也可根据模具温度差影响收缩均匀性这一原理，通过改变模具温度来处理由于取向和浇口位置不同等产生的收缩不均匀而引起的翘曲变形。

（2）熔体温度的影响　熔体温度与型腔内熔体的充填状态和冷却方式等有密切的关系，成型收缩是这些状态的综合体现。随材料的种类、成型压力、系统浇口尺寸和制品壁厚等不同，熔体温度对成型收缩率的影响有很大差异，甚至会出现完全相反的情况。

在其他条件不变的情况下，料温越高，冷却至室温后的收缩就越大。但是，随着料温的增加，高聚物熔体分子内能增加，熔体黏度下降，在不改变注射压力的情况下，型腔内的压力损失就会减小，于是进入型腔的料流压力增高，抵消了熔体温度升高的影响，反而使制品收缩率减小。

（3）注射速率的影响　注射速率对制品收缩影响较为复杂。从分子结构角度看，提高注射速率会增强分子的取向作用和结晶作用。取向会加大收缩，结晶会减小收缩。当注射速率较低时，增大料流速率有利于压力传递，收缩率下降。随着注射速率的提高，分子的取向作用明显增加，增加了塑件的各向异性，收缩率加大。

（4）保压时间的影响　保压时间是指螺杆在前进中压缩熔体物料充满模腔以及维持此压力的时间。注射成型时间愈长，收缩率愈小。然而，当注射成型时间达到或超过某时刻时，即使再延长注射时间，制品重量和收缩率也不再变化。只有在足够的成型时间内，在保压压力下物料才能充分充满模腔。当浇口凝封后，再延长注射时间不但不起作用，反而使生产效率降低，甚至引起在浇口附近产生裂纹等缺陷。

如果改变浇口大小，浇口凝封时间则有很大变化。当需要改变浇口大小时，必须同时设定适当的注射时间。

（5）保压压力的影响　较高的保压压力使模腔内制品密实，收缩减小，尤其是保压阶段的压力及保压时间对制品收缩率及缩孔的产生影响更大。这也可以解释为模腔内树脂压力越高，弹性恢复越大，因此收缩量越小。

可是，即使是对于同一制品来说，型腔内树脂的压力在各部分却并不一致，在注射压力难以作用的部位和容易作用的部位，所受注射压力也不一样。此外，多腔中的各型腔所受压力应设计均匀，否则会产生各模腔的制品收缩率不一致。

（6）冷却时间的影响　在热塑性塑料注射成型中，冷却时间对制品成型收缩率的影响因树脂种类、制品壁厚、熔体温度、模内温度和结晶方式等不同。模具内冷却时间长能使收缩率减小。对于非结晶型树脂来说，冷却时间对制品收缩的影响不大。然而对于结晶型树脂，若冷却时间过长，结晶得到充分进行，结晶度高，成型收缩就会增大。但是一般说来，冷却时间过长，冷却可均匀进行，当模具内的物料得以充分固化时，从模内脱出的制品尺寸与模腔尺寸接近，因而成型收缩率小。这可以解释为制品在模腔内冷却时间长时温度对收缩率的影响大于结晶对收缩的影响。

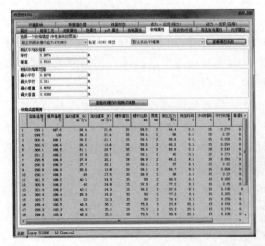

图 14-2　"收缩属性"选项卡 1

14.3.3　收缩分析的材料选择

在进行收缩分析时，选择的材料必须含有描述该材料的"收缩属性"数据，如图 14-2 所示。如果没有可供分析的数据，也可以手动输入可靠数据，否则分析无法进行，如图 14-3 所示。

如何才能尽快找到包含"收缩属性"数据的材料？

① 双击任务视窗中的 ◈ "材料质量指示器"按钮，打开"选择材料"对话框。如图 14-4 所示。单击"搜索"按钮，打开"搜索条件"对话框，如图 14-5 所示。

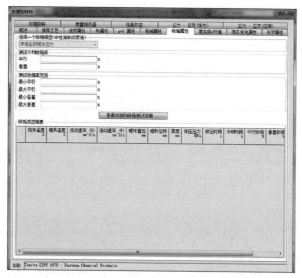

图 14-3 "收缩属性"选项卡 2

图 14-4 "选择材料"对话框

图 14-5 "搜索条件"对话框

② 单击"搜索条件"对话框中的"添加"按钮,此时的"搜索条件"选项是"无"。打开"增加搜索范围"对话框,如图 14-6 所示。调整滚动条,找到"收缩成型摘要",其中包括体积收缩率、保压压力、垂直收缩、平行收缩、模具温度、流动速率、熔体温度。这里选择"平行收缩"。点选"添加"按钮。

③ 回到"搜索条件"对话框中,此时的"搜索条件"选项是红色的"修改"。这时需要设置最大、最小收缩率,如图 14-7 所示。

④ 单击"搜索"按钮,就会打开"选择热塑性材料"对话框,如图 14-8 所示。这里所列出的材料都是经过收缩实验的,可以用于收缩分析。选择所需要的材料,选择好牌号后单击"细节"按钮,将弹出"热塑性材料"对话框,如图 14-9 所示。

其中,"测试平均收缩率"选项包括"平行""垂直"选项,所显示的数值为已经测试出的收缩率,供使用者参考。

"测试收缩率范围"选项包括"最大、最小平行""最大、最小垂直"选项,所显示的数值也是已经测试出的收缩率,供使用者参考。

图 14-6 "增加搜索范围"对话框

图 14-7 "搜索条件"对话框

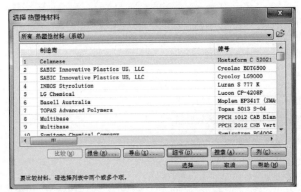

图 14-8 "选择热塑性材料"对话框

图 14-9 "热塑性材料"对话框

⑤ 单击"查看模型系数"按钮打开"CRIMS 模型系数"对话框，如图 14-10 所示。单击"查看应力测试信息"按钮打开"测试信息（残余应力数据）"对话框，如图 14-11 所示对话框。

图 14-10　"CRIMS 模型系数"对话框

图 14-11　"测试信息（残余应力数据）"对话框

⑥"收缩成型摘要"包括"熔体温度""模具温度""流动速率""螺杆直径"等选项按钮，如图 14-12 所示。每单击一次，就按顺序重新排列一次。然后单击"确定"按钮完成选择。

	熔体温度 ℃	模具温度 ℃	流动速率 (N) cm^3/s	流动速率 (F) cm^3/s	螺杆直径 mm	螺杆位移 mm	厚度 mm	保压压力 MPa	保压时间 s	冷却时间 s	平行收缩 %	垂直收缩
1	173.7	87	34.7	26.1	35	66.1	2	74	25	15	2	2
2	174.6	87.8	34.9	20.1	35	66.2	2	21.7	25	15	2.18	2
3	195.2	86.6	35.2	20.5	35	66.8	2	30	25	15	2.18	2
4	195.7	86.2	35	28.1	35	66.7	2	21.6	25	30	2.13	2
5	195.7	86.6	48.7	50	35	91.2	3	22.3	50	15	2.18	2
6	195.7	87	35.4	28.3	35	67.1	2	21.6	25	22.5	2.18	3
7	195.7	87.8	14.4	11.3	35	67.1	2	21.7	25	15	2.27	2
8	196.1	86.2	48.4	61.7	35	108.5	5	85.1	65	15	1.99	2
9	196.1	87.8	47.2	52.5	35	91.7	3	85.4	50	15	1.83	2
10	196.1	89.1	55.5	47.9	35	67.1	2	21.7	25	15	2.19	2
11	196.1	110.3	34.4	20.1	35	66.6	2	74.1	25	15	2.23	2
12	196.6	87.4	34.7	28.4	35	67	2	56.1	25	15	2.09	2
13	196.6	88.2	24.1	19.1	35	67.1	2	21.6	25	15	2.24	
14	196.6	88.7	48.5	39.3	35	86.8	2	21.5	25	15	2.19	3
15	197.1	86.2	35.1	28.7	35	66.7	2	73.9	25	30	1.95	2
16	197.1	87	34.9	20.7	35	66.8	2	21.6	25	15	2.21	3
17	197.1	87.8	49	50.1	35	109.3	5	22	65	15	2.41	3
18	197.5	88.7	35.3	28.7	35	66.8	2	73.7	25	15		2

图 14-12　"收缩成型摘要"列表

⑦ 设置收缩率公差范围。零件工程图可表示出零件某些尺寸的公差。关键尺寸是要求必须满足指定公差的尺寸。这里通过"边界条件"选项卡中的　"关键尺寸"工具定义关键尺寸以及与其相关的具体公差。定义了每个关键尺寸后，它将显示为零件模型上的双向箭头，如图 14-13 所示。

如果有需要识别出其他关键尺寸，则收缩分析会去验证，在给定计算得出的零件整体推荐收缩率百分比的情况下，其他关键尺寸能否得到满足。该信息将显示在分析日志中。读者可以使用该信息比较零件尺寸和在公差范围内生产成品零件所需的模具尺寸。图 14-14 所示为箱形零件定义关键尺寸。

图 14-13　零件关键尺寸设置

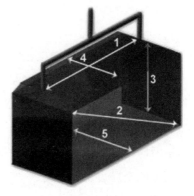

图 14-14　箱形零件定义关键尺寸

14.3.4　收缩分析的分析序列

收缩分析前，要进行工艺条件设置。收缩分析主要提供了三种收缩分析类型，如图 14-15 所示。其中涉及冷却的工艺按冷却章节内容设置，其他按填充流动章节的内容设置。

图 14-15　"收缩分析序列"选择

14.4　收缩分析实例

本例选择电动车头饰为原始模型，其为薄壁件，注射成型时会产生收缩变形。其缺口部分要与车灯进行装配，如果变形过大会影响车灯的安装，因此要求其变形必须在一个合理范围内。

14.4.1　导入模型并划分网格

① 打开 Moldflow2018 软件，导入模型，选择菜单"新建工程"命令 ，新建"工程名称"为"1401"，如图 14-16 所示。然后点选"确定"按钮。

图 14-16　"创建新工程"对话框

② 在"工程视图窗口"选择工程"1401"并单击右键，选择"导入"命令。或者在功能区直接点击"导入"命令 。导入模型"14-1.stl"，模型网格类型设置为"双层面"，如图 14-17 所示。然后点选"确定"按钮。导入模型如图 14-18 所示。

③ 双击任务视窗中的"双层面网格"命令 并单击右键，选择"生成网格"命令 或者选择菜单"网格"中的"生成网格"命令 ，如图 14-19 所示。

在"曲面上的全局边长"中输入"7.63"。然后点选"立即划分网格"按钮。其他都选择系统默认属性，如图 14-20 所示。选择菜单"网格"中的"网格统计"命令 。单击

"显示"按钮，得到网格诊断报告，如图 14-21 所示。网格划分符合分析要求。

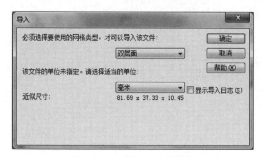

图 14-17　"导入"对话框

图 14-18　导入模型

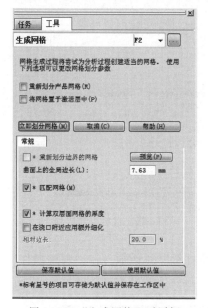

图 14-19　"生成网格"对话框

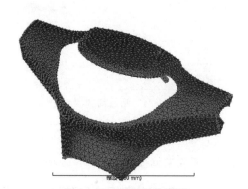

图 14-20　网格划分模型

配向不正确的单元	0
交叉点细节：	
相交单元	0
完全重叠单元	0
匹配百分比：	
匹配百分比	86.0%
相互百分比	81.2%

图 14-21　网格诊断报告

④ 双击任务视窗中的"充填"按钮 ，系统弹出"选择分析序列"对话框，如图 14-22 所示。选择"浇口位置"选项，单击"确定"，任务视窗如图 14-23 所示。

⑤ 双击任务视窗中的"材料质量指示器"按钮 ，打开"选择材料"对话框，如图 14-24 所示。选择制造商"Multibase"，选择材料牌号"PPCH 1012 CAB Blanc"，如图 14-25 所示。

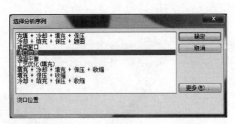

图 14-22 "选择分析序列"对话框

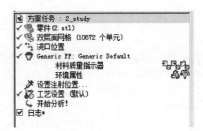

图 14-23 任务视窗

图 14-24 制造商选项

图 14-25 材料牌号选项

⑥ 最后点击"详细信息"按钮，打开"热塑性材料"对话框。在"收缩属性"选项卡中可以看到收缩成型摘要，如图 14-26 所示。单击"确定"按钮返回。

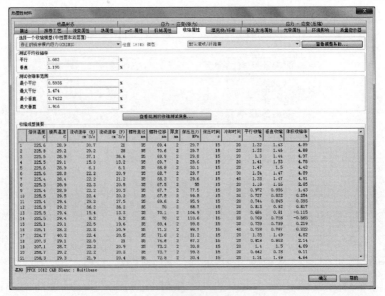

图 14-26 "热塑性材料"对话框

⑦ 双击任务视窗中的"开始分析"按钮，在"选择分析类型"对话框中单击"确定"按钮，求解器开始分析计算。

⑧ 浇口位置分析完成后，选择任务视窗中的"浇口匹配性"，如图 14-27 所示。

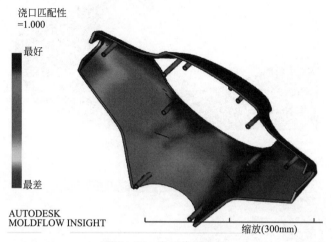

图 14-27　浇口位置分析

14.4.2　收缩分析设置

① 右击"14-1-study"，在弹出的快捷菜单中选择"重复"命令。产生新的文件"14-1-study（复制品）"，将新文件名改为"14-1-study（收缩 1）"。

② 双击任务视窗中的"充填"按钮 ，系统弹出"选择分析序列"对话框，如图 14-28 所示。选择"填充＋保压＋收缩"选项，单击"确定"，任务视窗如图 14-29 所示。

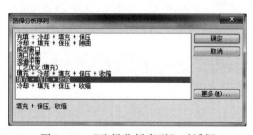

图 14-28　"选择分析序列"对话框

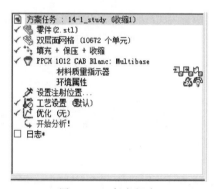

图 14-29　任务视窗

③ 材料依旧保持不变。

④ 双击任务视窗中的"注射位置"按钮 ，在网格中单击浇口点，完成注射位置的确定，如图 14-30 所示。

⑤ 双击任务视窗中的"工艺设置"按钮，打开"工艺设置向导-填充＋保压设置"对话框，如图 14-31 所示，所有参数采用默认。

⑥ 进行分析计算，双击任务视窗中的"开始分析"按钮 ，在"选择分析类型"对话

框中单击"确定"按钮,求解器开始计算。

图 14-30　设置 2 个点浇口

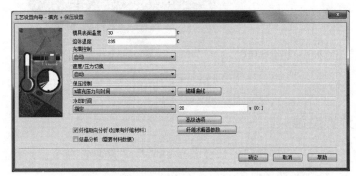

图 14-31　"工艺设置向导-填充＋保压设置"对话框

14.4.3　分析结果解读

当收缩分析结束后,会产生一系列分析结果,分别以文字和图形的形式表达出来。

文字显示在图形显示区下面会有如图 14-32 所示选项卡;"网格日志"如图 14-33 所示;"分析日志"如图 14-34 所示;"填充＋保压"如图 14-35 所示;"收缩"如图 14-36;"机器设置"如图 14-37;"收缩-检查"如图 14-38。

| 网格日志 | 分析日志 | 填充＋保压 | 收缩 | 机器设置 | 填充＋保压-检查 | 收缩-检查 |

图 14-32　分析结果选项卡

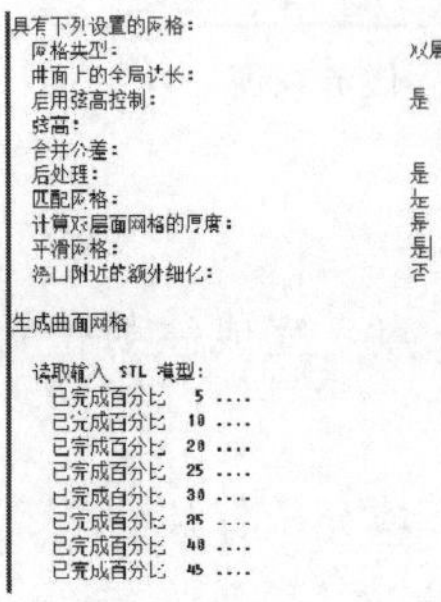

图 14-33　网格日志 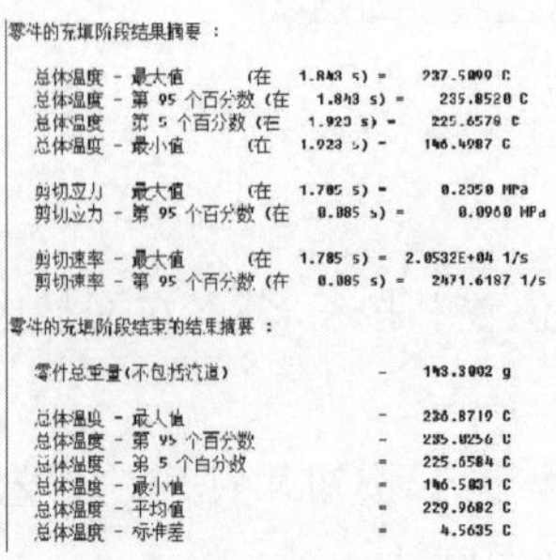　　　　　图 14-34　分析日志 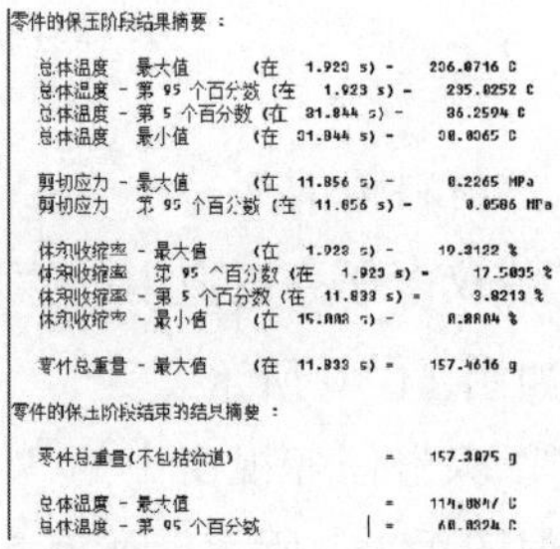　　　　　图 14-35　填充＋保压

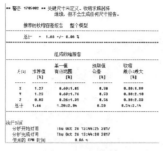

** 警告 1705002 ** 关键尺寸未定义。收缩求解器将
继续，但不会生成任何尺寸报告。

推荐的收缩容差报告　整个模型

总计 = 1.66 +/- 0.06 %

组成收缩报告

方向	推荐值 [%]	单一值有效范围 [%]	预期值公差 [%]	收缩最小:最大 [%]
X	1.27	0.69:1.85	0.58	0.00:1.99
Y	1.23	0.69:1.76	0.53	0.00:2.18
Z	0.83	0.26:1.39	0.56	0.00:2.33
总计	1.66	1.28:2.04	0.38	0.54:2.14

执行时间
分析开始时间　Thu Oct 26 13:44:25 2017
分析完成时间　Thu Oct 26 13:44:30 2017
使用的 CPU 时间　0.86 s

图 14-36　收缩

最大压力：　180.0000 MPa
螺杆增强比率：　10.0000
注塑机响应时间：　0.010 s
注塑机最大锁模力：　7000.2198 tonne

温度设置

熔体温度：　235.0000 C
模具型腔侧温度：　30.0000 C
模具型芯侧温度：　30.0000 C

注射设置

图 14-37　机器设置

** 警告 1745442 ** 关键尺寸未定义。收缩求解器将
继续，但不会生成任何尺寸报告。
分析检查已成功完成，但有一个警告

图 14-38　收缩-检查

图形显示结果需要在任务视窗中勾选相应的选项，如图 14-39 所示。

图 14-39　分析结果列表

主要需要了解的是填充时间、熔接线、顶出时的体积收缩率、体积收缩率、收缩检查图。

（1）填充时间　勾选“填充时间”选项，如图 14-40 所示，可以看到填充时间约为 1.923s。由于此制件体积略大，这个时间相对还是可以的。

（2）熔接线　勾选“熔接线”选项，如图 14-41 所示，可以看到制品的顶部有一条很长的熔接线。这条熔接线会影响制品的强度。

（3）顶出时的体积收缩率　勾选“顶出时的体积收缩率”选项，如图 14-42 所示，可以看到顶出时的体积收缩率为 13.84%。从图中云图可以看到，顶出时的体积收缩率相差近 93%。这样的结果相差太大，需要优化。

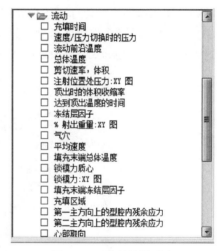

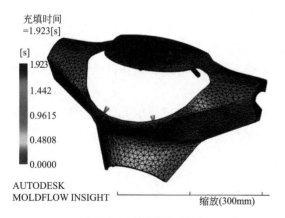

图 14-40　填充时间结果

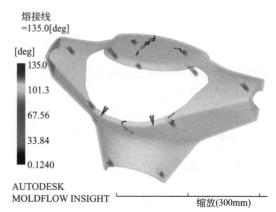

图 14-41　熔接线显示

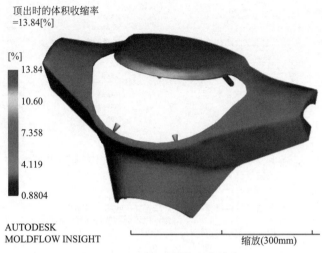

图 14-42 顶出时的体积收缩率

（4）体积收缩率 勾选"体积收缩率"选项，如图 14-43 所示，可以看到体积收缩率为 19.31％。从所示云图中可以看到，顶出时的体积收缩率相差近 95％。这样的结果相差比顶出时的体积收缩率还大，必须优化。

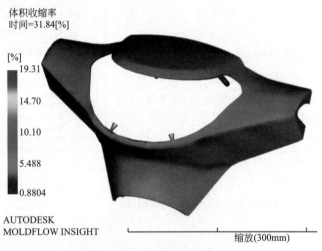

图 14-43 体积收缩率

（5）收缩检查图 勾选"收缩检查图"选项，如图 14-44、图 14-45 所示，可以看到云图中绿色为合适，黄色表示为推荐可接受收缩率，红色表示不合适。具体数值在图 14-45 中已经标注出来了。

通过对以上几个指标参数的了解可以知道，该注射成型的收缩质量不尽如人意，为了提高注射质量，需要对其优化，包括浇口设置、更换材料、工艺条件。

14.4.4 收缩分析优化

① 右击"14-1-study（收缩 1）"，在弹出的快捷菜单中选择"重复"命令。产生新的文件"14-1-study（收缩 1）＋（复制品）"，将新文件名改为"14-1-study（收缩 2）"。

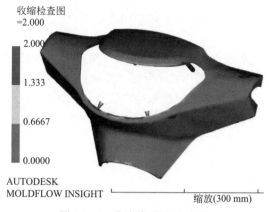

图 14-44　收缩检查图（正面）

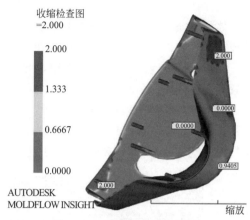

图 14-45　收缩检查图（侧面）

② 创建新的浇注系统，双击任务视窗中的"注射位置"按钮 ⚒，在网格中单击浇口点，完成注射位置的确定，如图 14-46 所示。

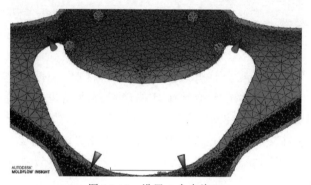

图 14-46　设置 4 个点浇口

③ 双击任务视窗中的"材料质量指示器"按钮 🔻，打开"选择材料"对话框，如图 14-47 所示。单击"搜索"按钮，打开"搜索条件"对话框，如图 14-48 所示。

图 14-47　"选择材料"对话框

图 14-48　"搜索条件"对话框

④ 单击"搜索条件"对话框中的"添加"按钮，此时的"搜索条件"选项是"无"。打

开"增加搜索范围"对话框,如图14-49所示。调整滚动条,找到"收缩成型摘要",其中包括体积收缩率、保压压力、垂直收缩、平行收缩、模具温度、流动速率、熔体温度。这里选择"平行收缩"。点选"添加"按钮。

⑤ 回到"搜索条件"对话框中,此时的"搜索条件"选项是红色的"修改"。这时需要设置最大收缩率、最小收缩率,分别设为"2""0",如图14-50所示。要减小制品收缩率,可以适当增加材料中玻璃纤维的含量。因此在"搜索条件"对话框中可以选择玻璃纤维高的材料。在"搜索字段(F)"命令框中选择"填充物数据:重量"选项,在"最小""最大"空格处分别输入"40",如图14-51所示。

图14-49 "增加搜索范围"对话框

图14-50 "搜索条件"对话框

⑥ 单击"搜索"按钮,就会打开"选择热塑性材料"对话框,如图14-52所示。这里所列出的材料不仅经过收缩实验,而且玻璃纤维含量也达到要求。这里选择所需要的材料为"Sumikasuper E4008MR:Sumitomo Chemical Company",单击"添加"按钮返回,在"选择材料"对话框中选好材料牌号单击"详细信息"按钮,将弹出"热塑性材料"对话框,如图14-53所示。点开"填充物/纤维"选项卡可以看到玻璃纤维含量,如图14-54所示。

图14-51 玻璃纤维含量设置

图14-52 "选择热塑性材料"对话框

⑦ 设置关键尺寸。如果对制件一些部位的尺寸有严格要求,可以通过设置"关键尺寸"来观察是否符合设计要求。在"边界条件"菜单下选择"关键尺寸"中的"收缩"命令,如图14-55所示。选择"收缩"弹出"收缩"对话框,如图14-56所示。选择关键尺寸的两个节点,"当前距离"和"尺寸偏差"会自动定义。单击"应用"按钮,所定义的关键尺寸会由两头尖的杆来连接,如图14-57所示。

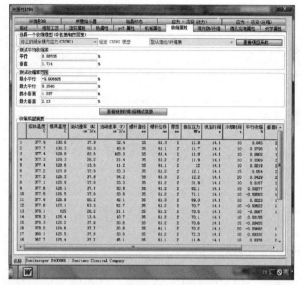

图 14-53 "热塑性材料"对话框

图 14-54 玻璃纤维含量

图 14-55 设置关键尺寸

图 14-56 "收缩"对话框

图 14-57 定义关键尺寸

⑧ 双击任务视窗中的"工艺设置"按钮，打开"工艺设置向导-填充＋保压设置"对话框，如图 14-58 所示，冷却时间设置为 25s。

⑨ 进行分析计算，双击任务视窗中的"开始分析"按钮，在"选择分析类型"对话框中单击"确定"按钮，求解器开始计算。

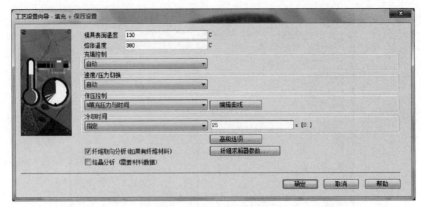

图 14-58 "工艺设置向导-填充＋保压设置"对话框

14.4.5 收缩分析优化结果

检查填充时间、熔接线、顶出时的体积收缩率、体积收缩率、收缩检查图。

（1）填充时间 在任务视窗中勾选勾选"填充时间"选项，如图 14-59 所示，可以看到填充时间约为 0.4215s。这个时间只有优化前的 1.923s 的 115。

（2）熔接线 勾选"熔接线"选项，如图 14-60 所示，可以看到制品的熔接线到了孔的两侧，这需要用其他方法予以解决了，如冷却方式。

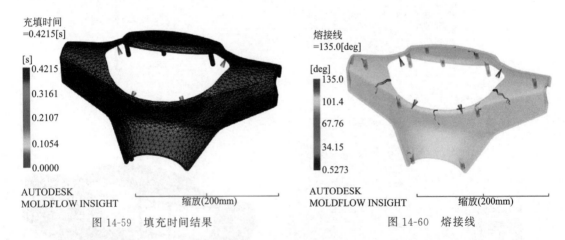

图 14-59 填充时间结果 　　　　　　　　　图 14-60 熔接线

（3）顶出时的体积收缩率 勾选"顶出时的体积收缩率"选项，如图 14-61 所示，可以看到顶出时的体积收缩率最大为 7.316％。从图中可以看到，顶出时的体积收缩率相差 30％，比之前的 93％好了很多。

（4）体积收缩率 勾选"体积收缩率"选项，如图 14-62 所示。可以看到体积收缩率为 8.813％，比之前的 19.31％减少近 54％。从图中可以看到，顶出时的体积收缩率相差近 25％，比之前的 95％优化很多。

（5）收缩检查图 勾选"收缩检查图"选项，如图 14-63、图 14-64 所示，可以看到云图中大面积的红色斑块不见了，转移到了制品的边沿。具体数值在图 14-45 中已经标注出来了。

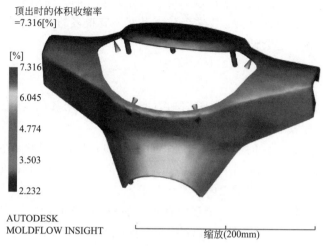

图 14-61 顶出时的体积收缩率

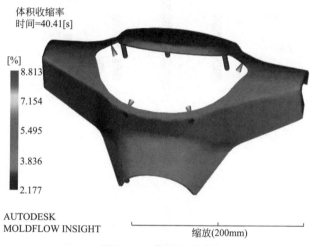

图 14-62 体积收缩率

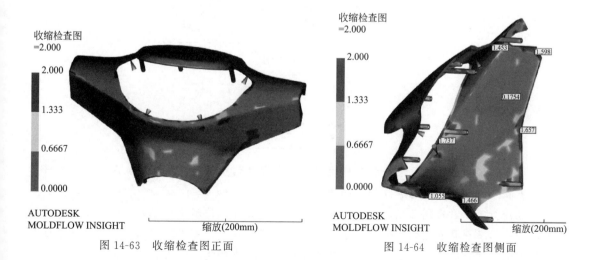

图 14-63 收缩检查图正面

图 14-64 收缩检查图侧面

通过对以上几个指标参数的了解可以知道，该注射成型的收缩质量得到了很大改善。优化的手段包括浇口设置、更换材料、工艺条件。其实还有很多的优化手段，这里就不一一列举了，读者可以自己做一些尝试。

14.4.6 关键尺寸比较

"希望值"表示关键尺寸在满足公差范围后的变形范围，用蓝色表示。"预测值"是经过模流分析后对关键尺寸收缩产生的变形量。

（1）总的错误 勾选"总的错误"选项，如图 14-65 所示。其中纵坐标为公差尺寸范围，横坐标为关键尺寸代号。从图中可以看出，"希望值"远大于"预测值"，说明本例中所设置的 4 个关键尺寸都在公差范围之内，符合要求。

（2）预测的错误 勾选"预测的错误"选项，如图 14-66 所示。从图中可以看出，"希望值"远大于"预测值"，说明本例中所设置的 4 个关键尺寸都在公差范围之内，符合要求。

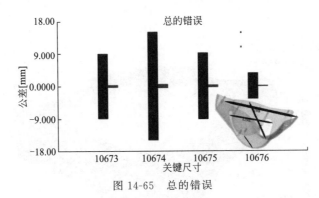

图 14-65 总的错误

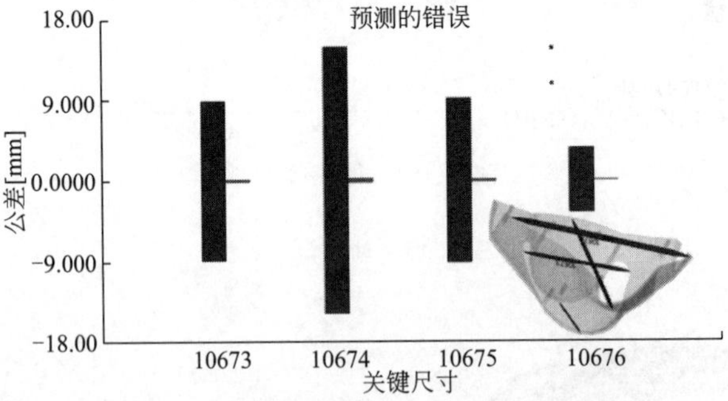

图 14-66 预测的错误

本 章 小 结

本章介绍了软件的"收缩分析"模块，内容主要包括塑料的收缩性的原因、特点和计算模型，重点分析了注塑工艺和收缩率的关系。

通过分析可以看出制品模具型腔与制品的尺寸匹配可以控制在一定的公差范围内，使得型腔修补加工及模具制造的时间缩短很多，也减少了废品率；可以通过相关分析结果来检查制品的关键尺寸是否满足要求，找到问题出发点，进一步对浇口方式和工艺条件进行优化。

第15章

纤维取向分析

15.1 纤维取向概述

随着科学技术的发展，许多尖端领域对塑料制品提出更高的要求，常规注塑成型生产的塑料制品已经不能满足所需，因此，注塑成型技术有了一些新的发展趋势。

开发新型复合材料：向单一聚合物中添加增强材料来提升材料的整体性能。颗粒增强和纤维增强高分子复合材料是注塑成型制品中最常用的复合材料。其中，纤维增强复合材料是将玻璃纤维、芳纶纤维、自然纤维等加入聚合物中形成的复合材料，生产出来的制品具有高强度、高模量等特点，从而获得了广泛的应用。

纤维复合材料的优点如下。

① 比强度高，尤其是高强度碳纤维、玻璃纤维复合材料。

② 比模量高：大部分复合材料的比模量比金属高很多，特别是高模量碳纤维复合材料最为突出。

③ 材料具有可设计性：可以根据制品实际受力方向以及构件形状合理设计内部纤维的含量及取向，从而满足设计要求。

④ 有良好的物理性能。

⑤ 制造工艺简单，成本较低。

⑥ 可回收利用。

15.1.1 纤维取向分析原理

纤维取向预测包含确定每个单元的纤维的空间分布，并作为穿过零件厚度的位置函数。由于注射成型并使用纤维加固的热塑性材料构成短纤维复合材料在大多数的材料领域得到应用，但是零件通常很薄并且常使用更短的纤维，因此该工艺的建模在其他应用中更加复杂。其他如纤维的三维取向和整个零件取向的显著变化等方面也使这个问题更加复杂。

在填充注射成型的注塑模具的过程中一般有三个流动区域，如图 15-1 所示。

① 浇口附近的区域（区域 A）；

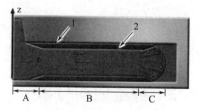

图 15-1　填充过程中的流动区域

1—模壁；2—冻结层

② 润滑区（区域 B），在该区域内主要流动平面没有显著的速度，但包含大部分流动；

③ 流动前沿处的喷泉流动区域（区域 C）。

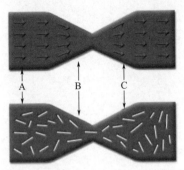

各种填充模拟均进行了如下假定：①大多数成型物都很薄；②流动几乎都发生在润滑区。

在成型过程中，某一位置的纤维取向由流体运动按两种不同的方式控制：①推导流动取向（运动期）；②对流流动取向（对流期）。

虽然流动特性对纤维取向的影响复杂，但是已经有两种经验法则通过了验证（拉伸流动对纤维定向的影响）：①剪切流动使纤维沿流动方向对齐；②拉伸流动使纤维沿拉伸方向对齐。对于中央浇注圆盘，拉伸轴垂直于径向流动方向，如图 15-2 所示。

图 15-2　拉伸流动对纤维定向的影响

图 15-2 中，A 为入口：随机纤维；B 为合流流动：流动与纤维对齐；C 为离散流动：横向对齐。

15.1.2　注塑工艺对纤维取向的影响

纤维填充注塑制品成型过程中，由于存在拉伸、剪切、应力变化及温度等外力场作用，在模具型腔内部会产生不同的流动模式，使纤维发生取向。纤维的取向对于注射制品的力学性能有着很重要的影响。

（1）填充速度对纤维取向的影响　填充速度是对纤维取向影响最大的工艺参数。注射速度越快，型芯层就越厚，而表皮层就越薄。

（2）注射压力对纤维取向的影响　随着注塑压力的增大，制品表层和芯部的纤维取向都增强，同时，制品表层纤维分布减少，芯部纤维分布增多。这是因为，随着注塑压力的增大，熔融材料的大分子链受到的剪切应力大，纤维向芯部发生迁移，造成表面纤维分布减少，芯部纤维分布增多。在制品冷却的过程中，制品表层的熔体冷却速度较快，流动性降低，纤维来不及发生回复运动，纤维取向相对较高。制品芯部的树脂冷却速度慢，纤维受到的剪切应力小，同时，在冷却的过程中，基体树脂的分子链发生回复运动，使得纤维的取向程度降低。

（3）保压压力对纤维取向的影响　在制品的表层和芯部，随着保压压力的增大，纤维的分布区域变大。同时，纤维的取向也随着保压压力的增大而增强。在保压压力的作用下，熔融材料大分子链的回复性减弱，随着制品的冷却，纤维在制品内部呈取向分布。

（4）模具温度对纤维取向的影响　在低模温时，熔体在模腔内部流动所受摩擦力大，造成的剪切应力大，熔体的冷却速度快，这些原因都造成了纤维的取向程度增强。在高模温状态下，熔体的流动性所受剪切应力小，冷却时间延长，受到剪切应力发生取向的纤维进行回复运动的时间延长，使纤维取向程度减弱。在制品芯部，纤维所受剪切力较小，同时熔体冷却时间延长，使得纤维的取向程度较低。

15.2　纤维取向分析

纤维取向分析用于预测复合材料的特性。大多数复合材料中包含的纤维占总重量的

10％～50％，可将这些纤维视为机械和液体动力学纤维交互作用均适用的浓悬浮液。通过 Moldflow 纤维取向模型可以显著提高对某一范围的材料和纤维含量的取向预测精度。从纤维取向分析得出的结果稍后可用作应力或翘曲分析的输入，以提供更详细的单元结果并大大提高分析精度。

15.2.1 分析设置

（1）选择分析序列 双击任务视窗中的"充填"按钮 ，系统弹出"选择分析序列"对话框，如图 15-3 所示。选择"填充＋保压"选项，单击"确定"，任务视窗如图 15-4 所示。

图 15-3 "选择分析序列"对话框

图 15-4 任务视窗

（2）选择材料 材料的选择要结合使用环境和所需要的物理、化学性质，如 PA66 是较广泛使用的特种工程塑料，有很高的表面硬度、拉伸强度、抗冲击力强，耐疲劳和耐折叠。在寒冷和炎热的季节，也能保证很好的力学性能，且耐药品、耐油的腐蚀和耐应力开裂，易于印刷，易染色，电性能也很好。

所用纤增强材料的翘曲比非增强材料更复杂。细小的纤维在熔体流动时会发生取向，致使塑件在凝固后，有些部位更容易积累残余内应力，在脱模后加剧了塑件在厚度方向的变形。通过比对 Moldflow 材料库同一种材料中不同厂家生产品牌的相关性能，在 Moldflow 材料库中选择牌号为 AKulon S223-GBU Natl（J-1/40 Natl）的 PA66-GF43％材料，如图 15-5 所示。其 PVT 曲线和黏度曲线如图 15-6 和图 15-7 所示。

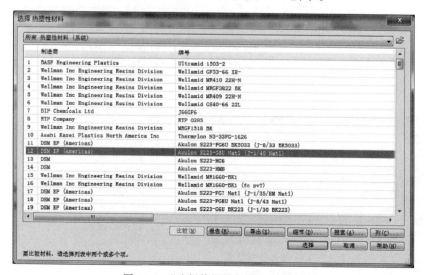

图 15-5 "选择热塑性材料"对话框

PVT 也就是压力、比体积、温度三个单词的首个字母组合。这三个参数对塑料成型至关重要，对材料各方面的性能都有不同程度的影响，直接决定了成型质量的好坏。如图 15-6 所示，比体积随温度的升高而增大。

黏度曲线如图 15-7 所示，它描述了抵抗力（黏度）与温度和剪切力的关系。此曲线图也可以直接反应材料对温度的敏感性。温度越高，PA66 的黏度越小，随着剪切速率的增大，黏度呈递减趋势。

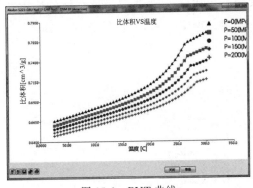

图 15-6　PVT 曲线

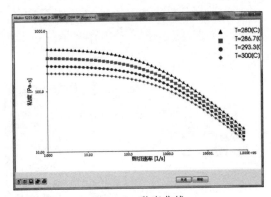

图 15-7　黏度曲线

（3）工艺参数设置　注塑工艺参数的确定，直接影响制件的尺寸和质量的好坏，尤其是温度、压力和时间在实际注塑生产中有着重要作用，比较难确定而对产品的影响又极大。在进行注射过程流动和翘曲分析之前，通过 Moldflow 的成型窗口分析得到推荐的工艺参数，经过模拟分析后，系统推荐注塑过程成型模具温度、最大的设计注射压力、熔体温度和注射时间等，如图 15-8 所示。

15.2.2　结果查看

纤维填充分析结果主要看：平均纤维取向、纤维取向张量、泊松比、剪切模量、第一主方向上的拉伸模量、第二主方向上的拉伸模量，如图 15-9 所示。

图 15-8　"工艺设置向导-填充＋保压设置"对话框

图 15-9　分析结果列表

15.3 纤维取向分析实例

15.3.1 导入模型划分网格

① 打开 Moldflow2018 软件，导入模型：选择菜单"新建工程"命令 ，新建"工、程名称"为"1501"，如图 15-10 所示，然后点选"确定"按钮。

图 15-10 "创建新工程"对话框

② 在"工程视图窗口"选择工程"1501"并单击右键，选择"导入"命令。或者在功能区直接点击"导入"命令 。导入模型"15-1. stl"，模型网格类型设置为"双层面"，如图 15-11 所示。然后点选"确定"按钮，导入模型如图 15-12 所示。

③ 双击任务视窗中的"双层面网格"命令 并单击右键，选择"生成网格"命令 或者选择菜单"网格"中的"生成网格"命令 。如图 15-13 所示。

④ 在"曲面上的全局边长"中输入"1.53"。然后点选"立即划分网格"按钮。其他都选择系统默认属性。划分完毕如图 15-14 所示。选择菜单"网格"中的"网格统计"命令 。单击"显示"按钮，得到网格诊断报告，如图 15-15 所示。

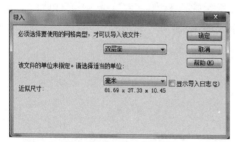

图 15-11 "导入"对话框

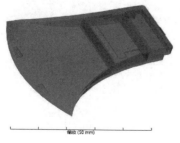

图 15-12 导入模型

图 15-13 "生成网格"对话框

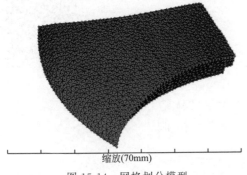

缩放(70mm)

图 15-14　网格划分模型

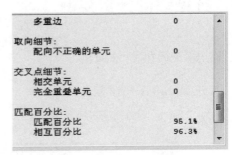

图 15-15　网格诊断报告

15.3.2　选择分析序列和材料

① 双击任务视窗中的"充填"按钮 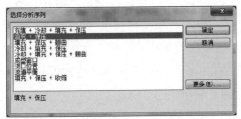，系统弹出"选择分析序列"对话框，如图 15-16 所示。选择"填充＋保压"选项，单击"确定"，任务视窗如图 15-17 所示。

图 15-16　"选择分析序列"对话框

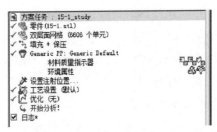

图 15-17　任务视窗

② 双击任务视窗中的"材料质量指示器"按钮 ，打开"选择材料"对话框，如图 15-18 所示。所需材料可以点选图中"搜索"按钮寻找。打开"搜索条件"对话框，选择"材料名称缩写"选项。在"子字符串"选项中输入材料牌号"PA66"，在"填充物数据：重量"选项输入：最小"30"、最大"45"，如图 15-19 所示。

图 15-18　"选择材料"对话框

图 15-19　"搜索条件"对话框

③ 点选"搜索"按钮，在 Moldflow 材料库中选择牌号为"PA66-GF30 HSNC166"的材料，如图 15-20 所示。单击"选择"按钮退出。

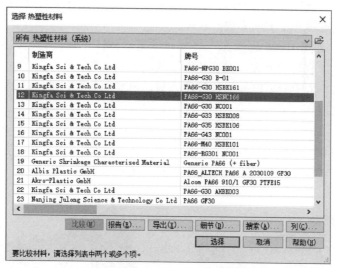

图 15-20 "选择热塑性材料"对话框

15.3.3 选择注射位置设置工艺参数

① 双击任务视窗中的"注射位置"按钮![icon]，在网格中单击浇口点，完成注射位置的确定，如图 15-21 所示。

② 双击任务视窗中的"工艺设置"按钮![icon]，打开"工艺设置向导-填充＋保压设置"对话框，如图 15-22 所示。"模具表面温度"设置为"70"，"熔体温度"设置 290℃，"充填控制"设置为"自动"。"速度/压力切换"设置为"自动"，"保压控制"设置为"％填充压力与时间"，冷却时间设置为"20"。勾选"纤维取向分析"复选框。然后单击"确定"按钮，关闭对话框。

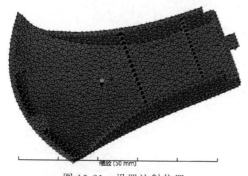

图 15-21 设置注射位置

图 15-22 "工艺设置向导-填充＋保压设置"对话框

③ 冷却系统设置完毕后，双击任务视窗中的"开始分析"按钮![icon]，求解器开始计算。

15.3.4 结果分析

（1）纤维取向 制品在制作过程中纤维取向非常复杂，主要有两个，一是在高剪切区域纤维取向会与流动方向一致。二是在拉伸流动中会促使纤维与拉伸方向对齐。通常会发生在径向流动的前端。只要纤维进入径向流动的前端，由于作用于径向的作用力会很大，因此会促使纤维沿着径向或垂直于流动方向被拉伸。

① 表层取向。如图15-23所示为表层取向结果，从图中可以看出，模型表层的玻璃纤维在浇口区域形成扩散流动形式，玻璃纤维沿流动方向取向；在注射末端玻璃纤维也主要沿整体注射方向取向，由于壁面温度降低较快，很快形成固化层，使得玻璃纤维不再运动，最终沿剪切流动方向排列。

② 心部取向。如图15-24所示为心部取向结果，从图中可以看出，在模型心部，壁面与熔体的剪切作用减弱，剪切力减小，拉伸流动占主要地位，熔体温度降低较慢，玻璃纤维继续沿拉伸流动方向运动，则玻璃纤维主要沿拉伸流动方向排列。

图 15-23 表层取向结果

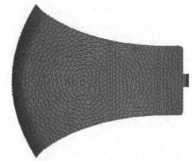

图 15-24 心部取向结果

（2）平均纤维取向 图15-25所示为平均纤维取向结果。从图中可以看出，玻璃纤维在浇口附近的取向程度较低（蓝色部分），为0.4987。在产品沿侧壁面处（红色部分）取向程度较高，为0.9753。这些数值在取向定义中都是属于偏低的，高的取向程度可以保证玻璃纤维的排列方向有利于增强制品的力学性能。由于该处主要受壁面剪切作用，剪切流动占主导地位。玻璃纤维的平均取向是沿着剪切流动方向排列的即以整体注射方向排列，所以取向很好。这部分决定了产品的整体结构，因此也决定了产品的形状变化，对于产品的变形程度起到很大控制作用。从放大部分来看，红色的玻璃纤维材料部分在取向方向上可以增大材料的支撑力度，保证产品的使用质量。

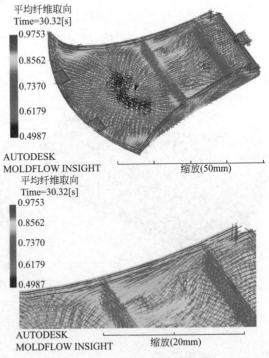

图 15-25 平均纤维取向结果

（3）泊松比云图 图15-26所示为制品的泊松比云图，单击工具栏"检查"按钮，点选模型上任意单元查看。图15-27所示为所选单元的泊松比值，该值反映了玻璃纤维在流动方向上的取向。这种取向结构有效地保证了制品的使用要求，弹性模量分布符合制品使用要求。

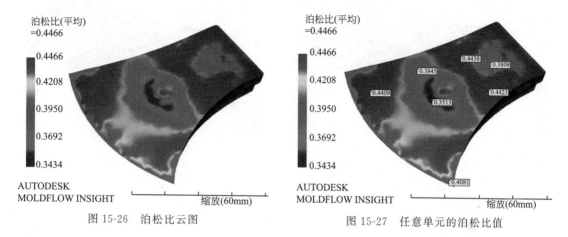

图 15-26　泊松比云图　　　　　　　　图 15-27　任意单元的泊松比值

（4）纤维取向张量　图 15-28 所示为制品的纤维取向张量。其取向张量值为 0.9996。单击"动画演示"按钮 ▷ 可以查看纤维取向张量的随时间变化的情况。

（5）剪切模量　图 15-29 所示为制品的剪切模量云图，从图中可以看出该制品的剪切模量为 2766MPa。单击工具栏"检查"按钮 🔍，点选模型上任意单元。图 15-30 所示为任意单元的剪切模量值。

（6）拉伸模量云图　拉伸模量包括第一主方向和第二主方向。通过分析，可以看到图 15-31 所示第一主方向的绝大多数的区域拉伸模量为 14586MPa。图 15-32 所示第二主方向的绝大多数的区域拉伸模量为 7362.6MPa。两者相差很大，说明玻璃纤维在此有一定的取向。

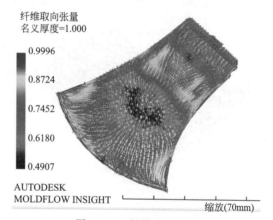

图 15-28　纤维取向张量

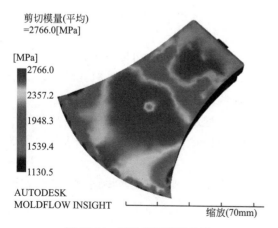

图 15-29　制品剪切模量云图

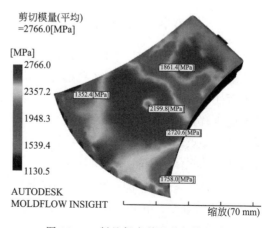

图 15-30　制品任意单元剪切模量值

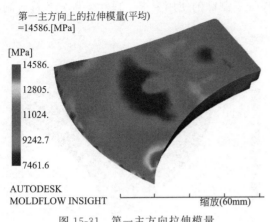

第一主方向上的拉伸模量(平均)
=14586.[MPa]

[MPa]
14586.
12805.
11024.
9242.7
7461.6

AUTODESK
MOLDFLOW INSIGHT
缩放(60mm)

图 15-31　第一主方向拉伸模量

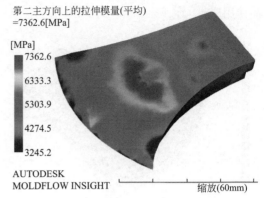

第二主方向上的拉伸模量(平均)
=7362.6[MPa]

[MPa]
7362.6
6333.3
5303.9
4274.5
3245.2

AUTODESK
MOLDFLOW INSIGHT
缩放(60mm)

图 15-32　第二主方向拉伸模量

15.4　纤维取向分析优化

15.4.1　分析前设置

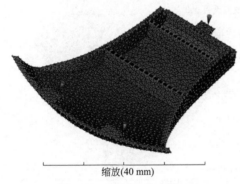

缩放(40 mm)

图 15-33　设置 3 个点浇口

① 右击"15-1-study"在弹出的快捷菜单中选择"重复"命令。产生新的文件"15-1-study（复制品）"，将新文件名改为"15-1-study（优化）"。

② 创建新的浇注系统，双击任务视窗中的"注射位置"按钮，在网格中单击浇口点，完成注射位置的确定，如图 15-33 所示。

③ 其他设置不变，进行分析计算，双击任务视窗中的"开始分析"按钮，在"选择分析类型"对话框中单击"确定"按钮，求解器开始计算。

15.4.2　纤维取向分析优化结果

（1）平均纤维取向　图 15-34 所示为平均纤维取向结果。从图中可以看出，玻璃纤维在浇口附近的取向程度较低［蓝色部分（软件中显示，此处未显示）］，为 0.6195。在产品沿侧壁面处（红色部分）取向程度较高，为 0.9847。这些数值相比于优化前高出很多，这样说明优化有利于增强制品的力学性能，对于产品的变形程度起到很大控制作用。从图形上看，红色的玻璃纤维材料部分比优化之前所占份额大了很多。取向方向上可以增大材料的支撑力度，从而保证产品的使用质量。

（2）剪切模量　图 15-35 所示为制品的剪切模量云图，从图中可以看出该制品的剪切模量为 2753.6MPa。单击工具栏"检查"按钮，点选模型上任意单元。图 15-36 所示为任意单元的剪切模量值。优化前后比较，优化后的红色区域明显减小很多。

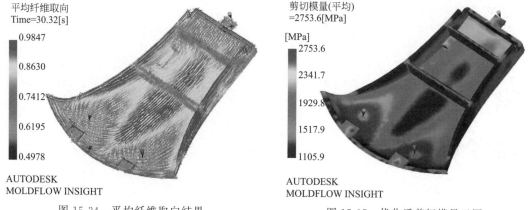

图 15-34 平均纤维取向结果

图 15-35 优化后剪切模量云图

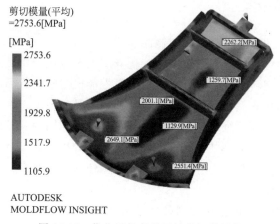

图 15-36 优化后任意单元的剪切模量值

本 章 小 结

本章主要介绍了"纤维取向"分析模块。纤维取向决定了材料性能,掌握纤维取向的原理,对解决由于纤维取向所引起的产品变形非常有帮助。

本章还通过工艺优化,简单介绍了调整平均纤维取向的方法,这样有利于增强制品的力学性能,对于产品的变形程度起到很大控制作用。

第16章

应力分析

16.1 应力分析概述

随着人们生活水平的不断提高，塑料制品已成为现代生活中不可缺少的一种合成材料。塑料具有重量轻、化学性能稳定、电绝缘性能优异、消声减振作用良好、比强度高、机械强度分布广等优点。随着塑料工业的不断发展，力学性能成为塑料制品质量的重要因素。应力分析就是用于确定与结构有关的问题，通常包括塑料产品的强度、硬度和预期使用寿命。

应力分析程序对正常或纤维增强的热塑性材料进行各向同性和各向异性应力分析。注射成型的应力分析可预测实际成型硬度。这个应力分析可分析产品在载荷的作用下是否可能存在结构缺陷或故障点。要执行应力分析，方案中必须包含以下要素：

① 选定的材料模型；

② 模型约束，用于避免模型在受到载荷作用时发生刚体移动（整体平移和旋转），同时不干扰零件的收缩；

③ 载荷和边界条件。

必须谨慎施加约束，以便它们可以表现出要建模的物理状况。默认情况下，模型中所有节点的六个自由度都是自由的。要对模型进行约束，需要指定要约束一个或多个节点的哪几个自由度。

应力分析采用中性面网格模型进行分析可以单独进行应力分析也可以和保压＋填充、纤维充填取向分析、翘曲结合一起分析。

16.2 应力分析类型

应力分析用于确定与结构有关的问题，通常包括塑料产品的强度、硬度和预期使用寿命。

可从"工艺设置向导"中选择以下几种应力分析类型。

（1）小变形　如果预计零件的变形行为是稳定的，可选择这种分析类型。假定零件内存在线性应力-应变行为时，小变形分析可提供零件变形后的最终形状。

（2）大变形　如果预计零件的变形行为是不稳定的（由先前的挫曲分析确定），或者如果变形行为是边界稳定/不稳定的和/或希望最精确地预测零件形状，应选择这种分析类型。

考虑零件内的非线性应力-应变行为时，大变形分析可提供零件变形后的最终形状。

（3）挫曲　挫曲分析用于确定零件在载荷作用下的变形是稳定的还是不稳定的。如果挫曲分析表明零件的变形行为是稳定的（临界载荷因子＞1），则由挫曲分析获得的变形结果能够很好地表示零件变形后的最终形状。如果挫曲分析表明零件的变形行为是不稳定的（临界载荷因子＜1），则需要运行大变形分析来确定零件变形后的最终形状。

（4）模型频率　如果想要确定零件的固有无衰减频率响应，可以选择这种分析类型。从理论上来说，这种分析与挫曲分析类似，但是这两种分析的结果的物理解释不同。

（5）蠕变　如果想要分析零件的蠕变行为（即零件在载荷作用下随时间变化的变形），可以选择这种分析类型。

16.3　应力分析实例

16.3.1　导入模型划分网格

① 打开 Moldflow2018 软件，导入模型：选择菜单 "新建工程"命令，新建"工程名称"为"1601"，如图 16-1 所示。然后点选"确定"按钮。

图 16-1　"创建新工程"对话框

② 在"工程视图窗口"选择工程"1601"并单击右键，选择"导入"命令 。或者在功能区直接点击"导入"命令。导入模型"16-1.stl"，模型网格类型设置为"中性面"，如图 16-2 所示。然后点选"确定"按钮。导入模型如图 16-3 所示。

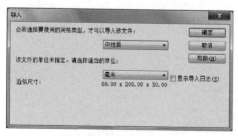

图 16-2　"导入"对话框

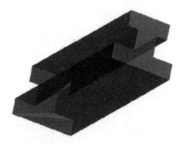

图 16-3　导入模型

③ 双击任务视窗中的"中性面网格"命令 并单击右键，选择"生成网格"命令 或者选择菜单"网格"中的"生成网格"命令 ，如图 16-4 所示。在"曲面上的全局边长"中输入"4.29"，然后点选"立即划分网格"按钮。其他都选择系统默认属性。划分完毕如图 16-5 所示。

图 16-4　"生成网格"命令

图 16-5　网格划分模型

16.3.2　分析序列设置

双击任务视窗中的"充填"按钮 ，系统弹出"选择分析序列"对话框，如图 16-6 所示。选择"填充＋保压＋应力"选项，单击"确定"，任务视窗如图 16-7 所示。

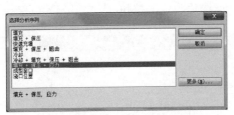

图 16-6　"选择分析序列"对话框

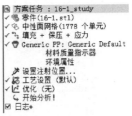

图 16-7　任务视窗

16.3.3　应力设置

（1）设置约束　　选择菜单"边界条件" ▲ "约束"选项中的 ▲ "固定约束"，如图 16-8 所示，弹出"固定约束"对话框，如图 16-9 所示。在"使用约束位置"列表框中选择"应力分析"。单击"应用"按钮，单击"关闭"按钮。结果如图 16-10 所示。此处要注意，如果制件摆放有问题，可以选择 ▣ "移动"选项中的移动命令，如图 16-11 所示。

图 16-8　"约束"选项

图 16-9　"固定约束"对话框

图 16-10　约束结果

（2）施加载荷 选择菜单"边界条件" "载荷"选项中的 "压力载荷"，如图 16-12 所示，弹出"压力载荷"对话框，如图 16-13 所示。压力设置为"600MPa"。选择"工字梁"顶面的三角形网格单元，节点会显示在文本框中，如图 16-14 所示。

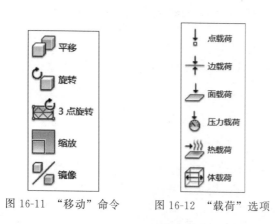

图 16-11 "移动"命令   图 16-12 "载荷"选项   图 16-13 "压力载荷"对话框

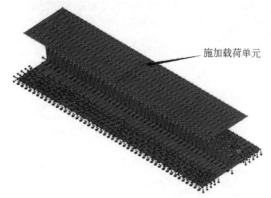

施加载荷单元

图 16-14 施加载荷单元

16.3.4 材料设置

双击任务视窗中的"材料质量指示器"按钮 ，打开"选择材料"对话框。在 Moldflow 材料库中选择牌号为"Generic PP：Generic Default"材料。

16.3.5 浇口设置

双击任务视窗中的"注射位置"按钮 ，在网格中单击浇口点，完成注射位置的确定，如图 16-15 所示。

16.3.6 工艺设置

① 双击任务视窗中的"工艺设置"按钮 ，打

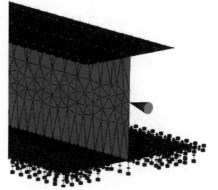

图 16-15 注射位置

开"工艺设置向导-填充＋保压设置"对话框，如图16-16所示。"模具表面温度"设置为"50"，"熔体温度"设置220℃，"充填控制"设置为"自动"。"速度/压力切换"设置为"自动"，"保压控制"设置为"％填充压力与时间"，冷却时间设置为"20"s。勾选"纤维取向分析"复选框。然后单击"确定"按钮，关闭对话框。

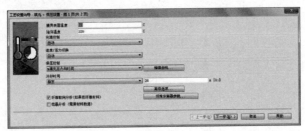

图16-16 "工艺设置向导-填充＋保压设置"对话框（第1页）

② 单击"下一步"按钮，将"应力分析类型"设置成"大变形"，如图16-17所示。"应力结果输出"设置为"所有应力输出"。其他设置采用默认。

单击"完成"按钮关闭对话框。

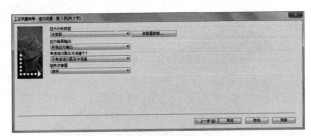

图16-17 "工艺设置向导-填充＋保压设置"对话框（第2页）

图16-18 应力分析类型

③ 设置完毕后，双击任务视窗中的"开始分析"按钮。求解器开始计算。

以上为"大变形"分析，分析完毕后可以继续进行"小变形"分析、"挫曲"分析、"模型频率"分析。在"项目管理"窗口中更改新文件名，如图16-18所示。

16.3.7 分析结果

（1）大变形分析 实际上，大多数结构将仅在限制的载荷强度范围内显示线性响应或近似于线性的响应。在较高载荷处，结构的刚度可能发生显著的变化，从而导致非线性响应。大变形分析主要用于非线性分析，其"求解器参数"如图16-19所示。

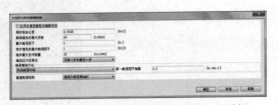

图16-19 "大变形分析求解器参数"对话框

变形（大变形，应力）结果如图 16-20 所示，大变形分析的变形结果为最大 8.201mm；最大剪切应力为 123.1MPa，如图 16-21 所示；应力张量最大为 258.0MPa，如图 16-22 所示；应变张量最大为 0.1630，如图 16-23 所示；应力，Mises-Hencky（应力）最大为 248.1MPa，如图 16-24 所示；弯曲曲率最大值为 19.09。如图 16-25 所示。

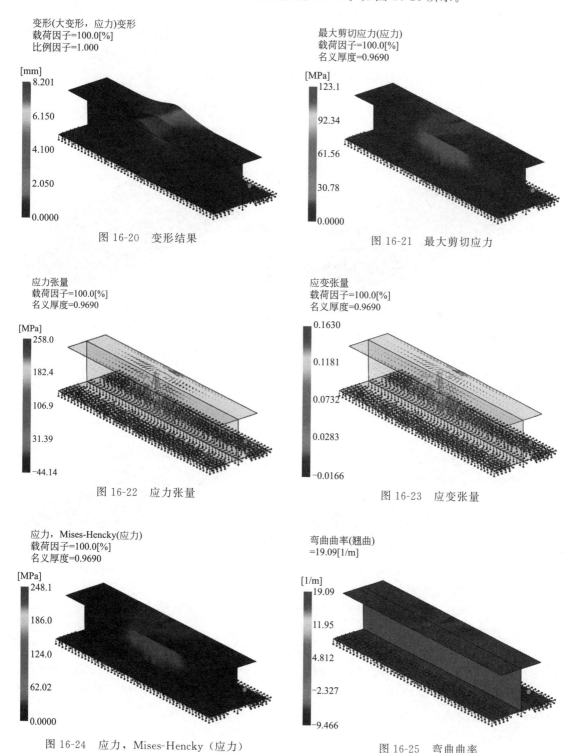

图 16-20　变形结果

图 16-21　最大剪切应力

图 16-22　应力张量

图 16-23　应变张量

图 16-24　应力，Mises-Hencky（应力）

图 16-25　弯曲曲率

（2）小变形分析 小变形分析基于如下假设：通过向柔体施加载荷而产生的位移以及相应的应力和应变是此类载荷大小的线性函数。小变形分析是最常见的分析类型，是大变形分析和挫曲分析的基础。深入了解小变形分析是了解其他类型分析的重要前提。小变形分析也常常被用作线性分析。

变形（小变形，应力），如图 16-26 所示，小变形分析的变形结果为最大 9.016mm；最大剪切应力为 123.9MPa，如图 16-27 所示；应力张量最大为 271.2MPa，如图 16-28 所示；应变张量最大为 0.1686，如图 16-29 所示；应力，Mises-Hencky（应力）最大为 252.4MPa，如图 16-30 所示；弯曲曲率最大值为 21.02，如图 16-31 所示。

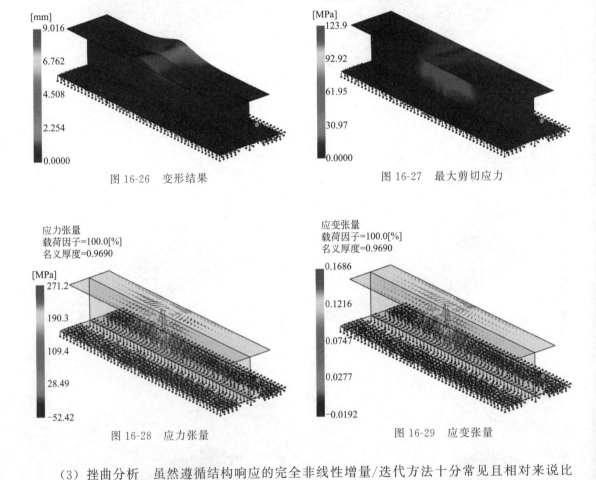

图 16-26 变形结果

图 16-27 最大剪切应力

图 16-28 应力张量

图 16-29 应变张量

（3）挫曲分析 虽然遵循结构响应的完全非线性增量/迭代方法十分常见且相对来说比较精确，但它可能涉及大量的计算。

由于挫曲的基本重要性和设计关系，如果有一种简化方法可以逼近出现挫曲时对应的临界载荷级别，此方法无疑非常有用。因此，只要我们假设预挫曲响应是线性的且预挫曲位移的影响可忽略不计，便可以设计出这种方法。这种方法称为挫曲分析，也称为初始稳定性或经典分叉分析。其"求解器参数"如图 16-32 所示。如图 16-33 所示，特征值为 7.221。

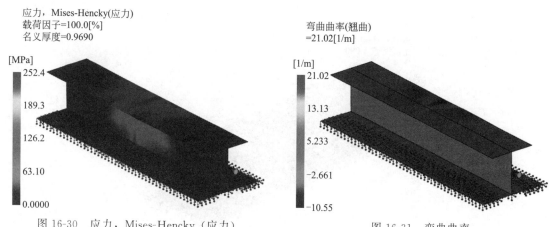

图 16-30　应力，Mises-Hencky（应力）　　　　图 16-31　弯曲曲率

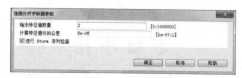

图 16-32　"挫曲分析求解器参数"对话框

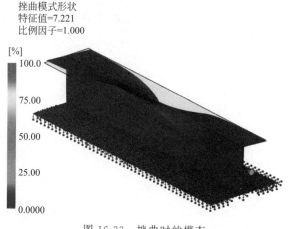

图 16-33　挫曲时的模态

（4）模型频率分析　模型频率分析用于定义结构的固有无阻尼频率响应。从理论上来说，此种分析与挫曲分析类似，但是这两种分析的结果的物理解释截然不同。

此应力分析建立在通过翘曲分析确定的变形零件基础上，我们称为"初始条件分析"。此分析使用通过翘曲分析确定的变形和收缩应变作为应力分析的起点。初始条件分析可用于前面部分介绍的三种分析类型中的任意一种。其"求解器参数"如图 16-34 所示。如图 16-35 所示，频率为 1514.3Hz。

图 16-34　"模型频率求解器参数"对话框

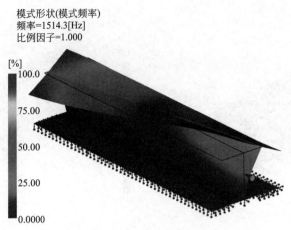

模式形状(模式频率)
频率=1514.3[Hz]
比例因子=1.000

图 16-35　模式形状云图

本 章 小 结

本章介绍了"应力分析"的概念以及"应力分析"的作用和意义。着重讲解了"应力分析"的约束设置和载荷的加载，对大变形、小变形、挫曲、模型频率进行了分析描述。

通过这些描述可以观察到应力的分布情况，掌握应力值的大小。对其由于外加载荷和温度所引起的制品变化有一个预测性的评判。

第**17**章

工艺优化分析

17.1 概述

在第 7 章阐述了成型窗口分析，确定获得较优产品质量所需的熔体温度、模具温度和注射时间（单腔）；在第 10 章阐述了保压分析与优化，以使制品的体积收缩小而均匀。这些分析基本都没涉及注塑机，而有关熔体的注射和保压是要通过注塑机上设置螺杆推进速度和保压压力曲线来控制。

熔体前沿以恒定的速度在模腔中推进是获得良好成型质量的条件之一，即熔流动前沿面积较大时，可使用较高的螺杆速度；流动前沿面积较小时，需要使用较低的螺杆速度，还需要考虑机器的响应。螺杆速度还需保证流动前沿熔体温度的变化很小，以减少表面缺陷和翘曲。在流动分析的结果中有"推荐的螺杆速度：XY 图"结果，给出了根据流动截面大小的变化确定的螺杆速度曲线，但该曲线是射出体积（%）与流动速率的相对螺杆速度曲线，如图 17-1 所示，这无法方便地在实际注塑机上进行设置。

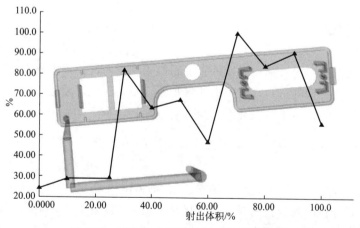

图 17-1 推荐的"螺杆速度：XY 图"结果

成型时，若整个零件的收缩率变化控制得很小，则能减少翘曲，提高成型精度。塑件凝固定型时所受的压力决定了其收缩的大小，在制件厚度均匀的情况下，塑件的凝固定型总是从远浇口往近浇口发展，因而要求保压曲线也能随其凝固的发展而相应调节。

Moldflow 中的"工艺优化分析"就是在成型材料、模具和注塑机给定的情况下，通过迭代计算找到注塑机的最佳工艺设置（最佳螺杆速度和保压压力曲线），使生成的零件不产生翘曲、不包含缩痕或其他注塑瑕疵，从而获得高质量的制品。这些工艺设置可直接在注塑机上设置实现。工艺优化分析结束时，会自动生成一个填充分析或填充＋保压分析的新方案，该方案采用工艺优化分析所确定的最佳螺杆速度曲线和保压曲线设置。

17.2 模型准备与分析序列选择

（1）模型准备 在 Moldflow2018 中，"工艺优化分析"支持中面网格模型和双面网格模型，不支持 3D 网格模型。要求包含流道系统，并已在流道系统入口设定了注射位置。

（2）分析序列选择 分析序列需在"选择分析序列"对话框中选择"工艺优化（填充）"或"工艺优化（填充＋保压）"，如图 17-2 所示。若在此没显示则点击"更多"按钮弹出"定制常用分析序列"对话框，从中勾选后"确定"。

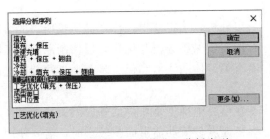

图 17-2 选择"工艺优化"分析序列

"工艺优化（填充）"分析后自动生成一"填充"分析方案，该方案采用分析所得的最佳螺杆速度曲线；"工艺优化（填充＋保压）"分析后自动生成一"填充＋保压"分析方案，该方案采用分析所得的最佳螺杆速度曲线和保压曲线。

17.3 分析设置

在"工艺优化分析"中，缩痕是其一个分析结果指标，因而需要材料的收缩数据，为此应选择具有收缩属性数据的材料，查找方法参加第 5 章，在此不赘述。

单击 ![icon]（"主页"选项卡→"成型工艺设置"面板→"工艺设置"）或在任务方案窗格中双击 ![icon]工艺设置（默认），进行"工艺优化分析"的工艺设置，在此主要进行成型注塑机的信息设置。

若分析序列选择的是"工艺优化（填充）"，则弹出如图 17-3 所示对话框，在此需要对保压进行设置；若分析序列选择的是"工艺优化（填充＋保压）"，则弹出如图 17-4 所示对话框。两个分析序列的其他后续设置相同。

（1）注塑机设置 点击对话框中的"高级选项…"按钮，弹出如图 17-5 所示对话框。从"注塑机"下拉列表中选择之前使用的注塑机，或单击"选择"从提供的数据库中选择。在 Moldflow2018 中提供了 1117 条注塑机系统数据。如果数据库中不存在合适的现有条目，可以选择"默认注塑机"条目，然后单击"编辑"，弹出"注塑机"特征数据编辑对话框。

图 17-3 "工艺优化（填充）"工艺设置（第 1 页）

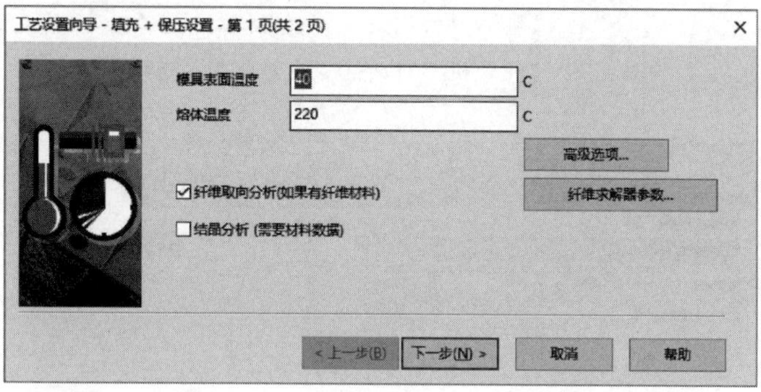

图 17-4 "工艺优化（填充＋保压）"工艺设置（第 1 页）

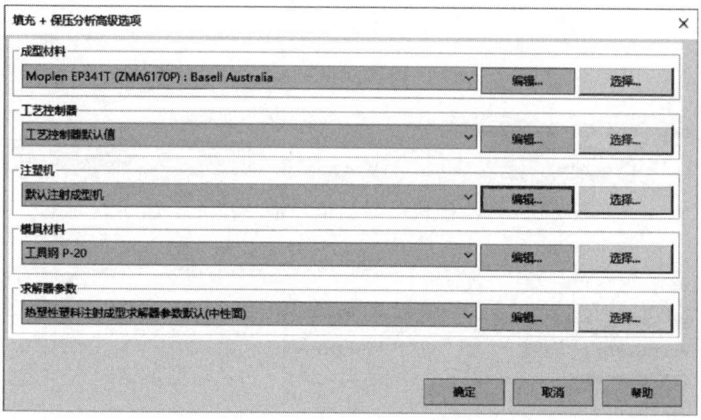

图 17-5 "高级选项"对话框

在此输入注塑机注射单元、液压单元、锁模单元的数据，如图 17-6、图 17-7、图 17-8 所示。如果要将此数据以新名称保存在数据库中，可以在"名称"框中输入新名称。单击"确定"再次保存已输入的注塑机特征数据。

① 在"注射单元"选项卡中指定/编辑注塑机的注射单元相关属性。除注塑机螺杆直径、最大注射行程和注射速率外，还有"充填控制"方式和控制段数。"充填控制方式"决定后续自动生成的方案中给出的充填控制方式。分别指定/编辑"螺杆速度控制段"和"压力控制段"的最大段数，其控制是恒值（跳跃）还是可线性变化。如图 17-9 所示即为螺杆速度为恒值变化。

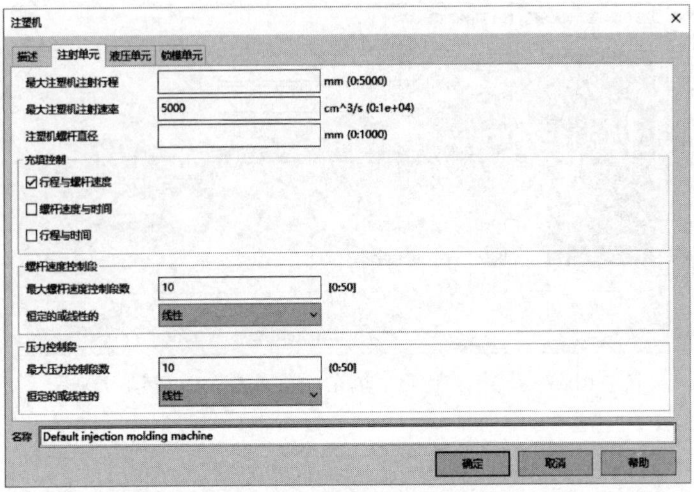

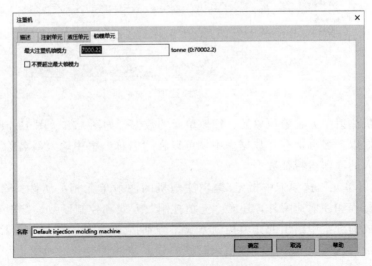

图 17-6 "注塑机"对话框"注射单元"选项卡

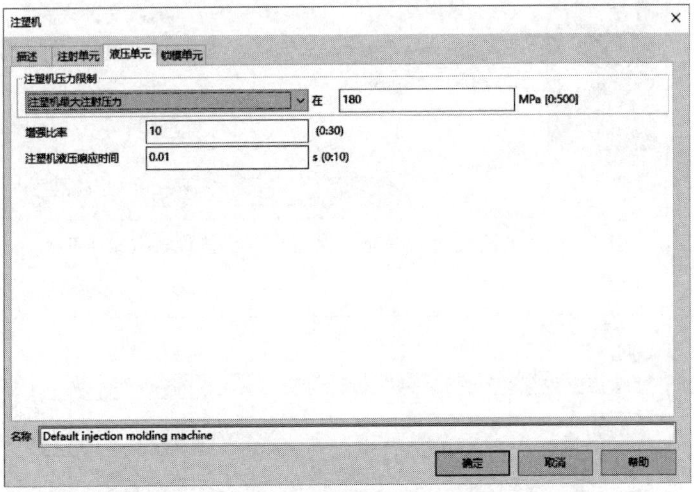

图 17-7 "注塑机"对话框"液压单元"选项卡

图 17-8 "注塑机"对话框"锁模单元"选项卡

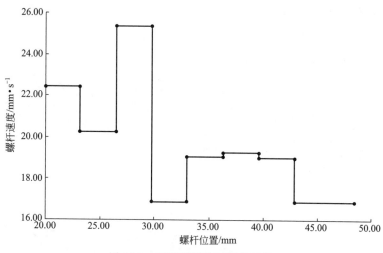

图 17-9 螺杆速度控制段为恒值

② 在"液压单元"选项卡中指定/编辑注塑机的液压单元相关属性。"注塑机压力限制"选择指定为"最大注射压力"还是"最大液压压力"并给出最大许可值。"增强比率"是指螺杆前端的材料压力与注塑机活塞中的油压的比值，也是"最大注射压力"与"最大液压压力"的比值。"注塑机液压响应时间"是指从某个压力级别到下一个级别的平稳过渡时间。

③ 在"锁模单元"选项卡指定/编辑注塑机的锁模单元相关属性。主要是注塑机的最大锁模力。若不想模拟超出"最大注塑机锁模力"给定的锁模力，需勾选"不要超出最大锁模力"复选框。

工艺优化分析所需的大部分注塑机数据可直接从注塑机制造商的数据一览表中获得，如：螺杆直径、最大注射压力、最大锁模力、最大速度段数、最大行程等。建议通过实验验证关键参数：最大注射速度和注塑机响应时间，以确保其准确性。

（2）优化设置 注塑机特征数据输入保存后，返回到工艺优化分析工艺设置向导的第一页，点击"下一步"，进行优化设置，如图 17-10 所示。

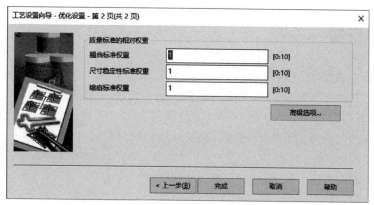

图 17-10 "工艺设置向导-优化设置"对话框

① 在此设置"质量标准的相对权重"：即在工艺优化分析过程中零件翘曲、尺寸稳定性和缩痕的相对权重（即重要性），值越大表示越重要。

②"工艺优化高级选项"设置。点击该对话框中的"高级选项…"按钮，弹出"工艺优化高级选项"对话框，如图 17-11 所示。其中各项设置说明如下：

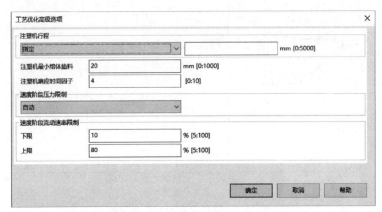

图 17-11 "工艺优化高级选项"对话框

a.注塑机行程：指定要在工艺优化分析模拟中使用的注塑机行程。

b.注塑机最小熔体垫料：即注塑机最小余料量，螺杆不可能把料筒中的料全部打完，螺杆前端始终会存在余料。在此设定始终存在的最小余料量，即螺杆前端位置和零螺杆位置之间的最短距离。

c.注塑机响应时间因子：此选项的目的是平滑速度曲线，避免因速度曲线在极短时间间隔内改变引发的振荡行为。控制曲线段至少要持续一段时间（为所选注塑机液压响应时间值的指定倍数）。例如，如果注塑机液压响应时间是 0.01s，指定注塑机响应时间因子是 4，则每条曲线段的持续时间一定不短于 0.04s。

d.速度阶段压力限制：指定填充（速度）阶段的最大许可压力。

e.速度阶段流动速率限制：指定填充阶段的最小和最大许可流动速率（以注塑机最大速度的百分比形式表示）。

所有求解器的默认预设值设置适合于大多数分析，在设置缺乏依据时可采用默认预设值。

17.4 结果查看

分析完成后，提供了"螺杆位置与时间：XY 图"结果，并同时生成一个新的分析方案。"工艺优化（填充）"分析后生成"填充"分析方案，并给该方案的充填控制设定了"螺杆速度与螺杆位置"形式的"绝对螺杆速度曲线"；"工艺优化（填充＋保压）"分析后生成"填充＋保压"分析方案，并给该方案的充填控制设定了"螺杆速度与螺杆位置"形式的"绝对螺杆速度曲线"，给保压控制设定了"保压压力与时间"曲线。新的分析方案不需做任何修改，直接运行分析，再查看有关"缩痕估算"结果。

17.5 工艺优化分析实例

下面以一实例来阐述工艺优化分析。

17.5.1 模型准备与材料选择

（1）模型准备　启动 Moldflow Insight 2018，新建工程"17-Optimal Curves"，导入模型"snap_cover.sdy"，该模型已进行网格划分，并建立好浇注系统，如图 17-12 所示。该制件采用潜伏浇口，经由顶针位置进胶（在此浇口为半圆柱状）。读者也可自行练习手动建立该浇注系统，在此不赘述。

图 17-12　网格模型

（2）设定"出现次数"　该零件采用一模两腔成型，考虑到布局的对称性，为节约计算时间，只对一腔进行流动分析，设定除主流道外的分流道、浇口和制件的"发生次数"为 2，以与"一模两腔"等效。在层窗格中只勾选层"Body"和"Detail"，即只显示制件，框选整个制件，右键快捷菜单选择"属性"，在弹出的对话框中全选所有属性，如图 17-13 所示，点击"确定"后弹出"零件表面"属性设置对话框，设置"出现次数"为 2，如图 17-14 所示。点击"确定"，完成制件发生次数的设定。

图 17-13　编辑零件表面属性

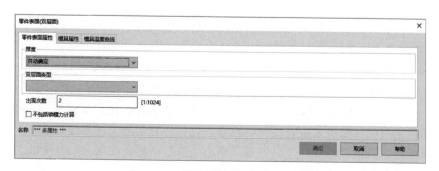

图 17-14　设置零件表面的发生次数

（3）选择材料　工艺优化分析要求材料具有收缩属性信息，为此通过搜索选择 Lotte Chemical 公司生产的牌号为 Popelen EP-373 的 POLYPROPYLENES（PP）聚丙烯（具体搜索操作参见第 5 章"材料选择"部分）。该材料的收缩属性如图 17-15 所示。

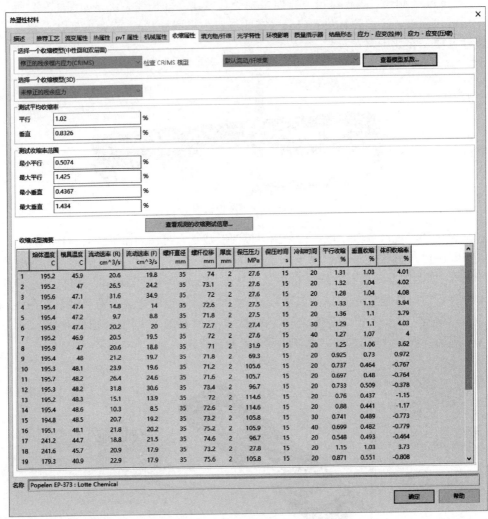

图 17-15　所选材料的收缩属性

17.5.2　流动分析

为便于比较分析，先以默认设置进行流动分析。设定分析序列为"填充＋保压"，工艺设置如图 17-16 所示。在"高级选项"中选择注塑机，考虑到注射量较小（由网格统计可算得该制件一模两腔的总体积约 20cm³），在此选 Battenfeld 公司的 BA 1300/400 BK 注塑机，如图 17-17 所示，以其数据作为基本设置（若是国产注塑机，可选默认的"Default injection molding machine"，通过编辑输入相应的参数后，更改名称后确定保存）。注意在实践中务必根据实际成型所用注塑机来进行选择或设置，以保证分析的实践指导意义。

运行计算后，借助"检查"工具查看"缩痕估算"结果，如图 17-18 所示。最大缩痕约为 0.03mm，发生在近充填末端伸出结构的背面。

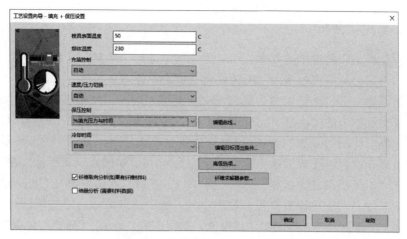

图 17-16　"填充＋保压"默认设置

图 17-17　选择注塑机

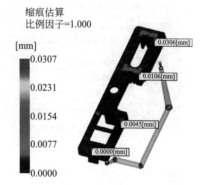

图 17-18　"填充＋保压"默认设置分析所得
"缩痕估算"结果

　　查看"推荐的螺杆速度：XY 图"结果，如图 17-19 所示。由图可见推荐的螺杆速度随注射的进行产生波动，给出的是相对速度，在注射量达到 70％时达到最大注射速度。

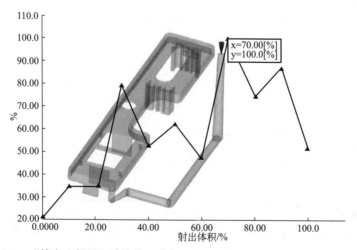

图 17-19　"填充＋保压"默认设置分析所得"推荐的螺杆速度：XY 图"结果

17.5.3 工艺优化分析

在"工程"窗格中右键单击方案，在快捷菜单中选择"重复"复制该方案，双击复制所得方案打开。将其分析序列改选为"工艺优化（填充＋保压）"。

（1）工艺设置 进行工艺设置，如图17-20所示。点击"注塑机"下的"编辑"按钮，在注塑机设置对话框下的"注射单元"选项卡下，勾选充填控制为"行程与螺杆速度"，螺杆速度控制和压力控制的段数均为10段，均为线性变化控制，如图17-21所示。在"液压单元"选项卡下，设置"注塑机液压响应时间"为0.1s，如图17-22所示。在"锁模单元"选项卡下勾选"不要超出最大锁模力"，如图17-23所示。点击"确定"后回到原设置页，点击"下一页"进入"优化设置"页，如图17-24所示。点击"高级选项"，设定"注塑机响应因子"为1，其余全为自动或默认预设值，如图17-25所示。"确定"完成工艺设置。双击"立即分析"进行计算。

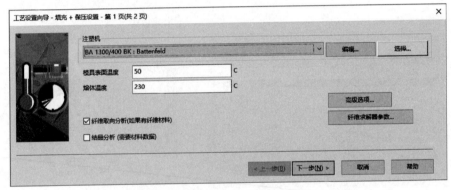

图 17-20　工艺优化分析"（填充＋保压）"设置

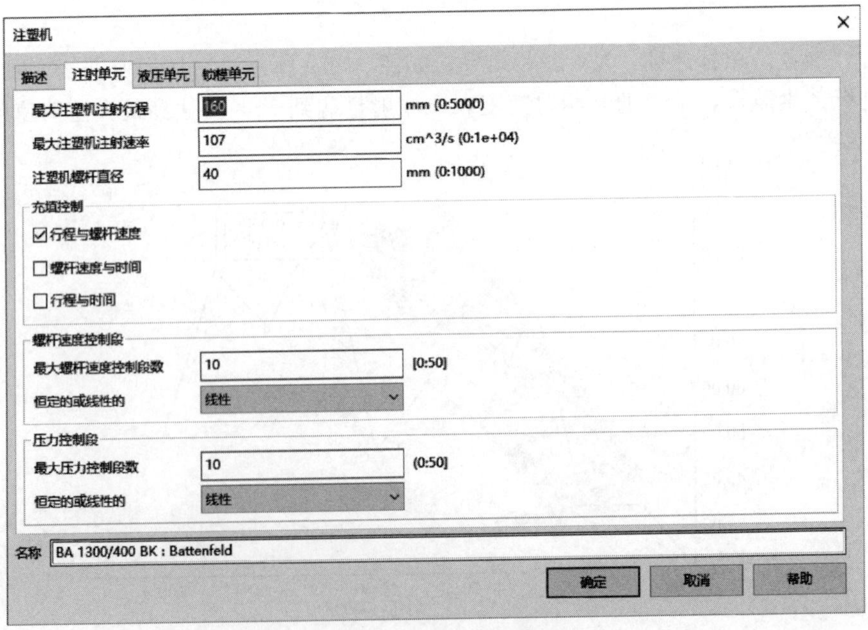

图 17-21　注射单元设置

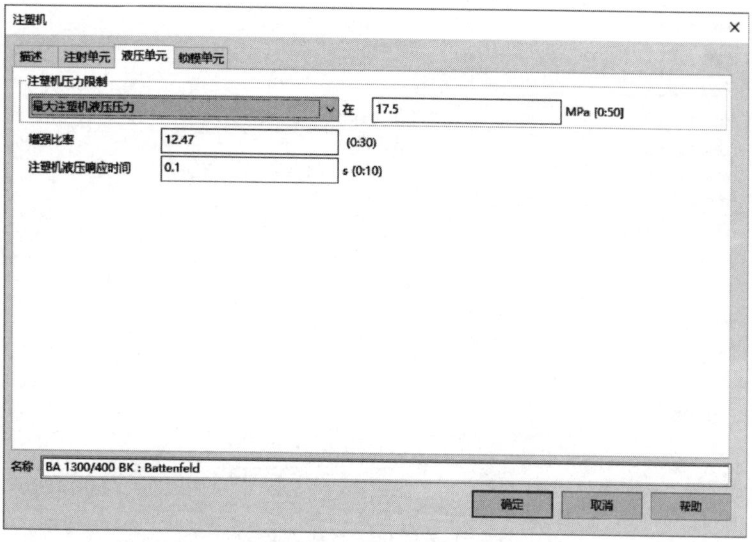

注塑机

描述 注射单元 液压单元 锁模单元   ×

注塑机压力限制

最大注塑机液压压力   ▼   在 17.5   MPa [0:50]

增强比率   12.47   (0:30)

注塑机液压响应时间   0.1   s (0:10)

名称 BA 1300/400 BK : Battenfeld

确定   取消   帮助

图 17-22 液压单元设置

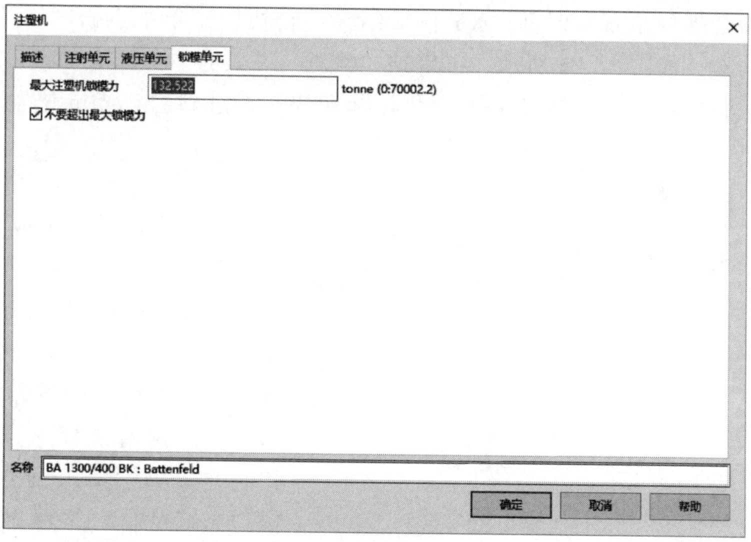

注塑机   ×

描述 注射单元 液压单元 锁模单元

最大注塑机锁模力   132.522   tonne (0:70002.2)

☑ 不要超出最大锁模力

名称 BA 1300/400 BK : Battenfeld

确定   取消   帮助

图 17-23 锁模单元设置

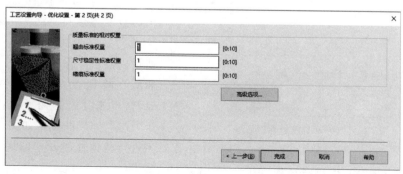

工艺设置向导 - 优化设置 - 第 2 页(共 2 页)   ×

质量标准的相对权重

翘曲标准权重   1   [0:10]

尺寸稳定性标准权重   1   [0:10]

缩痕标准权重   1   [0:10]

高级选项...

< 上一步(B)   完成   取消   帮助

图 17-24 工艺优化分析"优化设置"

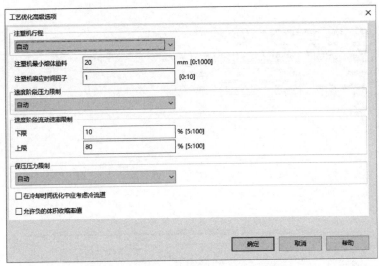

图 17-25　工艺优化"高级选项"设置

（2）结果查看　计算完成后，查看"螺杆位置与时间：XY 图"结果。在"方案任务"窗格中右键单击"螺杆位置与时间：XY 图"结果，在快捷菜单中点击"属性"，去除"显示点符号"的勾选，如图 17-26 所示。再借助"检查"工具查看结果，如图 17-27 所示。由图可见螺杆的位置从约 54mm 到 25mm 变化，起初快速推进到约 27mm 位置，保持小段时间后再缓慢推进。

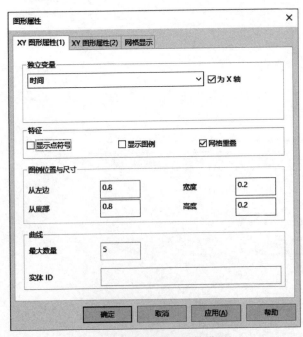

图 17-26　结果图形属性设置

（3）优化后的新方案及结果查看　计算完成后自动生成一新的方案任务，其分析序列为"填充＋保压"。双击"工艺设置"查看其设置，如图 17-28 所示。由此可见其充填控制方式为"螺杆速度与螺杆位置"方式给定的"绝对螺杆速度曲线"，保压控制方式为"保压压力与时间"。点击"充填控制"下的"编辑曲线"按钮查看"充填控制曲线设置"，列表框中给出了螺杆位置与速度的对应值，点击"绘制曲线"可查看"螺杆速度与螺杆位置"曲线，如图 17-29 所示。点击"保压控制"下的"编辑曲线"按钮查看"保压控制曲线设置"，点击"绘制曲线"查看"保压压力与时间"曲线，如图 17-30 所示。不进行任何修改，"确认"退出工艺设置。双击"立即分析"进行计算。

计算完成后，借助"检查"工具查看"缩痕估算"结果，如 17-31 所示。

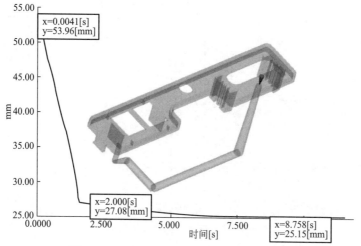

图 17-27　"螺杆位置与时间：XY 图"结果

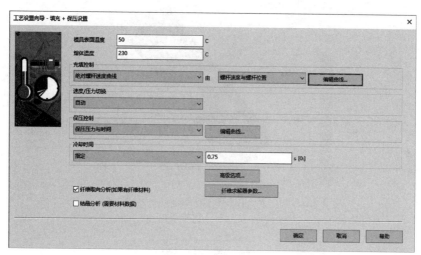

图 17-28　自动生成方案的"填充＋保压"设置

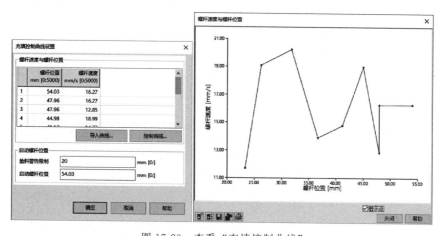

图 17-29　查看"充填控制曲线"

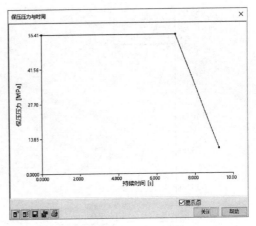

图 17-30 查看"保压控制曲线"

缩痕估算
比例因子=1.000

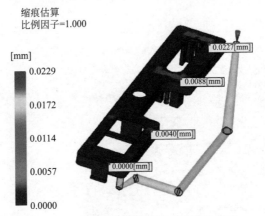

图 17-31 工艺优化后的"缩痕估算"结果

本 章 小 结

    Moldflow 中的"工艺优化分析"能在成型材料、模具和注塑机给定的情况下优化注塑机的螺杆速度和保压压力曲线设置以获得最优的产品质量。本章详细阐述了该分析对模型的要求、分析序列的选择、材料选择、分析设置及结果的查看。还通过一个实例详细说明了其具体操作，并对优化前后的结果进行了比较，优化效果明显。

第18章
气体辅助注射成型分析

18.1 气体辅助注射成型概述

气体辅助注射成型是一个在聚合物注射阶段结束时通过压力将惰性气体引入聚合物熔体流的过程。根据气体的作用方式可分为内部和外部气体辅助注塑两种工艺。

（1）内部气体辅助注塑工艺 内部气体辅助注塑过程是先向模具型腔中注入经准确计量的塑料熔体，再通过特殊的喷嘴向熔体中注入压缩气体，气体在熔体内沿阻力最小的方向扩散前进，推动熔体充满型腔并对熔体进行保压，待塑料熔体冷却凝固后排去熔体内的气体，开模推出制品，如图18-1所示。

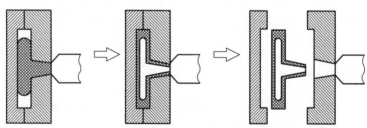

图 18-1　内部气体辅助注塑工艺过程

（2）外部气体辅助注塑工艺 又称表面气体成型，它在模具表面及塑件表面的特别封闭处注入高压气体，使加压区的塑料被排挤以达到使产品表面没有缩痕的一种方法。这种特别封闭处也可称为加压区，而每一个加压区是由连接成品的密封件所包围，以防气体泄漏，密封件的截面可以是矩形也可以是三角形，这样可使得成品的刚性被加强。当然，采用表面气体成型方法会在加压区留下明显的痕迹，但是它不会影响产品的表面，如图18-2所示。

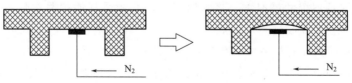

图 18-2　外部气体辅助注塑工艺过程

以下未经特别指明的气体辅助注塑均指内部气体辅助注塑。

18.1.1　工艺过程

气体辅助注塑根据其工艺特点可分为短射法、副腔法、回流法和活动型芯法四种。从使用频率来说这里主要介绍短射法。

短射法也称标准成型法，如图 18-3 所示。该方法先往型腔中注入经过准确计量的熔体如图 18-3(a)、(b) 所示，再通过浇口和流道注入压缩气体，气体在型腔中熔体的包围下沿阻力最小的方向扩散前进，对熔体进行穿透和排空，如图 18-3(c) 所示，最后推动熔体充满整个型腔并进行保压，待塑料冷却到具有一定刚度强度后开模顶出，如图 18-3(d) 所示。

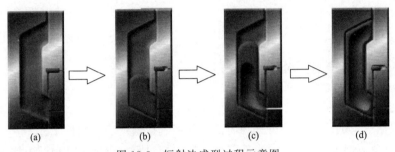

图 18-3　短射法成型过程示意图

18.1.2　工艺特点

① 优点：对传统注塑模做少量修改（设置气道）即可实现该方法。

② 缺点：熔体/气体的切换延迟会导致制品表面出现迟滞痕，影响外观，当然也可通过后续的喷漆处理掩盖迟滞痕。

18.1.3　质量影响因素

（1）工艺参数对质量的影响　气体辅助注射成型比传统注塑成型有许多优点，但新的工艺也引进了新的工艺参数，使成型过程变得复杂、困难。

① 物料选择。物料的流动性对气辅工艺影响很大，流动性好的聚合物易于气辅加工，因此宜采用半结晶的或增强的塑料用于气辅成型。

② 确定注射量。塑料熔体预注入量一般为 50%～80%，这要根据经验或通过软件模拟充填来决定。当塑料注射量较高时，制件实心段冷却缩痕严重。当塑料注射量偏低时，易发生充填不足，甚至吹穿，且加工窗口较窄，废品率高。

③ 确定熔体温度。气辅工艺对材料流动性要求更高，熔体温度则是调节物料流动性的关键变量。在充气较理想的情况下，将料温提高，并调节其他相关参数，制件表面"橘皮纹"质量明显提高。但温度过高，加工周期会变长，并且会导致气体穿透长度过短和气道壁厚过薄。因此更适合选用高熔融流动指数的物料进行气辅注塑。

④ 设定延迟时间。延迟时间是指熔体注射结束与气体开始注射之间的间隔时间，它也是诸多气辅工艺参数中最为敏感、最为关键的因素。通常取 1～2s，依具体塑料而定。延迟时间的设置对气辅制件的实心段位置及壁厚有很大影响。延迟时间越长，气辅制件的实心段就越短，中空壁厚越厚，表面"橘皮纹"不佳，甚至会出现迟滞线。延迟时间

越短，越容易造成较短的穿透长度即实心段较长和较薄的气道壁厚，最终导致吹穿。在此期间，还应尽量避免熔体流动的较大变化，因为这种变化会在制品表面引起明显的模糊线条和光泽改变。

⑤ 选择充填方向。必须尽力避免喷射，因为出现喷射现象时熔体会发生叠合和自由表面冷却，气体在这样的非均匀熔体中穿透到第一个叠合处时就会吹穿熔体表面，造成成型失败。可以采用型腔按逆重力方向充填、在制品最薄处开始充填等方法来避免喷射。

⑥ 设置气体压力。气体压力是气辅工艺重要参数。高压或低压保压的压力大小或时间对熔体能否充满模腔和制件中实心段的位置长短的影响不大，但对制件壁厚有较大影响。充模时气体压力通常为 2.5～30MPa，建议采用低压（当然必须大于熔体压力），保压时再增加压力补偿收缩，其原因是熔体与气体接触的边界层中会熔解一些气体，如果保压结束后，塑料尚未完全固化，这时卸压会造成气道内表面有气泡。充模时气体压力越大，熔体边界层中熔解的气体越多，保压结束后气体的膨胀效应越强。卸压时，卸压速率起着关键的作用，要注意避免卸压太陡在气道内表面引起广泛的气体膨胀，因为突然的卸压比分步卸压更易引起广泛的表面膨胀。

⑦ 设定冷却时间。高温注塑时气辅注塑工艺冷却时间设置与传统注塑工艺冷却时间设置相近，冷却时间过短，制件尤其是厚壁制件容易胀裂，废品率提高。高流动性物料的采用，允许在较低温度下进行注塑，冷却时间大大缩短。

⑧ 其他条件的影响。冷却水量、物料均匀性、模温等条件对气辅加工也有不同程度的影响。

气辅工艺对加工条件的变化十分敏感，某些工艺条件的较小波动都会导致其情况变化，需要现场调节、监控。

（2）结构对质量的影响　一般情况下，控制气体通道的排布和范围可以通过适当修改零件几何尺寸来实现。如果这样做控制情况不理想，则可通过溢料井来增大气体的渗透能力或者将气体引导到零件的特定区域来实现。

溢料井可视为第二个型腔，气体可在其中推动聚合物从而进一步渗透到零件深处。溢料井所提供的路径可使气体行进时所受的阻力最小。在特定的时间使用阀浇口来打开和关闭溢料井就可以进一步控制气体流动。也可以根据网格类型，将阀浇口分配给具有"溢料井"类型属性的单元：

① 三角形薄壳单元（仅限中性面网格）；

② 柱体单元（中性面和 3D 网格）；

③ 四面体单元（仅限 3D 网格）。

图 18-4 说明了在气体辅助注射时溢料井的典型应用。通往溢料井的路径在注射阶段（即塑料填充型腔其余部分时）通常处于关闭状态，如图 18-4（a）所示（聚合物 1处注射期间控制阀关闭）。聚合物注射结束时，可以选择延迟一段时间，使较薄部位上的聚合物得以固化。打开通往溢料井的通道，创造一个额外的空间来容纳将被送入的气体推动的树脂，随后气体注射才可立即触发，如图 18-4（b）所示（2 处气体渗透、3处气体入口、4 处气体注射期间控制阀打开）。零件从模具中顶出后，可以修剪掉不需要的溢料部分。

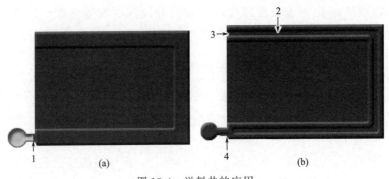

图 18-4　溢料井的应用

18.2　气体辅助注射成型分析

18.2.1　分析设置

① 在 Moldflow 的气体辅助注射成型分析中，可从菜单"主页"中选择"热塑性注塑成型"→"气体辅助注射成型"，如图 18-5 所示。

② 创建柱体单元。从菜单"网格"中选择"创建柱体单元"，如图 18-6 所示。在"工具"页面选择"创建柱体单元"。单击"选择选项"的 ... 按钮。

图 18-5　设置成型工艺菜单

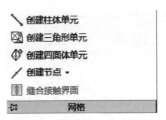

图 18-6　创建柱体单元选项

③ 打开"零件柱体"对话框，如图 18-7 所示。

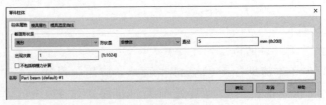

图 18-7　"零件柱体"对话框

④ 设置气体入口。在任务视窗中双击"设置气体入口"选项，单击"编辑"按钮，会弹出"气体入口"对话框，如图 18-8 所示。同样，单击 🔩 按钮（"边界条件"选项卡→"气体"面板→"设置入口"），也将出现"设置气体入口"对话框，允许创建新的气体入口或编辑现有的气体入口。

气体入口
气体辅助注射控制器
Gas-assisted injection controller defaults #1
编辑...
选择...
名称
气体入口 属性(默认)
确定
取消
帮助

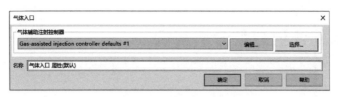

图 18-8 “气体入口”对话框

⑤ 设置工艺参数。在任务视窗中双击“工艺设置（用户）”选项，会弹出“工艺设置向导-填充+保压设置”对话框，如图 18-9 所示。

工艺设置向导 - 填充 + 保压设置 - 第 1 页(共 2 页)
模具表面温度
熔体温度
220
充填控制
自动
速度/压力切换
由 %充填体积
99
% [0:100]
保压控制
%填充压力与时间
编辑曲线...
冷却时间
指定
20
高级选项...
纤维取向分析(如果有纤维材料)
纤维求解器参数...
< 上一步(B)
下一步(N) >
取消
帮助

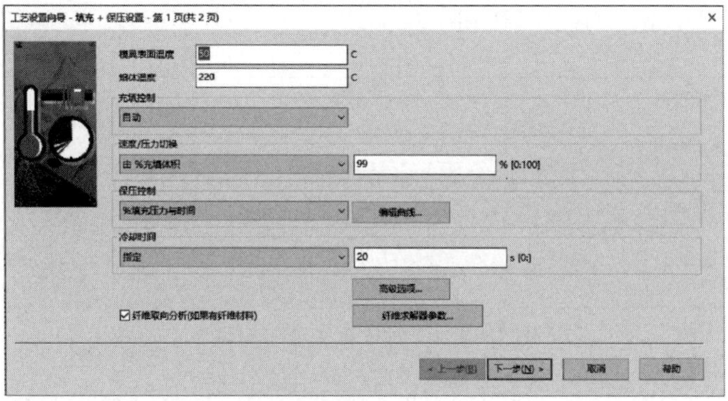

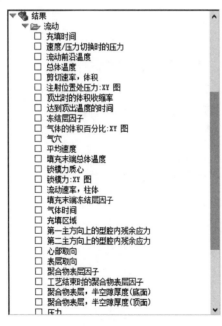

图 18-9 “工艺设置向导-填充+保压设置”对话框

18.2.2 结果查看

完成分析后，分析结果会以图形、动画、文字的形式显示出来，如图 18-10、图 18-11 所示。

结果
流动
充填时间
速度/压力切换时的压力
流动前沿温度
总体温度
剪切速率，体积
注射位置处压力:XY 图
顶出时的体积收缩率
达到顶出温度的时间
冻结层因子
气体的体积百分比:XY 图
气穴
平均速度
填充末端总体温度
锁模力质心
锁模力:XY 图
流动速率，柱体
填充末端冻结层因子
气体时间
充填区域
第一主方向上的型腔内残余应力
第二主方向上的型腔内残余应力
心部取向
表层取向
聚合物表层因子
工艺结束时的聚合物表层因子
聚合物表层，半空隙厚度(底面)
聚合物表层，半空隙厚度(顶面)
压力

图 18-10 气辅成型分析结果列表

零件的保压阶段结果摘要 :
总体温度 - 最大值 (在 0.555 s) = 220.3943 C
总体温度 - 第 95 个百分数 (在 0.555 s) = 220.1032 C
总体温度 - 第 5 个百分数 (在 30.304 s) = 55.0655 C
总体温度 - 最小值 (在 30.304 s) = 50.0069 C
剪切应力 - 最大值 (在 12.064 s) = 2.0226 MPa
剪切应力 - 第 95 个百分数 (在 11.464 s) = 0.0081 MPa
体积收缩率 - 最大值 (在 0.555 s) = 16.8131 %
体积收缩率 - 第 95 个百分数 (在 0.555 s) = 16.5760 %
体积收缩率 - 第 5 个百分数 (在 12.064 s) = 5.3682 %
体积收缩率 - 最小值 (在 4.209 s) = 4.4962 %

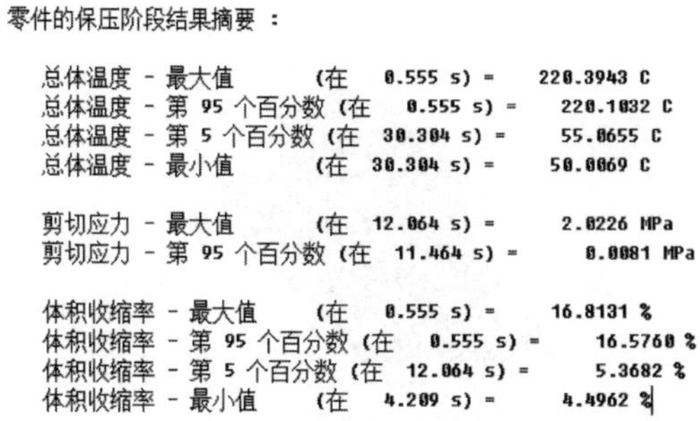

图 18-11 气辅成型分析文字结果

18.3 气体辅助注射成型分析实例

18.3.1 分析前处理

① 打开 Moldflow2018 软件，在菜单"主页"中选择"热塑性注塑成型"→"气体辅助注射成型"。

② 导入模型。选择菜单"新建工程"命令 ，新建"工程名称"为"1801"，如图 18-12 所示，然后点选"确定"按钮。

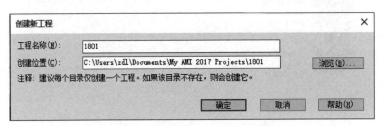

图 18-12 "创建新工程"对话框

在"工程视图窗口"选择工程"1801"并单击右键，选择"导入"命令。或者在功能区直接点击"导入"命令 。导入模型"18-1.stl"，模型网格类型设置为"中性面"，如图 18-13 所示。然后点选"确定"按钮。导入模型如图 18-14 所示。

③ 划分网格。在"方案任务窗口"选择"创建中性面网格" 并单击右键，选择"生成网格" 命令或者选择菜单"网格"中的"生成网格"命令 ，如图 18-15 所示。

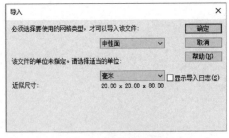

18-13 "导入"对话框

18-14 导入模型

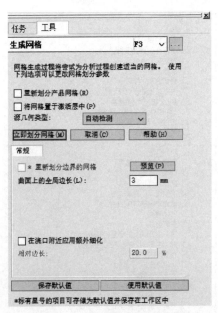

图 18-15 "生成网格"对话框

在"曲面上的全局边长"中输入"3"，然后点选"立即划分网格"按钮，其他都选择系统默认属性。划分网格如图 18-16 所示。选择菜单"网格"中的"网格统计"命令 ![icon]。单击"显示"按钮，得到网格诊断报告，如图 18-17 所示。

图 18-16　网格划分模型

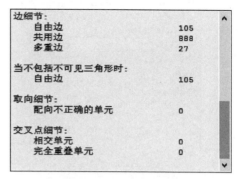

图 18-17　网格诊断报告

④ 选择分析序列。双击任务视窗中的"充填"按钮 ![icon]，系统弹出"选择分析序列"对话框，如图 18-18 所示。选择"填充＋保压＋翘曲"选项，单击"确定"，任务视窗如图 18-19 所示。

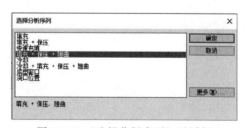

图 18-18　"选择分析序列"对话框

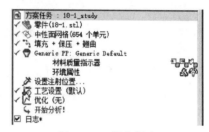

图 18-19　任务视窗

⑤ 选择材料。双击任务视窗中的材料图标 ![icon]，本实例选择默认的"Generic PP：Generic Default"材料。

⑥ 选择成型工艺。单击"主页"选项卡，选择"成型工艺设置"面板 ![icon]，系统弹出下拉菜单，然后选择"气体辅助注射成型"选项，如图 18-5 所示。

⑦ 创建柱体单元

a. 从菜单"网格"中选择"创建柱体单元"，如图 18-6 所示。在"工具"页面选择"创建柱体单元"，如图 18-20 所示。单击"选择选项"的 ![...] 按钮。弹出"指定属性"对话框，如图 18-21 所示。

b. 单击"新建"按钮，在弹出的下拉菜单中选择"零件柱体"，弹出"零件柱体"对话框，如图 18-22 所示。"截面形状是"选择"圆形"，"直径"右侧文本框中输入"5"。单击"确定"按钮，逐级回到上一级对话框最后单击"确定"。

c. 按顺序单击模型上两个节点，单击"应用"按钮，结果如图 18-23 所示。以后每单击后面一个节点，再单击"应用"按钮，就会出现一段零件柱体，直到完成所有柱体的创建，如图 18-24 所示。

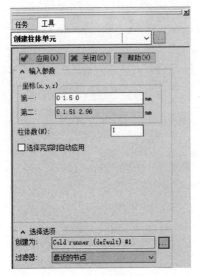

图 18-20 "创建柱体单元"对话框

图 18-21 "指定属性"对话框

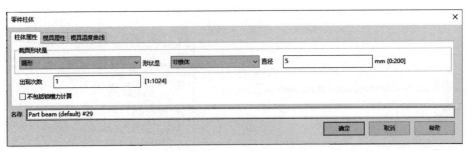

图 18-22 "零件柱体"对话框

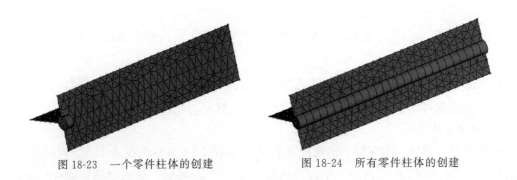

图 18-23 一个零件柱体的创建　　　　图 18-24 所有零件柱体的创建

d. 柱体单元的网格划分。选择菜单"网格"→"高级"→"重新划分网格"命令，如图 18-25 所示。使得"工具"页面，如图 18-26 所示。单击第一段柱体单元，柱体单元颜色变红。单击"应用"按钮，完成此段柱体单元的划分。重复以上操作直到所有柱体单元的网格划分完毕。最后单击"关闭"按钮。

e. 合并整体单元并设置成型方式。选择菜单"网格"→"整体合并"命令 ⚹，"工具"页面如图 18-27 所示，设置"合并公差"为 0.1mm。单击"应用"按钮，完成所有柱体的合并。最后单击"关闭"按钮。

图 18-25 "重新划分
网格"命令

图 18-26 "重新划分网格"
对话框

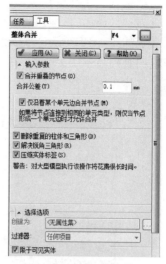

图 18-27 "整体合并"
对话框

⑧ 设置气体入口。在任务视窗中双击"设置气体入口" 选项，会弹出"设置气体入口"对话框，如图 18-28 所示。单击"编辑"按钮，会弹出"气体入口"对话框，如图 18-29所示。单击按钮 （"边界条件"选项卡→"气体"面板→"设置入口"），也将出现"设置气体入口"对话框，允许创建新的气体入口或编辑现有的气体入口。要创建新的气体入

口，可单击"新建"按钮；再单击"编辑"，对气体辅助注射控制器进行必要的修改，然后单击"确定"。要编辑现有的气体入口，在"设置气体入口"对话框中选择并单击"编辑"，如图 18-29 所示。弹出"气体入口"对话框，再单击"编辑"按钮，就是对气体辅助注射控制器进行编辑，如图 18-30 所示。然后单击"确定"。

图 18-28 "设置气体入口"对话框

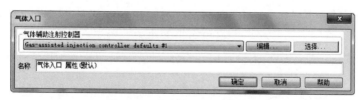

图 18-29 "气体入口"对话框

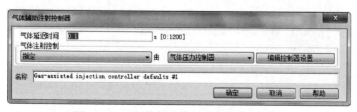

图 18-30 "气体辅助注射控制器"对话框

这里"气体延迟时间"设置为 0.1s，"气体注射控制"设置为"指定"。气体控制方式设置为"气体压力控制器"。单击"编辑控制器设置"按钮弹出"气体压力控制器设置"对话框，如图 18-31 所示。设定充气时间为"10"，充气压力为"20"。单击"确定"按钮，逐级返回直到显示图 18-28，在模型窗口的一端节点设置气体入口，如图 18-32 所示。最后关闭"气体压力控制器设置"对话框。

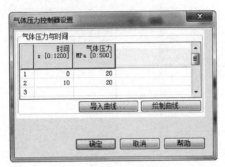

图 18-31 "气体压力控制器设置"对话框

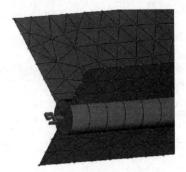

图 18-32 气体入口设置

⑨ 设置注射位置。在任务视窗中双击"设置注射位置" 选项，选择主流道入口节点，如图 18-33 所示。

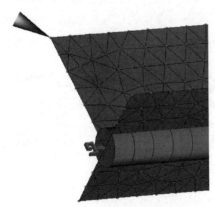

图 18-33 注射位置设置

⑩ 工艺参数设置。双击任务视窗中的"工艺设置"按钮 ，打开"工艺设置向导-填充＋保压设置"对话框，如图 18-34 所示。"模具表面温度"设置50℃，"熔体温度"设置 220℃，"充填控制"为"自动"，"速度/压力切换"为"由％充填体积"其参数为 99％，"保压控制"设置为"％填充压力与时间"，"冷却时间"设置"20"。

单击"编辑曲线"按钮，弹出"保压控制曲线设置"对话框，这里把保压时间和保压压力设置为"0"。如图 18-35 所示。因为此时的保压压力不是由注射时的气体完成的，而是由后续注入的氮气完成的。最后单击"确定"按钮，返回图 18-34 所示的对话框。

单击"下一步"按钮，进入"工艺设置向导-翘曲设置"对话框，如图 18-36 所示。

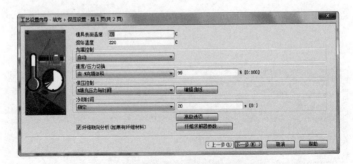

图 18-34 "工艺设置向导-填充＋保压设置"对话框

图 18-35　"保压控制曲线设置"对话框

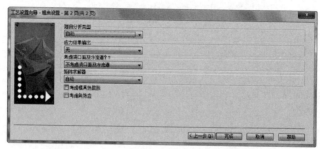

图 18-36　"工艺设置向导-翘曲设置"对话框

此对话框采用默认设置。单击"完成"按钮，关闭对话框，完成工艺条件设置。

⑪ 进行分析计算，双击任务视窗中的"开始分析"按钮，求解器开始计算。

18.3.2　分析结果

（1）分析日志　如图 18-37、图 18-38 所示，就是以文字形式"分析日志"中的充填和保压的具体分析数据。图 18-37 显示为充填阶段注射点在 0.3s 时关闭，此时的注射量为 98% 左右。图 18-38 显示为保压阶段 0.4s 时开始充气压力为 20MPa。10.4s 后停止充气，维持时间为 10s。此外还有一些"填充＋保压""翘曲""机器设置"等数据。

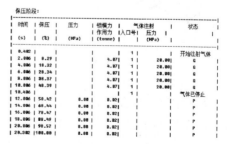

图 18-37　充填阶段数据

图 18-38　保压阶段数据

（2）图形显示分析结果

① 气体体积百分比：XY 图。从图 18-39 可以看出，气体从 0.4s 开始到 10s 左右升到最高值，之后的 1.8s 左右有一回落，百分率下降 0.7% 左右，之后维持平稳。

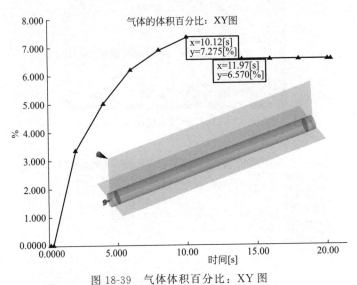

图 18-39　气体体积百分比：XY 图

② 气体时间。从图 18-40 可以看出，气体还不能完全穿透气道，这时候可以对气压和充气时间重新调整，直到完全穿透。此外，也可以通过动画显示充填效果并可以看到不同时刻的结果。

③ 工艺结束时聚合物表层因子。从图 18-41 可以看出工艺结束时聚合物表层因子的分布。根据色带显示不同颜色的因子值。数值小于 1 的表示发生了气体渗透。从图中可看出，充气口附近发生气体渗透的面积最大。

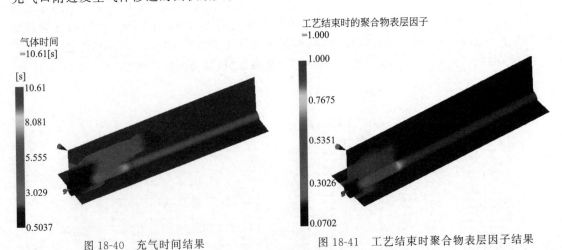

图 18-40　充气时间结果　　　　　　图 18-41　工艺结束时聚合物表层因子结果

④ 工艺结束时聚合物的厚度。图 18-42 显示的是聚合物的厚度结果。本例的制品厚度为 4mm，单击"结果"菜单的"检查"命令 🔍，可以查看充气结果中的制品各部位的厚度情况。查看制品的哪一区域发生了气体渗透。

⑤ 翘曲分析。图 18-43 显示的是气辅成型后的翘曲分析结果。制件总变形量为

0.5863mm，X、Y、Z 三个方向的总变形量分别为 0.1317mm、0.5863mm、0.0940mm。从这组数字结合制品所在坐标位置可以引看出，收缩不均引起的翘曲是变形的主要原因。

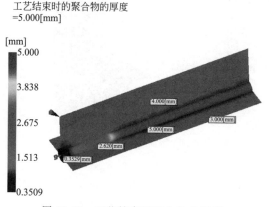

图 18-42　工艺结束时聚合物的厚度

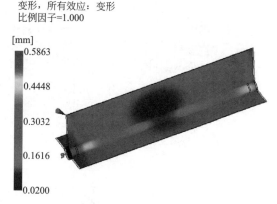

图 18-43　翘曲分析结果

18.4　带溢料井的气体辅助分析

溢料井可以用来增大气体的渗透能力或者将气体引导到零件的特定区域。消除迟滞痕迹，稳定制品品质。在型腔和溢料井之间设置阀浇口，可确保最后充填物在溢料井内。

18.4.1　气体辅助分析前处理

① 在工程管理视窗中右击"18-study"在弹出的快捷菜单中选择"重复"命令，产生新的文件"18-study（复制品）"，将新文件名改为"18-study（溢料井）"，如图 18-44 所示。在此分析视窗中，所有模型和相关参数及分析结果都被复制。将在此基础上创建溢料井并进行分析计算。

② 创建溢料井浇口

a. 移动复制节点。选择菜单中的"几何"选项，单击"移动"命令中的"平移"命令，如图 18-45 所示，打开如图 18-46 所示对话框。先选择要移动的节点（N367）再在"矢量"文本框中输入"050"坐标值（此时要注意溢料井的轴向方向，本书所示坐标只是作为参考）。点选"复制"按钮，最后单击"应用"按钮，生成图 18-47 所示位置 1 节点（c28）。

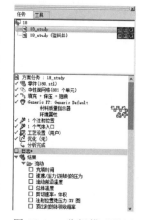

图 18-44　分析模型设置

b. 建溢料井浇口直线并设置属性。选择菜单中的"几何"选项中的"曲线"命令，选择下拉菜单中的"创建直线"命令，如图 18-48 所示，打开如图 18-49 所示对话框。依次选取 N367 和位置 1 节点，再单击"选择选项"中的按钮，弹出"指定属性"对话框，如图 18-50 所示。

图 18-45 "移动"命令选项

图 18-46 "平移"对话框

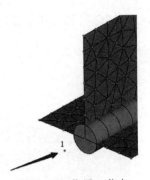

图 18-47 位置 1 节点

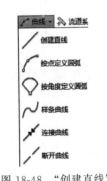

图 18-48 "创建直线"
命令

图 18-49 "创建直线"
命令对话框

图 18-50 "指定属性"
对话框

单击"新建"按钮，在弹出的下拉菜单中选择"溢料井（柱体）"，弹出"溢料井（柱体）"对话框，如图 18-51 所示。"截面形状是"选择"圆形"，"形状是"中选择"锥体（由端部尺寸）"选项，最后单击"编辑尺寸"按钮，输入参数如图 18-52 所示。然后逐级回到上一级对话框最后返回到图 18-51 所示"溢料井（柱体）"对话框。

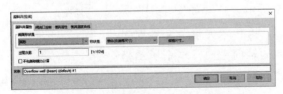

图 18-51 "溢料井（柱体）"对话框

图 18-52 "横截面尺寸"对话框

选择"阀浇口控制"选项卡，如图 18-53 所示。单击"选择"按钮，弹出"选择阀浇口控制器"对话框，如图 18-54 所示。选择"阀浇口控制器默认"选项单击"选择"返回上一级对话框。单击"编辑"按钮，打开"阀浇口控制器"对话框，如图 18-55 所示。在"阀浇口控制方式"的下拉列表中选择"时间"。

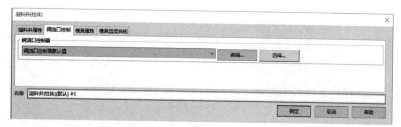

图 18-53　"阀浇口控制"选项卡

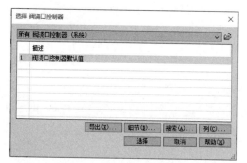

图 18-54　"选择阀浇口控制器"对话框

图 18-55　"阀浇口控制器"对话框

单击图 18-55 所示"编辑设置"按钮，弹出"阀浇口时间控制器"对话框，如图 18-56 所示。在"阀浇口初始状态"选项栏中为"打开"选项时"打开"项为"0"，"关闭"项为"30"。如图 18-56 所示。把"阀浇口初始状态"选项栏中设置为"已关闭"选项。"打开"项设置为"0.5"，"关闭"项为"30"。表示在注射开始后第 0.5s 阀浇口转为"打开"状态，注射后的 30s 阀浇口转为"关闭"状态，如图 18-57 所示。

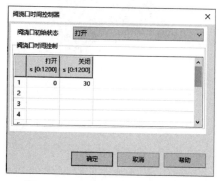

图 18-56　阀浇口初始状态设置前

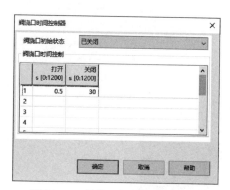

图 18-57　阀浇口初始状态设置后

单击"确定"按钮逐级回到图 18-50 所示"指定属性"对话框。单击"确定"关闭对话框。单击"应用"按钮创建阀浇口单元直线。单击"关闭"按钮，得到造型如图 18-58 所示。

c. 网格划分。右键单击阀浇口单元直线，选择"网格密度"选项，或者在菜单"网格"选项卡中选择"密度"选项，打开"定义网格密度"对话框，如图 18-59 所示。点选"C28"进行添加，"边长"设置为"5"。最后点选"应用"退出。

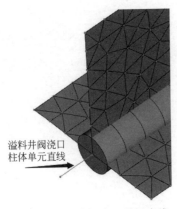

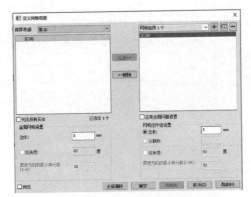

溢料井阀浇口
柱体单元直线

图 18-58　创建阀浇口单元直线　　　　图 18-59　"定义网格密度"对话框

选择菜单中的"网格"选项中的"生成网格"命令。打开"生成网格"对话框，如图 18-60 所示。"曲面上的全局边长"显示为"5"。这里要注意，阀浇口柱体单元只能划分为一段，否则影响分析结果。单击"立即划分网格"按钮，划分结果如图 18-61 所示。

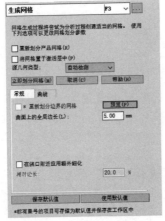

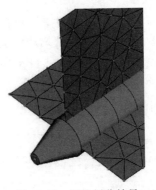

图 18-60　"生成网格"对话框　　　　图 18-61　网格划分结果

③ 创建溢料井

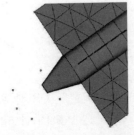

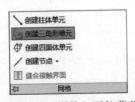

图 18-62　创建溢料井节点　　图 18-63　"网格"下拉菜单

a. 选择菜单中的"几何"选项卡，点击"移动"下拉菜单中的"平移"命令。利用前面所学的建模工具绘制出几个创建溢料井的节点，节点坐标自己设置，要在同一平面内，如图 18-62 所示。

b. 选择菜单中的"网格"选项卡，点击"网格"下拉菜单中的

"创建三角形单元"命令，如图 18-63 所示，打开如图 18-64 所示对话框。

c. 在"输入参数"选项依次选择节点 1、2、3。当所有节点选择完毕后如图 18-65 所示。

d. 按住"Ctrl"键选择溢料井三角形然后单击鼠标右键，选择"属性"命令，打开"指定属性"对话框，如图 18-66 所示。单击"新建"按钮，选择"溢料井（中性面）"选项。弹出"溢料井（中性面）"对话框，如图 18-67 所示。在对话框中设置参数"截面形状"为"扁平"。"厚度"为 2.5mm。最后单击"确定"按钮关闭对话框。

图 18-64　"创建三角形"对话框

图 18-65　三角单元创建

图 18-66　"指定属性"对话框

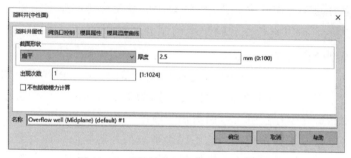

图 18-67　"溢料井（中性面）"对话框

④ 双击任务视窗中的"开始分析"按钮 ，求解器开始计算。

18.4.2　分析结果

（1）气体体积百分比：XY 图　从图 18-68 可以看出，气体从 0.4s 开始到 2s 左右升到最高值，之后维持平稳。可以看到这个结果与不带溢料井的模型分析结果有很大不同，明显带溢料井的气体稳定性要好。

（2）气体时间　从图 18-69 可以看出，和图 18-40 相比较，充气时间由原来的 10.61s 降为 1.002s。

（3）工艺结束时的聚合物表层因子　从图 18-70 可以看出工艺结束时的聚合物表层因子的分布。根据色带显示不同颜色的因子值。数值小于 1 的表示发生了气体渗透。从

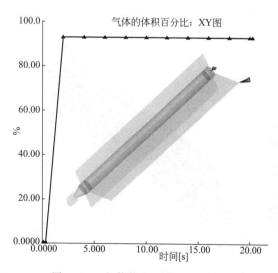

图 18-68　气体体积百分比：XY 图

图中可看出，发生气体渗透的面积很大。

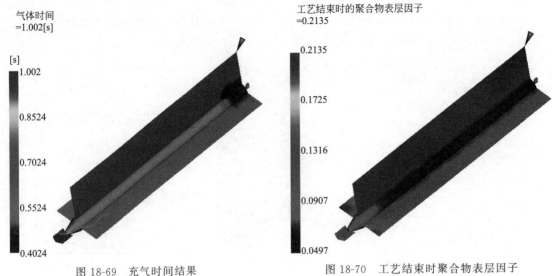

气体时间
=1.002[s]

[s]
1.002

0.8524

0.7024

0.5524

0.4024

图 18-69　充气时间结果

工艺结束时的聚合物表层因子
=0.2135

0.2135

0.1725

0.1316

0.0907

0.0497

图 18-70　工艺结束时聚合物表层因子

（4）工艺结束时的聚合物厚度　图 18-71 显示的是聚合物的厚度结果。单击"结果"菜单的"检查"命令![icon]，可以查看充气结果中的制品各部位的厚度情况。可以看到这个结果与不带溢料井的模型分析结果相差很大。

（5）翘曲分析　图 18-72 显示的是气辅成型后的翘曲分析结果。制件总变形量为 0.9137mm，X、Y、Z 三个方向的总变形量分别为 0.2226mm、0.9105mm、0.1780mm。从这组数字结合制品所在坐标位置可以引看出，收缩不均引起的翘曲是变形的主要原因。与不带溢料井的模型分析结果相差很大。这不代表带溢料井的制品翘曲就会大于不带溢料井的制品，恰恰相反，如果对溢料井和工艺参数进行优化，是可以把翘曲值降到小于不带溢料井制品的。本书只对分析步骤做描述。

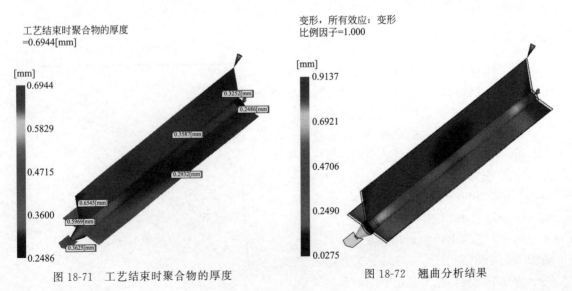

工艺结束时聚合物的厚度
=0.6944[mm]

[mm]
0.6944

0.5829

0.4715

0.3600

0.2486

0.3252[mm]
0.2486[mm]
0.3587[mm]
0.2932[mm]
0.6545[mm]
0.5969[mm]
0.3625[mm]

图 18-71　工艺结束时聚合物的厚度

变形，所有效应：变形
比例因子=1.000

[mm]
0.9137

0.6921

0.4706

0.2490

0.0275

图 18-72　翘曲分析结果

本 章 小 结

　　本章介绍了气体辅助成型分析过程，包括分析目的、工艺参数设置、分析结果。本章应着重掌握工艺参数的设置方法和溢料井及其阀浇口的创建。通过该介绍读者可以优化产品设计并确定出聚合物和气体注射的精确数据。

　　气体辅助注射成型比传统注塑成型有许多优点，其分析方法与普通注射成型的分析方法基本相同，主要区别在于分析前需要设定和调整气体注射位置、延迟时间和气压，达到最优化的效果。

第19章

共注射成型分析

19.1 共注射成型概述

共注射成型是属于多物料注射成型的一种。多物料注塑工艺根据其成型特点可分为：包胶注塑、清多色注塑、混多色注塑（又称为共注射成型）。这些工艺的特点如表 19-1 所示。

表 19-1　多物料注塑工艺的分类及特点

工艺	特点	产品示例
包胶注塑	含不同材质或不同色泽塑料的制品分两次成型，先成型某一材质或某一色泽的制品，一次成型后顶出模具，再放入另一套模具进行二次成型，最后顶出模具。即先在一模具中成型制件的一部分，而后作为嵌件置于另一模具中进行成品的注塑，两次成型阶段过程不连续 需由多套模具完成，不需要多色注塑机 制品中不同材质或不同色泽部分具有明显的分界线	
清多色注塑（多为清双色）	与包胶注塑相似，但制品是在多个模具（同时安装在同一注塑机上）或在同一模具的不同型腔中先后成型，成型阶段间模具需开合旋转，带动半成品的型腔换位，成型过程连续，只有一次顶出 需要带有多套注塑系统的多色注塑机，将不同材质或不同色泽的塑料熔体注入不同的型腔中 模具为多套模具或多腔模，动模部分能够旋转以携带半成品变换型腔 制品中不同材质或不同色泽具有明显的分界线 相对包胶注塑，其生产效率要高得多	
混多色注塑（多为混双色）	制品在同一模具的同一型腔中成型，在成型过程中不同材质或不同色泽的塑料熔体存在剪切混合，成型结束后模具才打开 需要带有多套注塑系统的多色注塑机，将不同材质或不同色泽的塑料熔体同时或先后注入同一型腔中 模具与普通注塑模差异不大 制品中不同材质或不同色泽间无明显分界线	

清双色注塑即为 Moldflow 中的重叠注塑（Over-molding），在第 20 章将对该工艺及其分析进行详细阐述。

混双色注塑是将不同颜色或不同材质的聚合物熔体同时或顺序注入模腔中得到花色或多层复合结构的制件。根据注射特点，混双色注塑分为共注射成型和花色注塑，共注射成型又分为顺序共注射成型和同时共注射成型，具体过程及特点如表 19-2 所述。

表 19-2　混双色注塑系统的分类、工作过程及特点

项目		过程	特点
共注射成型	顺序共注射成型	两种不同黏度的聚合物熔体顺序通过浇口、流道注入模腔中，先注入的熔体接触模腔壁面形成皮层，后注入的熔体在中间穿透，作为芯层，最终得到类似三明治结构的复合制件。该工艺又称为"夹芯注塑"	熔体流动方式为多相分层流动形式 要严格控制皮层与芯层材料注射量，避免芯层材料从皮层材料中穿透出来到制品表面 制品为多层复合结构，皮层材料完全包覆芯体材料
	同时共注射成型	两种不同黏度的聚合物熔体分层同时通过浇口、流道注入模腔中，由于黏度的不同，低黏度熔体逐渐包围高黏度熔体，最终得到皮/芯层结构的复合制件	熔体流动方式为多相分层流动形式 两种熔体黏度差异较大 制品为多层复合结构，在制品远浇口处和浇口处皮层材料未完全包覆芯体材料
花色注塑		不同颜色的聚合物熔体同时或间隔通过浇口、流道注入模腔中，得到花色制品	对不同熔体的注量不需严格控制，根据花色要求间隔切换熔体注入 熔体流动方式为剪切混合形式 制品为花色，非包覆结构

在 Moldflow 中的共注射成型（Co-injection Molding）实为顺序共注射成型，本章对该工艺及其分析进行详细阐述。

19.1.1　工艺过程

在 Moldflow 中，共注射成型是将注塑机两个料筒中的两种不同的材料通过同一个喷嘴顺序注射到一个模具中，其过程如图 19-1 所示：首先，注射皮层材料，局部充填模腔 [图 19-1(a)]；当皮层材料注塑量达到要求后，转动熔料切换阀，开始注塑芯层材料，芯材进入预先注入的皮层熔体中心，推动皮层材料继续充填 [图 19-1(b)]；由于皮层材料的外层已凝固，芯材不能渗透，从而将芯材包覆了起来，形成皮层/芯层结构；最后熔料切换阀回到起始位置，继续注塑表皮材料，将流道中芯体材料推入塑件芯中进行封口，同时清除了流道中的芯体材料，为下一个循环做准备 [图 19-1(c)]。

共注射成型充分利用了注射成型的"喷泉流"特性。填充型腔时，熔体前沿处的塑料会从料流的中心线移动到型腔壁。因为壁温低于熔体的转变温

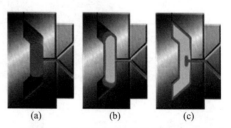

(a)　　　　(b)　　　　(c)

图 19-1　共注射成型工艺过程示意图

度（冻结温度），所以触碰到型腔壁的材料会快速冷却并冻结，在型腔壁上形成皮层，新熔体在皮层下推动其前端熔体继续往前充填，后注入的熔体就成为芯层。

19.1.2　工艺优点

共注射成型技术由于其特殊的工艺，因而具有许多其他塑料成型技术所不具有的特殊功

能和应用。共注射成型主要是为了生产一些有特殊性能要求（如耐候性、化学稳定性、气体阻隔性、导电性、屏蔽电磁波性等）的塑料制品而开发的。产品覆盖汽车、电子、包装、机械、建材、轻工、家具、化工和医疗器械等行业。随着该项技术的日益推广，还会出现更多的应用领域。共注射成型技术的应用具体如表 19-3 所述。

表 19-3　共注射成型技术的应用

应用	说明
可部分解决废旧塑料回收利用问题，实现可持续发展	共注射成型技术可将废旧塑料作芯层材料，将优质塑料作壳层材料。这样在满足表面质量要求的前提下，既降低了产品成本，又解决了环境污染问题
可生产高表面性能的低成本塑料制品	工程上往往需要塑料制品具有高强度、耐热、耐腐和耐磨等优良的物理化学性能，或表面装饰美观和软接触的感观性能。而满足这些性能的工程树脂其材料价格高，如用传统的单相注射成型技术，其产品价格昂贵，使其应用受到限制。而共注射成型技术可将具有高表面性能的工程树脂作壳层材料，用普通聚合物材料作芯层，这样就可生产高表面性能的低成本注塑件，从而拓宽普通塑料的应用范围；若芯层材料采用发泡材料，则在保留发泡结构成型的优点外，还具有其所没有的良好表面质量
可满足对塑料制品功能多样化的要求	共注射成型技术综合各层材料的独特性能，生产具有多种功能的复合注塑件，这是传统注塑成型技术和气辅注射成型技术所不能实现的。例如具有自润滑的高性能塑料齿轮，如 PA 齿轮表层是具有耐磨高润滑性能的非填充 PA，芯层是热变形小、具有高强度特性的玻璃珠料-填充 PA，玻璃珠料收缩很小，尺寸稳定，PA 润滑性好并避免玻璃珠料产生磨蚀；又如表层为色彩及表面质量好的表观层，芯层为电磁屏蔽材料或导电树脂的电磁波屏蔽零件；生产具有隔光、隔氧、隔水蒸气的多功能保鲜食品容器。这一功能使其适合未来多功能复合材料结构成型的发展方向
可以减少制件重量、注射压力、残余应力、翘曲等	芯部采用发泡材料可以减少制件总重量；芯层采用流动性能好的材料，可以降低注射压力的要求，从而减少残余应力，消除或减小翘曲

19.1.3　工艺参数对质量的影响

在共注射成型工艺的实际生产中，一方面希望芯层熔体的填充量尽量大，以最大限度降低制品成本，另一方面又要避免产生芯层熔体前沿突破现象，从而生产出合格的制品。图 19-2 所示为共注射成型的理想包覆结构及芯层前沿突破。显然，共注射成型中芯层熔体前沿突破主要取决于芯、壳层熔体前沿相对推进速度及两前沿之间的距离。

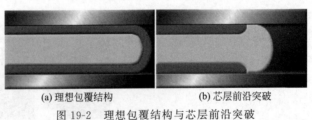

(a) 理想包覆结构　　　　　　(b) 芯层前沿突破

图 19-2　理想包覆结构与芯层前沿突破

■—壳层聚合物；　■—芯层聚合物

芯、壳层两前沿之间的距离主要由壳层熔体预填充量决定，随着壳层熔体预填充量的减小，芯、壳层两前沿之间的距离会缩短，就容易造成芯层熔体前沿突破现象。零件中芯层材料所占理论最大比例约为 67%，但在实际应用中，可达到的芯层材料体积分数约为 30%，零件几何越复杂，其体积分数越低。如果模具设计不当或表层塑料量不足，则芯层塑料最终可能会冲破其前面的所有已注射表层塑料，出现在零件表面上（通常会出现在流长最长的最后填充区域）。

芯、壳层熔体前沿相对推进速度主要取决于芯、壳层熔体的黏度比，芯、壳层熔体的黏度比除了与成型材料选择有关，还受相关工艺参数的影响。随着芯、壳层熔体黏度比的增加，其前沿相对推进速度会降低，相反，随着芯、壳层熔体黏度比的减小，其前沿相对推进速度会升高，芯层熔体前沿突破的趋势就会增大。注射温度、模壁温度、注射速率、延迟时间等工艺参数通过影响芯、壳层熔体黏度比从而影响到芯层熔体的前沿推进速度。芯层熔体的相对穿透深度受到壳层熔体和芯层熔体黏度的影响。壳层材料熔体的黏度越高，则壳层越厚，因此芯体穿透深度越深；相反，芯层熔体黏度越高，则芯体越粗，芯体穿透深度越短。

19.2　共注射成型分析

由前所述可知共注射成型的质量主要与芯层与壳层材料的选择、注射量比率以及影响熔体黏度的注射温度、模壁温度、注射速率、延迟时间等工艺参数来决定。Moldflow 的共注射成型分析可以对壳层/芯层材料的顺序注射过程进行模拟，能跟踪壳层塑料和芯层塑料在整个型内的空间分布情况，可确定最佳壳层和芯材料组合以及确定过程最优切换点。

19.2.1　模型准备与支持的分析序列

在 Moldflow2018 中，共注射成型工艺分析支持的网格类型仅为中性面，即仅能对板壳类零件的共注射成型进行分析，还不能对棒类、块类零件的共注射成型进行分析。为此，对导入的 CAD 模型先进行双层面网格划分，而后再转为中性面网格。

中性面网格准备好后，在"主页"选项卡下的"成型工艺设置"中选择成型工艺"共注射成型"（若不是中面网格，则无此工艺选择）。在 Moldflow2018 的共注射成型分析中所支持的分析序列如表 19-4 所示。

表 19-4　共注射成型分析支持的网格类型及分析序列

分析序列	网格类型
填充＋保压	中性面
填充＋保压＋翘曲	
填充＋保压＋翘曲＋应力	
填充＋保压＋冷却＋填充＋保压	
填充＋保压＋冷却＋填充＋保压＋翘曲	
填充＋保压＋冷却＋填充＋保压＋翘曲＋应力	
应力	

还可以通过选择"工艺设置向导"中的选项来同时进行纤维取向分析。

19.2.2　分析设置

以"填充＋保压"分析序列为例来阐述其分析设置，其他分析序列的相关设置与常规注塑相同，不复赘述。

共注射成型与常规注射成型最大的不同是有两种成型材料先后注入型腔，因此在该工艺分析中首先要选择壳层材料和芯层材料，再分别对第一次注射（壳层材料）和第二次注射（芯层材料）的注射与切换进行设置。

图 19-3　选择材料

（1）材料选择　在材料选择时，需考虑到壳层材料和芯层材料的相容性及收缩相似性，否则容易导致分层。单击 ⚛（"主页"选项卡→"成型工艺设置"面板→"选择材料"）的下拉按钮依次点击"选择材料 A"和"选择材料 B"，如图 19-3 所示，弹出材料选择对话框来选择材料（A 为壳层 B 为芯层）。或在"方案任务"窗格中的材料上双击弹出材料选择对话框来选择材料，上为壳层材料，下为芯层材料。

（2）工艺设置　在选择好材料、设置好注射位置后进行工艺设置。单击 🔧（"主页"选项卡→"成型工艺设置"面板→"工艺设置"）或在如图 19-4 "方案任务"窗格中直接双击 🔧 **工艺设置**，弹出如图 19-5 所示"工艺设置向导"对话框"第一次注射设置"页。

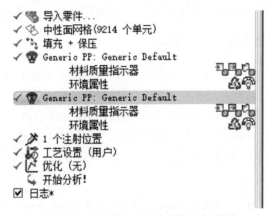

图 19-4　共注射成型"方案任务"窗格

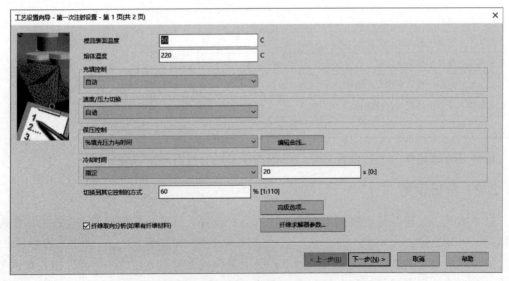

图 19-5　"工艺设置向导"对话框"第一次注射设置"页

① 在"工艺设置向导"对话框"第一次注射设置"页中要设置壳层材料注射时的模具温度、熔体温度、充填控制方式、速度/压力切换控制，整个成型过程的保压控制及冷却时间，这些设置与常规注射成型设置相似。还有一项"切换到其他控制的方式"设置。在此设置壳层材料注射量达到指定的型腔体积百分比时由壳层材料注射切换到芯层材料注射。点击"高级选项…"按钮，弹出"高级选项"对话框，如图 19-6 所示。

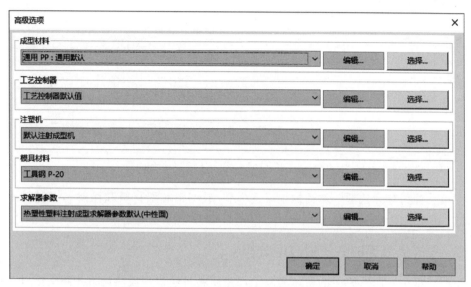

图 19-6   第一次注射设置"高级选项"对话框

② 在"高级选项"对话框中可选择和编辑壳层材料、工艺控制参数、壳层材料的注塑机特征参数、模具材料属性及求解器参数。注意到若在"高级选项"中的选择或设置与在其他地方的选择/设置不一致（如改选了材料，改了"切换到其他控制的方式"的体积百分比等），则会以最后的选择/设置为分析依据。点击"确定"返回"第一次注射设置"页，点击"下一页"按钮后进入"第二次注射设置"页，如图 19-7 所示。

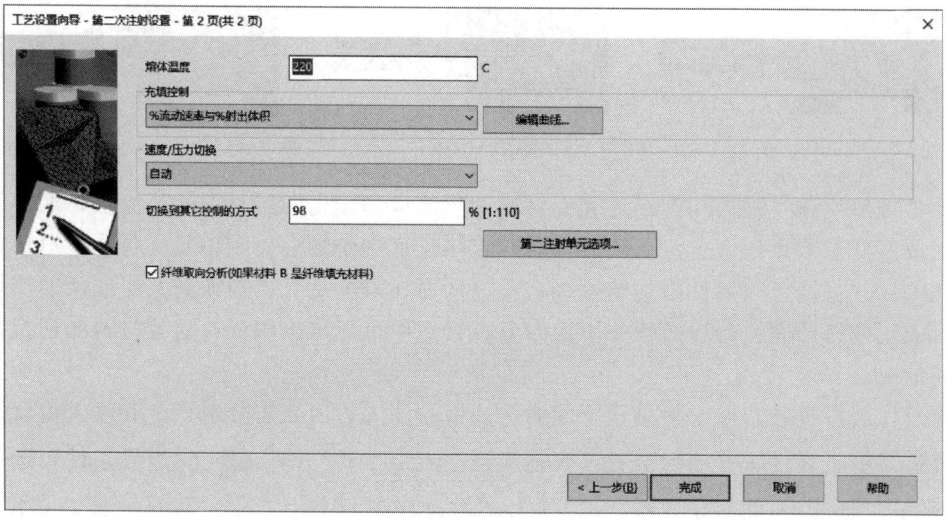

图 19-7   "工艺设置向导"对话框"第二次注射设置"页

③ 在"工艺设置向导"对话框"第二次注射设置"页设置芯层材料的注射温度、充填控制方式和速度/压力切换控制外，也有"切换到其他控制的方式"设置，在此设置总注射量达到指定的型腔体积百分比时由芯层材料切换回壳层材料注射。点击"第二注射单元选项…"按钮，弹出如图19-8所示对话框。

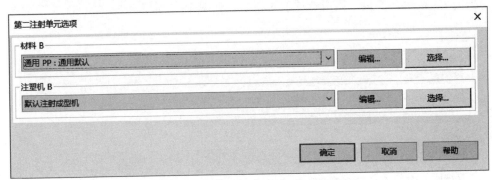

图 19-8　"第二注射单元选项"对话框

在"第二注射单元选项"对话框中可选择和/或编辑芯层材料和注射芯层材料的注塑机特征参数。

19.2.3　考虑热流道的共注射成型分析

共注射成型中，两料筒中的熔体实际上都是要各自经过一段热流道才到交接口，再经冷流道或直接进入型腔，如图19-9所示。在共注射成型分析中，若考虑到热流道中的压力降，则分析结果更加准确。若没考虑热流道，只有冷流道，则壳层材料和芯层材料都是直接从冷流道入口端注入，不需进行本节的设置，可跳过此节。

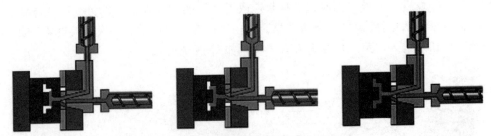

图 19-9　共注射成型的熔料切换与热流道

要考虑热流道，则需构建输送壳层材料的热流道和输送芯层材料的热流道，两热流道在冷流道或零件某节点处汇合。系统会自动确定热流道中的最后一个单元（与冷流道或零件连接的地方）并将浇口阀属性附加给这些单元，从而在材料从壳层切换到芯层或从芯层切换到壳层时关闭或打开阀。分析过程中生成的分析日志中可显示出阀浇口随着材料的切换打开或关闭的情况。

由于壳层材料和芯层材料是从不同的热流道端注入，因此需分别指定其注入位置。在构建好流道系统，并设置好注射位置（两热流道注入端）后，单击 ⚛（"边界条件"选项卡→"浇注系统"面板→"注射材料"），弹出"设置注射材料（A/B）"对话框，如图19-10所示。

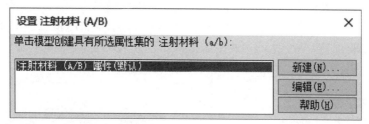

图 19-10 "设置 注射材料 （A/B）" 对话框

点击"新建…"按钮，弹出"注射材料（A/B）"对话框，如图 19-11 所示，在"注射材料（A/B）"下拉列表中选择"A"，为属性输入名称"注射材料 A"，然后单击"确定"。鼠标光标将变为十字线，在将要注入材料 A 的热流道入口端上单击十字线，则为壳层材料指定好了入口。类似操作，为芯层材料（材料 B）指定入口。最后单击鼠标右键，在快捷菜单中选择"完成设置共注成型材料"。

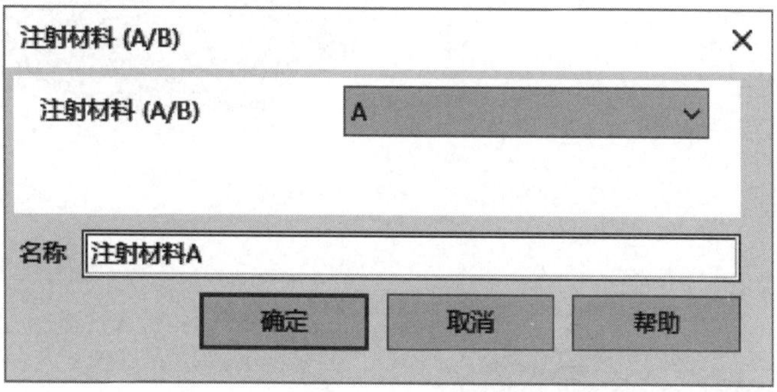

图 19-11 "注射材料 （A/B）" 对话框

19.2.4 结果查看

相对常规注射成型而言，共注射成型分析特有的分析结果有："聚合物 A 的体积百分比：XY 图""聚合物 B 的体积百分比：XY 图""在工艺结束时聚合物 A 和 B 的分布""厚度因子，聚合物 B""工艺结束时聚合物 B 的厚度因子""聚合物 A 的重量：XY 图"和"聚合物 B 的重量：XY 图"。从这些结果中可看到壳层和芯层材料在成型过程中的体积、重量、厚度分布的变化及最终的结果，可根据这些结果来判断成型效果及调整优化策略。

19.3 共注射成型分析实例

下面以一圆盖的共注射成型分析为例来阐述其分析设置与结果分析。该制件外径100mm，高 30mm，壁厚 3mm，如图 19-12 所示。制件采用共注射工艺成型，采用中心点浇口进胶。

（1）导入模型　新建工程"19 Co-injection Molding"，以"双层面"网格类型导入"gaiti.prt"模型文件，方案任务名默认为"gaiti ＿ study"，如图 19-13 所

图 19-12　盖体

示。设置网格密度，边长为 2mm，进行网格划分，双面网格及其统计主要结果如图 19-14 所示，网格质量很好。将网格类型改为"中性面"，基于原双面网格重新划分网格，中性面网格及其统计结果如图 19-15 所示，网格质量很好，单元数减至 8876 个。

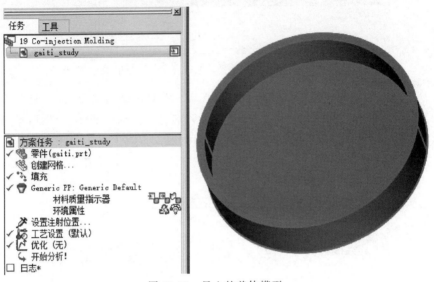

图 19-13　导入的盖体模型

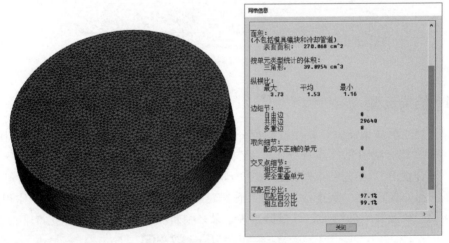

图 19-14　双面网格及其统计结果

（2）选择成型工艺、分析序列和成型材料　在"主页"选项卡下"成型工艺设置"中选择成型工艺"共注射成型"，分析序列选择"填充＋保压"，材料 A 选择 A Schulman 公司牌号为 Polyflam RPP1058UHF 的 PP 材料，材料 B 选择 Ferro 公司生产的牌号为 RPP20EA10BK 的 PP 材料，该材料含有 20% 的玻璃纤维填充物。

（3）流道建模　将网格模型中心区域放大，单击 （"网格"选项卡→"网格编辑"面板→"移动节点"），选择最接近原点的节点（原建模时圆心坐标为原点），如图 19-16 所示。将其坐标改为"0，0，1.5"，点击"应用"移动节点到原点后，再将此节点设为注射位置，如图 19-17 所示。

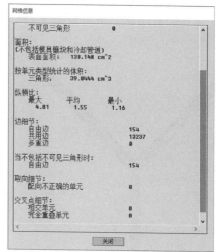

图 19-15　中性面网格及其统计

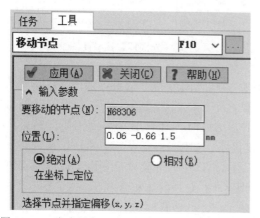

图 19-16　移动距中心最近的节点到中心作为进胶点

图 19-17　设置型腔进胶口位置

从进胶口位置开始，通过复制节点、构建直线、指定属性、网格划分系列过程完成流道的建模。注意在此冷流道应该根据模具模板厚度来确定长度尺寸，热流道应该根据共注机提供的信息来确定尺寸，有关浇注系统的建模参见第 8 章相关内容。本例点浇口直径 1.2mm，长 0.6mm；下端锥孔长度 30mm，小端直径 2mm，大端直径 5mm；上端锥孔长度 20mm，小端直径 3mm，大端直径 5mm；两热流道夹角 90°，直径 5mm，距离冷流道入口端两坐标方向均为 40mm。进行网格划分，点浇口段网格边长设置为 0.1（保证浇口段单元数不少于 3），其他网格边长 4mm。在两热流道的入口端设置注射位置。单击 （"边界条件"选项卡→"浇注系统"面板→"注射材料"），设置注射材料属性，并分别指定到两热流道入口端，如图 19-18 所示。

（4）工艺设置　单击 （"主页"选项卡→"成型工艺设置"面板→"工艺设置"）进行工艺参数设置，在"第一次注射设置"页设置"切换到其他控制的方式"值为 60%，"第二次注射设置"页设置"切换到其他控制的方式"值为 98%。其他均为默认设置值。

（5）结果查看　在分析过程中，从"日志"中可见壳层/芯层材料按照切换设置的体积百分比进行注射切换，两热流道末端单元类似阀浇口一样自动打开/关闭，如图 19-19 所示。

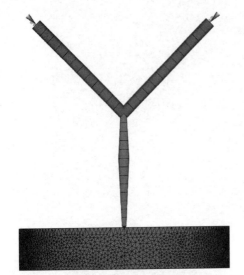

图 19-18　构建浇注系统并指定注射材料 A/B

```
| 0.949 | 53.89 |          12.42 |     0.15 | 22.97 | U  |
| 1.037 | 58.80 |          12.45 |     0.16 | 22.97 | U  |
| 1.059 | 60.09 |                |          |       |A 到 B |
| 1.059 | 60.09 |'''' # 2 (Elem# 8896)已打开。|
| 1.059 | 60.09 |'''' # 1 (Elem# 8908)已关闭。|
| 1.124 | 65.93 |          18.73 |     0.29 | 38.31 | U  |
| 1.208 | 74.08 |          18.88 |     0.36 | 39.57 | U  |
| 1.296 | 82.67 |          19.08 |     0.45 | 39.55 | U  |
| 1.381 | 90.89 |          19.27 |     0.54 | 39.56 | U  |
| 1.449 | 97.54 |          19.41 |     0.61 | 39.56 | U/P|
| 1.461 | 98.11 |                |          |       |B 到 A |
| 1.461 | 98.11 |'''' # 2 (Elem# 8896)已关闭。|
| 1.461 | 98.11 |'''' # 1 (Elem# 8908)已打开。|
| 1.461 | 98.11 |          15.53 |     0.44 | 24.16 | P  |
| 1.469 | 98.57 |          15.53 |     0.47 | 25.38 | P  |
| 1.478 | 99.15 |          15.53 |     0.50 | 27.30 | P  |
| 1.484 |100.00 |          15.53 |     0.53 | 29.74 |已填充 |
```

图 19-19　分析日志显示材料注射切换

分析完成后，查看"在工艺结束时聚合物 A 和 B 的分布"结果，如图 19-20 所示。由该结果可看出 A 料（壳层）覆盖整个制件外观，除芯层的热流道外未见 B 料（芯层材料），即没有发生"芯层前沿突破"现象。查看"工艺结束时聚合物 B 的厚度因子"结果，关闭有关浇注系统层，并检查各处聚合物 B 的厚度因子，如图 19-21 所示。由该结果可看到芯层材料只到盖体竖壁 1/3 位置处，最大厚度因子为 0.8，在近进胶口位置由于后续壳层材料的注入使得芯层材料厚度因子降低。还可查看"聚合物 A/B 的体积百分比：XY 图""聚合物 A/B 的重量：XY 图"等结果。由图 19-22、图 19-23 可知最终聚合物 B 的体积百分比和重量分别为 38％和 15.3g。

图 19-20　"在工艺结束时聚合物 A 和 B
的分布"结果

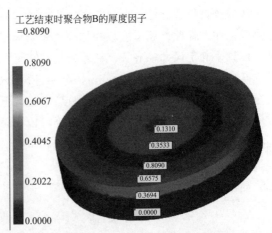

图 19-21　"工艺结束时聚合物 B 的厚度
因子"结果

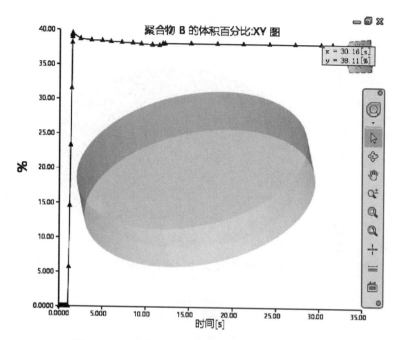

图 19-22 "聚合物 B 的体积百分比：XY 图"结果

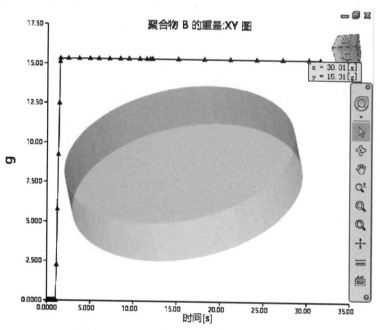

图 19-23 "聚合物 B 的重量：XY 图"结果

　　复制该方案任务，将"第一次注射设置"页的"切换到其他控制的方式"设置值改为 45％，"第二次注射设置"页"切换到其他控制的方式"设置值改为 99％。再次查看"工艺结束时聚合物 B 的厚度因子"结果，如图 19-24 所示。由此可见芯层材料穿透到快接近末端位置，穿透距离较为理想。若再减少壳层材料的注射量会有"芯层前沿突破"的危险。

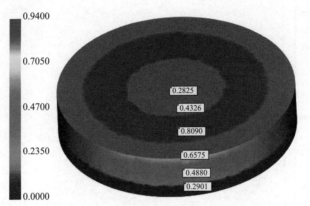

工艺结束时聚合物B的厚度因子
=0.9400

图 19-24　优化调整后的"工艺结束时聚合物 B 的厚度因子"结果

本 章 小 结

本章阐述了共注射成型工艺的过程、优点及工艺参数对质量的影响规律；对 Moldflow 中的共注射成型分析从准备到分析设置及结果查看进行了全面的阐述；并通过一个盖体的共注射成型分析及优化实例进一步加深了对共注射成型工艺的理解。

第20章

重叠注射成型分析

20.1 重叠注射成型概述

20.1.1 重叠注塑过程

重叠注塑是一种注射成型工艺,其中一种材料的成型操作将在另一种材料上执行。重叠注塑的类型包括二次顺序重叠注塑和多次重叠注塑。在二次顺序重叠注塑过程中,注塑机先将第一种材料注射到一个封闭的型腔中,然后通过移动模具或型芯来创建第二个型腔,同时将第一个组成用作第二次注射的镶件。两次注射将使用不同的材料。多次重叠注塑使用两种以上的材料来制造最终零件。

二次顺序重叠注塑分析包括两个步骤:首先在第一个型腔上执行"填充+保压"分析(第一个组成阶段),然后在重叠注塑型腔上执行"填充+保压"分析或"填充+保压+翘曲"分析(重叠注塑阶段)。第二个型腔上的重叠注塑阶段使用与第一个组成阶段所使用的不同的材料。重叠注塑阶段所使用的模具和熔体温度由第一个组成阶段结束时记录的温度进行初始化。

在二次顺序重叠注塑中,第一个零部件先成型,然后将在注射第二个零部件时用作底层。实现二次顺序重叠注塑的途径有很多种。如图 20-1 所示,第一个零部件将注射到第一个型腔中。在第一次注射完成后,模具样板将旋转并且第一个零部件将被携带到第二个注射位置,使得第二个零部件将先于第一个零部件成型。第一个零部件注射和第二个零部件注射将同时进行。然而,由于第一个零部件会在模具中保留两个注射周期的时间,因此在每个周期中会生产一个组合零件。

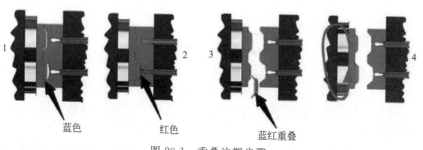

图 20-1　重叠注塑步骤

① 注射之后，样板将旋转 180°，随后模具将关闭。第一个零部件（蓝色）现位于下（重叠注塑）型腔中。

② 将同时注射第一个零部件（蓝色）和第二个零部件（红色）。

③ 模具将打开，已加工成型的零件将从下型腔中顶出。与此同时，第一个零部件的流道将断开。

④ 动模将旋转 180°，之后模具关闭。第一个零部件（蓝色）现位于下（重叠注塑）型腔中。

⑤ 循环以上操作。

20.1.2 重叠注塑材料特点

要成功实施重叠注塑，在材料选择、制品结构、设备、模具及工艺上均有要求。这里主要以双色注塑来介绍材料特点。

① 相容性。为了使两种塑料黏合紧密，尽可能采用同种材质或相容性较好的材料。

② 流变性。选用热稳定性好、熔体黏度低的原料，以避免因熔料温度高，在流道内停留时间较长而分解。应用较多的塑料是聚烯烃类树脂、聚苯乙烯和 ABS 材料等。

③ 收缩率。双色模的收缩率主要取决于一次材料的缩水率，二次材料则应选与一次材料相同的缩水率。例如，一次材料为 ABS（缩水率通常为 0.5%），二次材料为 TPR（缩水率通常为 0.5%），在进行双色模设计时，收缩率要全部设为 0.5%，因为一次材料已基本形成了产品的轮廓形状，二次材料包在一次产品上，因而不会有更大或更小的收缩率。

④ 结合强度。为提高两种塑料的结合强度，可在一次成形件上增设沟槽。

20.1.3 重叠注塑模的结构特点

① 壁厚。要考虑原料的流动性，选择适当的壁厚，由于第二次成型塑料要覆盖第一次成型塑料所成型的嵌件，如果壁厚不够，就会造成流动性不好，容易导致缺料、缩水、熔接痕等不良状况。一般来说，二次料的壁厚要保证在 0.8mm 以上，最好能占到整个壁厚的 1/2。

② 尺寸。第一次注塑成型的制品尺寸可以略大，以使它在第二次成型时能与另一个型腔压得更紧，以达到封胶的作用。

③ 拔模角。双色模第一次成型塑料的拔模角选择会比较灵活，应尽可能做大，LOGO 的拔模角甚至可以放到 15°，把底盘做大，这样就不容易被第二次成型冲垮。

20.2 重叠注射成型分析

20.2.1 分析设置

① 成型工艺设置选择"热塑性塑料重叠注塑"。

② 选择分析序列设置选择"填充＋保压＋重叠注塑充填"，或"填充＋保压＋重叠注塑充填＋重叠注塑保压"。当网格模型为 3D 时，可以选择"填充＋保压＋重叠注塑充填＋重叠注塑保压＋翘曲"。

③ 材料选择设置选择热稳定性好、熔体黏度低的同种材质或相容性较好的材料。

20.2.2 结果查看

Moldflow 软件在完成分析后，分析结果会以文字、图像、动画等形式显示，也会在任务视窗中分类显示重叠注射成型分析列表，如图 20-2 所示。

图 20-2　重叠注射成型分析列表

20.3　重叠注射成型分析实例

20.3.1　导入衬底模型划分网格

打开 Moldflow2018 软件，导入模型：选择菜单  "新建工程"命令，新建"工程名称"为"2001"，如图 20-3 所示。然后点选"确定"按钮。

图 20-3　"创建新工程"对话框

在"工程视图窗口"选择工程"2001"并单击右键，选择"导入"命令；或者在功能区直接点击"导入"命令 。导入模型"20-1.stl"，模型网格类型设置为"双层面"，如图 20-4 所示。然后点选"确定"按钮，导入模型如图 20-5 所示。

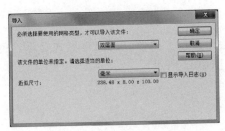

图 20-4 "导入"对话框

图 20-5 导入模型

双击任务视窗中的"双层面网格"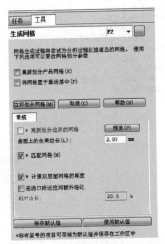并单击右键，选择"生成网格"命令或者选择菜单"网格"中的"生成网格"命令，如图 20-6 所示。

在"曲面上的全局边长"中输入"2.07"。然后点选"立即划分网格"按钮。其他都选择系统默认属性。划分完毕如图 20-7 所示。选择菜单"网格"中的"网格统计"命令。单击"显示"按钮，得到网格诊断报告，如图 20-8 所示。单击工具栏"保存"按钮，把文件保存，如图 20-9 所示。

图 20-6 "生成网格"对话框

图 20-7 网格划分模型

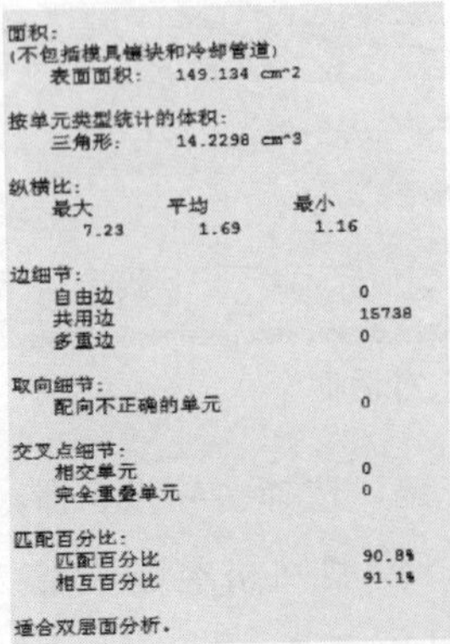

图 20-8 网格诊断报告图

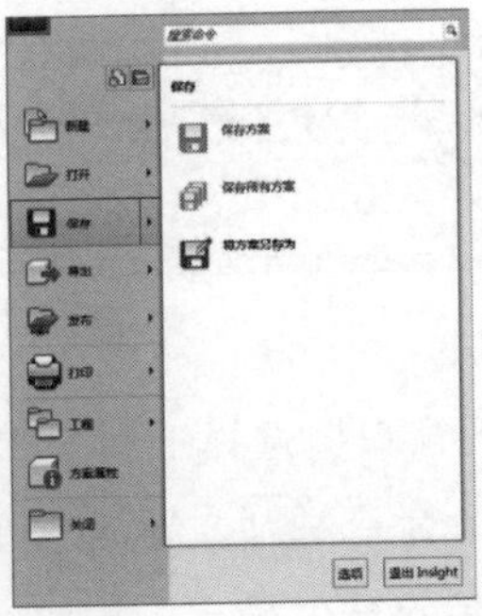

图 20-9 保存文件

20.3.2　设置成型方式

单击"主页"选项卡，选择"成型工艺设置"面板 ，系统弹出下拉菜单，然后选择"热塑性塑料重叠注塑"选项，如图 20-10 所示。

20.3.3　导入重叠模型并划分网格

点击"导入"命令 ，导入模型"20-2. stl"，模型网格类型设置为"双层面"，如图 20-11 所示。然后点选"确定"按钮，导入模型如图 20-12 所示。

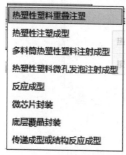

图 20-10　设置成型工艺菜单　　　　图 20-11　"导入"对话框　　　　图 20-12　导入模型

双击任务视窗中的"双层面网格" 并单击右键，选择"生成网格"命令 或者选择菜单"网格"中的"生成网格"命令 ，如图 20-13 所示。

图 20-13　"生成网格"对话框　　　　　图 20-14　网格划分模型

在"曲面上的全局边长"中输入"1.24"，然后点选"立即划分网格"按钮。其他都选择系统默认属性，划分完毕如图 20-14 所示。选择菜单"网格"中的"网格统计"命令 。单击"显示"按钮，得到网格诊断报告，如图 20-15 所示。单击工具栏"保存"按钮，把文件保存，如图 20-16 所示。

20.3.4　导入重叠模型至衬底模型中

双击"任务视窗"的"20-1_study"名称，打开衬底模型所在窗口。此时要注意你保存文件的路径。沿保存路径找到保存文件选择"添加"按钮 ，打开"选择要添加的模型"对话框，如图 20-17 所示。选择"20-2＿study.sdy"文件并单击"打开"，重叠件会自动添加至衬底模型中。

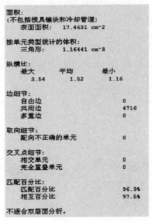

图 20-15　网格诊断报告

图 20-16　保存文件

　　这里要注意的是：首先所绘制文件图形要注意保存，后面就从保存路径调用。其次注意在 CAD 建模时要保持所有文件的坐标一致性，否则调用后的位置匹配会有些麻烦。最好是在装配文件中调用，这样坐标可以自动保持一致。如果是几个独立模型，在绘制模型过程中保持装配时的位置关系。最后如果添加时位置关系不一致，可以通过选择"几何"菜单中的"移动"命令 来摆正相对位置。这里由于 20-1 与 20-2 的造型绘制在坐标上有些差异，因此在 20-2 零件打开后要沿 Y 轴偏移 15mm。如图 20-18 所示。为了方便框选造型 20-2 网格，可以在图层中先把造型 20-1 网格隐藏。

图 20-17　"选择要添加的模型"对话框

图 20-18　网格"平移"对话框

20.3.5　设置注射顺序

　　① 框选模型窗口的 20-2 网格，单击鼠标右键，选择"属性"选项。打开"选择属性"对话框，如图 20-19 所示。单击"确定"按钮，打开"零件表面（双层面）"对话框，如图 20-20 所示。

图 20-19 "选择属性"对话框

图 20-20 "零件表面（双层面）"对话框

② 单击"零件表面（双层面）"对话框中的"重叠注塑组成"选项卡，如图 20-21 所示，在"组成"中选择"第二次注射"。单击"确定"退出。

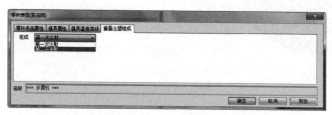

图 20-21 选择"第二次注射"对话框

③ 偏移完成后恢复隐藏的造型 20-1。偏移后的结果如图 20-22 所示。

20.3.6 设置分析序列及选择材料

双击任务视窗中的"充填"按钮 ，系统弹出"选择分析序列"对话框，如图 20-23 所示。选择"填充＋保压＋重叠注塑充填＋重叠注塑保压"选项，单击"确定"关闭对话框。

双击任务视窗中的"材料质量指示器"按钮 ，打开"选择材料"对话框。第一个选择"ABS AF312F"材料，厂商为"LG Chemical"。第二个选择"EL065"材料，厂商为"Tonen Chemical"，如图 20-24 所示。

图 20-22 平移结果

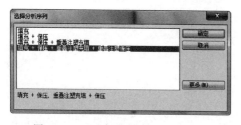

图 20-23 "选择分析序列"对话框

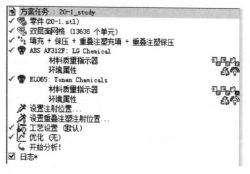

图 20-24 任务视窗

20.3.7 设置注射位置和工艺参数

① 双击任务视窗中的"注射位置"按钮🔧，在20-1网格中单击浇口点，完成注射位置的确定。双击任务视窗中的"注射位置"按钮🔧，在20-2网格中单击浇口点，完成注射位置的确定，如图20-25所示。

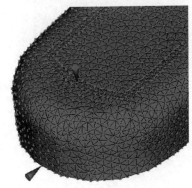

图 20-25　设置注射位置

② 双击任务视窗中的"工艺设置"按钮🔧，打开"工艺设置向导-第一个组成阶段的填充＋保压设置"对话框，如图20-26所示。"模具表面温度"设置为"58"，"熔体温度"设置215℃，"充填控制"设置为"自动"，"速度/压力切换"设置为"自动"，"保压控制"设置为"%填充压力与时间"，冷却时间设置为"20"。勾选"纤维取向分析"复选框，此对话框为第一次注塑成型。然后单击"下一步"按钮，如图20-27所示。打开"工艺设置向导-重叠注塑阶段的填充＋保压设置"对话框，各参数均采用默认设置。此对话框为第二次注塑成型。

③ 单击"完成"按钮，关闭对话框。

图 20-26　"工艺设置向导-第一个组成阶段的填充＋保压设置"对话框（第1页）

图 20-27　"工艺设置向导-重叠注塑阶段的填充＋保压设置"对话框（第2页）

④ 双击任务视窗中的"开始分析"按钮📥，求解器开始计算。

20.3.8 分析结果

（1）充填时间　衬底模型的填充时间如图20-28所示，熔体填充时间为1.486s。重叠注塑的填充时间如图20-29所示，熔体填充时间为0.4243s。相比之下，两者差距很大，注塑过程中需要对注塑机进行调整。

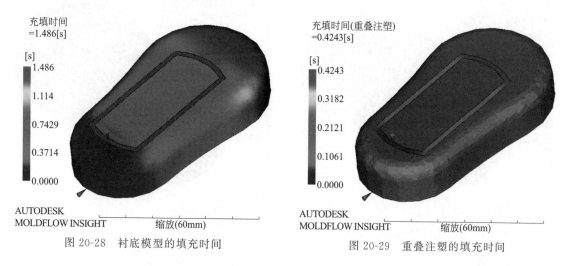

图 20-28　衬底模型的填充时间　　　　　　图 20-29　重叠注塑的填充时间

（2）顶出时的体积收缩率　衬底模型的顶出时的体积收缩率如图 20-30 所示。体积收缩率最大为 5.044％。重叠注塑的顶出时的体积收缩率如图 20-31 所示。体积收缩率最大为 9.183％。表面看似乎相差很多，但从各注塑点分析来看，衬底模型的顶出时的体积收缩率最大为 4.619％。重叠注塑的顶出时的体积收缩率最大为 4.308％，相差不大。

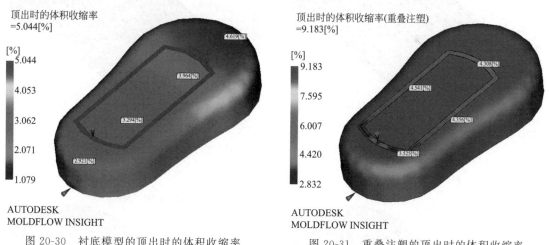

图 20-30　衬底模型的顶出时的体积收缩率　　　图 20-31　重叠注塑的顶出时的体积收缩率

（3）缩痕、指数　衬底模型的缩痕、指数如图 20-32 所示，缩痕、指数为 3.308％。重叠注塑的缩痕、指数如图 20-33 所示，缩痕、指数为 0.4138％。相比之下，两者差距很大。观察零件结构，衬底模型的壁厚明显大于重叠注塑的壁厚。

（4）体积收缩率　衬底模型的体积收缩率如图 20-34 所示，体积收缩率为 9.041％。重叠注塑的体积收缩率如图 20-35 所示，体积收缩率为 14.45％。对比两图的相似位置处的体积收缩率相差较大的熔接性会受影响。

（5）达到顶出温度时间　衬底模型的顶出温度时间如图 20-36 所示，顶出温度时间为 14.88s。重叠注塑的顶出温度时间如图 20-37 所示，顶出温度时间为 10.83s。相比之下，两者有些差距，注塑过程中需要对注塑机进行调整。

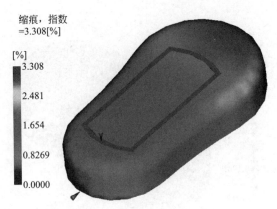

缩痕，指数
=3.308[%]

[%]
3.308
2.481
1.654
0.8269
0.0000

AUTODESK
MOLDFLOW INSIGHT

图 20-32　衬底模型的缩痕、指数

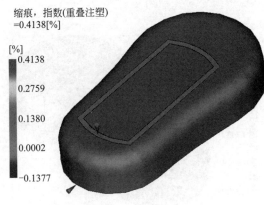

缩痕，指数(重叠注塑)
=0.4138[%]

[%]
0.4138
0.2759
0.1380
0.0002
-0.1377

AUTODESK
MOLDFLOW INSIGHT

图 20-33　重叠注塑的缩痕、指数

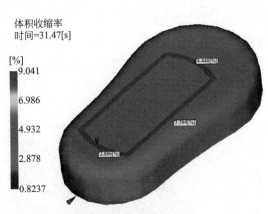

体积收缩率
时间=31.47[s]

[%]
9.041
6.986
4.932
2.878
0.8237

AUTODESK
MOLDFLOW INSIGHT

图 20-34　衬底模型的体积收缩率

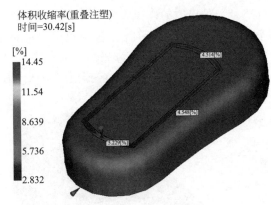

体积收缩率(重叠注塑)
时间=30.42[s]

[%]
14.45
11.54
8.639
5.736
2.832

AUTODESK
MOLDFLOW INSIGHT

图 20-35　重叠注塑的体积收缩率

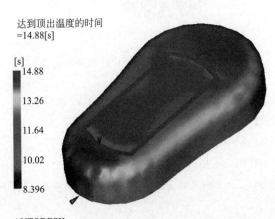

达到顶出温度的时间
=14.88[s]

[s]
14.88
13.26
11.64
10.02
8.396

AUTODESK
MOLDFLOW INSIGHT

图 20-36　顶出温度时间

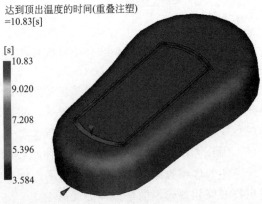

达到顶出温度的时间(重叠注塑)
=10.83[s]

[s]
10.83
9.020
7.208
5.396
3.584

AUTODESK
MOLDFLOW INSIGHT

图 20-37　重叠注塑的顶出温度时间

本 章 小 结

　　本章介绍了软件的"重叠注塑"模块，介绍了材料的重叠注塑的概况；重点做了重叠注塑分析的过程讲解，包括模型处理、成型方式的选择、注塑顺序排序、工艺参数设置等。进行重叠注塑分析时，前处理是难点，注塑顺序排序是重点。其他分析过程与普通分析类似。

第21章
带嵌件注射成型分析

21.1 带嵌件注射成型概述

随着塑料工业的不断发展，对塑料产品结构设计、尺寸精度、尺寸稳定性、装配和紧固的要求也愈来愈高。根据塑料制品使用目的，在制品中放置适合的嵌件，可以提高塑件局部的机械强度、耐磨性、电性能，增加塑料尺寸和形状的稳定性，提高产品精度。

嵌件注塑成型指在注塑模具内装入预先准备的异材质嵌件后，再合模向型腔内注入熔融树脂，冷却后，熔融树脂与嵌件结合固化，制成一体化产品的注塑成型工艺。带嵌件的塑件的传统加工方法是预先成型嵌件和塑件，然后通过后工艺（如热熔工艺）将嵌件和塑件组装起来，形成一个整体。与传统的加工方法相比，嵌件注塑成型工艺不需要组装工艺，缩短了产品的生产制造周期，降低了生产成本。

21.2 模型前处理

对含有嵌件制品的分析过程如下：在 Pro/E 建模并从中导出衬底模型和嵌件的数据，然后导入 Moldflow；在 Moldflow，中将衬底模型和嵌件的 igs 格式处理为双面模型；先划分网格；然后"设置成型方式"；导入嵌件模型；设计好浇注系统；最后进行模流分析。

21.3 带嵌件注射成型分析实例

本文所分析的制品是一个冰箱磁贴，冰箱磁贴可以吸附在冰箱门上，因此中间部位有一磁性嵌件，如图 21-1 所示。嵌件与塑件之间有倾斜角契合防止脱落。

磁性嵌件

图 21-1 冰箱磁贴

21.3.1 导入衬底模型划分网格

打开 Moldflow2018 软件，导入模型：选择菜单"新建工程"命令 ，新建"工程名称"为

"2101"，如图 21-2 所示，然后点选"确定"按钮。

图 21-2 "创建新工程"对话框

在"工程视图窗口"选择工程"2101"并单击右键，选择"导入"命令，或者在功能区直接点击"导入"命令 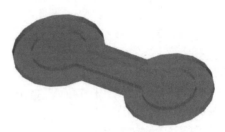，导入模型"21-1.stl"，模型网格类型设置为"双层面"，如图 21-3 所示。然后点选"确定"按钮。导入模型如图 21-4 所示。

图 21-3 "导入"对话框

图 21-4 导入模型

双击任务视窗中的"双层面网格" 并单击右键，选择"生成网格"命令 或者选择菜单"网格"中的"生成网格"命令 ，如图 21-5 所示。

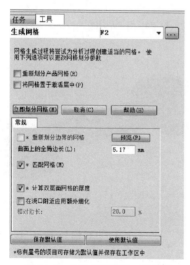

图 21-5 "生成网格"对话框

图 21-6 网格划分模型

在"曲面上的全局边长"中输入"5.17"，然后点选"立即划分网格"按钮，其他都选择系统默认属性。划分完毕如图 21-6 所示。选择菜单"网格"中的"网格统计"命令 。

单击"显示"按钮，得到网格诊断报告，如图 21-7 所示。单击工具栏"保存"按钮，把文件保存，如图 21-8 所示。

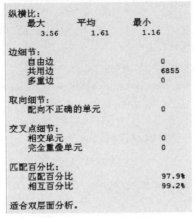

图 21-7 网格诊断报告 　　　　　图 21-8 保存文件

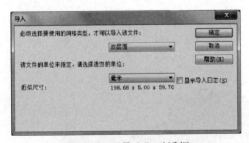

图 21-9 设置成型工艺菜单

21.3.2 设置成型工艺

单击"主页"选项卡，选择"成型工艺设置"面板，系统弹出下拉菜单，然后选择"热塑性塑料重叠注塑"选项，如图 21-9 所示。

21.3.3 导入嵌件模型并划分网格

点击"导入"命令。导入模型"21-2.stl"，模型网格类型设置为"双层面"，如图 21-10 所示。然后点选"确定"按钮。导入模型如图 21-11 所示。

图 21-10 "导入"对话框 　　　　图 21-11 导入模型

双击任务视窗中的"双层面网格"并单击右键，选择"生成网格"命令或者选择菜单"网格"中的"生成网格"命令，如图 21-12 所示。

在"曲面上的全局边长"中输入"4.15"，然后点选"立即划分网格"按钮，其他都选择系统默认属性。划分完毕如图 21-13 所示。选择菜单"网格"中的"网格统计"命令。单击"显示"按钮，得到网格诊断报告，如图 21-14 所示。单击工具栏"保存"按钮，把文件保存，如图 21-15 所示。

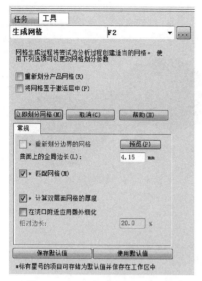

图 21-12 "生成网格"对话框

图 21-13 网格划分模型

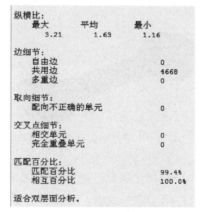

图 21-14 网格诊断报告

图 21-15 保存文件

21.3.4 导入嵌件模型至衬底模型中

双击"任务视窗"的"21-1_study"名称，打开衬底模型所在窗口。选择"添加"按钮 ，打开"选择要添加的模型"对话框，如图 21-16 所示。选择"21-2_study.sdy"文件并单击"打开"嵌件会自动添加至衬底模型中，如图 21-17 所示。

这里要注意的是：首先所绘制文件图形要注意保存，以后就从保存路径调用。其次要注意在 CAD 建模时要保持所有文件的坐标一致性，否则调用后的位置匹配会有些麻烦。最好是在装配文件中调用，这样坐标可以自动保持一致。如果是几个独立模型，在绘制模型过程中保持装配时的位置关系。最后如果添加时位置关系不一致，可以通过选择"几何"菜单中的"移动"命令 来摆正相对位置。

图 21-16 "选择要添加的模型"对话框

图 21-17 添加模型

21.3.5 设置注射顺序

先取消衬底模型的所有图层，如图 21-18 所示。此时模型窗口只显示嵌件网格模型，如图 21-19 所示。

图 21-18 图层面板

图 21-19 取消衬底模型图层的结果

选中模型窗口的所有网格，在"几何"菜单中选择"属性"选项中的"指定"命令，打开"指定属性"对话框，如图 21-20 所示。单击"新建"按钮，在弹出的下拉菜单中选择"零件镶件表面（双层面）"选项，如图 21-21 所示。打开"零件镶件表面（双层面）"对话框，如图 21-22 所示。

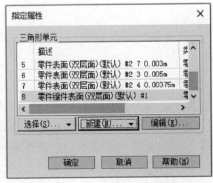

图 21-20 "指定属性"对话框

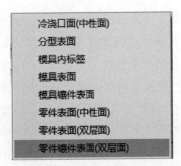

图 21-21 选择"零件镶件表面（双层面）"选项

这里所有设置都选为默认设置，单击"选择"按钮，打开"选择镶件/标签/型芯材料"对话框，如图 21-23 所示。其中包括了主要模具厂商的材料。

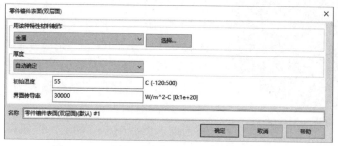

图 21-22 "零件镶件表面（双层面）"对话框

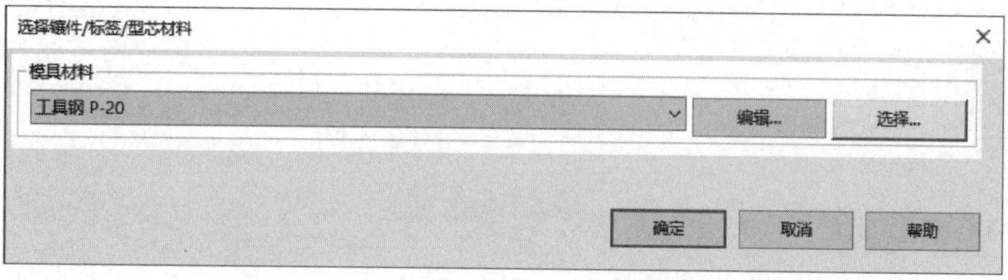

图 21-23 "选择镶件/标签/型芯材料"对话框

单击"确定"关闭对话框。打开衬底模型的所有图层，使得衬底模型和嵌件模型同时显示，如图 21-24 所示。

21.3.6 设置分析序列选择材料

双击任务视窗中的"充填"按钮 <span></span>，系统弹出"选择分析序列"对话框，如图 21-25 所示。选择"填充＋保压"选项，单击"确定"关闭对话框。

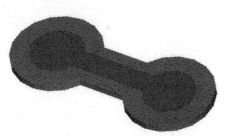

图 21-24 衬底、嵌件模型装配

双击任务视窗中的"材料质量指示器"按钮 <span></span>，打开"选择材料"对话框，选择"ABS Generic Estimates"材料，厂商为"CMOLD Generic Estimates"，如图 21-26 所示。

图 21-25 "选择分析序列"对话框

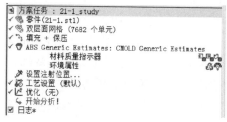

图 21-26 任务视窗

21.3.7 设置注射位置和工艺参数

双击任务视窗中的"注射位置"按钮 <span></span>，在网格中单击浇口点，完成注射位置的确定，如图 21-27 所示。

双击任务视窗中的"工艺设置"按钮 ，打开"工艺设置向导-填充＋保压设置"对话框，如图 21-28 所示。"模具表面温度"设置为"50"，"熔体温度"设置 230℃，"充填控制"设置为"自动"，"速度/压力切换"设置为"由％充填体积"，参数设置为"98"。"保压控制"设置为"％填充压力与时间"，冷却时间设置为"20"。勾选"纤维取向分析"复选框。然后单击"确定"按钮，关闭对话框。

图 21-27 设置注射位置

设置完毕后，双击任务视窗中的"开始分析"按钮 。求解器开始计算。

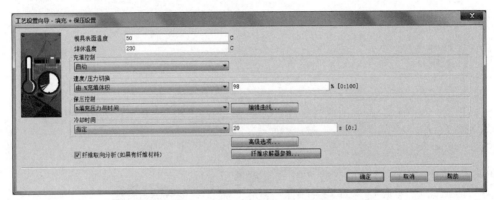

图 21-28 "工艺设置向导-填充＋保压设置"对话框

21.3.8 结果分析

（1）充填时间 指熔融材料注满型腔的时间。短时间完成充填，可以提高熔体流动速率，增加剪切热、减少熔体温差、改善力在型腔内的传递，可以获得密实、内应力小的的制件，同时缩短成型时间，提高产能。如图 21-29 所示，注塑充填时间为 9.890s。

（2）流动前沿温度 是指熔体在流动过程中前锋的变化肯差异。合理的温度分布应使流动前沿流经型腔时整体分布均匀、温度变化小、熔体黏度低、充填流动性好，利于熔体融合，保证制品质量。如图 21-30 所示，流动前沿温度为 230.0℃。

（3）速度/压力切换时的压力 速度/压力切换时的压力是指注塑机充填结束转入保压时刻的压力。此压力值是注塑机充填熔体的最大压力值。充填压力值越大对注塑机的要求越高，成型出来的制件产生的残余应力就越大，制件的稳定性就越差。如图 21-31 所示，注塑成型时速度/压力切换时的压力为 7.765MPa。

（4）体积收缩率 缩痕是影响翘曲变形的重要因素。体积收缩率相差越大，翘曲变形就越大。如图 21-32 所示，注塑成型的体积收缩率为 9.272％。

（5）缩痕 缩痕是指产品表面下凹，边缘不平滑，如图 21-33 所示。缩痕容易出现在远离浇口位置处，另外在制品厚壁、加强筋、凸台及嵌件处也容易出现。出现缩痕的主要原因是熔体保压冷却收缩过程中后续的熔体没有补偿先前的收缩而引起的。注塑成型的缩痕指数为 6.053％。

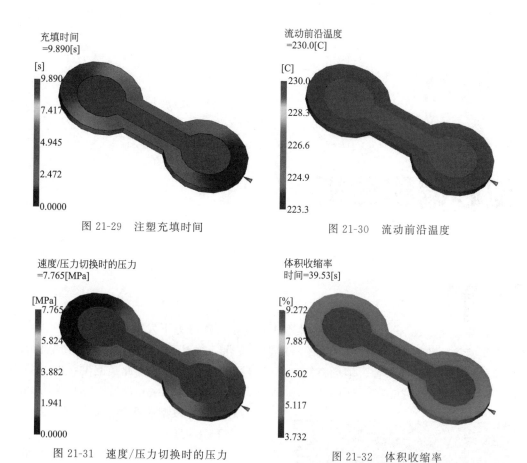

图 21-29　注塑充填时间

图 21-30　流动前沿温度

图 21-31　速度/压力切换时的压力

图 21-32　体积收缩率

（6）熔接线　熔接线是熔融塑料流动时冷料前锋相结合处形成的细线缺陷。在嵌件注塑成型过程中，由于嵌件、模具、熔体三者温差较大，导致熔体围绕嵌件融合时产生熔接线。注塑成型的熔接线如图 21-34 所示。

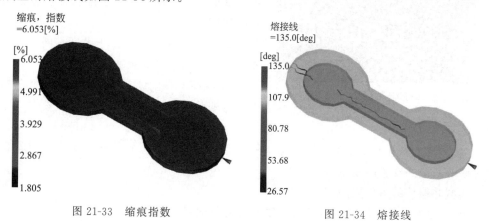

图 21-33　缩痕指数

图 21-34　熔接线

本 章 小 结

本章介绍了软件的"嵌件注塑"模块，主要介绍了嵌件注塑的操作过程，还有模型处理、成型工艺选择、工艺设置等。最后对分析结果中的主要参数做了解释。

第22章
型芯偏移分析

22.1 概述

  型芯偏移（Core Shift）是指成型时模具型芯在注塑压力下发生变形，其位置与成型前产生空间偏移。型芯偏移将导致零件的厚度发生变化，这对于较长较细非薄壁产品而言属于常见问题，如管形瓶、试管、笔形料筒。薄壁容器的模具也常出现此类问题。图 22-1 所示制件，设计壁厚为 1.3mm，但由于型芯偏移导致一边壁厚 1.95mm，另一边壁厚 0.65mm。

图 22-1 型芯偏移导致壁厚偏差

  型芯偏移导致型芯两侧的壁厚不一致，由此还会产生下列问题。

  ① 外观问题：由于型芯两侧厚度不同容易引起一侧快速流动，而另一侧流速缓慢，容易形成熔接痕、外观光泽不良、壁厚一侧缩痕等现象。

  ② 结构强度问题：厚度差异会导致产品结构强度降低；由于偏心导致装配不良，也会影响产品的使用。

  ③ 产品变形问题：由于厚度不同，容易收缩不均匀，故而容易导致变形。

  ④ 脱模不良问题：型芯偏移后，型芯的反弹力使得塑胶和型芯之间有很大的贴紧力，导致划伤内壁及脱模困难。

  ⑤ 型芯强度：由于型芯在成型时有这种折弯、反弹、折弯的过程，反复成型就容易导致型芯疲劳断裂的现象的发生。

  引起型芯偏移的可能原因有以下几个。

  ① 由于加工或模具设置不精确而导致模具闭合时型芯不居中。

  ② 由浇口位置或零件厚度的变化引起的型芯两侧的压力差。

  ③ 传热板或模具板因强度不够而在成型时较高注射压力下发生变形。

  ④ 深模腔的配合间隙导致长型芯的较大偏移。如 0.03 的配合间隙，100 长的型芯，假设型芯宽 40mm，那么单边偏移 0.09，如图 22-2 所示，两边共差 0.18mm；如果是 0.05，那么单边就有 0.13mm，两边差 0.26mm。

型芯偏移的根源可能是型芯两侧的压力差导致的变形或加工安装时存在的偏差或间隙，可考虑的对策如下。

① 调整工艺参数：注射压力对型芯偏移的影响最大，注射压力越小偏移越小，模具温度和保压时间等对型芯偏移影响很小。增加注射速度、提高熔体温度、降低保压压力可以降低型芯偏移量。

② 更换流动性更好的成型材料。

③ 调整产品结构，增加局部壁厚导流以使压力平衡。

④ 调整浇口位置，减少浇口对型芯的单侧冲击。

⑤ 型芯换刚性更好的材料或加强固定与定位。

⑥ 提高加工精度，确保型芯两侧壁厚尽可能一致。

⑦ 减少型芯装配间隙。

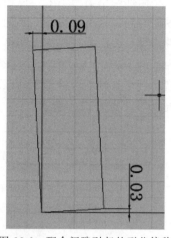

图 22-2　配合间隙引起的型芯偏移

Moldflow 中的型芯偏移模拟提供了有关模具型芯移动及其在注射塑料时与聚合物流动工艺相互作用的详细信息。型芯偏移分析相当于结构分析中的非线性力学分析，是通过应力分析预测成型过程中型芯是否会因负载（压力）而变形。由填充＋保压分析为型芯提供压力载荷分配；基于压力载荷数据执行型芯的结构分析；通过结构分析确定型芯的变形；由型芯变形计算零件厚度的变化，零件网格根据厚度的变化相应调整。重复以上步骤直到型腔填充完毕。如果也模拟保压分析，则在保压阶段，还需要按照不变的时间增量重复结构分析。型芯偏移分析流程如图 22-3 所示。

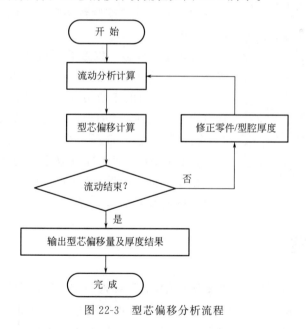

图 22-3　型芯偏移分析流程

22.2　分析准备

分析序列要选择填充＋保压分析，在此分析中进行型芯偏移分析，可预测型芯的变形以及由此产生的零件厚度和性能变化。

制件网格类型不限，但还是采用双面网格更为合适；型芯必须为 3D 网格，并且其网格界面与制件网格有很好的匹配。制件网格建好后，采用创建镶件的方式创建型芯，生成的镶件为模具表面并且是双面网格。因为型芯需要转换为 3D 网格，所以需要先把镶件更改属性为 part surface（双面）后再划分为 3D 网格，再更改属性为型芯 3D。采用这种方法可确保型芯网格与制件网格界面的匹配。可根据情况更改型芯的属性，包括材料、传热系数、表面温度等，如图 22-4 所示。

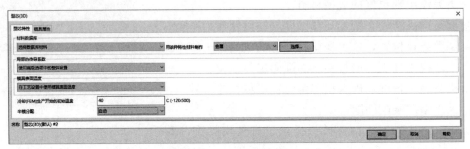

图 22-4　型芯属性设置

在运行型芯偏移分析前还必须对型芯正确施加约束，约束的正确性决定了型芯偏移分析的可靠性，没有约束会造成分析失败。可用"单侧约束"约束型芯（3D）组件一侧的位置或所选位置的所需的平移自由度。

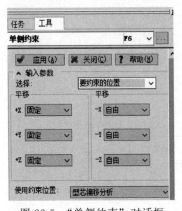

图 22-5　"单侧约束"对话框

单击 （"边界条件"选项卡→"约束和载荷"面板→"约束"→"单侧约束"），弹出"单侧约束"对话框，如图 22-5 所示。

合理定向模型，以查看零件镶件（3D）或型芯（3D）组件某一整个侧面。选择所有要约束的位置，然后在 X、Y、Z 三个方向的正负方向上设置相应的平移自由度。平移自由度有三种："固定"（此为默认设置）、"自由"和"指定的最大值"。选择"自由"意味着沿此轴没有约束；"指定的最大值"表示输入以毫米为单位的距离。"应用"后在模型上将显示设置好的约束。通常设置型芯上未与制品接触的所有节点完全约束。

22.3　分析设置

单击 （"主页"选项卡→"成型工艺设置"面板→"工艺设置"）弹出"工艺设置向导"对话框，如图 22-6 所示。然后单击"高级选项"按钮，弹出其"高级选项"对话框，如图 22-7 所示。点击"求解器参数"下的"编辑"，弹出"求解器参数"对话框，点击"型芯偏移"选项卡，如图 22-8 所示。

在此可决定是否运行型芯偏移分析、分析的频率、使用的矩阵求解器以及计算结果的精度等相关输入值。通常，应保留求解器参数的默认值。图 22-8 所示的是制件为双面网格时对应的"型芯偏移"分析设置。与制件为双面网格时对应的"型芯偏移"分析设置有所不同。该对话框中的各项设置说明如下。

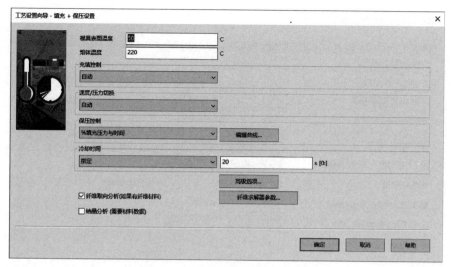

图 22-6 "工艺设置向导"对话框

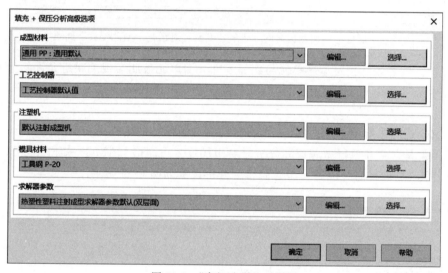

图 22-7 "高级选项"对话框

① 进行型芯偏移分析：如果选中此选项并且方案包含类型为型芯（3D）的单元，那么填充＋保压分析将运行一系列应力分析来预测型芯的变形。

② 型芯偏移分析的频率：在填充和保压阶段，型腔内不同位置处的压力变化巨大，因此需要反复执行型芯偏移分析多次以考虑这些压力变化。这些选项用于确定在填充＋保压分析期间执行型芯偏移分析的间隔。

③ 分析间的最大体积增量：指定在两次型芯偏移分析之间型腔填充百分比的最大变化值。

④ 分析间的最大时间步长：指定在两次型芯偏移分析之间填充或保压时间的最大变化值。

⑤ 分析型芯时，使用：指定在型芯应力分析中用于型芯单元的四面体单元的类型。

⑥ 在压力迭代期间进行型芯偏移分析：在填充＋保压分析中的压力求解的迭代过程中，压力值变化将影响型芯偏移预测。此选项用于指定在每次压力求解迭代时是否执行型芯偏移分析。

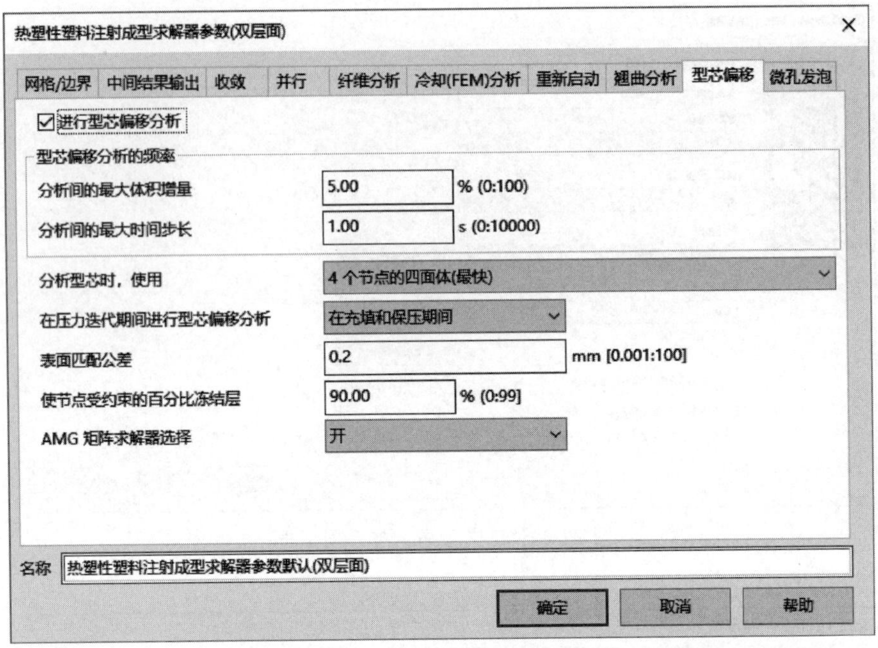

图 22-8　制件为双面网格时的"求解器参数"对话框"型芯偏移"选项卡

⑦ 表面匹配公差：指定型芯单元与相邻零件表面单元彼此实现关联所允许的最大距离。

⑧ 使节点受约束的百分比冻结层：指定整个厚度内预计不会再发生型芯变形的百分比冻结层。

⑨ AMG 矩阵求解器选择：AMG 求解器使用逐渐粗糙的栅格进行计算来提升翘曲分析速度。选择"是"可在执行型芯偏移分析时启用代数多重网格（AMG）矩阵求解器。

若制件为 3D 网格时对应的"型芯偏移"分析设置如图 22-9 所示。

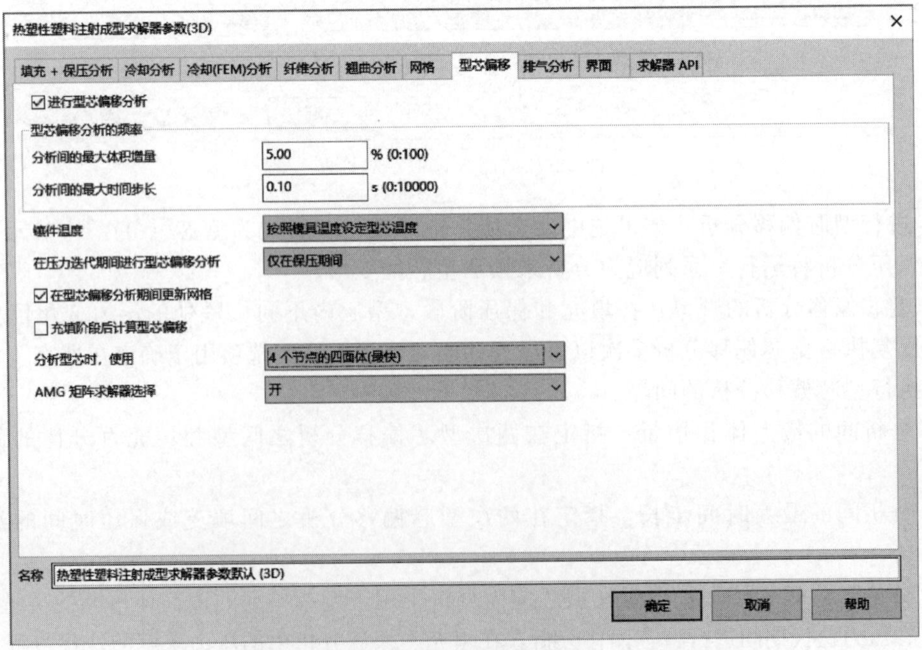

图 22-9　制件为 3D 网格时对应的"型芯偏移"分析设置选项卡

该对话框中不同于图 22-8 所示对话框的各项设置说明如下。

① 镶件温度：指定是将零件镶件和型芯温度设置为固定值，还是通过填充＋保压分析进行计算。

② 在型芯偏移分析期间更新网格：当预测的型芯偏移较大时，产生的网格变形可能使填充＋保压分析不稳定，从而导致分析停止。如果出现这种情况，关闭此选项可以完成该分析，但解的精确度将略有降低。

③ 充填阶段后计算型芯偏移：如果没有选中"填充阶段后计算型芯偏移"选项，则将仅在填充阶段计算型芯偏移。无论型芯位移在填充分析结束时如何，在保压过程中都假设其保持不变。如果选中"填充阶段后计算型芯偏移"选项，则在保压过程中也继续计算型芯偏移。除非选项"在压力迭代期间进行型芯偏移分析"已设置为"在填充和保压过程中"或"仅在保压过程中"，否则即使启用 3D 流动选项，计算结果也可能不准确。

22.4 结果分析

分析完成后，除了流动分析结果外，有关"型芯偏移分析"的结果如图 22-10 所示。

① "位移，型芯"结果显示成型周期的填充和保压阶段中型芯的变形。位移大小通过图形属性中设置的比例因子（通常为 10）进行放大。型芯上的压力大小、分布在填充和保压过程中变化显著，因此型芯位移也随着时间变化。可动画显示型芯变形过程。

▼ ▷ 型芯(晶片)偏移
　□ 位移，型芯
　□ 真实厚度，型腔
　□ Von Mises 应力，型芯偏移
　□ 最大 Von Mises 应力，型芯偏移

图 22-10　型芯偏移分析结果

② "真实厚度，型腔"结果显示成型周期的填充和保压阶段中零件（型腔）的厚度，考虑了型芯的位移。随着型芯变形，朝向型芯变形的零件区域将变薄，而远离变形型芯的零件区域将变厚。可动画显示型腔厚度变化过程。

③ "Von Mises 应力，型芯偏移"结果显示顶出时型芯中的 Von Mises 应力。应确保具有最大应力的区域确保 Von Mises 应力，型芯值较低可以从总体上降低零件失效率。

④ "最大 Von Mises 应力，型芯偏移"结果显示顶出时零件上的最大 Von Mises 应力。具有高应力的区域表明疲劳区域有所增加，这可能导致零件开裂和零件失效。应确保最大应力在相关材料标准范围内。"最大 Von Mises 应力，型芯偏移"值较低可以从总体上降低零件的失效率。

22.5 实例分析

该制件尺寸（长×宽×高）为"150×50×200"，厚度为 2mm，该制件的小圆角特征已去除，如图 22-11 所示。考虑到成型时容易排气，浇口设在顶部中心。考虑到一侧更长，在顶部往该侧方向加有 3mm 厚的导流。该制件高度达到"200"，属深腔，为此进行型芯偏移分析。

22.5.1 分析准备

（1）制件网格模型的创建　启动 Moldflow Insight，新建工

图 22-11　CAD 模型

程"Core-Shift"，导入模型文件"shengqiang-orig.prt"（随书资料文件夹"22-Core _ shift _ analysis"中），利用 MDL 处理将其表面转换后（高级选项）导入，导入设置如图 22-12 所示。导入的模型如图 22-13 所示。考虑到制件尺寸较大，且结构相对简单，指定全局边长为 8mm（壁厚 2mm 的 4 倍）进行网格划分。右键点击方案任务下的"创建网格"，从快捷菜单中选择"生成网格"，网格划分设置如图 22-14 所示。所得网格模型及其统计如图 22-15 所示，单元总数 11350 个，网格质量较高，不需修复调整。

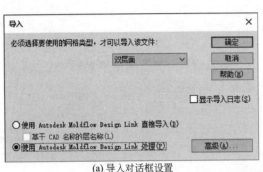

(a) 导入对话框设置　　　　(b) 高级导入选项设置

图 22-12　导入设置

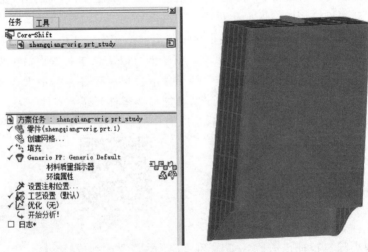

图 22-13　导入的模型

（2）型芯 3D 网格的创建　型芯 3D 网格的创建需先由制件的网格模型创建双面网格的镶件，再由双面网格镶件转为 3D 网格型芯，最后再编辑其属性。

① 镶件的创建。点击"镶件"（"几何"选项卡→"创建"面板）按钮，出现"创建模具镶件"对话框，如图 22-16 所示。点击制件内表面侧壁某位置单元，再点击 □▼（"几何"选项卡→"选择"面板）的下拉按钮，选择"同一个表面上的三角形"，如图 22-17 所

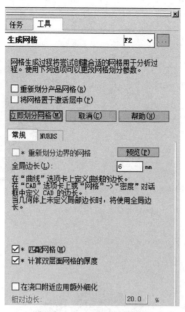

图 22-14　网格划分设置

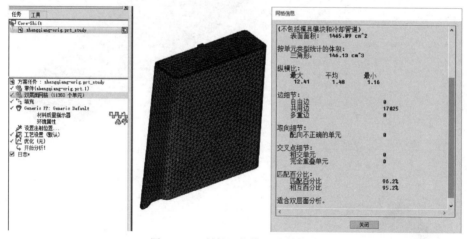

图 22-15　所得网格模型及其统计

示，则整个制件内表面侧壁的三角形单元全部选中，如图 22-18 所示；按住 "Ctrl" 键，点

选内表面底部某位置单元，重复前面的操作，将内表面底部的三角形单元也全部选中；类似操作，将制件下端边缘（厚度方向）的三角形单元也选中；在对话框中 "方向" 选择 "Z轴"，指定距离 "－220"，如图 22-19 所示。点击 "应用" 后得到模具镶件，如图 22-20 所示。层窗格显示如图 22-21 所示。关闭对话框，在层窗格中去除 "三角形" 层的勾选，仅显示 "模具镶件" 层，如图 22-22 所示。

　　② 型芯 3D 的创建。按下鼠标左键拖动框选整个

图 22-16　"创建模具镶件" 对话框

镶件，点击右键，从其快捷菜单中选择"更改属性类型"，在弹出的对话框中选择"零件表面（双层面）"，如图 22-23 所示，"确定"完成属性更改。

图 22-17 选择"同一个表面上的三角形"

图 22-18 内壁侧面单元全选中

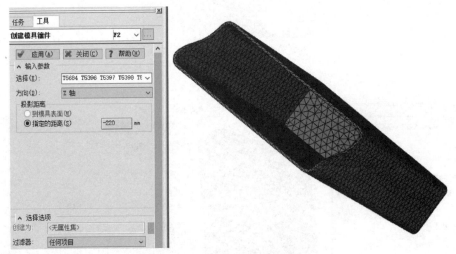

图 22-19 选中所有所需单元

图 22-20 生成模具镶件

图 22-21 自动新增层"模具镶件 1"

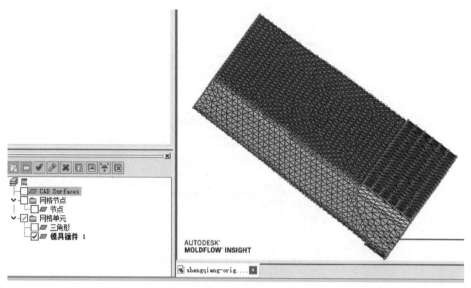

图 22-22　型芯镶件创建完成

图 22-23　更改镶件属性为"零件表面（双层面）"

　　右键点击"方案任务"下的"双层面网格"，从快捷菜单中选择设置网格类型为 3D。再右键点击"方案任务"下的"3D 网格"，从快捷菜单中选择"生成网格"，如图 22-24 所示。在网格设置对话框中勾选"重新划分产品网格"（图 22-25）后完成镶件双面网格向四面体网格的转换，并自动产生一个"四面体"层，如图 22-26 所示。

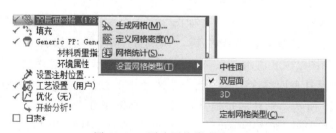

图 22-24　更改网格类型为 3D

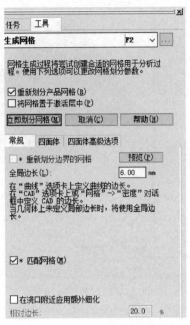

图 22-25 "生成网格"设置

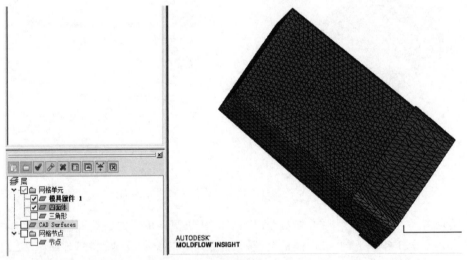

图 22-26 得到四面体网格

按下鼠标左键拖动框选整个镶件，点击右键，从其快捷菜单中选择"更改属性类型"，在弹出的对话框中选择"型芯（3D）"，如图 22-27 所示，"确定"完成属性更改。再次按下鼠标左键拖动框选整个型芯，点击右键，从其快捷菜单中选择"属性"，弹出"型芯（3D）"对话框，如图 22-28 所示，在"型芯特性"选项卡下可选择型芯材料，设定"局部热传递系数"及"模具表面温度"等。点击"选择…"按钮，弹出"为型芯选择金属材料"对话框，如图 22-29 所示，默认的是模具材料"工具钢 P-20"；点击"选择…"按钮，弹出"选择模具材料"对话框，如图 22-30 所示，在此选择第一种材料"Al"（铝），可点击"细节"查看该材料的详细信息。完成选择，确定退出。其他设置选择默认。

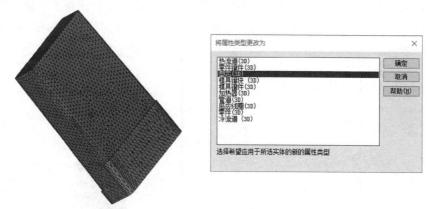

图 22-27　更改型芯属性

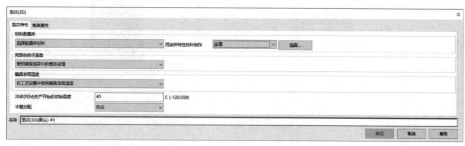

图 22-28　"型芯 3D"对话框

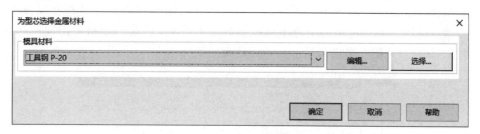

图 22-29　"为型芯选择金属材料"对话框

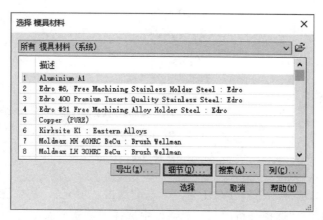

图 22-30　"选择模具材料"对话框

③ 创建型芯约束。在"层"窗格中勾选"节点"层,将节点显示出来,以便施加约束。为便于选择节点,通过点击 viewCube 相应的面将模型从宽度方向显示,如图 22-31 所示。

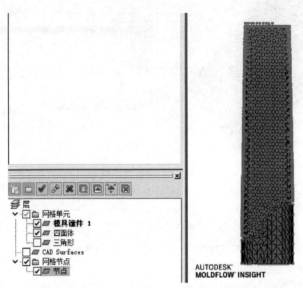

图 22-31 显示节点与模型定位

点击"边界条件"选项卡下"约束和载荷"面板"约束"下拉按钮,从中选择"单侧约束"来设定型芯偏移分析的约束,如图 22-32 所示。出现"单侧约束"对话框,如图 22-33 所示。通过多次框选(按住"Ctrl"键多次连选,并按需要调整型芯方位便于选择),将型芯上没有制件接触的节点均选中,再将三个轴六个方向的平移均设为"固定",如图 22-34 所示。点击"应用"后,选中的节点上就显示其上的约束,"层"窗格中出现"约束"层,如图 22-35 所示。"关闭"退出对话框,完成约束的定义。

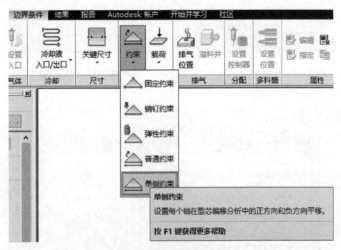

图 22-32 选择"单侧约束"

(3) 分析序列的选择 在"方案任务"下右键点击"填充",从快捷菜单中点击"设置分析序列",在弹出的"选择分析序列"对话框中选择"填充＋保压",如图 22-36 所示。点击"确定"完成选择。

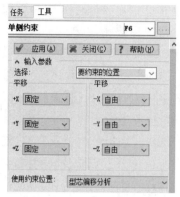

图 22-33 "单侧约束"对话框

图 22-34 选择节点添加约束

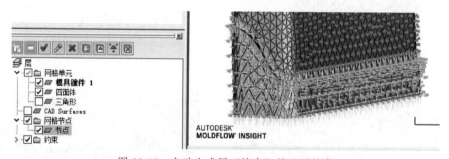

图 22-35 自动生成层"约束"并显示约束

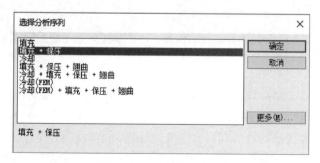

图 22-36 选择分析序列

（4）设置注射位置　注射位置设置在该制件外表面底部中间位置。为能准确设定该位置，先在该位置创建节点。在"层"窗格中勾选"三角形"层，将制件显示出来。旋转模型，并利用 ViewCube 将制件外表面底部与屏幕平面平行，如图 22-37 所示，放大模型，关注其中心区域。点击（"网格"选项卡→"实用程序"）"测量"按钮 ，点选中间两节点，如图 22-38 所示。可知该面的 Z 坐标为"203"，该制件原建模时就是以 $X=0$ 和 $Y=0$ 两平面为对称轴，所以确定所需的浇口位置坐标为"0，0，203"。关闭"测量"对话框。按坐标定义节点（"几何"选项卡→"创建"面板→"节点"），输入坐标"0，0，203"，"应用"创建节点，如图 22-39 所示箭头所指位置。点击 合并节点（"网格"选项卡→"网格编辑"面板），依次将该节点上端临近的两节点合并到该节点，如图 22-40 所示。

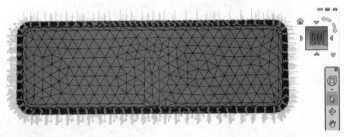

图 22-37　模型定位到合适方位

图 22-38　通过"测量"确定坐标

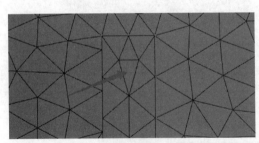

图 22-39　在外表面底部中心位置创建节点

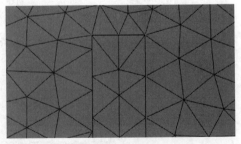

图 22-40　合并节点

在"方案任务"下双击"设置注射位置"，点选刚刚确定好的中心节点，再点击右键，从快捷菜单中选择"完成设置注射位置"。设置的注射位置如图 22-41 所示。

注意还需要将网格类型切换回双层面网格（右键点击"方案任务"下的"3D 网格"，从快捷菜单中选择设置网格类型为双层面）。因为现在该例中制件网格为双层面网格，否则在分析日志中会给出"＊＊错误 304430＊＊'3D 流动'的注射节点无效"的错误信息并停止分析。

图 22-41　设置注射位置

22.5.2　分析设置

双击"方案任务"下的"工艺设置"，在弹出的设置对话框中点击"高级选项"，如图 22-42 所示。在"高级选项"对话框中，点击"求解器参数设置"下的"编辑"按钮，如图 22-43 所示。在"求解器参数"对话框的"型芯偏移"选项卡下勾选"进行型芯偏移分析"，并选择"在充填与保压期间"的压力迭代期间进行型腔偏移分析，其他设置默认，如图 22-44 所示。多次"确定"完成分析设置。双击"方案任务"下的"开始分析"开始进行计算。

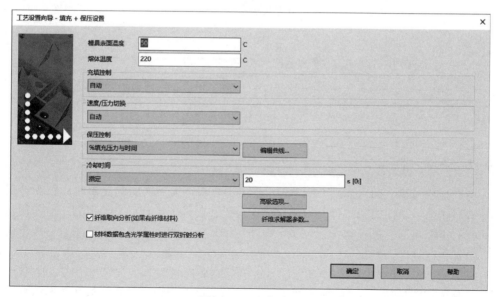

图 22-42　工艺设置

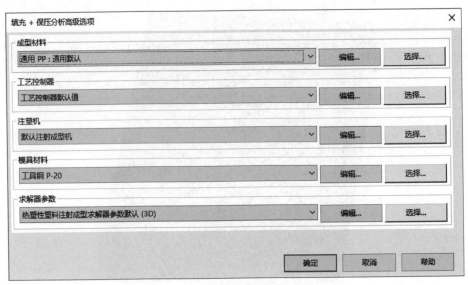

图 22-43　高级选项

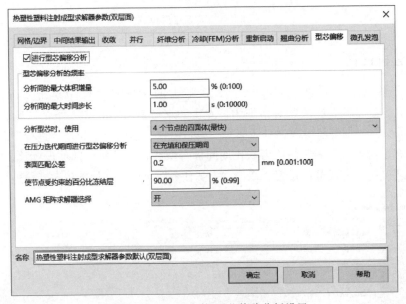

图 22-44　求解器参数-型芯偏移分析设置

22.5.3　结果分析

先查看型腔充填时间，如图 22-45 所示。由图可知，前后两侧的充填时间极为接近，长侧流速要略快些，从而实现了模腔内的充填平衡。在制件上设计的导流起到一定作用。

再查看型芯偏移结果。勾选"位移，型芯"结果项，为放大其变形效果，右键单击该结果项，选择"属性"（图 22-46），弹出"图形属性"对话框，点击"变形"选项卡，设置"比例因子"为"50"，如图 22-47 所示。"确定"完成属性设置，结果如图 22-48 所示，由图可知，最大型芯偏移为 0.26mm，型芯偏向短侧。再查看日志，有关型芯变形的日志结果如图 22-49 所示，可知最大变形发生在充填阶段 V/P 切换时刻，此时注射压力最大；在保压阶段的型芯变形有所回复，该阶段最大变形约为 0.15mm。

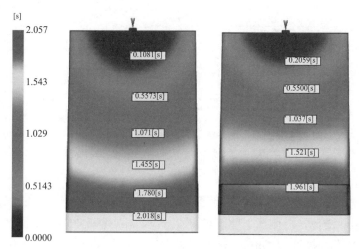

图 22-45 充填时间

图 22-46 更改结果显示属性

图 22-47 设置图形"变形"比例因子

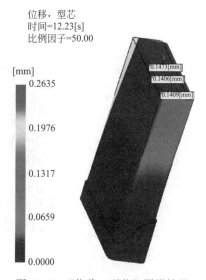

图 22-48 "位移，型芯"图形结果

网格日志 分析日志 填充 + 保压 填充 + 保压-检查 机器设置

零件的充填阶段结果摘要 :

```
总体温度 - 最大值          (在   2.021 s) =    222.9806 C
总体温度 - 第 95 个百分数 (在   2.021 s) =    220.9618 C
总体温度 - 第 5 个百分数 (在   2.054 s) =    195.7708 C
总体温度 - 最小值          (在   2.054 s) =    194.2589 C

剪切应力 - 最大值          (在   2.021 s) =      0.1309 MPa
剪切应力 - 第 95 个百分数 (在   0.097 s) =      0.1094 MPa

剪切速率 - 最大值          (在   2.021 s) =   4791.2627 1/s
剪切速率 - 第 95 个百分数 (在   0.097 s) =   2876.5193 1/s

最大型芯变形               (在   1.980 s) =      0.2635 mm
```

网格日志 分析日志 填充 + 保压 填充 + 保压-检查 机器设置

零件的保压阶段结果摘要 :

```
总体温度 - 最大值          (在   2.060 s) =    222.3917 C
总体温度 - 第 95 个百分数 (在   2.060 s) =    220.2141 C
总体温度 - 第 5 个百分数 (在  32.022 s) =     50.5864 C
总体温度 - 最小值          (在  32.022 s) =     50.3504 C

剪切应力 - 最大值          (在  12.034 s) =      0.1184 MPa
剪切应力 - 第 95 个百分数 (在   2.060 s) =      0.0706 MPa

体积收缩率 - 最大值          (在   2.060 s) =     16.9569 %
体积收缩率 - 第 95 个百分数 (在   2.060 s) =     14.9054 %
体积收缩率 - 第 5 个百分数 (在  15.181 s) =      2.8573 %
体积收缩率 - 最小值          (在  15.181 s) =      2.4053 %

零件总重量 - 最大值          (在  12.021 s) =    126.1992 g

最大型芯变形                 (在   4.220 s) =      0.1534 mm
```

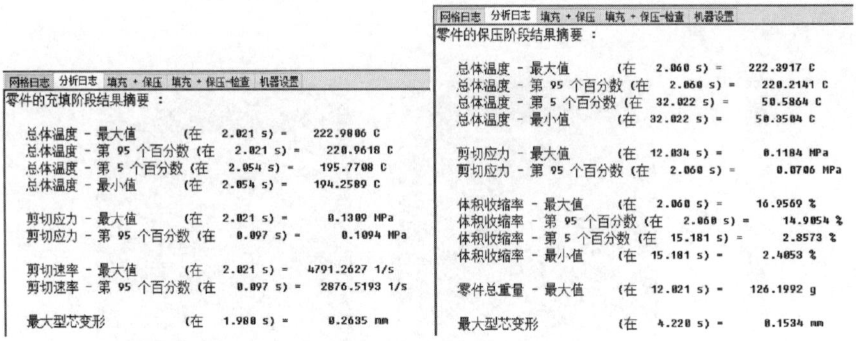

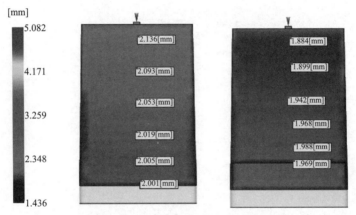

图 22-49 型芯变形日志结果

查看“真实厚度，型腔”结果，如图 22-50 所示。可见长侧从上往下壁厚从 2.14mm 逐渐向理论壁厚 2mm 变薄，短侧从上往下壁厚从 1.88mm 逐渐向理论壁厚 2mm 变厚，两侧的壁厚差在上部最大，接近 0.3mm。查看“最大”“最大 Von Mises 应力，型芯偏移”结果，如图 22-51 所示，可见最大应力为 85.44MPa，发生在短侧近型芯的根部。

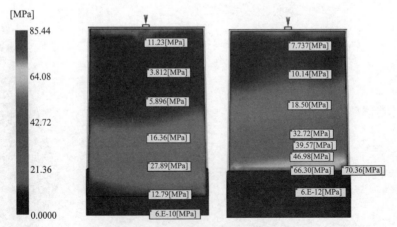

图 22-50 “真实厚度，型腔”结果

图 22-51 “最大 Von Mises 应力，型芯偏移”

为获得更均匀壁厚，现将型芯材料由铝改为“工具钢 P20”，经过分析，其“位移，型芯"结果如图 22-52 所示。由图可知，最大型芯偏移为 0.05mm，型芯偏向短侧。再查看日志，有关型芯变形的日志结果如图 22-53 所示，可知最大变形发生在充填阶段 V/P 切换时刻，此时注射压力最大；在保压阶段的型芯变形有所回复，该阶段最大变形约为 0.02mm。显然，相对铝材的型芯，工具钢 P20 的型芯变形量大大减小。

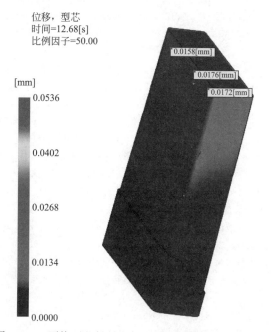

图 22-52 更换型芯材料后的"位移，型芯"图形结果

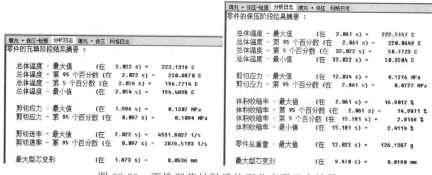

图 22-53 更换型芯材料后的型芯变形日志结果

本章小结

对深腔、型芯材质较软的成型有必要进行型芯偏移分析。本章详细阐述了型芯偏移分析的原理、分析准备、设置与结果查看，并通过一个实例详细阐述了型芯偏移分析的操作与分析过程。

参 考 文 献

[1] Jay Shoemaker. Moldflow Design Guide（Moldflow 设计指南）. 傅建，姜勇道，赵国平译. 成都：四川大学出版社，2010.

[2] 赵龙志，赵明娟，付伟. 现代注塑模具设计实用技术手册. 北京：机械工业出版社，2012.

[3] 付伟，陈碧龙. 注塑模具设计原则：要点及实例解析. 北京：机械工业出版社，2010.

[4] 潘俊宇，匡唐清，赖德炜，甘乐. 模流分析技术在电饭煲底座注塑模设计与工艺优化中的应用 [J]. 塑料科技，2017，45（10）：90-95.

[5] 查东，匡唐清，刘文文. 模流分析技术在电饭煲上盖注塑模设计中的应用 [J]. 塑料，2017，46（3）：103-108.

[6] 匡唐清，周慧兰，邓普梁. 模流分析技术在转向助力泵油杯注塑模设计中的应用. 中国塑料，2012，26（8）：101-106.

[7] 周慧兰，匡唐清，汤学辉. 基于 CAD/CAE/CAM 技术的电话机注塑模设计，中国塑料，2012，26（2）：63-67.

[8] 匡唐清. CAE 技术在电热水壶外壳注塑模设计中的应用. 中国塑料，2010，24（7）：106-110.

[9] 匡唐清. 基于模流分析技术的壁挂式扬声器外壳注塑模设计. 中国塑料，2010，24（6）：97-101.

[10] 匡唐清，黎秋萍，刘艳. 基于 CAE 技术的 CRT 显示器后壳注塑模设计. 中国塑料，2010，24（4）：104-108.

[11] 匡唐清，邓洋，宋慧慧. 基于模流分析技术的双色注塑模设计. 塑料工业，2012，40（11）：39-42.

[12] 匡唐清，阎智，付伟. MP4 播放器双色外壳的注塑模设计. 中国塑料，2012，26（6）：117-122.

[13] 匡唐清，周慧兰，彭琛琛. 带把双色塑料杯的注塑模设计. 中国塑料，2010，24（2）.

[14] 匡唐清，李树桢，黄创业. 双色牙刷柄的注塑模设计. 中国塑料，2008，22（11）：75-77.

[15] 匡唐清，李树桢，廖直梁. 矿泉水瓶盖的热流道注塑模设计. 中国塑料，2009，23（12）：92-95.

[16] 潘俊宇，匡唐清，赖德炜，陈碧龙. 汽车门把手的气体辅助注塑模具改进及工艺优化 [J]. 中国塑料，2017，31（4）：91-96.

[17] 匡唐清，李定俊，李树桢. 复印机盖板的气辅注塑模设计. 工程塑料应用，2006，34（11）.

[18] 周大路. 气辅成型中成型工艺对制品翘曲的影响 [J]. 塑料工业，2014，42（10）：65-67.

[19] 周大路. 基于 Moldflow Insight 2010 的残余应力优化分析 [J]. 现代制造工程，2012（01）：96-99.

[20] 周大路. 基于 Moldflow Insight 2010 的降低制品残余应力分析 [J]. 塑料，2011，40（05）：6-8＋105.

[21] 周大路. 基于 Moldflow 的注塑模流道平衡与螺杆速度曲线关系分析 [J]. 塑料，2012，41（01）：105-107.

[22] 周大路. 基于 Moldflow 的注塑模流道平衡分析 [J]. 塑料工业，2011，39（08）：52-54.

[23] 周大路. 基于 Moldflow 的注塑模流道平衡设计与分析 [J]. 中国塑料，2010，24（06）：50-54.

[24] 周大路. 基于 MPI 的注塑活塞收缩率预测分析 [J]. 塑料，2010，39（03）：124-126＋50.

[25] 周大路. 改善塑件磁性嵌件翘曲的模流分析 [J]. 中国塑料，2017，31（09）：133-136.

[26] 周大路. 何柏林，李树桢. 黄薇. 基于 Moldflow 的注射器翘曲分析 [J]. 塑料，2007（02）：95-98.

[27] 周大路. 黄薇. 基于 Moldflow 技术的绝缘盖注射成型分析 [J]. 模具工业. 2008，（03）：22-24.

[28] 周大路. 黄薇. 基于 CAE 技术的充电器盖注塑成型分析 [J]. 塑料科技. 2007，（05）：76-78.

[29] Simulation Fundametals-An Introduction for MPI 6.0. Moldflow Corporation. 2006.

[30] MPI/Flow-An Introduction for MPI6.1. Moldflow Corporation. 2006.

[31] MPI/Cool Training-For MPI 6.1. Moldflow Corporation. 2007.

[32] MPI/Warp-An Introduction for MPI 6.1. Moldflow Corporation. 2007.

[33] Tang Qing Kuang, Kai Zhou, Li Xuan Wu, Guo Fa Zhou, Lih Sheng Turng. Experimental Study of the Penertration Interfaces in the Overflow FluidAssisted Co-Injection Molding Process [J]. Journal of Applied Polymer Science，2016，133（1）：914-918.

[34] 匡唐清，余春丛，邓洋，黄淑慧. 水辅助注塑气泡与二次穿透的研究 [J]. 高分子材料科学与工程，2014，30（11）：113-116.

[35] 匡唐清，余春丛，邓洋，章凯. 型腔截面对水辅助注塑成型水穿透影响的实验分析 [J]. 化工学报，2014，65（10）：4176-4182.